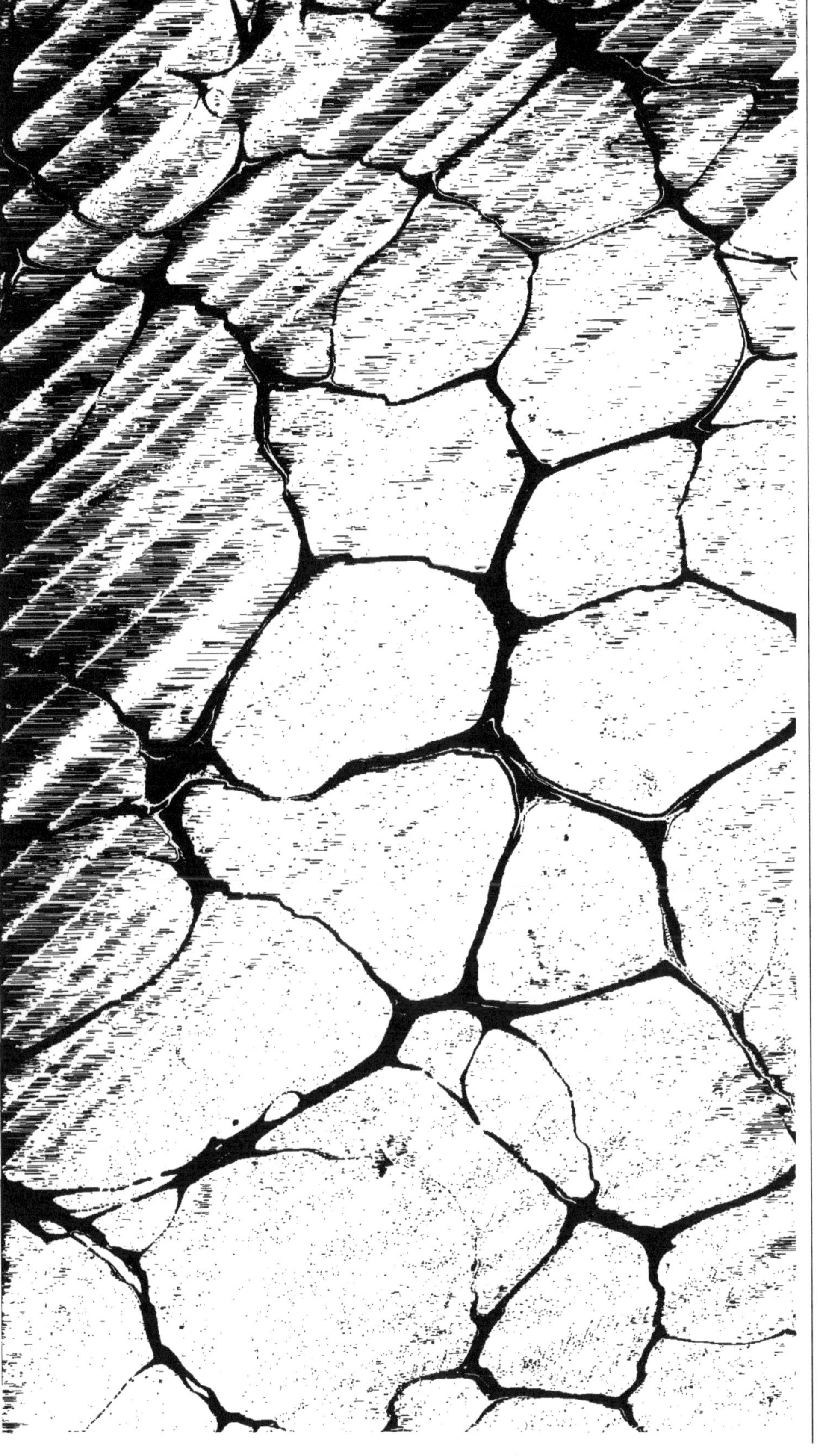

LES COMÈTES

PARIS. — IMPRIMERIE DE E. MARTINET, RUE MIGNON, 2

Ph. Benoist & A. Guillemin del[t] Hachette & Cie Paris Imp. Fraillery & Cie Paris

COMÈTE DE DONATI

vue à Paris le 5 Octobre 1858.

LES COMÈTES

PAR

AMÉDÉE GUILLEMIN

AUTEUR DU *CIEL*

OUVRAGE ILLUSTRÉ

PAR M. RAPINE, PH. BENOIST ET E. GUILLEMIN

DE 78 FIGURES INSÉRÉES DANS LE TEXTE

ET DE 11 GRANDES PLANCHES TIRÉES A PART

PARIS

LIBRAIRIE HACHETTE ET Cie

BOULEVARD SAINT-GERMAIN, 79

1875

PRÉFACE

L'univers est formé d'une infinité de mondes semblables au nôtre. Les milliers d'étoiles qu'on voit briller dans l'azur du ciel quand on le contemple à l'œil nu, qui se comptent par centaines de millions si l'on explore ses profondeurs à l'aide du télescope, sont des soleils. Ces foyers de lumière, ces sources de chaleur, et incontestablement de vie, ne sont pas isolés; tous se groupent les uns avec les autres, tantôt par deux et par trois, tantôt par centaines, tantôt par myriades : c'est ainsi que sont constitués la plupart des nuages de vaporeuse lumière qu'on nomme les nébuleuses.

Isolées ou groupées, les étoiles nous semblent immobiles, tant est prodigieuse la distance qui les sépare de la Terre, de notre Soleil. Elles marchent cependant; et, parmi celles dont la vitesse a pu être mesurée, on en compte qui se meuvent dix fois, cinquante fois plus vite qu'un boulet de canon au sortir de l'arme. Le mouvement est ainsi la loi la plus universelle des astres.

Notre Soleil nous entraîne dans une course pareille. Il

emmène avec lui, dans ce voyage à travers l'infini de l'éther, tous les globes qui lui font cortége en gravitant autour de son énorme masse. Depuis des milliers d'années que l'homme est témoin, témoin inconscient, il est vrai, de cette circumnavigation autour de l'univers, il ne voit rien changer, pour ainsi dire, dans l'aspect des mondes qui l'entourent; les plages sidérales de l'océan où vogue cette flotte de plus de cent corps célestes semblent conserver leur immuable physionomie. L'immensité des distances sidérales, on le sait, est la seule cause de cette apparente immuabilité.

Le monde solaire est donc séparé de tous les autres mondes par d'insondables abîmes ; le Soleil est comme isolé, perdu dans un coin de l'espace, bien loin de ces millions d'étoiles avec lesquelles il est prouvé cependant qu'il forme un système. Membre d'une association immense, molécule intégrante de la plus vaste, en apparence, des nébuleuses, la *Voie lactée*, l'étoile centrale de notre groupe ne paraît avoir avec ses coassociées d'autre mode de communication que celui de l'échange réciproque de leurs ondulations, c'est-à-dire de leur lumière et de leur chaleur. Comme des soldats dévoués et disciplinés, la Terre et les planètes marchent de conserve avec le Soleil, effectuant avec une régularité merveilleuse leurs révolutions presque circulaires autour de leur foyer commun, et ne s'écartant jamais des limites que la loi de gravitation leur impose.

Elles restent donc isolées comme le Soleil, séparées des autres systèmes sidéraux par de tels abîmes de distances, que la pensée reste impuissante à se les figurer.

Un premier lien cependant relie notre système à ces systèmes, celui que nous venons de dire : le Soleil est une étoile de la Voie lactée. Mais le monde solaire n'a-t-il pas de lien plus étroit, de relation plus directe avec le reste de l'univers visible ?

Le mouvement de translation dont il est animé prouve tout au moins qu'il est quelque part, soit un corps céleste inconnu, soit un système de corps célestes, autour duquel la gravitation fait décrire au groupe une orbite à période indéterminée. En tout cas, ce mouvement d'ensemble est le résultat de l'action concourante des attractions de tous les astres de l'univers. La force de gravitation est donc déjà un lien commun entre notre monde et tous les autres.

Se rapproche-t-il ainsi d'une façon continue de quelque archipel céleste qu'il finira par aborder dans quelques millions d'années? Les générations d'alors sont-elles destinées à voir de plus près d'autres soleils? Ce sont des questions dont la solution, on le comprend, peut être considérée comme inaccessible pour nous.

Mais, parmi les astres dont se compose le monde solaire, n'en est-il pas de moins immuablement attachés que les planètes, que la Terre, au foyer de leur mouvement? N'en est-il pas qui s'écartent davantage de ce foyer, et qui, comme des messagers détachés du groupe, vont porter aux mondes les plus voisins des nouvelles du nôtre?

Une telle hypothèse n'est pas sans fondement.

En effet, les astronomes des derniers siècles ont étudié les mouvements de certains corps célestes, qui viennent bien aussi graviter autour du Soleil, mais qui après avoir salué, pour ainsi dire en passant, ce dominateur des planètes, retournent se plonger à des distances indéfinies dans les profondeurs de l'éther. Un petit nombre de ces astres, retenus par la puissance solaire, détournés de leur route par l'influence de quelques-unes des plus grosses planètes, sont demeurés tributaires du groupe dont désormais ils ont dû faire partie intégrante.

Ces astres singuliers, longtemps méconnus, sont les COMÈTES.

J'ai dit longtemps méconnus. Les comètes, en effet, ne sont décidément rattachées à la famille des astres que depuis deux siècles; avant Newton, les astronomes mêmes les considéraient comme des météores passagers dont l'apparition, la disparition et les mouvements n'étaient soumis à aucune loi. Pour les populations de l'antiquité, du moyen âge, de la Renaissance même, c'étaient des objets d'effroi, des apparitions miraculeuses, des signes précurseurs de calamités terribles, les symboles flamboyants de la colère divine. Pour les savants d'autrefois, les Comètes étaient les monstres du ciel.

On a mis deux siècles, — ce n'est pas trop, — pour réhabiliter ces astres si calomniés. Grâce à la découverte de la gravitation newtonienne, et aux efforts réunis des géomètres et des observateurs, leur cours a été ramené aux lois qui régissent les mouvements des planètes. Ces vagabondes du ciel ont témoigné, les unes par leur marche régulière, les autres par leur retour aux dates prévues, de leur soumission aux prescriptions de la Mécanique céleste. Leurs écarts eux-mêmes ont été reconnus comme des conséquences légitimes des influences étrangères.

Depuis quelques années on a fait plus : on a cherché, et l'on a réussi en partie, à pénétrer les mystères de leur organisation, à découvrir les causes de leur aspect si étrange, la nature physique et chimique de leur lumière; mais surtout on a commencé à envisager sous son véritable jour le vrai rôle qu'elles jouent dans le monde solaire et dans l'univers même.

Les Comètes, — Laplace l'avait pressenti, — sont d'une autre origine que les planètes. L'excentricité de leurs orbites, l'inclinaison des plans dans lesquels elles se meuvent, leur marche tantôt directe, tantôt rétrograde, les différencie profondément des planètes. Leur structure intérieure, l'apparence nébuleuse de presque toutes, les rapides changements qu'on observe dans leurs noyaux et dans leurs atmosphères, sont des caractères qui ne tranchent pas moins avec la forme permanente et globulaire, solide ou liquide, de la plupart des planètes. Quelques Comètes se meuvent certainement dans des orbites infinies. Donc elles sont étrangères à notre monde, qu'elles viennent visiter en passant. Celles qui sont périodiques ont le plus souvent des routes si allongées, qu'elles vont, après des voyages dont la durée se compte par milliers de siècles, se perdre loin du Soleil, loin du foyer directeur de tous les mouvements. Est-il certain qu'elles le rejoindront à leur retour et que ces égarées ne seront point, à la fin, des astres perdus pour notre monde?

En tout cas, elles nous arrivent de l'infini. Et si les vues nouvelles d'un savant hollandais, M. Hœk, sont fondées, comme il le semble, ce n'est pas isolées, mais par groupes, que ces nébulosités, — disons ces nébuleuses, puisque la structure des Comètes paraît analogue à celle des nébuleuses proprement dites, — parties des profondeurs sidérales, pénètrent jusqu'au cœur de notre système. Voilà donc le lien réel, le lien matériel qui établit une communication directe, ininterrompue, entre le monde solaire et ces millions, ces milliards d'étoiles qui font la splendeur des cieux.

Mais la nature physique de ces frêles messagères de l'espace est telle, qu'elles ne peuvent traverser sans dommage les régions sillonnées par les planètes et par le Soleil. La houle que les ondulations de ces astres massifs engendrent dans l'éther est si forte, que les Comètes, en naviguant dans ces parages agités, y subissent des avaries considérables : elles s'y disloquent parfois, s'y divisent en fragments ; le plus souvent elles y laissent des débris qui voguent dans le sillon tracé par elles. C'est ainsi que les espaces interplanétaires sont parsemés de corpuscules que les planètes rencontrent dans leurs routes périodiques et qui viennent illuminer nos nuits de traînées lumineuses.

Les Étoiles filantes sont dues à ces rencontres.

Dix ans à peine se sont écoulés depuis qu'un savant astronome italien, Schiaparelli, a relié par une vue féconde l'astronomie météorique à l'astronomie cométaire. Si cette théorie hardie, non de l'identité absolue, mais tout au moins de la communauté d'origine des météores et des Comètes, est vraie, quelle importance prennent tout à coup ces derniers astres dans l'économie de l'univers ! En courant ainsi de monde en monde, en répandant sur leur route, dans le voisinage des astres permanents de chaque système la poussière des éléments dont elles se composent, n'est-il pas vraisemblable qu'elles modifient à la longue la structure de ces astres eux-mêmes ? Si l'analyse spectrale ne se trompe, c'est surtout le carbone qui constitue la matière des Comètes, le carbone combiné à quelque autre élément, comme l'hydrogène. Eh bien, voici donc les Comètes qui répandent ces substances si importantes pour les végétaux et les animaux, d'abord dans les intervalles planétaires, puis, par la chute et la combustion des météores, dans les atmosphères des planètes, entretenant peut-être de la sorte la vie à leur surface.

La matière informe, disséminée en amas immenses

dans certaines nébuleuses non résolubles, puis détachée successivement en globules séparés, irait ainsi, décrivant des hyperboles ou d'autres courbes à branches infinies, d'étoile en étoile, de monde en monde : ces amas de matière nous apparaîtraient aux instants de leur passage, soit sous forme de Comète, soit comme de longues traînées de météores.

Ainsi les Comètes, que dans les temps de superstition et d'ignorance on considérait comme des fléaux, seraient plus vraisemblablement, non pas seulement des astres inoffensifs, mais des astres bienfaisants, des régénérateurs de la vie dans les mondes plus avancés.

Ces vues, il est vrai, ne sont encore que des hypothèses : — nous savons si peu de chose sur le côté de la science astronomique qu'un grand écrivain de notre temps appelait par anticipation l'*organique céleste*, par opposition à la *mécanique céleste*, aujourd'hui presque achevée! — Mais elles suffisent à montrer quel intérêt, scientifique et philosophique s'attache au sujet de cet ouvrage. Les Comètes n'ont fourni jusqu'à présent qu'un chapitre, et des moins étendus, à la science du ciel. Les considérations qui précèdent font assez voir qu'elles jouent dans l'univers un rôle d'une grande importance, et leur histoire mérite de plus amples développements que ceux qu'on leur donne dans la plupart des traités.

Du reste, à côté de l'intérêt scientifique, il y a l'intérêt historique : considérées à ce point de vue, les Comètes fourniraient la matière d'un intéressant ouvrage. Dans le livre qu'on va lire, on trouvera quelques chapitres consacrés sommairement à leur histoire, ou à ce qu'on peut appeler l'astrologie cométaire. C'est l'introduction obligée de la partie purement astronomique, sans laquelle il serait difficile de comprendre comment on est passé des préjugés les plus extravagants aux sereines et rassurantes conceptions de la science contemporaine.

Dans l'ancienne Grèce, dans les temps héroïques, les Comètes, comme tous les météores, n'éveillent que des idées gracieuses. Voyez Homère : c'est Minerve, c'est Apollon, ce sont les brillants dieux de l'Olympe qui se manifestent ainsi aux mortels. Plus tard, elles deviennent des présages funestes. Les Romains, plus sévères, les interprètent déjà comme des signes de mauvais augure, comme les avant-coureurs de calamités. Les idées vont en s'assombrissant encore dans le moyen âge : les Comètes ne sont plus alors que des astres de malheur, de ruine et de mort. La terrible et grandiose idée de la fin du monde, si répandue dans ces temps de ténèbres, domine tout et donne son cachet à tout. Enfin, avec la Renaissance, l'observation scientifique dissipe lentement les préjugés ; au XVIIIe siècle, le droit de la libre interprétation de la nature a repris son empire ; on parle des comètes d'un ton dégagé, on raille ces astres si redoutés naguère.

La science contemporaine, plus profonde, rend aux comètes leur majesté et leur importance, mais aussi elle dépouille à tout jamais leurs apparitions de toute vaine superstition et de toute terreur.

LES COMÈTES

CHAPITRE PREMIER

CROYANCES ET SUPERSTITIONS RELATIVES AUX COMÈTES

§ 1 — Les Comètes considérées comme présages

Les comètes ont été regardées de tout temps et dans tous les pays, comme les signes avant-coureurs d'événements funestes. — Antiquité et universalité de cette croyance ; son origine probable. — Opinion de Sénèque : les phénomènes habituels et réguliers n'attirent point l'attention de la foule. Les météores, les comètes font sur elle au contraire, une impression profonde. — Sous ce rapport, les modernes ressemblent aux anciens contemporains de Sénèque. — Les cieux incorruptibles des anciens, opposés aux régions sublunaires ou atmosphériques : les astres et les météores. — Confusion inévitable de certains phénomènes célestes ou cosmiques avec les météores de l'air.

Dans tous les pays, dans tous les temps, l'apparition d'une comète a été considérée comme un présage. Présage heureux ou malheureux selon les circonstances, l'état des esprits, le degré de superstition des peuples, l'imbécillité des princes ou le calcul des courtisans. La science elle-même a ajouté foi à la signification, le plus souvent redoutable, terrible, donnée par la commune croyance à l'arrivée subite et inattendue d'un de ces astres étranges. Il n'y a pas deux siècles, nous le verrons bientôt, que des savants, des astronomes d'un grand mérite croyaient encore à l'influence des comètes sur les événements humains. Quoi donc d'étonnant si l'on trouve aujourd'hui, en plein dix-neuvième siècle, des vestiges trop nombreux d'une superstition qui est vieille comme le monde.

Quelle est la source, quelle est l'origine de cette superstition? Voilà une question que nous n'entreprendrons pas de résoudre : c'est affaire à de plus érudits, à de plus compétents que nous en semblable matière. Bornons-nous à une simple remarque, qui d'ailleurs n'est pas nouvelle. Les choses que nous voyons tous les jours, les phénomènes qui se reproduisent constamment ou régulièrement sous nos yeux, ne nous frappent point, n'éveillent ni notre attention, ni notre curiosité. D'Alembert disait : « Ce n'est pas sans raison que les philosophes s'étonnent de voir tomber une pierre, et le peuple qui rit de leur étonnement, le partage bientôt lui-même pour peu qu'il réfléchisse. » Oui, il faut être philosophe, on dirait aujourd'hui savant ou homme de science, il faut réfléchir pour arriver à chercher le pourquoi et le comment des faits qu'on voit quotidiennement ou au moins dont la production est fréquente et régulière. Les plus admirables phénomènes restent inaperçus ; l'habitude, émoussant chez nous l'impression, ne nous laisse que l'indifférence.

Sénèque, précisément à propos des comètes, exprime parfaitement cette pensée. Voici le début du livre VII de ses *Questions naturelles :* « Il n'est mortel si apathique, si obtus, si courbé vers la terre, qui ne se redresse et ne tende de toutes les forces de sa pensée vers les choses divines, quand surtout quelque nouveau phénomène apparaît dans les cieux. Tant que là-haut tout suit son cours journalier, l'habitude du spectacle en dérobe la grandeur. Car l'homme est ainsi fait. Si admirable que soit ce qu'il voit tous les jours, il passe indifférent, tandis que les choses les moins importantes, dès qu'elles sortent de l'ordre accoutumé, le captivent et l'intéressent. Tout le chœur des constellations, sous cette immense voûte dont elles diversifient la beauté, n'attire pas l'attention des peuples; mais qu'il s'y produise quelque chose d'extraordinaire, tous les visages sont tournés vers le ciel. Le Soleil n'a de spectateur que lorsqu'il s'éclipse. On n'observe la Lune que quand elle subit pareille crise. Alors les cités poussent un cri d'alarme, alors chacun tremble pour soi d'une terreur panique... Tant il est dans notre nature d'admirer le nouveau plutôt que le grand. Même chose a lieu pour les comètes. S'il apparaît de ces corps de flamme d'une forme rare et insolite, chacun veut voir ce que c'est; on oublie tout le reste pour s'enquérir du nouveau venu; on ne sait s'il faut admirer ou trembler : car on ne manque pas de gens qui sèment la peur, qui tirent de là de graves pronostics. »

N'en est-il pas de même aujourd'hui pour nous que pour les contemporains de Sénèque? Sans doute, les personnes qui pensent, les esprits méditatifs ou les poëtes, devant le spectacle majestueux du ciel, se laissent aller volontiers à un sentiment d'admiration contemplative. La marche solennelle des corps célestes, l'harmonie si bien ordonnée des mondes sont pour eux le symbole des lois éternelles qui régissent l'univers : ils y puisent la confiance dans l'inaltérabilité de ces lois. Mais la masse reste ordinairement indifférente devant cette nature impassible, immuable. Une apparition insolite a le privilége de secouer chez tous cette indifférence, d'éveiller la curiosité chez les uns, la crainte chez les autres, et, si le phénomène a des proportions inaccoutumées, l'admiration chez tous.

D'ailleurs, qu'il s'agisse d'une comète, ou d'un autre météore remarquable, bolide, aurore boréale, pierre tombée du ciel, les sentiments de crainte que ces phénomènes inspirent sont toujours les mêmes, l'interprétation superstitieuse pareille, au degré près cependant, selon la grandeur, l'éclat, la forme plus ou moins bizarre ou étrange de l'apparition.

Chez les anciens, Latins ou Grecs, tout le monde sait que nombre de faits, des plus ordinaires et des plus familiers, les rencontres singulières, les cris des animaux, le vol, le chant des oiseaux, étaient considérés comme des présages. C'étaient autant de moyens qu'employaient les dieux pour se mettre en communication avec les hommes, pour les avertir, pour leur signifier leurs décrets, leurs pensées, leurs volontés... Seulement ils proportionnaient à l'importance de l'avertissement la grandeur du présage, l'éclat du phénomène qui leur servait de truchement, et l'on comprend tout de suite comment, parmi ces manifestations des volontés d'en haut, les comètes devaient paraître les plus significatives et les plus redoutables.

Une comète, d'ailleurs, n'étant pas un simple phénomène local, vu seulement de quelques-uns, mais se montrant à tous avec l'éclat d'un astre, avec des dimensions inaccoutumées, variant d'un jour à l'autre de forme, de position, de grandeur, avait tous les caractères d'un présage qui intéressait le peuple entier : ce présage s'adressait à ceux qui jouaient un rôle un peu considérable dans la cité, et intéressait les peuples, comme les souverains, ou tout au moins les grands personnages. Elle semblait participer à la fois des astres, qu'elle surpassait quelquefois par la vivacité de sa lumière, mais dont elle n'avait point le cours régulier, éternel, et des météores terrestres, par sa subite apparition, sa disparition souvent aussi soudaine, et par les changements qu'elle subissait d'ordinaire avec rapidité. Les cieux, avec les myriades d'astres qu'ils renferment, Soleil, Lune, étoiles, planètes, formaient chez les anciens le domaine de l'immuable, de l'incorruptible : *cœli incorrupti.* A ce titre, c'était le séjour des dieux, la demeure des immortels. L'air au contraire, l'atmosphère, l'espace sublunaire — pour les anciens c'était tout un — était le lieu des choses corruptibles et passagères, des météores : et, de même que la foudre était l'instrument des vengeances de Jupiter, les comètes étaient les messagers du Destin, venant annoncer aux mortels, de la part des dieux, les événements inéluctables.

Dans cette confusion de certains phénomènes célestes avec les météores atmosphériques, gît la source de la plupart des difficultés qu'ont eues les astronomes, dans l'antiquité, au moyen âge et jusque dans les temps modernes, pour expliquer le cours, si compliqué d'ailleurs, des comètes. Jusqu'au XVIe siècle, nous verrons des hommes d'une grande science refuser aux comètes leur qualité d'astres ; ils étaient retenus dans l'erreur à la fois par le préjugé que nous venons de relever et par les croyances superstitieuses qu'on retrouve si persistante chez tous les peuples, et, comme nous le disions plus haut, dans tous les temps ; sans doute parce que ces croyances ont même fondement ou commune origine : la foi à l'intervention surnaturelle des dieux dans les affaires humaines.

Mais voyons quelles significations les anciens, dans l'antiquité latine et grecque, donnaient aux apparitions de comètes. C'est un curieux et instructif côté de l'histoire de la science : il nous aidera peut-être plus loin à comprendre les idées que se faisaient leurs astronomes sur la nature physique de ces astres.

§ II — Les Comètes dans l'antiquité grecque et romaine

L'apparition d'une comète, d'un bolide, est un avertissement des dieux : l'*Iliade* et l'*Énéide*. — Influences physiques supposées des comètes : tremblements de terre d'Achaïe ; submersion d'Hélice et de Bura ; comète de l'an 371. — Les comètes, présages d'heureux augures ; César transporté aux cieux sous la forme d'une comète ; exploitation de la crédulité populaire ; opinion de Bayle. — Pline, Virgile, Tacite, Sénèque. — Tranquillité d'âme de Vespasien. — La comète de l'an 400 et le siége de Constantinople.

On croit qu'il apparut une comète l'année même de la prise de Troie. Pingré et Lalande s'accordent à la considérer comme une ancienne apparition de la fameuse comète de 1680, et tandis que l'un cite à l'appui un passage d'Homère, l'autre rappelle des vers de *l'Énéide* qui feraient allusion à cette comète[1]. Voici le fragment du quatrième livre de l'*Iliade* auquel renvoie Lalande :

« Par ces paroles, Jupiter excite Minerve, déjà par elle-même brûlant d'ardeur. Elle se précipite aussitôt des cimes de l'Olympe. Telle une étoile, qu'envoie le fils de l'artificieux Saturne en présage aux matelots ou à une grande armée, resplendit, et fait jaillir de nombreuses étincelles. Telle Minerve s'élance à terre et se précipite au milieu de l'arène. L'effroi saisit les Troyens et les Grecs qui l'aperçoivent : les guerriers se disent entre eux : « Sans doute le carnage et les combats terribles vont recommencer, ou Jupiter veut rétablir la paix entre les deux peuples, lui l'arbitre des guerres que se font les hommes. »

A notre avis, l'étoile à laquelle Homère compare Minerve n'était point une comète ; mais un bolide, que l'explosion

1. A l'époque où écrivaient ces deux savants, la révolution de la comète de 1680 avait été calculée comme ayant une période de 575 ans. Encke lui a assigné depuis une durée bien différente, de 8814 ans.

fait le plus souvent jaillir en effet en étincelles et qui peut se voir d'ailleurs en plein jour. Cette remarque s'applique de tout point aux vers de Virgile, qui, de plus, mentionne le bruit de la détonation, souvent pareille, dans les explosions de bolides, au grondement de la foudre. Anchise, à l'endroit que nous citons (*Enéide*, liv. II, 692), vient d'invoquer Jupiter :

« A peine le vieillard achevait-il sa prière, qu'un éclat soudain du tonnerre se fit entendre vers la gauche, et qu'une étoile, glissant des cieux au milieu des ténèbres, courut à travers l'espace avec une longue traînée de lumière ; nous vîmes l'astre, un moment suspendu sur le faîte de notre demeure, l'éclairer de ses feux, et se perdre, en traçant sa route brillante dans les forêts de l'Ida ; alors un long sillon de flamme nous illumina, et les lieux d'alentour fumèrent d'une odeur de soufre. Vaincu par ces signes éclatants, mon père se lève, invoque les dieux et adore l'étoile sacrée. »

La confusion, déjà plus haut signalée, est fréquente du reste chez les anciens auteurs. Les feux des aurores boréales, les bolides, les comètes, sont évidemment pour eux des phénomènes de même nature, et, au point de vue de leur interprétation surnaturelle, cela se conçoit. De nos jours même, les populations n'y regardent pas de si près. Qu'on se rappelle l'impression causée au premier moment par la splendide aurore boréale du 24 novembre 1870, pendant le siége de Paris. Ces lueurs rouges, ces sillons mobiles de lumière dans le ciel n'étaient-ils pas, pour les esprits faibles, crédules, d'ailleurs surexcités par les circonstances, des présages certains du sang qui allait être répandu ? Une comète eut produit un effet pareil.

Quoi qu'il en soit, bolide ou comète, on voit que le météore est aux yeux des témoins, dans Virgile comme dans Homère, un présage, un avertissement de Jupiter, le signe précurseur d'événements heureux ou néfastes, selon l'interprétation ou les circonstances.

Trois cent soixante et onze ans avant notre ère, il apparut une comète fort brillante, que décrit Aristote et dont Diodore de Sicile parle en ces termes : « En la première année de la cent-deuxième Olympiade, Alcisthènes étant archonte à Athènes, plusieurs prodiges annoncèrent aux Lacédémoniens leur humiliation prochaine : un flambeau ardent d'une grandeur extraordinaire, auquel on donna le nom de poutre enflammée, parut durant plusieurs nuits. » Cette comète, dont nous reparlerons, fut remarquée à plus d'un titre. Selon Ephore, elle se divisa en deux ; et c'est vers l'époque de son apparition qu'eurent lieu les tremblements de terre qui produisirent la submersion par les eaux de la mer de deux villes d'Achaïe, Hélice et Bura. Les comètes n'étaient donc pas seulement, pour les anciens, des précurseurs d'événements funestes ; elles pouvaient les causer immédiatement. Telle est bien la pensée de Sénèque lorsqu'il dit : « Cette comète, si anxieusement observée par tout ce qu'il y avait d'yeux au monde, à cause de la grande catastrophe *qu'elle amena dès qu'elle parut,* la submersion de Bura et d'Hélice. »

Les comètes n'annonçaient pas seulement les événements funestes, les désastres, les guerres : présages de malheur pour les uns, elles furent nécessairement des présages d'heureux augure pour les autres. C'est ainsi que, selon Diodore de Sicile et selon Plutarque, la comète de l'an 344 avant notre ère fut pour Timoléon de Corinthe le gage du succès de l'expédition qu'il dirigea cette année contre la Sicile. « Les dieux, par un prodige extraordinaire, annoncèrent ses succès et sa grandeur future : un flambeau ardent parut dans le ciel durant toute la nuit, et précéda la flotte de Timoléon jusqu'à son arrivée en Sicile. »

La naissance et la mort des princes, de ceux surtout dont l'histoire a gardé la mémoire pour le mal qu'ils ont fait, ne pouvaient manquer d'être signalées par des apparitions de prodiges, de comètes, les plus éclatants de tous les prodiges. C'est ainsi que les comètes de 134 ou 137 et de 118, sont rapportées la première à la naissance et la seconde à l'avénement de Mithridate, et que la comète de l'an 43 ne fut autre chose que l'âme de César transportée au ciel. C'est à Démocrite que Bodin (*Universæ naturæ theatrum*) attribue l'opinion que tel est en effet le rôle joué par quelques-uns de ces astres, et il avoue qu'il n'est pas éloigné de la partager : « Je fais réflexion, dit-il, à la pensée de Démocrite et je suis porté à croire, ainsi que lui, que les comètes sont les âmes des personnes illustres qui, après avoir vécu sur terre durant une longue suite de siècles, prêtes enfin à périr, sont portées comme dans une espèce de triomphe, ou sont appelées au ciel des étoiles, comme des astres éclatants. C'est pour cela que la famine, les maladies épidémiques, les guerres civiles suivent l'apparition des comètes : les villes, les peuples se trouvant alors privés du secours de ces excellents chefs, qui s'attachaient à apaiser les fureurs intestines. » Nous mettons volontiers en regard des croyances et des superstitions des anciens cette triomphante explication des prétendus désastres qui, selon l'opinion universelle, devaient suivre les apparitions de comètes. Elle n'a pas plus de trois siècles de date, car il est vraisemblable que Bodin en était le véritable auteur et qu'il calomniait Démocrite. Pingré, en rapportant ce passage et l'apothéose de César, ajoute avec raison : « On doit mettre ce fait plutôt au nombre des basses et indécentes flatteries qu'en celui des opinions philosophiques. »

Moins d'un siècle après Bodin, Bayle protestait déjà contre cette idée superstitieuse qui paraît bien étrange dans la tête d'un homme aussi éclairé que celui qu'on a voulu comparer à Montesquieu. Dans ses *Pensées sur la comète*, où tant de bon sens s'allie à tant d'ironie, Bayle montre finement quel usage les habiles ont su faire de la crédulité populaire, et comment « une même comète a servi à plusieurs fins... Auguste, dit-il, par des vues de politiques, fut bien aise qu'on crût que c'étoit l'âme de César. Car c'étoit un grand avantage pour son parti, de croire qu'on poursuivoit les meurtriers d'un homme qui étoit alors parmi les dieux. C'est la raison pourquoi il fit bâtir un temple à cette comète, et déclara publiquement qu'il la regardoit comme un très-heureux présage... Ceux qui étoient encore républicains dans l'âme disoient au contraire que les dieux témoignoient par là combien ils désapprouvoient qu'on n'appuïât pas le parti des libérateurs de la patrie. »

On trouve dans l'*Histoire naturelle* de Pline plusieurs passages qui attestent la terrible signification attachée aux comètes par les anciens : « La comète, dit-il, est ordinairement un astre bien effrayant; elle n'annonce point de petites effusions de sang. Nous en avons vu un exemple, durant les troubles civils, sous le consulat d'Octavius. » Il s'agit là de la comète qui parut en l'an 86 avant J.-C.; voici qui a trait à la comète de l'an 48, ou peut-être aussi à l'apparition de bolides remarquables et d'aurores boréales : « Nous avons vu dans la guerre entre César et Pompée un exemple des terribles effets qu'entraîne après soi l'apparition des comètes. Vers le commencement de cette guerre, les nuits les plus obscures furent éclairées, selon Lucain, par des astres inconnus; le ciel parut en feu, des flambeaux ardents traversaient en tous sens la profondeur de l'espace : la comète, cet astre effrayant, qui renverse les puissances de la terre, montra sa terrible chevelure. »

Virgile, à la fin de la première *Géorgique*, exprime dans son harmonieux langage, toute l'horreur que causaient aux âmes superstitieuses et crédules des foules, les prodiges si habilement exploités par les politiques et les sceptiques. Il vient de parler des pronostics qu'on peut tirer des aspects variés du soleil couchant relativement au temps. et il ajoute :

« Qui oserait accuser le soleil d'imposture? Le soleil nous annonce les sourds mouvements qui travaillent les empires, les complots, les guerres cachées qui fermentent. C'est lui qui, après la mort de César, eut pitié de Rome, quand il couvrit son front brillant d'une rouille obscure, et que le siècle impie craignit une nuit éternelle. En ce temps-là, tout nous donnait des avertissements, la terre, les mers, les sinistres aboiements des chiens, les cris odieux des oiseaux. Que de fois nous avons vu l'Etna, rompant ses fournaises, se répandre en bouillonnant à travers les champs des Cyclopes, et rouler des torrents de flammes et des roches liquéfiées ! La Germanie entendit des bruits d'armes dans tout le ciel; les Alpes ressentirent des tremblements extraordinaires. Plus d'une fois aussi l'on entendit dans les bois silencieux des voix épouvantables ; on vit des spectres d'une pâleur affreuse errer à la nuit tombante : chose horrible, les bêtes parlent ! les fleuves s'arrêtent, la terre s'entr'ouvre; dans les temples, l'ivoire pleure comme attendri, et l'airain se mouille de sueur. Furieux et entraînant les forêts dans ses tourbillons, l'Éridan, ce roi des fleuves, déborde et emporte à travers les campagnes les étables et les troupeaux. Jamais les tristes entrailles des victimes n'étalèrent aux yeux tant de fibres menaçantes ; partout le sang coule dans les puits ; et la nuit, nos villes épouvantées retentissent des hurlements des loups. Jamais la foudre ne tomba si souvent par un ciel serein, jamais tant de redoutables comètes ne s'enflammèrent dans les espaces. »

Tous ces prodiges, ce mélange de faits naturels et vrais et de faits bizarres imaginés par la crédulité populaire, sont pour le poëte les témoignages de la colère et de la vengeance des dieux, les signes précurseurs de nouveaux désastres, le présage de cette bataille de Philippes où vont s'entre-choquer et s'ensanglanter des armes fraternelles. La nature se met à l'unisson des hommes, et ses manifestations sont une traduction de leurs fureurs. Tout, du reste, concourt à rendre éclatante l'intervention divine : tremblements de terre, éruptions des volcans, inondations. Les comètes et les bolides, par lesquels Virgile termine son énumération, apparaissent ainsi comme les signes suprêmes de cette intervention menaçante :

> Non alias cœlo ceciderunt plura sereno
> Fulgura ; nec diri toties arsere cometæ.

Plus tard, les comètes ne furent pas seulement des présages ; pour la tyrannie impériale, elles devinrent des prétextes de persécutions. Écoutez Tacite, à propos de la comète de l'an 64 : « A la fin de l'année, on ne s'entretint que de prodiges avant-coureurs de calamités prochaines : coups de foudre plus réitérés qu'à aucune autre époque ; apparition d'une comète, sorte de présage que Néron expia toujours par un sang illustre. » Plusieurs comètes parurent en effet sous le règne de ce monstre, et c'est de l'une d'elles que Sénèque a osé dire que « s'étant montrée sous Néron, elle a réhabilité les comètes ». Il ne semble pas du reste, et nous en verrons plus loin d'autres preuves, que l'auteur des *Questions naturelles* ait partagé les préjugés populaires sur les comètes : il ne nie pas qu'elles causent des désastres par leurs apparitions, mais il penche manifestement vers une explication physique de ces phénomènes. Il dit à propos de la comète de l'an 62 : « La comète qui a paru sous le consulat de Paterculus et de Vopiscus, a eu les suites qu'Aristote et Théophraste attribuent à ces sortes d'astres. Il y eut partout des tempêtes violentes et continuelles ; dans l'Achaïe et dans la Macédoine, plusieurs villes furent renversées par des tremblements de terre. »

Terminons ce que nous avions à dire des croyances superstitieuses des anciens sur les comètes, par la mention de deux ou trois apparitions fameuses ; elles nous suffiront pour montrer que de l'antiquité au moyen âge, des idées erronées des païens à celles des peuples chrétiens pendant cette longue nuit de l'histoire, on passe sans interruption, sans modification sensible.

En l'an 69, selon Josèphe, plusieurs prodiges annoncèrent la ruine de Jérusalem : « entre autres présages, une comète, de l'espèce de celles qu'on appelle *Xiphias*, parce que leur queue paraît représenter la lame d'une épée, fut vue au-dessus de la ville pendant une année entière. »

Pingré cite, à propos de la comète de l'an 79, ce passage curieux de Dion Cassius. Il prouve qu'il y a eu, parmi les empereurs romains, des esprits forts : « Plusieurs prodiges précédèrent la mort de Vespasien : une comète parut longtemps ; le tombeau d'Auguste s'ouvrit de lui-même. Comme les médecins reprenaient Vespasien de ce que, attaqué d'une maladie sérieuse, il continuait de vivre à son ordinaire et de vaquer aux affaires de l'Etat : « Il faut, répondit-il, qu'un empereur meure debout. » Voyant quelques courtisans s'entretenir tout bas de la comète : « Cette étoile chevelue, dit-il, ne me regarde pas ; elle menace plutôt le roi des Parthes, il est chevelu, et je suis chauve. Sentant sa fin approcher : je crois, dit-il, que je deviens Dieu. »

La mort de l'empereur Constantin fut annoncée par une comète, celle de l'an 336.

En l'an 400, « les malheurs dont Gaïnas menaçait Constantinople étaient si grands, disent les historiens Socrate et Sozomène, qu'ils furent annoncés par la plus terrible comète dont les histoires fassent mention ; elle brillait au-dessus de la ville, et du plus haut du ciel elle atteignait presque jusqu'à la terre ; elle avait la forme d'une épée. » La même comète fut aussi regardée comme le présage d'une peste qui arriva à la même époque.

Enfin, les invasions des barbares, à une époque où le désordre moral et l'anarchie des idées étaient à l'unisson avec la désorganisation de l'empire, ne pouvaient manquer d'être signalées par des prodiges : oiseaux de mauvais augure, tonnerres fréquents, grêles monstrueuses, incendies, enfin apparitions de comètes, « ce spectacle que la terre n'a jamais vu impunément. » Nous tombons alors en plein moyen âge, et la croyance au surnaturel, à l'intervention des dieux dans les événements humains, va se fortifier, s'augmenter encore de toutes les rêveries mystiques dont la recrudescence des idées religieuses devait emplir les esprits.

§ III — Les Comètes au moyen age

Recrudescence des superstitions populaires. — Les comètes annoncent les guerres, les pestes, les morts de souverains. — Les terreurs de l'an 1000 : les comètes et la fin du monde. — Jean Galéas Visconti et la comète de l'an 1402. — Ambroise Paré ; les monstres célestes. — La comète de Halley et les Turcs ; origine de l'Angelus de midi. — Comète de 1066, conquête de l'Angleterre par les Normands ; apostrophes à la comète par un moine de Malmesbury.

Si l'on voulait faire une histoire complète des superstitions qui, pendant le moyen âge et jusque dans nos temps modernes, ont eu les comètes pour objet, il faudrait passer en revue toutes les apparitions de ces astres. Il y aurait lieu d'y joindre tous les phénomènes accidentels dont la crédulité générale faisait autant de prodiges : aurores boréales, étoiles nouvelles et temporaires, bolides, etc. Intéressante au point de vue de la science qui trouve dans les naïves chroniques du temps les seuls documents un peu précis qu'elle aurait si grand besoin de posséder plus complétement, cette longue nomenclature serait fastidieuse sous le rapport de l'étude des aberrations humaines : c'est une constante et monotone répétition des mêmes croyances absurdes. Cette besogne, des savants, des érudits, l'ont faite en partie : il est vrai qu'à l'époque où ils écrivaient leurs volumineuses compilations, on croyait encore aux influences cométaires, et eux-mêmes partagaient le préjugé universel.

Ici, je veux me borner à noter quelques traits caractéristiques de cette superstition si tenace, afin de bien mettre en évidence le progrès, j'allais dire la révolution qui s'est faite dans les idées sous l'influence croissante de la science, de l'astronomie notamment et de la physique. Partout où la lumière de la science a pu pénétrer, les fantômes du surnaturalisme se sont évanouis; les apparitions les plus extraordinaires, même lorsqu'elles sont encore inexpliquées, ne sont plus des prodiges, des présages, des manisfestations des dieux, mais des phénomènes naturels, dont tout homme de science, quelles que soient d'ailleurs ses croyances, ne cherche qu'à découvrir la loi.

On croit encore aujourd'hui, parmi les astronomes, à certaines influences possibles des comètes ; mais ces influences on en cherche la cause dans des circonstances naturelles. Ce sont ou des effets d'attraction, c'est-à-dire de masses, ou des effets physiques, produits par la chaleur, la lumière et l'électricité, ou enfin ce sont des actions chimiques.

Arrivons au fait que nous voulons citer.

Dans les temps anciens, chez les Grecs surtout, on a vu quelques comètes être considérées comme d'heureux présages. L'esprit plus sombre, plus triste du moyen âge ne voit guère dans leurs apparitions toujours imprévues, que l'annonce d'événements terribles : guerres, pestes, incendies, morts des souverains surtout. C'est la comète de 451 ou de 453 qui annonça la mort d'Attila, la comète de 455 celle de l'empereur Valentinien ; des comètes apparurent successivement pour annoncer la mort de Mérovée en 577, de Chilpéric en 584, de l'empereur Maurice en 602, de Mahomet en 632, de Louis le Débonnaire en 837, de l'empereur Louis II en 875. C'est une idée si répandue que les apparitions des comètes sont liées aux morts des grands, que maints chroniqueurs paraissent avoir imaginé, de bonne foi peut-être, des comètes que personne n'a vues ; telle serait, selon Pingré, la comète de 814, présageant la mort de Charlemagne.

En l'an 1024, une comète parut, présage de la mort du roi de Pologne Boleslas Ier ; une éclipse de soleil et une comète marquèrent à la fois en 1033 celle de Robert, roi de France ; des comètes apparurent en 1058, année de la mort de Casimir, roi de Pologne ; en 1060, où mourut le roi de France Henri, enfin dans les années 1181, 1198, 1223, 1250, 1254, 1264, 1337, 1402, 1476, 1505, 1516 et 1560. A ces diverses dates, moururent les souverains dont les noms suivent : le pape Alexandre III, Richard Ier d'Angleterre, le roi Philippe-Auguste, l'empereur Frédéric, déposé et excommunié, le pape Innocent IV, le pape Urbain IV, Jean Galéas Visconti duc de Milan, Charles le Téméraire, Philippe Ier d'Espagne, Ferdinand le Catholique, François II roi de France. On pourrait allonger considérablement cette liste. Chez aucun des chroniqueurs ou historiens qui rapportent ces coïncidences, on ne trouve l'ombre d'un doute sur la certitude des présages ou leur signification. Les mentions de ces signes avant-coureurs des morts souveraines sont faites le plus souvent avec une naïveté curieuse. Donnons deux ou trois exemples.

« Au commencement de juillet, dit une vieille chronique française, un peu par avant la moitié, par huit jours apparut un signe du ciel, que l'on appelle *comète*, dénotant l'éternuent du royaume ; car Philippe le roi, qui longtemps étoit contraint de fièvre quarte, à Mante, clouist son derrenier jour, le 14 juillet 1223. » Jean Galéas Visconti était malade quand apparut la comète de 1402. Dès qu'il eut aperçu l'astre fatal, il désespéra de la vie : « Car, dit-il, notre père, au lit de la mort, nous a révélé que selon le témoignage de tous les astrologues, au temps de notre mort, une semblable étoile devoit paroître durant huit jours. Ce prince ne se trompa point, ajoute l'historien qui rapporte ces paroles ; surpris d'une maladie inopinée, il mourut peu de jours après. » Un autre chroniqueur donne à entendre que la comète ne parut que lorsque Jean Galéas était déjà atteint de la maladie dont il mourut. Mais la foi du duc dans l'avertissement céleste n'en était pas moins entière. « En ce temps, on vit une grande comète. Galéas en fut averti ; ses amis l'aidèrent à sortir de son lit, il vit la comète et s'écria : je rends grâce à mon Dieu de ce qu'il a voulu que ma mort fût annoncée aux hommes par ce signe céleste. Sa maladie empirant, il mourut peu après à Marignan, le 3 septembre. »

Pingré, en citant le premier de ces historiens, laisse entendre que la maladie inopinée de Galéas a bien pu être *occasionnée par la frayeur chimérique* de ce prince : il aurait pu ajouter *ou aggravée*. Cette simple remarque du chanoine de Sainte-Geneviève marque assez la différence des temps. Jusqu'au XVIIe siècle en effet, les écrivains qui rapportent les coïncidences des grands événements et des comètes ne doutent pas ; ils signalent naïvement, comme un fait évident de soi, la liaison de la comète et de l'événement lui-même. Pingré écrivant au XVIIIe siècle, moins d'un siècle après les travaux de Newton, cherche des dates qui puissent lui permettre le calcul des orbites cométaires : il trouve heureux que dans ces temps d'ignorance de telles croyances absurdes aient existé ; sans elles, l'histoire n'aurait peut-être enregistré aucune de ces apparitions si précieuses pour la science.

Il y a eu toutefois des degrés, selon les temps, dans la terreur superstitieuse que suggérait l'apparition d'une comète ; cette terreur était aussi proportionnée à l'éclat de l'astre, à la grandeur de sa queue, à la forme plus ou moins étrange de la chevelure et de l'appendice lumineux. En l'an 1000, à cette époque lugubre, où les peuples attendaient, dans une anxiété si terrible, la fin du monde, les phénomènes les plus simples, dès qu'ils étaient imprévus, devaient prendre des proportions formidables. Il y eut des tremblements de terre, une comète fut vue pendant neuf jours. « Le ciel s'étant ouvert, une espèce de flambeau ardent tomba sur terre, laissant derrière lui une longue trace de lumière, semblable à un éclair. Son éclat étoit tel qu'il effraya non-seulement ceux qui étoient dans les campagnes, mais même ceux qui étoient renfermés dans les maisons. Cette ouverture du ciel se refermant insensiblement, on vit la figure d'un dragon dont les pieds étoient bleus, et dont la tête sembloit croître toujours. » Il s'agit ici évidemment de l'apparition d'un bolide et peut-être d'une aurore boréale, non de la comète dont l'apparition dura neuf jours.

La figure que nous reproduisons ici de ces météores « effrayants » d'après le *Theatricum cometicum* de Lubienietzki, est intéressante à divers égards. Elle montre à quelles naïves imaginations la terreur montait les esprits ;

elle prouve aussi quel peu de cas il faut faire, scientifiquement parlant, des descriptions du temps, qu'elles soient écrites ou figurées. Ce dessin est relativement moderne, je veux dire qu'il est de beaucoup postérieur à l'époque où eurent lieu les apparitions qu'il illustre ; mais celui que nous donnons plus loin (fig. 2) de la comète de 1528, est tiré d'un ouvrage d'Ambroise Paré, contemporain de l'apparition : les têtes coupées, les sabres, les armes qui accompagnent

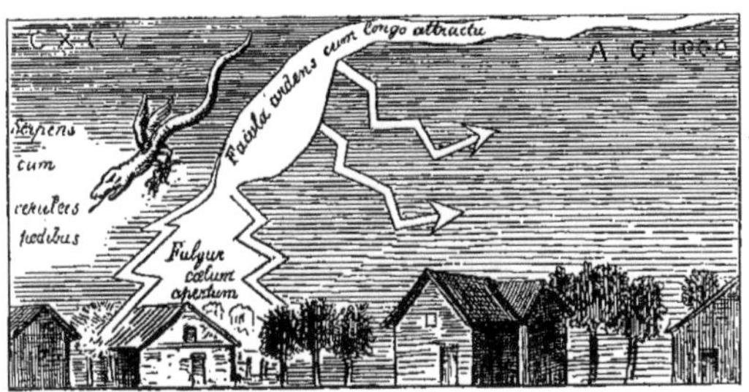

Fig. 1. — Les phénomènes de l'an 1000. Fac-simile d'un dessin du *Theatrum cometicum* de Lubicnietzki.

le dessin de l'étoile chevelue ne sont que la traduction des objets épouvantables que les imaginations populaires surexcitées croyaient voir dans les comètes ou les autres météores, signes du ciel [1].

Écoutez encore en quels termes l'historien Nicetas décrit la comète (ou le météore) de l'an 1182. « Après que les Latins

1. Notre savant et regretté naturaliste F.-A. Pouchet dit, avec grande raison, dans une note de son beau livre *l'Univers* : « On peut voir dans Ambroise Paré jusqu'à quel point les esprits les plus sérieux des derniers siècles se sont laissé égarer au sujet des comètes. L'illustre chirurgien, qui n'était certes pas superstitieux, donne dans son important ouvrage les plus fantastiques figures de quelques-uns de ces astres. Dans son chapitre intitulé *des Monstres célestes*, Ambroise Paré parle de comètes chevelues, barbues, en bouclier, en lance, en dragon, ou en bataille de nuées. Et il y décrit surtout, et y représente, dans tous ses détails, une comète sanglante qui apparut en 1528 (c'est

eurent été chassés de Constantinople, on vit un pronostic des fureurs et des crimes auxquels Andronic devoit se livrer.

Fig. 2. — Comète de 1528. Fac-simile d'un dessin des *Monstres célestes* d'Ambroise Paré.

Une comète parut dans le ciel, semblable à un serpent tortueux; tantôt elle s'étendoit, tantôt elle se replioit sur

cette figure que nous donnons ici). « Cette comète, dit-il, estoit si horrible, si épouuantable qu'elle engendroit si grand terreur au vulgaire, qu'il en mourut aucuns de peur, les autres tombèrent malades. Elle apparoissoit estre de longueur excessiue, et estoit de couleur de sang; à la sommité d'icelle on voyoit la figure d'un bras courbé tenant une grande espée en la main, comme s'il eust voulu frapper. Au bout de la pointe, il y avoit trois estoilles. Aux deux côtés des rayons de cette comète, il se voyoit grand nombre de haches, cousteaux, espées colorées de sang, parmy lesquels il y auoit grand nombre de faces humaines hideuses, avec les barbes et les cheveux hérissez. »

elle-même ; tantôt au grand effroi des spectateurs, elle ouvroit une vaste gueule ; on auroit dit, qu'avide de sang humain, elle étoit sur le point de s'en rassasier. »

« Comiers, dit Pingré, fait paraître au mois d'octobre 1508 une *horrible comète*, fort rouge, représentant des têtes humaines, des membres coupés, des instruments de guerre, une épée au milieu. » N'est-ce pas, avec une erreur de date de la part de l'un ou de l'autre des chroniqueurs, la comète dont nous venons de parler plus haut, à propos de la figure dont nous reproduisons ici le fac-simile.

Quand nous étudierons les comètes périodiques, nous verrons que l'une des plus fameuses dans l'histoire est celle qui porte aujourd'hui le nom de Halley, du nom de l'astronome qui a calculé et prédit le premier ses retours. Cette comète s'est en effet déjà montrée vingt-quatre fois à la Terre, depuis l'an 12 avant notre ère, date de l'apparition la plus reculée dont on ait gardé le souvenir. Transcrivons ici, d'après Babinet, les plus remarquables particularités des événements auxquels les croyances populaires l'ont rattachée.

« Les Musulmans, avec Mahomet II à leur tête, assiégeaient Belgrade, défendue par Huniade, surnommé *l'exterminateur des Turcs*. La comète de Halley paraît, et les deux armées sont prises d'une égale crainte. Le pape Calixte III, frappé lui-même de la terreur générale, ordonne des prières publiques et lance un timide anathème sur la comète et sur les ennemis de la chrétienté. Il établit la prière dite *Angelus de midi*, dont l'usage continue encore dans toutes les églises catholiques. Les frères mineurs amènent 40 000 défenseurs à Belgrade, assiégée par le conquérant de Constantinople, le destructeur de l'empire d'Orient. Enfin la bataille se livre ; elle dure deux jours sans désemparer. Une mêlée de deux jours fait périr plus de 40 000 combattants. Les frères mineurs sans armes, le crucifix à la main, étaient aux premiers rangs, invoquant l'exorcisme du pape contre la comète, et détournaient sur l'ennemi la colère céleste dont personne ne doutait alors. Quels rudes astronomes ! »

Mais remontons plus haut dans l'histoire de cette comète. Elle apparaît au mois d'avril 1066. « Les Normands ont à leur tête leur duc Guillaume, surnommé depuis le Conquérant, et sont prêts à envahir l'Angleterre, dont le trône a été usurpé par Harold, malgré la foi jurée à Guillaume. Per-

Fig. 3. — La comète de Halley, à son apparition de l'an 1066. D'après la tapisserie de Bayeux.

sonne ne doute que la comète ne soit le précurseur de la conquête. Nouvel astre, nouveau souverain. *Nova stella, novus rex!* Tel était le proverbe du temps. Je n'aurais que le choix entre les chroniqueurs qui disent unanimement : Les Normands, guidés par une comète, envahissent l'Angleterre. » La figure 3 reproduit, d'après la célèbre tapisserie de Bayeux attribuée à la reine Mathilde, femme du Conquérant, l'épisode où l'apparition de la comète se trouve illustrée.

C'est la comète de Halley, dans son apparition de 1066, qui occasionna les objurgations du moine de Malmesbury, cité par

Pingré d'après une vieille chronique anglaise : « Voyant sa patrie sur le point d'être attaquée, d'un côté par Harald (Harold), roi de Norvége ; de l'autre par Guillaume, et jugeant qu'il y auroit du sang répandu : Te voilà donc, dit-il en apostrophant la comète, te voilà, source des larmes de plusieurs mères. Il y a longtemps que je t'ai vue ; mais je te vois maintenant plus terrible : tu menaces ma patrie d'une ruine entière. »

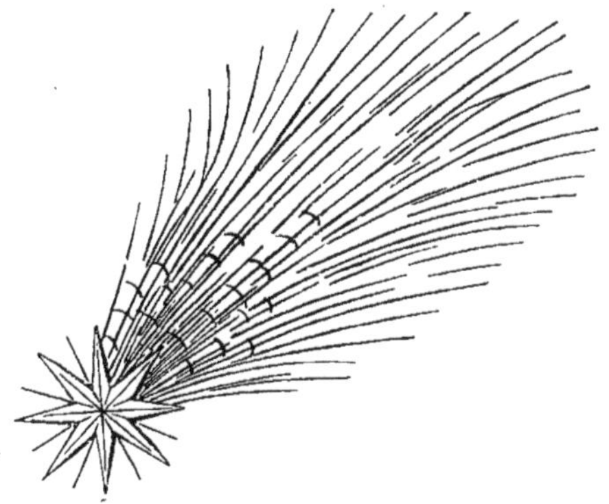

FIG. 4. — La comète de Halley, en 684. Fac-simile d'un dessin de la *Chronique de Nuremberg.*

En remontant plus haut encore, la comète de Halley est celle que nous avons déjà vue annoncer en 837 la mort de Louis le Débonnaire, survenue trois ans plus tard. Enfin, la comète de 684 (fig. 4) est aussi une de ses apparitions.

Nous ne dirons rien de la fameuse comète de 1556, à l'influence de laquelle on a longtemps attribué l'abdication de Charles-Quint, et la raison en est que le célèbre empereur était déjà descendu du trône quand la comète parut. Nous aurons d'ailleurs plus loin l'occasion de parler de l'annonce de son retour, entre 1848 et 1860, et de sa non-réapparition.

§ IV — Les Comètes depuis l'époque de la Renaissance jusqu'à nos jours

Affaiblissement lent des croyances relatives aux comètes. — Bayle ; pensées sur la comète de 1680. — Un passage d'une lettre de Mme de Sévigné sur l'agonie de Mazarin et la même comète. — Au XVIIIe siècle, l'influence surnaturelle se transforme, dans l'opinion, en influence physique. — Restes des superstitions cométaires au XIXe siècle. — La comète de 1812 et la campagne de Russie ; Napoléon Ier et la comète de 1769 ; la grande comète de 1861 en Italie.

Nous venons de voir les idées superstitieuses du moyen âge dominer encore en pleine Renaissance, puisqu'un savant comme Ambroise Paré, non astronome il est vrai, attribue aux comètes les mêmes sinistres influences que les foules de l'an 1000 attendant, dans les mortifications et les angoisses, la fin du monde. Cela devait être, la science n'étant point parvenue encore à assigner aux comètes, comme aux autres météores extraordinaires, leur véritable rôle dans l'ordre de la nature.

Peu à peu cependant des idées plus saines se font jour, et à l'influence surnaturelle des comètes on va voir peu à peu succéder, dans l'esprit des hommes de science et des gens éclairés, l'influence purement physique, d'abord sous la forme de simples hypothèses, puis comme probabilités déduites des observations et des faits. Ce progrès se fait lentement, comme celui de l'astronomie cométaire ; mais il faut dire qu'il a eu pour auxiliaires des penseurs qui, sans être astronomes, étaient au courant des connaissances scientifiques de leur temps : en invoquant le simple bon sens, ils ont contribué à déduire des préjugés ridicules [1]. Tel fut

1. Voici une anecdote que nous empruntons à Bayle et qui prouve qu'au commencement du XVIIe siècle on commence à traiter plaisamment un sujet dont généralement on n'avait pas coutume de rire. « Il me semble, dit M. de Bassompierre à M. de Luynes, en 1621, peu après la mort de Philippe III, que

Bayle ; nous avons cité déjà quelques fragments de ses *Pensées sur la comète* ; complétons ce que nous avions à en dire.

Les *Pensées diverses écrites à un professeur de Sorbonne* durent le jour aux rumeurs que causa dans le public de France et d'Europe l'apparition de la fameuse comète de décembre 1680. Dès le début, Bayle remonte à l'opinion si judicieuse de Sénèque et renoue ainsi la chaîne des saines idées. Les comètes, dit-il, « sont des corps sujets aux lois ordinaires de la nature et non pas des prodiges qui ne suivent aucune règle. » Supposant que son correspondant partage les préjugés courants, il s'étonne « qu'un aussi grand docteur se soit néanmoins laissé entraîner au torrent, et s'imagine avec le reste du monde, malgré les raisons du petit nombre choisi, que les comètes sont comme des hérauts d'armes qui viennent déclarer la guerre au genre humain de la part de Dieu... »

Il examine alors la valeur des témoignages historiques que divers écrivains invoquent à l'appui du préjugé :

« Les témoignages des historiens, dit-il, se réduisent à prouver uniquement qu'il a paru des comètes, et qu'ensuite il y a bien eu des désordres dans le monde, ce qui est bien éloigné de prouver que l'une de ces choses est la cause ou le pronostic de l'autre, à moins qu'on ne veuille qu'il soit permis à une femme qui ne met jamais la tête à sa fenêtre, à la rue Saint-Honoré, sans voir passer des carrosses, de s'imaginer qu'elle est la cause pourquoi ils passent, ou du moins qu'elle doit être un présage à tout le quartier, en se montrant à la fenêtre, qu'il passera bientôt des carrosses. »

Bayle s'attaque ensuite à l'astrologie, à ses prétendus

la comète dont nous nous moquions à Saint-Germain, ne s'est pas moquée d'avoir mis par terre en deux mois un pape, un grand-duc et un roi d'Espagne.» Une croyance qui s'exprime de cette façon touche à sa fin.

principes, comme aux sources mêmes de toutes les croyances extravagantes ayant les phénomènes célestes pour objet ; et en effet les préjugés sur les comètes n'en forment qu'un chapitre particulier, qu'on pourrait intituler l'*Astrologie cométaire*.

« Le détail des présages des comètes ne roulant que sur les principes de l'astrologie ne peut être que très-ridicule, parce qu'il n'y a jamais eu rien de plus impertinent, rien de plus chimérique que l'astrologie, rien de plus ignominieux à la nature humaine, à la honte de laquelle il sera vrai de dire éternellement, qu'il y a eu des hommes assez fourbes pour tromper les autres, sous le prétexte de connaître les choses du Ciel, et des hommes assez sots pour donner créance à ces autres-là, jusqu'au point d'ériger la charge d'astrologue en titre d'office, et de n'oser prendre un habit neuf, ou planter un arbre, sans l'approbation de l'astrologue. »

« L'astrologue vous dira à quels pays et à quelles gens ou à quelles bêtes la comète en veut principalement et de quelle sorte de maux elle menace. Dans le Bélier, elle signifie de grandes guerres et de grandes mortalités, l'abaissement des grands et l'élévation des petits, des sécheresses épouvantables pour les lieux soumis à la domination de ce signe. Dans la Vierge, elle signifie des avortements dangereux, des maltôtes, des emprisonnements, la stérilité et la mort de quantité de femmes. Dans le Scorpion, ce sont, outre les maux précédents, des reptiles et des sauterelles innombrables. Dans les Poissons, des disputes sur des points de foi, des apparitions épouvantables dans l'air, des guerres et des pestes, et toujours la mort des grands, etc. »

... « Ce n'est pas d'aujourd'hui que les astrologues raisonnent sur de telles extravagances. C'était la même chose du temps de Pline. « On prétend, dit-il, que ce n'est pas une chose indifférente que les comètes dardent leurs rayons vers certains endroits, ou reçoivent leur vertu de certains astres, ou représentent certaines choses, ou brillent en certaines parties du ciel. Si elles ressemblent à une flûte, leurs présages s'adressent à la musique; quand elles sont dans les parties honteuses d'un signe, c'est aux impudiques qu'elles en veulent; si leur situation fait un triangle ou un carré équilatéral à l'égard des étoiles fixes, c'est aux sciences et à l'esprit qu'elles s'adressent. Elles répandent des poisons quand elles se trouvent dans la tête du Serpentaire boréal ou austral. » (PLINE, lib. II, cap. XXV.)

Bayle cite un mot attribué à Henri IV, dont l'application se pourrait faire, aujourd'hui encore, à bien des genres de prédictions prétendues scientifiques, et notamment aux présages cométaires. « Henri IV, à propos des astrologues qui le menaçaient de la mort, s'écria : Ils diront vrai un jour et le public se souviendra mieux de la seule fois où leur prédiction aura été vraie, que de tant d'autres où ils ont prédit à faux. »

La lettre du célèbre publiciste est longue; elle touche à mille considérations qui, intéressantes pour l'histoire des idées à la fin du XVIIe siècle, paraîtraient aujourd'hui, en 1874, bien éloignées de notre sujet ; mais la pensée philosophique qui l'a inspirée est toujours vraie; elle peut se résumer en ces lignes éloquentes par où nous terminerons nos citations :

« Plus on étudie l'homme, plus on conçoit que l'orgueil est sa passion dominante, et qu'il affecte la grandeur jusque dans la plus triste misère. Chétive et caduque créature qu'il est, il a bien pu se persuader qu'il ne sauroit mourir sans troubler toute la nature, et sans obliger le ciel à se mettre en de nouveaux frais pour éclairer la pompe de ses funérailles. Sotte et ridicule vanité. Si nous avions une juste idée de l'univers, nous comprendrions bientôt que la mort ou la naissance d'un prince est une si petite affaire, eu égard à toute la nature des choses, que ce n'est pas la peine qu'on s'en remue dans le ciel. »

Mme de Sévigné, écrivant le 2 janvier 1681 au comte de Bussy, fait mention de la même comète alors en vue, et termine par une pensée qui, au fond, est celle de Bayle. Voici le passage :

« Nous avons ici une comète qui est bien étendue aussi ; c'est la plus belle queue qu'il est possible de voir. Tous les plus grands personnages sont alarmés, et croient fermement que le ciel, bien occupé de leur perte, en donne des avertissements par cette comète. On dit que le cardinal Mazarin étant désespéré des médecins, ses courtisans crurent qu'il fallait honorer son agonie d'un prodige, et lui dire qu'il paraissait une grande comète qui leur faisait peur. Il eut la force de se moquer d'eux, et il leur dit plaisamment que la comète lui faisait trop d'honneur. En vérité, on devrait en dire autant que lui ; et l'orgueil humain se fait trop d'honneur de croire qu'il y ait de grandes affaires dans les astres, quand on doit mourir. »

Aujourd'hui quel est l'homme instruit, quel est l'esprit éclairé qui n'adhérerait entièrement à cette pensée du célèbre publiciste et de la spirituelle marquise ? Cependant les préjugés relatifs aux comètes, aux météores célestes et même atmosphériques ne sont pas entièrement détruits. Nous en aurions pu chercher encore des traces dans le siècle dernier ; mais à cette époque du XVIIIe siècle, si favorable à la science, c'est sous une autre forme que se font jour les erreurs dont nous avons donné un tableau rapide depuis les temps les plus anciens jusqu'aux temps modernes ; et, dans les chapitres où nous étudions les influences possibles des comètes sur la Terre, on verra que si les craintes populaires furent alors d'une autre nature, elles ne furent guère moins vives. En plein XIXe siècle, ces craintes se sont renouvelées : l'idée que la fin du monde peut arriver par la rencontre de la Terre et d'une comète, a trouvé des esprits tout disposés à accepter aveuglément une telle croyance. Mais il y a mieux : la vieille superstition de l'influence ou de la signification surnaturelle des comètes est vivace toujours dans les masses ignorantes, dont l'esprit n'a pu être modifié en rien par la science, puisque la science est toujours lettre morte pour elles. Voici un fait qui, il est vrai, a déjà soixante ans de date, et s'est passé en Russie :

« C'était ailleurs que dans l'échange des notes diplomatiques que les habitants de Moscou puisaient le pressentiment de quelque catastrophe prochaine. La fameuse comète de 1812 fut pour eux un premier avertissement. Voyons les réflexions qu'elle inspirait à l'abbesse de *Dievitchi monastir* (couvent de demoiselles) et à la religieuse Antonine, l'ancienne esclave des Apraxine. « Un soir que nous allions à un service commémoratif à l'église de la Décollation de Saint-Jean, tout à coup j'aperçois de l'autre côté de l'église comme une gerbe de flammes resplendissantes. Je poussai un cri, et faillis laisser tomber la lanterne. La mère abbesse vint à moi et me dit : Que fais-tu ? Qu'as-tu donc? — Alors, elle fit trois pas en avant, aperçut aussi le météore et resta longtemps à le contempler. Je lui demandai : *Matouchka*, quelle étoile est-ce là ? — Elle répondit : Ce n'est pas une étoile, c'est une comète. — Je lui demandai encore : Mais qu'est-ce qu'une comète? Je n'ai jamais entendu ce mot là. — La mère dit alors : Ce sont des signes dans le ciel que Dieu nous envoie avant les malheurs. — Tous les soirs, cette comète flambait au ciel, et nous nous demandions toutes : — Quels malheurs apporte-t-elle donc? » (*La grande armée à Moscou d'après les témoignages moscovites*, *Revue des Deux-Mondes* du 1er juillet 1873).

Croit-on qu'une telle crédulité n'existe pas toujours aujourd'hui et ailleurs qu'en Russie ? N'y a-t-il pas des gens qui pensent encore que la grande comète de 1769, venue l'année même de la naissance de Napoléon Ier, présageait l'ère de guerre qui a ensanglanté la fin du XVIIIe siècle et le commencement du XIXe, et les désastres que ce trop fameux despote a déchaînés sur l'Europe et finalement sur la France? N'a-t-on pas encore vu enfin tout récemment, en 1861, quand apparut la grande comète de cette année, la rumeur publique considérer l'astre nouveau, en Italie et sans doute ailleurs, tantôt comme le signe du retour prochain de François II, de sa restauration sur le trône des Deux-Siciles, tantôt comme le présage de la chute du pouvoir temporel et de la mort du pape Pie IX?

Il ne faut pas s'étonner de la persistance de ces superstitions, que seule la science, en se répandant partout, en portant partout la lumière, pourra faire disparaître sans retour. En voyant, dans le chapitre suivant, combien les idées vraies sur les comètes, soupçonnées il y a bien des siècles déjà, ont eu de peine à s'établir victorieuses, on ne sera point surpris que la part de l'erreur se trouve faite encore, en plein XIXe siècle, au sein de populations qu'on croit éclairées; elles ne le seront sérieusement que le jour où l'instruction primaire leur aura enseigné quelques notions précises de physique, d'histoire naturelle et d'astronomie.

CHAPITRE II

L'ASTRONOMIE COMÉTAIRE, DE L'ANTIQUITÉ JUSQU'A NEWTON

§ I — Les Astronomes d'Égypte et de Chaldée et les Comètes

Les Egyptiens et les Chaldéens ont-ils eu quelque connaissance positive sur les comètes? Apollonius de Mynde; les Pythagoriciens considèrent les comètes comme de véritables astres. — Selon Aristote, ce sont des météores passagers; funeste influence de l'autorité de ce grand génie sur les développements de l'astronomie cométaire.

Telle est l'histoire, très-écourtée, des aberrations où est tombé l'esprit humain, il faut plutôt dire l'imagination humaine, à propos des comètes. Nous devons maintenant montrer comment peu à peu, bien lentement il est vrai, la vérité s'est dégagée de l'erreur, et à l'histoire des superstitions et des préjugés, opposer celle de la science. Toutes deux sont instructives, et elles s'éclairent l'une l'autre à toutes les périodes de leur mutuel développement. Ainsi, par exemple, on conçoit que l'irrégularité du mouvement des comètes, leur apparition subite, imprévue, l'étrangeté de leur aspect, ont longtemps éloigné les hommes qui étudiaient la nature de l'idée qu'ils avaient affaire à de véritables astres, soumis à des lois régulières comme les planètes. S'il fallut des siècles de travaux, d'observations, de recherches pour arriver à la découverte du vrai système du monde, en ce qui concerne le Soleil, les planètes et la Terre, la difficulté fut bien autre pour les mouvements et la nature vraie des comètes, puisqu'on ne prit pas la peine d'en faire des observations exactes et suivies. Or ces difficultés, cette pierre d'achoppement pour la science, favorisaient singulièrement au contraire les préjugés, les superstitions, toutes les hypothèses qui aujourd'hui nous apparaissent si saugrenues. D'autre part, la prédominance des idées mystiques détournait encore les astronomes d'une étude qui se trouvait être plutôt du ressort des devins que des savants.

Il n'en est que plus intéressant de voir quelques idées justes, quelques conceptions vraies se faire jour au sein de ces ténèbres de l'ignorance primitive. C'était, il est vrai, dans un temps et dans des pays où la philosophie, non encore obscurcie par les substilités scolastiques, s'exerçait librement à expliquer les faits par des hypothèses naturelles; où, par une intuition hardie et heureuse, l'école pythagoricienne devinait, sans le démontrer, le vrai système du monde.

Est-ce aux Chaldéens, aux anciens Égyptiens qu'il faut faire remonter la première idée vraie sur la nature des comètes? On pourrait croire qu'ils regardaient les comètes comme des astres assujettis à des mouvements réguliers, non comme de simples météores, s'il était vrai qu'ils eussent été en possession des moyens d'en prédire le retour. Des passages de Diodore de Sicile prouvent bien que les astronomes chaldéens et égyptiens hasardaient de telles prédictions; mais il est probable qu'ils les basaient sur certaines croyances, plus astrologiques qu'astronomiques, ainsi qu'on va pouvoir en juger. Voici, en effet, le passage de Diodore de Sicile relatif aux Chaldéens:

« Les Chaldéens, dit-il, par une longue suite d'observations, ont acquis une connaissance supérieure des mouvements et des corps célestes : connaissance qui les met en état d'annoncer les événements futurs de la vie des hommes ; mais, selon eux, cinq étoiles qu'ils nomment interprètes, et que les autres nomment planètes, méritent une considération particulière : leur mouvement est d'une efficacité bien singulière... Elles annoncent aussi l'apparition des comètes, les éclipses du soleil et de la lune, les tremblements de terre; tous les changements qui arrivent dans l'air, soit que ces changements soient salutaires, soit qu'ils soient pernicieux, tant aux nations entières qu'aux rois et aux simples particuliers. » Le même Diodore, parlant des observations astronomiques des Égyptiens et de leurs connaissances des mouvements des corps célestes, assure « qu'ils prédisaient souvent aux hommes ce qui doit leur arriver dans le cours de leur vie : l'effet suit la prédiction; il n'est pas rare, ajoute-t-il, de les entendre annoncer les maladies qui doivent frapper les hommes ou les animaux. Enfin, par des observations accumulées depuis longtemps, ils prévoient les tremblements de terre, les inondations, la naissance des comètes, et généralement tout ce qui paraît surpasser la portée de l'esprit humain ».

Il est clair que, dans la pensée de l'historien, les prédictions relatives aux comètes qu'il attribue aux Égyptiens et aux Chaldéens n'ont rien d'astronomique. Les comètes s'y trouvent confondues avec d'autres météores atmosphériques dont le retour était lié, selon eux, au cours des astres par des coïncidences rares, mystérieuses, telles sans doute que les conjonctions ou autres aspects célestes, dont les astrologues ont eu à s'occuper plus que les astronomes.

Néanmoins il est à croire que les Chaldéens eurent quelques notions justes sur les comètes. C'est chez eux, en effet, et chez les Egyptiens [1] que les Grecs puisèrent leurs pre-

1. « Eudoxe, le premier, transporta d'Égypte dans la Grèce la connaissance de leurs mouvements (les planètes). Toutefois il ne dit rien des comètes ; d'où

mières connaissances astronomiques; c'est d'eux qu'Apollonius de Myndes, si l'on en croit Sénèque, tira ses idées sur les comètes. « Selon Appollonius, les comètes sont mises par les Chaldéens au nombre des étoiles errantes, et ils connaissent leur cours. » Sénèque expose ensuite en détail l'opinion de cet ancien astronome : « La comète n'est pas un assemblage de planètes; mais une foule de comètes sont des planètes réelles. Ce ne sont point des images trompeuses, des feux qui grossissent par le rapprochement de deux astres; ce sont des astres particuliers, tel qu'est le Soleil ou la Lune. Leur forme n'est point précisément ronde, mais élancée, étendue en longueur. Du reste, leur orbite n'est pas visible; ils traversent les plus hautes régions du ciel et ne deviennent apparents qu'au plus bas de leur cours. Ne croyons pas que la comète qu'on vit sous Claude soit la même que celle qui parut sous Auguste, ni que celle qui s'est montrée sous Néron, et qui a réhabilité les comètes, ait ressemblé à celle qui, après le meurtre de Jules César, durant les jeux de Vénus Génitrix, s'éleva sur l'horizon vers la onzième heure du jour. Les comètes sont en grand nombre et de plus d'une sorte; leurs dimensions sont inégales, leur couleur diffère; les unes sont rouges, sans éclat; les autres blanches et brillant de la plus pure lumière; d'autres présentent une flamme mélangée d'éléments peu subtils et se chargent, s'enveloppent de vapeurs fumeuses. Quelques-unes sont d'un rouge de sang, sinistre présage de celui qui sera bientôt répandu. Leur lumière augmente et dé-

il résulte que les Égyptiens même, le peuple le plus curieux d'astronomie, avaient peu approfondi cette partie de la science. Plus tard, Conon, observateur aussi des plus exacts, dressa le catalogue des éclipses de soleil qu'avaient notées les Égyptiens, mais ne fit aucune mention des comètes, qu'il n'eût point omises s'il eût trouvé chez eux quelques faits constatés sur ce point. » (SÉNÈQUE, *Questions naturelles*, VII, 3.)

croît comme celle des autres astres qui jettent plus d'éclat, qui paraissent plus grands à mesure qu'ils descendent et s'approchent de nous, plus petits et moins lumineux parce qu'ils rétrogradent et s'éloignent. »

Nous verrons tout à l'heure Sénèque embrasser ce système où, au milieu d'observations exactes et de conjectures s'approchant beaucoup de la vérité, se mêlent quelques erreurs et des traces des superstitions régnantes. L'assimilation des comètes aux planètes, en ce qui concerne leurs mouvements, est une vue lumineuse, d'autant plus exacte qu'Apollonius signale en même temps une différence caractéristique entre les deux espèces de corps célestes, à savoir que les comètes ne sont visibles que dans une faible portion de leurs orbites.

Parmi les anciens philosophes qui crurent que les comètes sont des astres, des étoiles errantes comme les planètes, il faut citer Diogène, celui qui fut chef de la secte d'Ionie après Anaxagore (Plutarque), Hippocrate de Chio, et plusieurs pythagoriciens. Un passage de Stobée (ve siècle après J.-C.) prouve, ainsi que le livre VII des *Questions naturelles* de Sénèque, que cette opinion des anciens sur la véritable nature des comètes est restée consignée sans utilité dans des ouvrages qui ont traversé tout le moyen âge ; les astronomes n'en ont tiré aucun profit, tant la superstition était générale et profondément enracinée dans les esprits. Voici le passage de Stobée : « Les Chaldéens, dit-il, croyaient que les comètes étaient d'autres planètes, des étoiles qui sont cachées durant quelque temps, parce qu'elles sont trop éloignées de nous, et qui paraissent quelquefois lorsqu'elles descendent vers nous, selon les lois qui leur sont prescrites ; qu'elles sont appelées comètes par ceux qui ignorent que ce sont de véritables étoiles qui paraissent s'anéantir lorsqu'elles retournent dans leur propre région, lorsqu'elles se replongent dans le profond abîme de l'éther, comme les poissons au fond de la mer. »

Que fallait-il pour féconder ces vues remarquables? C'était d'appliquer à l'observation des comètes les règles connues depuis longtemps et suivies par tous les astronomes, pour noter avec précision toutes les circonstances des mouvements des planètes. Combien de telles observations parvenues jusqu'à nous n'eussent-elles pas été précieuses pour les théories cométaires? A la vérité, pour en tirer tout le parti possible, il aurait aussi fallu, du même bond, s'élever jusqu'à la conception du vrai système du monde, entrevu par l'école pythagoricienne et laissé dans l'ombre jusqu'aux Copernic et aux Galilée.

Quels obstacles se sont opposés à un progrès si naturel dans la science? D'abord, le plus puissant de tous, l'envahissement des esprits par les croyances au surnaturel et les préjugés sur les comètes qui ont été en s'épaississant pour ainsi dire depuis les temps de la Grèce héroïque et philosophique jusqu'au moyen âge, où la folie astrologique a atteint son maximum d'intensité. Il y eût aussi malheureusement l'influence d'un puissant génie qui embrassa, sans parti pris il est vrai, le système erroné des comètes-météores. Dans ces siècles où l'on jurait toujours *per verba magistri*, la parole d'Aristote suffisait pour entraîner la conviction, et les idées d'Apollonius de Myndes et de Sénèque devaient paraître entachées d'hérésie.

Pingré classe les opinions des anciens sur les comètes en trois systèmes principaux : celui que nous venons de rapporter, et qui est comme une ébauche du système vrai; celui de Panétius qui regardait les comètes comme dépourvues de toute réalité, n'étant qu'une simple apparence d'optique, et enfin le système qui consiste à faire des comètes de simples météores atmosphériques, passagers, sublunaires. Parmi les auteurs de ces systèmes, les uns, tels qu'Héraclide de Pont et Xénophane, regardaient les comètes comme des nuées très-élevées qu'éclaire la lumière du Soleil, de la Lune ou des étoiles, ou encore comme des nuages embrasés. Transportez ces nuées de l'atmosphère dans le ciel lui-même, dans les régions que parcourent les planètes, et vous avez presque l'opinion des astronomes contemporains. Il en serait de même de l'idée de Straton de Lampsaque, qui voyait dans les comètes des lumières enfoncées au sein de nuées fort denses, les comparant en quelque sorte à des lanternes : le noyau lumineux au centre de la nébulosité, que le télescope a révélé aux modernes, ne répond-il point, en effet, à cette hypothèse du philosophe péripatéticien ?

Voici maintenant l'idée d'Aristote sur les comètes, idée absolument fausse, encore en vogue il y a deux siècles, mais importante en ce sens qu'elle a eu, comme nous venons de le dire, sur tous les astronomes du moyen âge et même sur ceux de la Renaissance une influence considérable. Aux yeux de ce grand philosophe, les comètes sont des exhalaisons s'élevant de la Terre, lesquelles, arrivées dans les régions supérieures de l'air voisines de la région du feu[1], sont entraînées dans le mouvement du milieu qui les entoure ; elles finissent par s'unir, se condenser et s'enflammer ; l'embrasement dure tant qu'il y a des matières combustibles ; le feu s'éteint et les comètes disparaissent, quand ce feu n'a plus d'aliment. Il est inutile de réfuter ces hypothèses sans fondement, et

1. Suivant Aristote, l'air est divisé en trois régions : celle où vivent et respirent les animaux et les plantes : c'est la région inférieure, qui est immobile comme la Terre sur laquelle elle repose ; la moyenne région, extrêmement froide, participe à l'immobilité de la première ; mais la région supérieure, voisine de la région du feu ou du ciel même, est entraînée par le mouvement diurne de ce dernier. C'est là que montent les exhalaisons émanées de la Terre et que, échauffées par le milieu et par le mouvement, elles engendrent les météores ignés, dont les comètes font partie.

même de rapporter les objections qu'y firent des écrivains anciens comme Sénèque. Mais il est bon de nous arrêter un instant à ce dernier philosophe : le Livre des *Questions naturelles*, où il nous rapporte tout ce qu'on savait de son temps des comètes, de leurs apparitions, de leurs mouvements, de leur influence, a une grande valeur historique, et les vues propres de l'auteur sont certainement elles-mêmes dignes d'attention.

§ II — L'Astronomie cométaire au temps de Sénèque

Le Livre VII des *Questions naturelles* sur les comètes. — Sénèque y défend le système d'Apollonius de Myndes ; il émet des vues pleines de justesse sur la nature des comètes et sur leurs mouvements. — Ses prédictions sur les découvertes futures, relatives aux comètes. — Les astronomes de l'avenir.

Dès le début de son livre, Sénèque saisit bien l'importance de la question posée, et le rapport qui doit exister entre la nature des comètes et le système même de l'univers. Il se demande « si les comètes sont de même nature que les corps placés plus haut qu'elles. Elles ont avec eux des points de ressemblance, l'ascension et la déclinaison, et aussi la forme extérieure, sauf la diffusion et le prolongement lumineux ; du reste, même feu, même éclat. » Voilà les comètes assimilées aux planètes quant à leurs mouvements, et ne s'en distinguant que par leurs nébulosités et leurs queues. Sénèque comprend combien il serait important de « rechercher si le monde tourne autour de la Terre immobile, ou si c'est le monde qui est fixe et la Terre qui tourne ; si ce n'est pas le ciel, mais notre globe qui se lève et se couche. Il faudrait aussi avoir, dit-il enfin, le tableau de toutes les comètes qui apparurent avant nous : car leur rareté jusqu'ici empêche de saisir la loi de leur course, et de s'assurer si leur marche est périodique, si un ordre constant les ramène au jour marqué. Or l'observation de ces corps célestes est de date récente et ne s'est introduite que depuis peu dans la Grèce. » Il ne paraît pas que Sénèque ait rien fait pour aider lui-même à la réalisation d'un vœu aussi sage et aussi perspicace. Il parut plusieurs comètes de son temps ; c'est à peine s'il les mentionne dans son livre, et il ne rapporte aucune des circonstances de leur apparition capables d'en faire connaître la marche apparente avec quelque exactitude.

De ces considérations préliminaires qui indiquent, dans l'esprit du philosophe romain, un pressentiment si juste de la vérité, il passe à l'exposé des principaux systèmes imaginés de son temps pour expliquer les comètes. Il s'attache à réfuter le système d'Epigène qui, comme Apollonius de Myndes, avait consulté les astronomes de Chaldée, mais en en rapportant une opinion tout à fait opposée, c'est-à-dire à peu de chose près l'opinion d'Aristote, sauf quelques explications de détail, d'ailleurs aussi fausses. En combattant ces vues, Sénèque s'élève parfois à des considérations fort justes, par exemple à celle de la régularité relative des mouvements cométaires. « Rien de confus, dit-il, ni de tumultueux dans leur allure, rien qui fasse augurer qu'elles obéissent à des éléments de trouble et à des mobiles inconstants. Et puis, quand des tourbillons seraient assez forts pour s'emparer des émanations humides et terrestres, et les lancer de si bas à de telles hauteurs, ils ne les élèveraient pas au-dessus de la Lune ; toute leur action s'arrête aux nuages. Or nous voyons les comètes rouler au plus haut des cieux parmi les étoiles. »

Sénèque note soigneusement l'une des différences caractéristiques des planètes et des comètes : « Rappelons-nous que les comètes ne se montrent pas dans une seule région du ciel, ni dans le cercle du zodiaque exclusivement ; elles paraissent au levant tout comme au couchant, mais le plus souvent vers le nord. » ...« La comète a sa région propre ; elle achève son cours ; elle ne s'éteint pas, elle s'éloigne de la portée de nos yeux. Si c'était une planète, dira-t-on, elle roulerait dans le zodiaque. Mais qui peut assigner aux astres une limite exclusive, confiner et tenir à l'étroit ces êtres divins ? Ces planètes mêmes, qui seules te semblent se mouvoir, parcourent des orbites différentes les unes des autres. Pourquoi n'y aurait-il pas des astres qui suivraient des routes particulières et fort éloignées de celles des planètes ? Pourquoi quelque région du ciel serait-elle inaccessible ? »

Plus loin, il explique assez nettement la cause des rétrogradations qu'on observe dans le mouvement des astres, des comètes, et aussi leurs stations :

« Pourquoi, dit-il, certains astres semblent-ils rebrousser chemin ? C'est la rencontre du Soleil qui leur donne une apparence de lenteur ; c'est la nature de leurs orbites et des cercles disposés de telle sorte qu'à certains moments il y a illusion d'optique. Ainsi les vaisseaux, lors même qu'ils vont à pleines voiles, semblent immobiles. » C'est, au fond, l'explication véritable, qui s'applique aussi bien aux mouvements des comètes.

Sénèque énumère et décrit les formes variées que présente leur aspect, puis affirme que toutes les comètes ont la même origine, opinion tout à fait arbitraire, d'ailleurs aujourd'hui encore non résolue. Sur bien des points il a entrevu la vérité, parfois en donnant à l'appui les raisons que devait suggérer le bon sens, parfois en étayant son opinion d'explications qui aujourd'hui font sourire, parce qu'elles sont empruntées à des notions de météorologie, d'astronomie ou de physique, admises à cette époque, notions sans valeur et qu'on doit regarder comme les bégayements d'une science dans l'enfance.

Il rapporte le passage de l'historien Ephore sur la comète de l'an 371, précieux témoignage d'un phénomène qu'on a vu se reproduire de nos jours : la division d'une comète en deux parties. Mais c'est pour traiter le narrateur de crédule ou d'imposteur. Soyons justes : il n'y a pas trente ans que nos astronomes pensaient encore comme Sénèque, et Pingré ne manque pas d'applaudir en ce cas à sa sagacité. Il a fallu le dédoublement de la comète de Gambart, effectué pour ainsi dire sous les yeux des observateurs, pour rendre au témoignage d'Ephore l'autorité que Sénèque et après lui tant d'astronomes modernes croyaient devoir lui refuser.

L'analyse, donnée par notre philosophe, de l'opinion d'Apollonius de Myndes lui fournit l'occasion de se prononcer en faveur d'un système dont les théories cométaires modernes sont le développement infiniment étendu. Mais il ne se contente pas de dire ce qui est selon lui le plus probable; il prophétise hardiment au nom de la science de l'avenir. Ces passages des *Questions naturelles* font le plus grand honneur à Sénèque et méritent d'être cités comme des témoignages de la puissance de pénétration de son intelligence.

« Pourquoi s'étonner, dit-il, que les comètes dont le monde a si rarement le spectacle, ne soient point encore pour nous astreintes à des lois fixes, et que l'on ne connaisse ni d'où viennent, ni où s'arrêtent ces corps dont les retours n'ont lieu qu'à d'immenses intervalles? Il ne s'est pas écoulé quinze siècles depuis que

La Grèce par leurs noms a compté les étoiles [1]. »

« Aujourd'hui encore, que de peuples ne connaissent du

1. *Navita tum stellis numeros et nomina fecit* (Virg., *Géorg. I*).

ciel que son aspect, et ne savent pas pourquoi la Lune s'éclipse et se couvre d'ombre! Nous-mêmes, sur ce point, ne sommes arrivés que depuis peu à une certitude raisonnée. Un âge viendra où ce qui est mystère pour nous sera mis au jour par le temps et les études accumulées des siècles. Pour de si grandes recherches, la vie d'un homme ne suffit pas, fût-elle consacrée tout entière à l'inspection du ciel. Que sera-ce, quand de ce peu d'années nous faisons deux parts si inégales, entre l'étude et de vils plaisirs? Ce n'est donc que successivement et à la longue que ces phénomènes seront dévoilés. Le temps viendra où nos descendants s'étonneront que nous ayons ignoré des choses si simples... »

... « Il naîtra quelque jour un homme qui démontrera dans quelle partie du ciel errent les comètes ; pourquoi elles marchent si fort à l'écart des autres planètes, quelle est leur grandeur, leur nature. Contentons-nous de ce qui a été trouvé jusqu'ici ; que nos neveux aient aussi leur part de vérité à découvrir. »

§ III — Les Comètes, pendant la Renaissance ou dans les temps modernes, jusqu'a Newton et Halley

Apian reconnaît la constance de la direction des queues cométaires, toujours opposées au lieu du Soleil. — Observations de Tycho-Brahé ; ses vues et ses hypothèses sur la nature des comètes. — Képler les regarde comme des météores passagers, se mouvant en ligne droite dans l'espace ; Galilée partage l'opinion de Képler. — Systèmes de Cassini et d'Hévélius.

Seize siècles se sont écoulés entre la prédiction de Sénèque et sa pleine réalisation par les recherches accumulées d'un grand nombre d'astronomes et par l'apparition du *Livre des principes*, où Newton démontre les lois des mouvements cométaires. Il n'y a rien à dire de l'histoire des comètes et des systèmes pendant cette longue et triste période où la doctrine d'Aristote prévaut en tout, sinon qu'elle est entièrement remplie des prédictions des astrologues : notre premier chapitre a résumé sur ce point tout ce que les érudits ont trouvé d'intéressant sur les apparitions des comètes et leur signification redoutable.

Vers le milieu du XVIe siècle, le mouvement de la Renaissance, si favorable aux lettres et aux arts, fit sentir aussi dans les sciences d'observation sa bienfaisante influence. A la fin du XVe siècle déjà, on voit Regiomontanus décrire avec soin les mouvements des comètes ; Apian constater la direction des queues, généralement opposées au lieu du Soleil ; Cardan remarquer que les comètes sont bien au delà de la Lune, fondant son opinion sur la petitesse ou l'absence de parallaxe. Le moment est venu où, au lieu de procéder par voie de conjectures et d'hypothèses, on va s'attacher à multiplier les observations, à leur donner un caractère d'exactitude et de précision qui jusqu'alors leur a fait défaut. On fera encore beaucoup d'hypothèses erronées, mais on s'attachera à les discuter, en comparant aux faits d'observation les conséquences géométriques et astronomiques qui en découlent. Des astronomes de haute valeur, comme Tycho, Képler, Galilée, Hévélius, Cassini, se tromperont sur le véritable caractère des orbites des comètes ; des philosophes, comme Descartes, chercheront à les rattacher à leurs hardies mais fausses conceptions du système du monde. Mais le grand principe qui permet de relier en un majestueux ensemble tout l'édifice des connaissances astronomiques accumulées, celui de la gravitation universelle, va permettre bientôt à Newton de considérer les comètes comme des astres appartenant au même système que les planètes, ou du moins soumis, comme les planètes, aux mêmes lois. A partir de ce moment, la véritable astronomie cométaire, la science des comètes commence, et rapidement s'élève à un degré de développement comparable à celui des autres branches de l'astronomie.

Faisons une esquisse rapide des principales phases de cette histoire jusqu'à Newton ; arrivés là, nous aborderons directement l'étude des comètes, de leurs mouvements, de leur constitution physique et chimique, autant d'éléments qui ont leur place marquée d'ailleurs dans la série de chapitres consacrés à cette étude.

On peut considérer l'apparition de la comète de 1577 comme le point de départ de la nouvelle période. Tycho, qui venait de suivre avec tant de soin l'étoile temporaire de 1572, subitement apparue dans Cassiopée, fit des observations nombreuses et précises de la comète nouvelle : il en détermina la parallaxe, et ainsi mit hors de doute le fait que les comètes se meuvent dans une région plus élevée que la Lune, ainsi que Cardan l'avait remarqué déjà. Tycho essaya de représenter le mouvement de la comète en lui faisant décrire autour du Soleil une orbite circulaire supérieure à Vénus. Quant à la nature physique de l'astre, c'est pour lui un météore, mais non un météore atmosphérique, puisqu'il le suppose engendré dans les profondeurs du ciel : c'était une première atteinte aux idées d'Aristote, que d'autres astronomes contemporains, Mæstlin, Rothmann, continuèrent d'ailleurs à professer.

Les comètes de 1607 et de 1618 fournirent à Képler une occasion d'expliquer les apparences de leurs mouvements, et d'imaginer une hypothèse qui, bien que fausse, était ingénieuse. Selon l'immortel auteur des trois grandes lois des mouvements planétaires, les comètes traversent le système solaire en suivant des orbites rectilignes, et Pingré fait remarquer avec raison que le mouvement apparent des comètes de 1607 et de 1618 s'explique plus naturellement dans cette hypothèse que dans celle de Tycho : ce qu'on peut interpréter en disant que les routes suivies par ces astres, dans leurs portions qui ont été visibles, s'approchent plus d'une ligne droite que d'un cercle. Quant à la nature physique des comètes, que Képler croit aussi nombreuses dans le ciel que les poissons dans la mer, voici ce qu'il en dit dans le deuxième livre de son ouvrage sur les comètes : « Elles ne sont point éternelles, comme l'a pensé Sénèque; elles sont formées de la matière céleste. Cette matière n'est pas toujours également pure : il s'y assemble souvent comme une espèce de crasse qui ternit l'éclat du Soleil et des étoiles. Il faut donc que l'air se purifie et se décharge de cette espèce d'excrément; cela se fait par le moyen d'une faculté animale ou vitale inhérente à la substance même de l'éther. Cette matière épaisse se rassemble sous une figure sphérique; elle reçoit et réfléchit la lumière du Soleil, et est mise en mouvement comme une étoile. Le Soleil la frappe par des rayons directs qui pénètrent sa substance, entraînent avec eux une partie de cette matière et sortent pour former au delà cette trace de lumière que nous appelons queue de la comète. Cette action des rayons solaires atténue les particules qui composent le corps de la comète; elle les chasse, elle les dissipe : ainsi la comète se consume, en expirant pour ainsi dire sa queue. » On voit que si, dans la pensée de Tycho et dans celle de Képler, les comètes sont élevées au rang de corps célestes, du moins ce sont toujours des astres temporaires d'origine récente et destinés à disparaître.

Quelques-unes des vues de Képler se ressentent des singulières et mystiques conceptions du grand astronome sur les corps célestes; cependant celles relatives à la formation des queues, nous le verrons plus loin, ont été reprises et perfectionnées par des astronomes contemporains : elles forment le point de départ d'une des théories modernes les plus accréditées sur les phénomènes cométaires.

Galilée crut aussi que les comètes se meuvent en ligne droite; mais il ne sut pas s'élever au-dessus des opinions vulgaires qui en faisaient des météores passagers, des exhalaisons de la Terre.

Les comètes remarquables qui parurent vers le milieu du XVIIe siècle, notamment en 1664 et 1665, puis en 1680, attirèrent l'attention de tous les hommes de science. La pensée que ce sont des astres véritables se faisait jour de plus en plus; on revenait en définitive, après quinze siècles, au système d'Apollonius de Myndes; mais l'astronomie moderne fut plus exigeante que la science des anciens philosophes grecs. Il fallait satisfaire à des observations nombreuses et précises, et, pour cela, sortir des idées vagues, des conjectures; et dès lors, toute la question se réduisit à trouver la véritable forme géométrique des orbites que les comètes décrivent et, cette forme trouvée, à déterminer les lois de leur mouvement.

Cassini s'attaqua à ce grand problème, mais il ne parvint pas à le résoudre, et il ne faut pas s'en étonner, si l'on songe que cet illustre astronome n'osait pas encore abjurer les croyances qu'avaient renversées Copernic et Galilée, sur le système du monde. Faisant toujours de la Terre un observatoire privé de mouvement, il dut confondre les mouvements apparents des comètes avec leurs mouvements réels. Cassini supposa bien que ce sont des astres aussi anciens que le monde, mais il leur fit décrire des orbites circulaires très-excentriques à la Terre, de façon à rendre compte de la faible portion de l'orbite visible pendant la courte durée de leurs apparitions.

Un laborieux observateur, Hévélius, revint à peu près au système de Képler, c'est-à-dire aux orbites rectilignes, ou sensiblement rectilignes. Les comètes sont aussi, pour lui, le produit des exhalaisons de la Terre, des autres planètes ou du Soleil. Entraînées d'abord par un mouvement ascensionnel combiné avec le mouvement de rotation de la planète qui l'a formée, la masse finit par atteindre, après avoir décrit une spirale, les limites du tourbillon de cette planète; arrivée là, elle se meut ou s'échappe suivant la tangente à la surface limite. Mais la résistance qu'elle éprouve de la part de l'éther modifie la forme de son orbite qui, de rectiligne qu'elle devrait être sans cela, passe à la forme parabolique. Il n'y a dans tout cela qu'un système purement hypothétique, qui a pu coûter à l'auteur de grands efforts d'imagination, mais qui ne repose sur aucun principe sérieux de mécanique astronomique. Aussi les idées d'Hévélius ont-elles trouvé peu de partisans parmi les hommes de science : l'ouvrage où il les a développées, précieux par les détails historiques ou les faits d'observation relatifs aux comètes, surtout à celles de 1652, 1664 et 1665, n'est plus guère qu'un objet de curiosité dans l'histoire de la science.

Newton d'ailleurs allait mettre fin à toutes les hypothèses, en rattachant les mouvements des comètes aux lois qui régissent ceux de tous les astres qui se meuvent dans la sphère d'attraction du Soleil.

§ IV — Newton découvre la véritable nature des orbites cométaires

Le livre des *Principes* et la gravitation universelle. — Pourquoi Képler n'a point appliqué aux comètes les lois des mouvements planétaires. — Newton découvre le vrai système des orbites des comètes. — Halley et la comète de 1682 ; prédiction de son retour.

Képler, en 1618, avait découvert les trois lois auxquelles sa gloire reste attachée et qui rendront son nom immortel. Ces lois régissent les mouvements des corps qui, comme les planètes et la Terre, circulent autour du Soleil en des périodes régulières. D'après la première loi, l'orbite décrite autour du Soleil est une ellipse dont le centre de cet astre occupe l'un des foyers ; la seconde est relative à la vitesse de la planète, vitesse d'autant plus grande que l'astre en mouvement s'approche plus du foyer, d'autant plus faible qu'il s'en éloigne davantage, telle en un mot que les aires des secteurs formés par les rayons vecteurs sont égales en temps égaux : dès lors, le maximum de vitesse a lieu au périhélie, le minimum à l'aphélie. La troisième loi indique le rapport constant qui lie la durée de chaque révolution périodique au plus long diamètre, au grand axe de l'orbite.

Comment Képler n'a-t-il pas cherché à appliquer aux mouvements des comètes les lois planétaires? Comment a-t-il laissé à Newton la gloire d'une généralisation qui aujourd'hui semble si naturelle? C'est que les portions des orbites cométaires visibles de la Terre sont le plus souvent des fragments très-petits de la courbe immense, excessivement allongée, décrite par chaque comète dans une révolution totale ; d'ailleurs, au temps de Képler, on ne connaissait aucun exemple de comète ayant effectué son retour ; enfin, ce puissant esprit était dominé sans doute par l'idée que les comètes étaient des météores passagers, temporaires.

Newton s'éleva, grâce du reste aux progrès récents des sciences mathématiques et physiques, à une conception supérieure des mouvements des corps célestes ; il trouva la raison de ces lois que le génie de Képler avait tirées des observations de Tycho-Brahé et des siennes propres ; il en donna l'interprétation mécanique ; en un mot, il fit découler toutes les particularités des mouvements célestes, comme autant de conséquences nécessaires, d'un principe unique, celui de la gravitation réciproque des masses de ces corps et de celles du Soleil.

Dès lors les comètes n'échappaient plus aux prévisions de

la science. Soumises à la gravitation, décrivant comme les planètes des orbites ayant le Soleil pour foyer commun, elles ne diffèrent de celles-là que par deux caractères principaux : le premier est l'inclinaison des plans de leurs orbites sur le plan de l'orbite de la Terre ; au lieu d'être renfermée dans des limites étroites, cette inclinaison peut atteindre toutes les valeurs possibles. De la Terre on peut donc voir, et l'on voit en effet des comètes dans toutes les régions du ciel, tandis que les routes apparentes des planètes restent confinées dans la zone qu'on nomme le Zodiaque. De plus, second caractère spécial, l'ellipse décrite par une comète est généralement très-allongée : c'est pour cela que nous n'en voyons qu'une portion restreinte ; au delà, la comète est plongée dans des régions du ciel si éloignées de la Terre qu'elle y est invisible. En outre, la durée d'une révolution est généralement si grande, qu'on n'a pu constater deux retours consécutifs du même astre : il en était encore ainsi du moins au temps de Newton. Or des ellipses aussi allongées, lorsqu'on ne considère que les arcs décrits dans le voisinage du périhélie, peuvent sensiblement être confondues avec des paraboles de même foyer et de même sommet. Aussi est-ce en s'appuyant sur cette assimilation approximative, que Newton a donné le moyen de déterminer, en se servant d'un petit nombre d'observations, les éléments d'une orbite cométaire, problème beaucoup plus simple que celui qui aurait pour objet la connaissance de l'ellipse complète.

Il faut admettre encore une différence entre les mouvements des comètes et ceux des planètes : ces derniers mouvements sont toujours directs, s'effectuant tous, pour un observateur debout et placé sur la face boréale du plan de l'écliptique, de gauche à droite ou d'occident en orient. Les mouvements des comètes sont directs pour certaines d'entre elles, rétrogrades pour d'autres. Cette considération a été d'un grand poids pour faire admettre les idées de Newton et rejeter les tourbillons de Descartes. Si le ciel planétaire est rempli de tourbillons de matière circulant dans le même sens autour du Soleil et autour de chaque corps du système, comment comprendre en effet que les comètes puissent traverser ces milieux dans un sens opposé à leur propre mouvement?

Toutes ces vues si simples, et en même temps si grandioses dans l'unité de leur ensemble, ne furent pas, on le sait, admises aisément par les physiciens et les astronomes du siècle de Newton; pourquoi? Encore imbus de l'esprit de système, de secte, les uns penchaient pour les vieilles doctrines puisées dans Aristote, les autres pour les nouveautés hardies du cartésianisme.

Mais il fallait bien que la vérité se fît jour.

Un illustre contemporain de Newton, Halley, contribua à son triomphe, en ce qui concerne les théories cométaires. Il entreprit le calcul, alors laborieux, des orbites de vingt-quatre comètes (celles dont les observations étaient suffisamment nombreuses ou précises). Il les compara, et crut reconnaître l'identité de plusieurs d'entre elles. Une comète depuis peu observée, celle de 1682, lui parut semblable aux comètes de 1607 et de 1531. Il s'assura de cette conformité, il affirma que c'était le même astre, observé dans plusieurs apparitions successives, il prédit enfin son retour. Halley ni Newton ne purent assister à l'événement dont plus tard nous retracerons l'histoire. Mais l'année 1759, où eut lieu en effet le retour de la comète de 1682, fut une date décisive dans l'histoire de l'astronomie cométaire, et l'on peut dire qu'à partir de cette époque mémorable il n'y eut plus de place pour les hypothèses, du moins en ce qui regarde les mouvements des comètes.

Voici donc le moment venu pour nous d'aborder la partie scientifique de notre sujet.

CHAPITRE III

MOUVEMENTS ET ORBITES DES COMÈTES

§ I — Les Comètes participent au mouvement diurne

Les comètes participent au mouvement diurne. Pendant la durée de leurs apparitions, elles se lèvent, se couchent comme le Soleil, la Lune, les étoiles, les planètes. Sous ce rapport, elles ne diffèrent donc pas des autres astres.

Quand une comète est en vue, notez le point du ciel qu'elle occupe au moment où vous commencez à l'observer : cela est facile par comparaison avec deux étoiles plus ou moins voisines du point brillant d'où part la queue, du *noyau*. Puis laissez s'écouler un certain temps, une heure par exemple : les trois points lumineux, le noyau cométaire ainsi que les deux étoiles, se seront déplacés par rapport à l'horizon, décrivant chacun une portion d'arc de cercle. Le centre commun de ces arcs est le pôle céleste, à peu de chose près pour nous l'étoile polaire, et leur grandeur dépend de la durée de l'observation ainsi que de la distance angulaire de chacun d'eux au pôle. Le sens est celui du mouvement général du ciel et des étoiles, c'est-à-dire d'orient en occident.

Voilà un premier point qui indique nettement la position

de la comète hors de l'atmosphère de la Terre : le mouvement diurne est en effet un mouvement apparent, étranger aux astres, et en réalité propre à l'observateur, ou si l'on aime mieux à l'observatoire. C'est le fait de la rotation du globe terrestre sur son axe. L'atmosphère tout entière participe à ce mouvement, et un corps qui s'y trouverait plongé pourrait bien avoir un mouvement particulier : il ne participerait point pour cela au mouvement diurne lui-même. Cela est tellement élémentaire qu'il n'y a pas lieu d'insister.

Les anciens, et même ceux des modernes qui regardaient les comètes comme des météores d'origine atmosphérique, étaient donc obligés ou bien de considérer la Terre comme immobile, ou bien d'admettre que les comètes, après s'être formées dans l'atmosphère, s'éloignaient de notre globe, et, devenues indépendantes, se mouvaient dans le ciel même. Tel était, par exemple, le système d'Hévélius, que nous avons analysé plus haut.

§ II — Mouvements propres des Comètes

Distinction entre les comètes, les nébuleuses et les étoiles temporaires. — Rapidité de ce mouvement, affecté comme celui des planètes de stations et de rétrogradations. — La cause de ces complications apparentes est due, pour les comètes comme pour les planètes, à la combinaison optique du mouvement simultané de ces astres et de la Terre.

Ce premier aperçu ne distingue point les comètes de la multitude des points brillants qui constellent l'azur des nuits, des étoiles fixes par exemple. Les comètes, il est vrai, apparaissent en des régions où elles étaient d'abord invisibles ; puis, après un certain temps, elles disparaissent : mais en cela elles pourraient être confondues avec ces étoiles singulières qu'on a vues briller tout à coup dans une constellation, augmenter d'éclat, puis s'affaiblir et disparaître : telles sont les fameuses étoiles temporaires de 1572 (la Pèlerine), celles de 1604, de 1670, de 1866, qui apparurent et s'éteignirent dans les constellations de Cassiopée, du Serpentaire, du Renard, de la Couronne boréale. Or ces étoiles ont toutes offert cette particularité, qu'aux points précis où elles se sont montrées le premier jour, elles sont restées jusqu'au dernier jour immobiles, ou du moins n'étaient entraînées que par le seul mouvement diurne. Comme les étoiles situées à d'immenses distances de notre monde solaire, elles n'ont pas eu de mouvement propre, du moins de mouvement propre sensible, pendant toute la durée, assez longue quelquefois, de leur apparition. Il en est de même des nébuleuses : ce qui les distingue des comètes, c'est leur immobilité apparente, au sein des constellations. De là, pour les chercheurs de comètes, un moyen tout à fait analogue à celui qui sert à découvrir une petite planète.

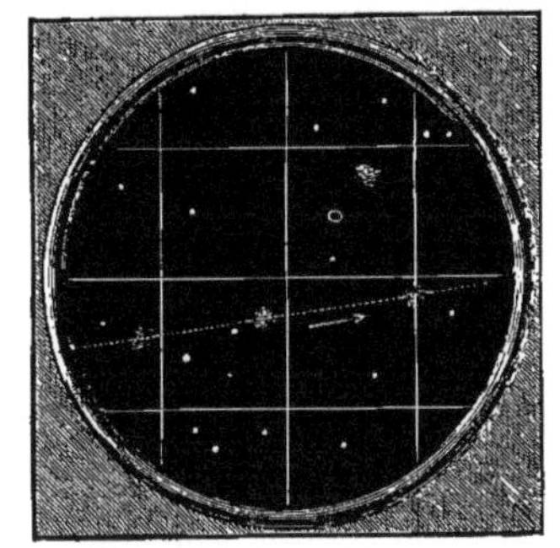

Fig. 5. — Mouvement propre d'une comète; distinction entre une comète et une nébuleuse.

Au contraire, les comètes ont un mouvement propre, mouvement souvent très-rapide : on les voit se déplacer sensiblement de jour en jour, quelquefois d'heure en heure au sein des constellations. Elles ont cela de commun avec les planètes, et nous allons voir que ce mouvement propre est dû aux mêmes causes.

Premièrement, au mouvement réel de l'astre, à son déplacement progressif dans l'espace céleste. Supposons un instant la Terre immobile. L'observateur posté à sa surface verra l'astre en mouvement correspondre peu à peu à des étoiles différentes, décrire sur le fond du ciel une ligne dont la forme, le sens, les dimensions apparentes dépendront du chemin véritable suivi par l'astre, de sa forme réelle, de sa direction, de sa vitesse. Par exemple, la Lune, qui décrit une courbe ovale ou une ellipse autour de la Terre en un mois environ, paraîtra dans ce temps parcourir d'occident en orient tout un grand cercle de la sphère. Les planètes Mercure et Vénus, qui tournent autour du Soleil en décrivant des orbites fermées plus ou moins différentes d'un cercle, mais enveloppées par l'orbite terrestre, sembleront se mouvoir de part et d'autre de l'astre, oscillant périodiquement tantôt à l'orient, tantôt à l'occident du Soleil. Les autres planètes, comme Mars, Jupiter, Saturne, vues de la Terre, font le tour entier du ciel en des temps inégaux, parce qu'elles décrivent autour du Soleil des orbites qui enveloppent la Terre, et que les temps réels de leurs révolutions varient avec les dimensions de ces orbites.

Les choses, à la vérité, ne se passent pas d'une façon tout à fait aussi simple. Pourquoi ?

Parce qu'au mouvement réel et régulier des planètes vient se mêler le mouvement propre de la Terre ; parce que, dans l'intervalle d'une année, notre globe lui-même se meut aussi autour du Soleil, dans une courbe ou orbite fermée, peu différente d'un cercle, en un mot dans une ellipse ayant le Soleil pour foyer. Ce déplacement de la Terre — tout le monde peut s'en rendre compte — doit compliquer le mouvement propre apparent des planètes, leur changement de position sur la voûte étoilée. Tantôt ce mouvement propre paraît accéléré : c'est ce qui arrive naturellement quand la planète et la Terre se meuvent en décrivant des arcs en sens différents : leurs vitesses s'ajoutent. C'est ainsi qu'un voyageur emporté dans un sens par un train de chemin de fer voit passer un second train à côté du sien avec une vitesse égale à la somme de leurs vitesses respectives, si ces deux trains vont en sens contraire ; s'ils marchent parallèlement dans le même sens, ils ne s'éloignent plus qu'avec une vitesse égale à leur différence de marche ; ils pourront même sembler immobiles, si leurs vitesses sont égales. C'est ce qui arrive aux planètes vues de la Terre. Leur mouvement propre se ralentit parfois, jusqu'à devenir nul : l'astre est alors stationnaire. D'autres fois, il paraît rétrograder.

Ces effets s'expliquent donc de la façon la plus simple. Ils sont le résultat évident de la combinaison du mouvement propre d'une planète sur son orbite, et du mouvement de la Terre sur la sienne. Or, quelle que soit la route suivie réellement par une comète dans le ciel, sa trajectoire apparente se trouvera modifiée par le propre déplacement de l'observateur, c'est-à-dire de la Terre.

Ainsi, deuxième point, pour connaître l'orbite vraie d'une comète, il faudrait tenir compte de l'effet optique résultant du chemin qu'aura suivi notre planète, de la portion de son orbite parcourue pendant la durée de l'apparition de l'astre voyageur. Les stations et rétrogradations planétaires, quoique relativement assez simples, ont longtemps embarrassé les astronomes; mais quand le véritable système du monde a été découvert dans sa simplicité par Copernic, puis connu avec plus de précision encore par Képler, ces complications apparentes des mouvements célestes, qui avaient été des pierres d'achoppement pour les systèmes erronés, sont devenues autant d'éclatantes confirmations de la véritable théorie.

Ce sont des difficultés analogues, mais beaucoup plus nombreuses et plus graves, qui ont empêché longtemps les astronomes de découvrir la nature des comètes et les lois vraies de leurs mouvements. On va voir pourquoi.

§ III — Irrégularités des mouvements des comètes

Les comètes apparaissent dans toutes les régions du ciel. — Effets de parallaxe. — Marche apparente d'une comète en opposition et au périhélie, se mouvant en sens contraire de la Terre. — Calculs de Lacaille et d'Olbers sur le mouvement relatif maximum de cette comète hypothétique et de la Terre.

Les orbites décrites par les planètes autour du Soleil ne sont pas des cercles, ce sont des courbes ovales connues en géométrie sous le nom d'*ellipses;* mais elles diffèrent peu de la forme circulaire ; elles sont, comme on dit, peu *excentriques*. De plus, leurs plans ont une inclinaison assez faible sur le plan de l'écliptique ou de l'orbite terrestre. Il résulte de là que leurs trajectoires apparentes sont renfermées dans une zone du ciel relativement étroite : c'est cette zone qu'on appelle le Zodiaque. En supposant toutes ces courbes rabattues sur l'écliptique, elles sont à peu près comme des cercles concentriques décrits autour du Soleil, de sorte qu'aucune d'elles ne vient à croiser les autres. Les distances de la Terre et de chacune des planètes sont sans doute variables dans la suite des temps selon les positions respectives occupées par ces astres sur leurs orbites ; mais ces variations sont renfermées dans des limites assez resserrées, et il en résulte que les inégalités de vitesse des mouvements apparents, outre qu'elles sont elles-mêmes assez limitées, changent d'un jour à l'autre d'une manière insensible. Ainsi le mouvement moyen diurne de Mercure, de tous le plus grand, ne s'élève qu'à 4° 5′.

Il est loin d'en être ainsi des comètes.

On a vu ces astres apparaître dans toutes les régions de la voûte étoilée, parcourir, dans tous les sens et avec les vitesses les plus inégales, toutes les constellations possibles. La troisième comète de 1739 et la comète de 1472 que cite Pingré, ont décrit en un seul jour, la première un arc de

120 degrés, c'est-à-dire le tiers d'une circonférence céleste ; la seconde un arc de 41 degrés et demi en longitude et de près de 4 degrés en latitude. Leur mouvement réel était, il est vrai, de sens contraire à celui de la Terre, de sorte que leur vitesse apparente se composait de la somme des vitesses des deux astres. Il y a donc là ce que l'on nomme un effet de *parallaxe*, c'est-à-dire, outre le mouvement de l'astre observé, le résultat du déplacement propre de l'observateur. On pourrait en multiplier les exemples : bornons-nous à ceux-ci : « La comète de 1729, dit Lalande, que M. Cassini observa pendant plusieurs mois, après avoir fait plus de 15 degrés vers l'occident, depuis la tête du Petit-Cheval jusque sur la constellation de l'Aigle, se courba subitement pour retourner vers l'orient, ce qui montrait d'une manière frappante l'effet de la parallaxe annuelle ».

Ces mouvements si rapides tiennent à des circonstances aisées à concevoir : notamment à la proximité de la comète de notre globe et à la direction de son mouvement rapporté au mouvement de la Terre. Voici une hypothèse imaginée par Lacaille, dans laquelle le mouvement propre angulaire d'une comète atteindrait une rapidité énorme.

Le savant astronome suppose une comète se mouvant en sens contraire de notre globe, dans le plan même de l'écliptique ; elle est au périhélie, à sa plus courte distance au Soleil, et par suite au point de son orbite où sa vitesse est maximum. De même la Terre, au périhélie, se meut avec sa plus grande vitesse de translation. Enfin, la comète n'est pas plus distante de la Terre que la Lune, et elle est en opposition. La figure que nous donnons ici réalise toutes ces hypothèses, difficiles à réunir sans doute, mais non impossibles. Supposons-les donc réunies. Dans ces conditions singulières, on verrait, de la Terre, la comète décrire dans le ciel un arc de près de 39 degrés en longitude dans la première heure, de 32 degrés dans l'heure suivante. En trois heures, l'arc total parcouru au milieu des constellations s'élèverait à 92° 58′, et cela indépendamment du mouvement diurne, qui augmenterait encore la vitesse de 15 degrés par heure. Pour un observateur placé vers les Tropiques, la comète s'élèverait de l'horizon au zénith en moins de deux heures; elle mettrait

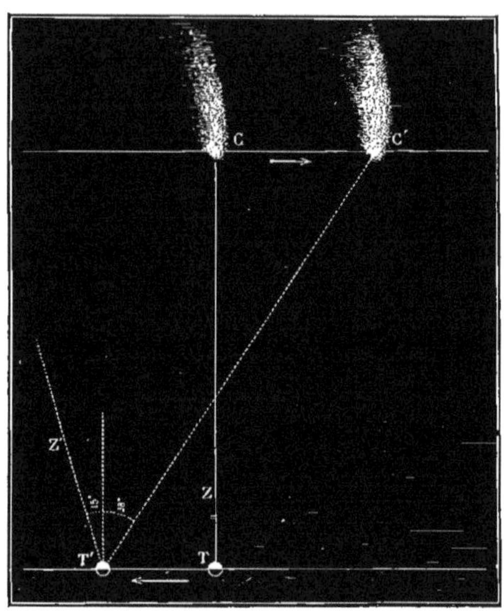

FIG. 6. — Mouvement apparent maximum d'une comète et de la Terre.

un temps un peu plus long pour parcourir la seconde moitié de sa route, et du zénith, aller se coucher à l'horizon.

Le calcul de Lacaille (modifié par Olbers à cause d'une erreur) est d'ailleurs aisé à vérifier; il n'a rien qui étonne quand on songe que la vitesse des deux astres, comète et Terre, est alors maximum; que notre globe en une heure, au périhélie, franchit dans l'espace une distance égale à près de neuf fois son diamètre (108 000 kilomètres); que la comète a une vitesse surpassant de quatre dixièmes celle de la

Terre, franchissant ainsi de son côté 152 000 kilomètres; que les deux astres enfin se sont éloignés l'un de l'autre, dans le sens de leur mouvement, de 260 000 kilomètres ou de 65 000 lieues. Au bout d'un jour, la comète et la Terre seraient à plus de six millions de kilomètres l'une de l'autre.

Comprend-on maintenant à quelles irrégularités apparentes peuvent être soumises les comètes dans leurs mouvements. Parcourant le ciel dans tous les sens, dans des orbites dont les plans (nous le verrons bientôt) coupent l'orbite de la Terre sous toutes les inclinaisons possibles, pouvant s'approcher et s'éloigner de la Terre en des temps très-courts, suivant à la fois le mouvement diurne, leur mouvement propre, compliqués du mouvement particulier à la Terre, de ce qu'on nomme en astronomie l'effet de parallaxe, elles apparaissent quelquefois brusquement, décrivant avec rapidité une trajectoire en un sens ; puis elles se ralentissent et s'arrêtent, pour reprendre en rétrogradant une route opposée et disparaître, tantôt s'éloignant du Soleil, tantôt se noyant dans ses rayons.

Ce sont ces mouvements, ces apparences bizarres qui ont si longtemps dérouté les astronomes, et dont le génie de Newton, guidé par une idée supérieure, a expliqué toutes les singularités. Arrivons donc à définir géométriquement les orbites et les mouvements cométaires.

§ IV — Les orbites des Comètes

Un mot sur les lois de Képler ; ellipses décrites autour du Soleil ; la loi des aires. — La gravitation ou pesanteur est la force qui maintient les planètes dans leurs orbites. — Les perturbations planétaires sont une confirmation, non une infirmation de la loi de gravitation universelle. — Ce qu'on entend par vitesse circulaire, elliptique, parabolique ; la nature des orbites dépend de cette vitesse. — Éléments paraboliques d'une orbite cométaire.

Quelle est la nature des vraies orbites des comètes? En d'autres termes, quelle est la forme géométrique de la courbe que l'un de ces astres décrit dans l'espace, quelle est sa vitesse, comment cette vitesse varie-t-elle, quelles sont, en un mot, les lois du mouvement d'une comète dans l'espace?

Pour répondre à ces questions et les faire comprendre clairement, il est nécessaire de rappeler quelques notions de simple géométrie, et aussi les principales lois qui régissent les mouvements des astres, au moins dans notre monde planétaire.

Képler (nous l'avons déjà rappelé) a trouvé la forme de l'orbite d'une planète, qu'avant lui on supposait être un cercle plus ou moins excentrique au Soleil. Ce grand homme a fait voir qu'en réalité c'est une ellipse, que le Soleil est à l'un des foyers de cette courbe, que l'astre la parcourt dans son entier en des temps périodiquement égaux, mais avec une vitesse variable, vitesse telle que dans des intervalles égaux les secteurs elliptiques décrits par les rayons vecteurs menés de la planète au Soleil ont même surface.

Prenons un exemple. S étant le Soleil, la courbe fermée APB... est l'ellipse décrite par une planète. La distance de l'astre au Soleil est variable, comme on voit ; elle atteint sa valeur minimum en A, sa valeur maximum en B, c'est-à-dire à l'une ou à l'autre des extrémités du plus grand diamètre de l'orbite.

Pour cette raison, A se nomme le *périhélie* (de περὶ, *auprès de*, et ἥλιος, *Soleil*) ; B se nomme l'*aphélie* (de ἀπὸ, *loin de*, et ἥλιος, *Soleil*). Pour abréger, le rayon vecteur AS se nomme la *distance périhélie;* le rayon SB la *distance aphélie* et la réunion ou somme de ces deux distances forme le *grand axe* de l'orbite. Enfin, la *distance moyenne* de la planète au Soleil est précisément égale au demi grand axe.

Supposons que les arcs AP, P_1P_2 et P_3B aient été parcourus par la planète en des temps égaux. La loi de Képler, plus haut énoncée, consiste en ce que les trois secteurs ASP,

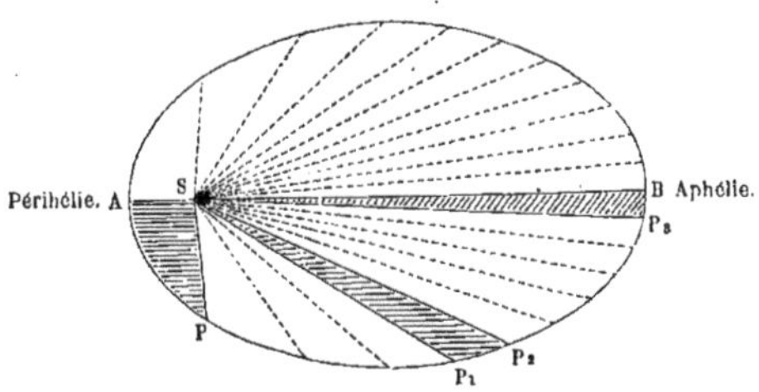

Fig. 7. — Seconde loi de Képler. — Les aires décrites par les rayons vecteurs sont proportionnelles aux temps.

P_1SP_2 et P_3SB ont des surfaces égales. Si la courbe était un cercle dont le Soleil occupât le centre, tout le monde comprendrait que l'égalité de ces surfaces doit entraîner l'égalité des arcs, et, comme ces arcs sont décrits par l'astre en des temps égaux, il en résulterait nécessairement que la vitesse serait la même aux différents points de l'orbite. En d'autres termes, une orbite circulaire suppose un mouvement uniforme. Il n'en est pas ainsi dans la réalité : toutes les planètes décrivent des ellipses autour du Soleil, ellipses plus ou moins allongées, c'est-à-dire plus ou moins différentes du cercle. Leurs vitesses sont donc variables ; elles sont les plus grandes possibles au périhélie ; puis par degrés insensibles elles décroissent jusqu'à l'aphélie, où la vitesse minimum est atteinte. C'est une conséquence inévitable de la seconde loi de Képler.

Une troisième loi, découverte après des années de méditations par ce puissant génie, est celle qui lie la durée des révolutions des planètes à la longueur des grands axes de leurs orbites. Nous en avons donné l'énoncé ailleurs [1], ainsi que des exemples numériques propres à en faciliter l'intelligence aux personnes peu versées dans les mathématiques. Nous n'y reviendrons pas ici, nous bornant à dire que, la durée de la révolution de l'astre étant connue, on en déduit par un calcul facile les dimensions de son grand axe, c'est-à-dire du double de sa moyenne distance au Soleil.

Ces lois ne sont pas rigoureusement celles que suivent les planètes dans leurs mouvements. Le mouvement rigoureusement elliptique suppose des conditions idéales qui ne sont pas dans la nature. Mais en les formulant à une époque où les observations, encore peu précises, rendaient les différences peu sensibles, Képler a permis aux géomètres et aux astronomes qui l'ont suivi, de découvrir les causes du mécanisme dont il avait su reconnaître les lois générales. Les Huygens, les Newton et après eux maints hommes d'une haute science (nommons parmi eux les plus illustres, Euler, d'Alembert, Clairaut, Lagrange, Laplace) ont donné la raison, non-seulement des mouvements d'ensemble des corps célestes, mais encore de toutes les irrégularités, de toutes les inégalités que ces mouvements subissent dans le cours des temps.

Tout se réduit, en dernière analyse, à deux causes ou à deux forces. L'une de ces forces n'est autre chose que la pesanteur ou la gravitation : c'est la tendance que deux corps, deux astres ont à se réunir, tendance qui est propor-

1. Voyez le CIEL, 4e édit., page 602 et suivantes.

tionnelle à leurs masses respectives et qui varie en raison inverse des carrés de leurs distances. C'est la pesanteur qui fait tomber les corps à la surface de la Terre, quand ils sont abandonnés à eux-mêmes dans l'atmosphère. Si la gravitation existait seule, la Lune se réunirait à la Terre, leurs masses réunies tomberaient avec une vitesse croissante dans le Soleil lui-même, et il en serait ainsi de toutes les planètes et de tous les corps qui composent notre monde.

Mais, outre cette force centrale de la gravitation, il y a une autre force dont chaque planète est animée, et qui, seule, la ferait s'échapper en ligne droite dans la direction de la tangente au point de l'orbite que l'astre est en train de parcourir. C'est en combinant ces deux forces, en cherchant par la géométrie et l'analyse à déterminer le mouvement réel résultant de leur action simultanée et constante, que Newton a démontré que les lois de ce mouvement sont conformes à celles que Képler était parvenu à découvrir. S'il n'existait qu'une seule planète circulant autour du Soleil, et si sa masse était insensible par rapport à la masse de l'énorme globe, le mouvement elliptique serait rigoureusement celui dont les lois de Képler donne l'énoncé. Mais les planètes sont multiples; elles agissent les unes sur les autres; elles ont des dimensions, des masses plus ou moins inégales, elles s'éloignent ou se rapprochent en vertu même de leurs mouvements de révolution, et leur action mutuelle est une cause incessante de troubles, de perturbations. Qu'on ne s'y trompe point d'ailleurs, ces perturbations ne sont pas des exceptions dans le sens qu'on attache à ce mot; bien loin d'infirmer la théorie, elles en sont la confirmation la plus éclatante, puisque chacune d'elles a pu être calculée d'après la théorie même de la gravitation universelle.

Mais la digression, d'ailleurs nécessaire, que nous venons

de faire, peut être terminée ici, et nous allons revenir à nos comètes.

On a vu que, par une généralisation hardie, mais logique, Newton supposa les comètes soumises aux mêmes tendances que les planètes, entraînées à la fois par une force d'impulsion primitive et par la pesanteur ou gravitation qui les porte vers le foyer de tous les mouvements de notre système, le Soleil. Essayons de montrer par des exemples simples de quelle nature doit être l'orbite d'un corps soumis à de telles influences : nous disons *de montrer*, non de démontrer, bien entendu.

Voici une masse pesante, un astre M gravitant vers le Soleil et en même temps animé d'une certaine vitesse due à une impulsion étrangère à la gravitation. Supposons, pour plus de simplicité, que M se trouve au point où cette vitesse ait une direction perpendiculaire à celle du rayon vecteur qui joint l'astre au Soleil.

La forme géométrique de l'orbite que l'astre décrira autour du Soleil va uniquement dépendre du rapport existant entre la vitesse initiale en question et la distance. Pour une certaine valeur déterminée de ce rapport, la courbe décrite est un cercle dont le Soleil est le centre, et l'astre en parcourt avec une vitesse uniforme et indéfiniment toute la circonférence. La vitesse qui, pour une distance donnée, est susceptible de faire décrire un cercle à une masse soumise en outre à la gravitation, est ce qu'on nomme la *vitesse circulaire*. Une vitesse moindre donnerait lieu à une orbite elliptique; en ce cas, le Soleil, au lieu d'occuper le centre de l'ellipse, serait à l'un des foyers, le plus éloigné de M, et le point M serait l'aphélie de l'astre en mouvement.

Pour une vitesse plus grande que la vitesse circulaire, au contraire, l'orbite sera bien encore une ellipse ayant le Soleil pour foyer ; mais alors M sera le périhélie et l'astre n'atteindra sa plus grande distance au foyer d'attraction qu'à l'extrémité opposée du diamètre MS.

Plus la vitesse initiale sera grande, plus l'orbite sera allongée, plus l'ellipse aura une *excentricité* considérable [1].

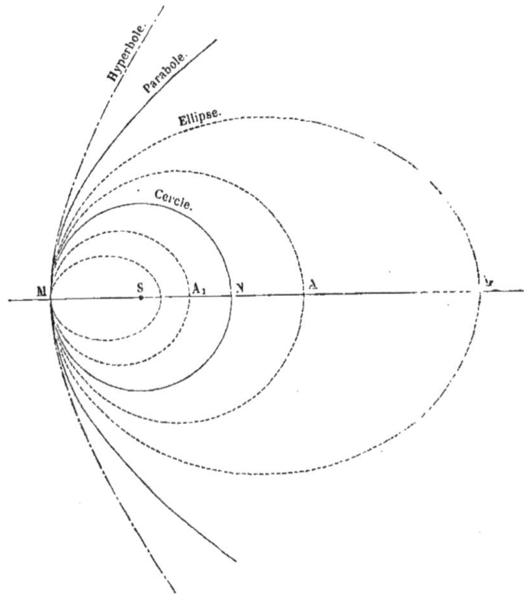

Fig. 8. — Relation entre les vitesses et les formes des orbites.

Mais si cette vitesse venait à égaler une certaine valeur, égale à la vitesse circulaire multipliée par le nombre 1,414

1. L'*excentricité* est la distance du centre de l'ellipse à l'un de ses foyers, distance mesurée en parties du demi grand axe pris pour unité. C'est un nombre toujours plus petit que 1 dans une orbite elliptique, et qu'on exprime ordinairement en fractions décimales. Parmi les orbites des huit planètes principales, celle de Mercure a la plus forte excentricité, 0,2056; Neptune et Vénus ont la plus faible 0,0087 et 0,0068. Ces deux dernières orbites sont très-peu différentes du cercle. Dans la parabole, l'excentricité est égale à 1; dans l'hyperbole enfin, c'est un nombre plus grand que l'unité.

(ou par la racine carrée de 2), à ce moment l'ellipse dont le grand axe avait atteint des longueurs croissantes, qui s'était allongée progressivement et de la façon la plus rapide, se transforme en une courbe à branches infinies, à laquelle on donne le nom de *parabole*. Un astre qui se trouve animé de la vitesse correspondante ou de la *vitesse parabolique*, au moment, où atteignant sa plus courte distance au Soleil, il arrive au périhélie, est un astre qui vient de l'infini et qui s'en retourne à l'infini ; un tel astre, s'il en existe, avant d'arriver dans la région du ciel où l'action du Soleil devient prépondérante, n'appartenait donc point à notre système. Après son passage au périhélie, il s'éloigne indéfiniment du Soleil, et, à moins de perturbations causées par des planètes, il devient de nouveau étranger au système.

Enfin, pour épuiser tous les cas possibles, il faut considérer encore celui où la vitesse de l'astre dépasse, au périhélie, la valeur de la vitesse parabolique ; l'orbite décrite est toujours une courbe à branches infinies ; mais c'est alors une *hyperbole*, dont le Soleil occupe encore un des foyers.

Ces notions préliminaires bien comprises, nous pouvons aborder la question de la détermination géométrique des orbites cométaires.

Ces orbites sont, en général, des ellipses très-allongées, à excentricités très-considérables, très-voisines d'être égales à l'unité. On s'explique ainsi comment il se fait qu'une comète ne reste visible que pendant un temps relativement court ; l'arc de son orbite qu'elle parcourt pendant ce temps n'est qu'une portion limitée de l'orbite totale ; en deçà ou au delà, elle est trop éloignée de la Terre pour pouvoir être aperçue, soit à l'œil nu, soit même à l'aide des plus puissants télescopes.

L'orbite d'une comète étant une ellipse très-allongée, et

la portion de l'arc observé dans le voisinage de son périhélie étant très-courte relativement aux dimensions de l'orbite totale, il en résulte qu'il est généralement très-difficile de distinguer cet arc de celui qui appartient soit aux ellipses voisines, soit à l'hyperbole, soit enfin à la parabole ayant la même distance périhélie que la comète observée. Ces diffé-

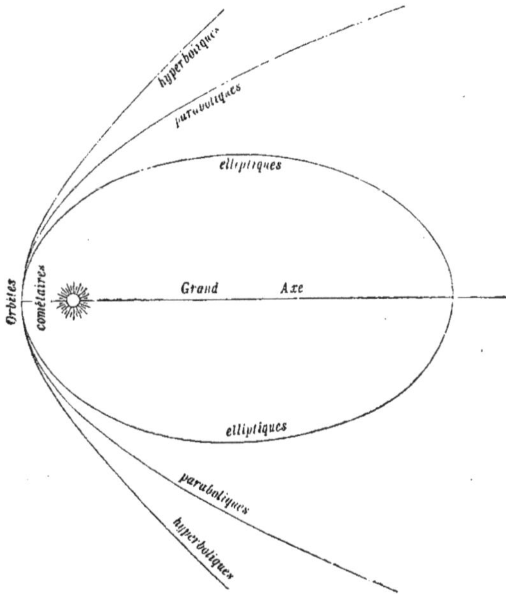

FIG. 9. — Orbites cométaires elliptique, parabolique et hyperbolique.

rentes courbes se confondent pour ainsi dire (voy. la fig. 10); elles ne se séparent sensiblement qu'à des distances où la comète cesse d'être vue : les positions que l'on obtiendrait par le calcul dans ces orbites différentes ne se distingueraient pas des positions qu'on obtient directement par l'observation, ou en différeraient de quantités si faibles qu'elles se confondraient le plus souvent avec les erreurs ou les incertitudes des observations elles-mêmes.

C'est ce que Newton reconnut : aussi ce génie si pénétrant, si profond et si sagace à la fois, conçut-il aussitôt la pensée de simplifier le problème qui consistait à déterminer les éléments des orbites cométaires. Il supposa tout d'abord que ces orbites sont des paraboles : or les éléments d'une parabole, les conditions qui en déterminent la position dans l'espace, la forme, les dimensions, etc., sont moins nombreux, plus simples que les éléments d'une orbite elliptique.

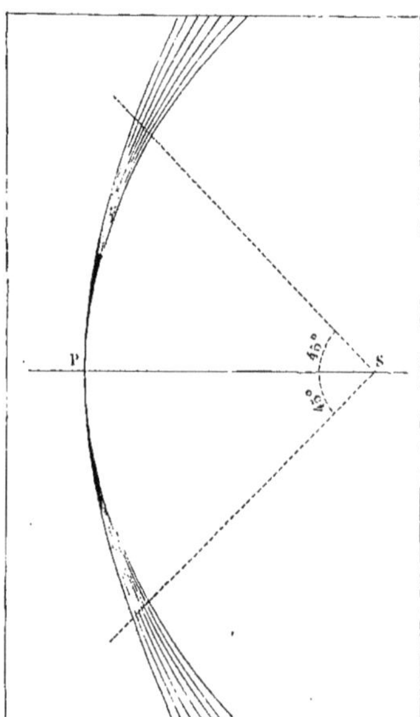

Fig. 10. — Confusion des arcs d'orbites d'excentricités différentes, au voisinage du périhélie.

Voyons donc quels sont les éléments d'une orbite parabolique. Une parabole est une courbe plane, c'est-à-dire dont tous les points sont situés dans un même plan, et ici ce plan offre cette particularité, qu'il passe nécessairement par le centre du Soleil. La première condition est donc de définir sa position vraie dans l'espace.

Or, cette position sera nettement définie, si l'on connaît, d'une part, la ligne d'intersection de ce plan avec le plan de l'orbite de la Terre ou avec l'écliptique, d'autre part l'inclinaison ou l'angle que ces deux plans font entre eux.

La comète, dans son mouvement, coupe nécessairement l'écliptique en deux points diamétralement opposés : ce sont les deux *nœuds;* la ligne qui les joint en passant par le centre du Soleil est la *ligne des nœuds*. Il suffira de connaître l'un des nœuds, par exemple le nœud *ascendant*, c'est-à-dire celui qui correspond au passage de la comète de la région du ciel située au sud de l'écliptique dans la région située au nord. Soit N ce point (fig. 11), que le calcul fait connaître d'après les observations de l'astre : sa position sera déterminée si l'on connaît en degrés, minutes et secondes la valeur de l'arc O☊ ou de l'angle OSN, compté à partir du zéro de l'écliptique, dans le sens où se comptent les longitudes célestes.

Ce premier élément est ce qu'on nomme la *longitude du nœud ascendant* ou plus simplement la longitude du nœud. Mais le plan de l'orbite reste indéterminé, si l'on n'ajoute point un second élément, qui est son *inclinaison*.

Si, par le centre du Soleil, on imagine deux lignes droites, toutes deux perpendiculaires à la ligne des nœuds, l'une dans l'écliptique, l'autre dans le plan de l'orbite de la comète, ces deux lignes font entre elles deux angles dont le plus petit mesure l'angle des deux plans. L'angle I est l'*inclinaison*.

Maintenant il faut définir et préciser la courbe elle-même décrite par la comète dans le plan que la longitude du nœud et l'inclinaison font connaître. En premier lieu, il faut savoir en quel point l'astre se trouve au périhélie, à sa plus courte distance du Soleil. Soit A ce point. SA est alors le grand axe de la parabole, qui sera connu en direction si l'on donne la longitude du point A, ou celle du point π obtenu en projetant SA sur l'écliptique. Le sommet de la parabole sera complétement fixé, si à la longitude du périhélie on joint un autre élément qui est la longueur de SA ou la distance périhélie, distance mesurée comme toutes les distances célestes en parties du demi grand axe de l'orbite terrestre.

A ce moment, la courbe parabolique décrite par la comète est entièrement définie, en position dans l'espace et en grandeur. Il reste cependant à savoir dans quel sens elle est parcourue, puis à quelles époques l'astre occupe telle

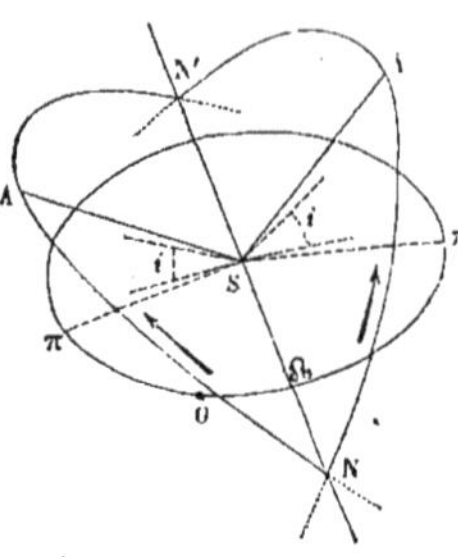

Fig. 11.

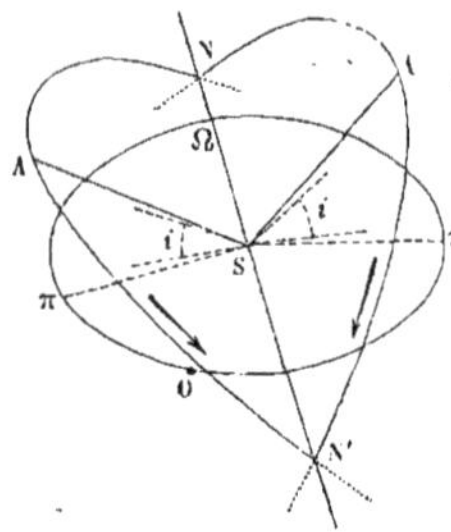

Fig. 12.

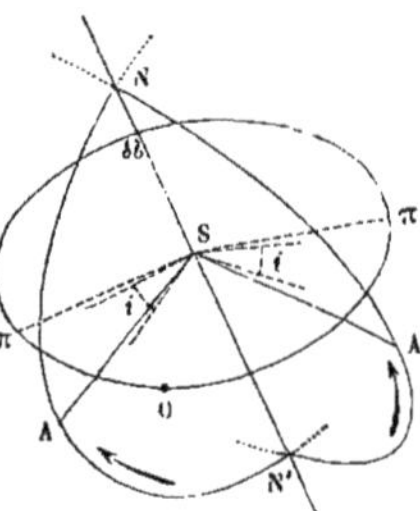

Fig. 13.

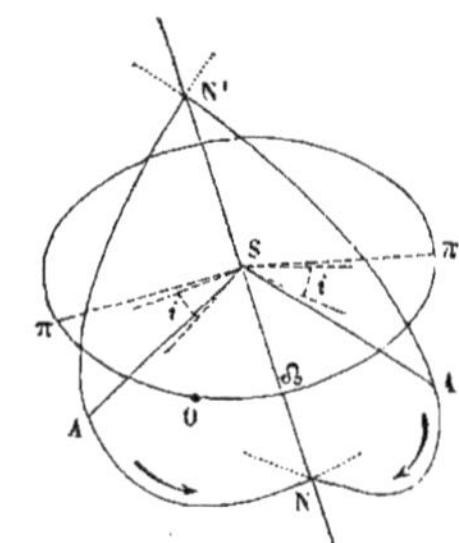

Fig. 14.

Détermination d'une orbite cométaire ; éléments paraboliques [1].

ou telle position déterminée sur cette orbite. Pour avoir le sens, on supposera la parabole couchée ou rabattue sur

1. Inclinaison, 20°. Direction en longitude de la ligne des nœuds, 35° à 215°.

Fig. 12. — Mouvement rétrograde		Mouvement direct.	
Nœud	35°		35°
Périhélie	318°		112°
Fig. 13. — Mouvement direct		Mouvement rétrograde.	
Nœud	215°		215°
Périhélie	318°		112°
Fig. 14. — Mouvement rétrograde		Mouvement direct.	
Nœud	215°		215°
Périhélie	318°		112°
Fig. 15. — Mouvement direct		Mouvement rétrograde.	
Nœud	35°		35°
Périhélie	318°		112°

l'écliptique du côté où son inclinaison est la moindre, ou plus simplement, pour parler le langage des géomètres, *projetée* sur le plan de l'orbite de la Terre. Le sens du mouvement sera appelé *direct*, si, estimé d'en haut ou de la région nord du ciel, ce mouvement s'effectue, comme celui de la Terre ou de toutes les planètes, de droite à gauche, d'occident en orient ; il est dit *rétrograde*, quand il a lieu en sens contraire. Enfin, en donnant la date précise du passage de la comète au périhélie, l'orbite se trouvera complétement définie dans le temps et dans l'espace, de sorte que toutes les autres positions se déduiront par le calcul des éléments dont nous venons de donner une idée. Les figures 11, 12, 13 et 14 se rapportent aux différents cas qui peuvent se présenter, c'est-à-dire aux différentes positions qu'une même orbite, une même parabole peuvent occuper par rapport au plan de l'écliptique, quand l'inclinaison, la ligne des nœuds, la distance périhélie restant les mêmes, on fait varier seulement le sens du mouvement. On voit alors que la comète peut suivre huit routes distinctes dans l'espace.

Pour résumer, nous énumérerons ces éléments dans l'ordre où les astronomes ont coutume de les établir, en prenant pour exemples les deux grandes comètes qui ont paru en 1744 et en 1858.

T Époque du passage au périhélie 1744 mars 1er, 7h 55m 39s temps moyen de Paris.

π	Longitude du périhélie	197° 13′ 58″	Équinoxe moyen 1744,0
☊	Longitude du nœud	45° 47′ 54″	
i	Inclinaison	47° 7′ 41″	
q	Distance périhélie	0,222209	

Mouvement direct D

T Époque du passage au périhélie 1858 sept. 29. 23h 8m 51s.

π	Longitude du périhélie	36° 12′ 31″
☊	Longitude du nœud	165° 19′ 13″
i	Inclinaison	63° 1′ 49″
q	Distance périhélie	0,57847

Mouvement rétrograde R.

Tels sont donc les éléments dont la détermination est nécessaire pour que l'orbite parabolique d'une comète soit connue. Ces éléments ne s'obtiennent pas directement par l'observation; mais le calcul les donne, lorsque la comète a été observée un certain nombre de fois, quand *trois positions* au moins de l'astre sont connues avec une exactitude suffisante. Ce nombre de trois observations est rigoureusement indispensable; mais, pour que la courbe qu'on en déduit soit l'orbite vraie, il faut naturellement qu'elles aient été faites avec la plus grande précision possible. Une ou deux positions de l'astre laisseraient le problème indéterminé. Un nombre de positions supérieur à trois est d'un grand secours pour vérifier les résultats donnés par le calcul. Il faut en effet que toutes les positions observées se rapportent à la même orbite; en un mot, il faut que les éphémérides calculées soient d'accord avec la trajectoire apparente, telle que les astronomes l'obtiennent à l'aide de leurs instruments.

Mais si, toutes ces conditions étant remplies, les différences trouvées entre l'observation et le résultat du calcul sont néanmoins trop considérables pour pouvoir être attribuées aux erreurs probables de l'observation elle-même, alors on a le droit d'en conclure que la comète ne décrit point une parabole, que l'hypothèse d'une orbite parabolique doit être rejetée, ce qui ne laisse d'autre alternative que celle d'une orbite hyperbolique ou elliptique. C'est ce dernier cas qui s'est presque toujours présenté comme le plus vraisemblable, et c'est ainsi qu'on a été amené à reconnaître la périodicité d'un certain nombre de comètes. On a donc affaire alors à un astre qui fait certainement partie du système solaire, et dont le mouvement est réglé d'ailleurs par les mêmes lois que les mouvements des planètes elles-mêmes.

§ V — Les orbites des comètes comparées aux orbites des planètes

Différences au point de vue des inclinaisons, des excentricités, du sens du mouvement.

S'il en est ainsi, si les comètes périodiques, calculées comme telles ou dont le retour a été constaté, sont régies par les mêmes lois que les planètes, pourquoi fait-on une distinction entre ces deux espèces de corps célestes? C'est là une question d'une haute importance, que nous ne pouvons aborder intégralement en ce moment; pour la résoudre, il faudrait avoir des notions certaines sur l'origine des astres qui composent le monde solaire; il faudrait avoir étudié et comparé la constitution physique des comètes et celle des planètes. Cette origine et cette constitution, nous le verrons plus loin, paraissent essentiellement différentes. Toutefois, en n'envisageant la question qu'au seul point de vue du mouvement, nous pouvons déjà montrer quelles différences séparent ces deux classes de corps célestes et justifier la double dénomination qui les distingue.

Déjà nous avons vu que les comètes apparaissent dans toutes les régions du ciel, au lieu de se mouvoir, comme les planètes, dans la zone restreinte du zodiaque. Cette différence provient de l'inclinaison des plans de leurs orbites sur l'écliptique. Tandis que, parmi les planètes principales, une seule, Mercure, a une inclinaison de 7 degrés; que, parmi 115 planètes télescopiques, 29 ont seules une inclinaison supérieure à 10 degrés et ne dépassant guère 30 degrés [1],

1. *Félicitas* a une inclinaison de 31° 1/2, *Pallas* de 34°. La très-forte inclinaison de ces quelques planètes du groupe compris entre Jupiter et Mars a suffi déjà pour leur faire donner le nom de planètes *ultra-zodiacales*.

nous voyons les plans des orbites cométaires prendre, entre 0 et 90 degrés, toutes les inclinaisons possibles. Sur 242 comètes cataloguées, 59 ont une inclinaison comprise entre 0 et 30 degrés, 93 entre 30 et 60 degrés, et 90 comètes montent de 60 à 90 degrés.

Ce premier caractère est important. En y joignant celui du sens du mouvement qui est direct, sans exception, pour toutes les planètes, tandis que, sur 242 comètes, 123 ont un mouvement rétrograde, il est impossible de ne pas reconnaître, entre les deux classes d'astres, tout au moins une différence d'origine. Il est assez curieux toutefois de remarquer que, sur les 9 comètes dont le retour a été constaté, il y en a 8 dont le mouvement est direct; une seule, la grande comète de Halley, qui est une comète à longue période, se meut dans un sens contraire à celui des planètes; une seule aussi, celle de Tuttle, à période moyenne, se meut dans un plan dont l'inclinaison à l'écliptique est considérable (54 degrés); les inclinaisons des 8 autres n'atteignent pas 30 degrés.

Passons à un autre caractère distinctif des orbites cométaires et planétaires. Nous avons vu déjà que Mercure est celle des huit planètes principales qui décrit l'orbite la plus différente du cercle. Cependant, entre sa distance aphélie et sa distance périhélie, la différence ne s'élève pas à la moitié de la distance moyenne. Sa vitesse moyenne est de 47 kilomètres par seconde; à l'aphélie, elle est encore de 40 kilomètres; au périhélie, elle atteint 60 kilomètres par seconde. Les orbites des autres planètes principales diffèrent beaucoup moins du cercle. Mais, dans le groupe des petites planètes, il est des orbites dont l'allongement ou l'excentricité dépasse notablement celle de l'orbite de Mercure : 26 de ces courbes ont des excentricités supérieures; mais une d'entre elles notamment, celle de la planète

Polymnie, a une excentricité comparable à l'excentricité de quelques orbites cométaires elliptiques. La figure 15, où l'orbite de la comète de Faye et l'orbite de la planète Polymnie sont représentées avec leurs formes et leurs dimensions relatives, montre clairement quel degré de ressemblance, au point de vue de leur excentricité, atteignent quelquefois les orbites cométaires et les orbites planétaires.

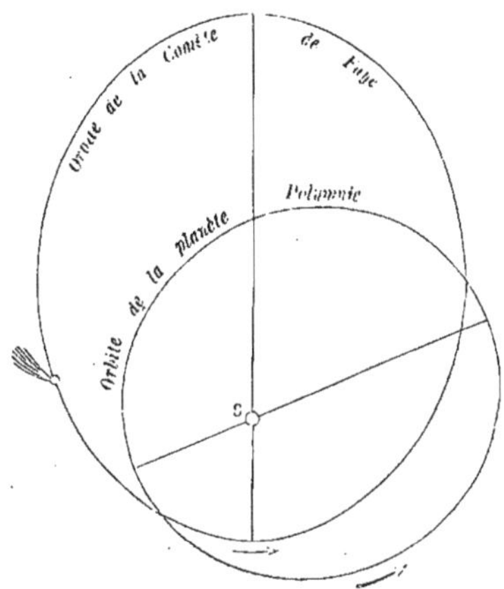

Fig. 15. — Comparaison des excentricités de l'orbite de la comète de Faye et de l'orbite de la petite planète Polymnie.

La divergence croît jusqu'à l'infini pour ainsi dire : l'excentricité de la grande majorité des orbites des comètes est si grande, qu'on peut la regarder comme égale à l'unité, ce qu'on exprime, répétons-le, en les assimilant à des paraboles. Cette assimilation doit-elle être considérée comme absolue, ou doit-on penser que les comètes appartiennent toutes au monde solaire ? Il paraît certain que quelques orbites au moins sont hyperboliques ; pour celles-là il n'y a aucun doute. Mais s'il en est ainsi, on peut regarder comme très-probable que, parmi les comètes observées, il en est qui décrivent de véritables paraboles, de sorte qu'après être venues une fois dans la sphère de gravitation du Soleil, elles s'en sont ensuite éloignées à jamais.

Parmi les comètes dont la périodicité a été calculée, il en est aussi qui décrivent des ellipses si allongées que cela équivaut par le fait, pour nous et nos descendants, à l'absence indéfinie de tout retour. La grande comète de 1769 (excentricité 0,9992) a une période de vingt et un siècles environ; à son aphélie, elle atteindra un point de l'espace dont la distance à la Terre est mesurée par 327 fois la distance de la Terre au Soleil. Les comètes de 1811 et de 1680 ont des périodes de 3065 et de 8814 années (excentricités 0,9951 et 0,9999). La première comète de 1780, celle de juillet 1844 ne reviendront à leur périhélie qu'après des voyages dont la durée sera, pour la première de 75 840 ans, pour la seconde d'environ mille siècles. Ces astres s'enfonceront dans l'éther à de telles distances qu'ils seront, à leur aphélie, distants de notre monde d'environ 4000 fois la distance du Soleil.

Si les calculs, seulement approchés il faut le dire, sur lesquels reposent ces évaluations nécessairement incertaines, ne sont pas rigoureusement exacts, ils ne laissent pas moins voir que les comètes auxquelles ils s'appliquent restent toujours parties intégrantes de notre système. Leur éloignement le plus considérable est encore 50 fois moindre que celui des étoiles les plus rapprochées. L'action du Soleil sur ces astres sera donc toujours prépondérante et leur masse incessamment ramenée dans les régions du ciel où chemine notre Terre, si toutefois les perturbations que peuvent causer les planètes ne sont point venues détourner ces comètes de leur cours et modifier les éléments de leurs orbites.

§ VI — Détermination de l'orbite parabolique d'une comète

Trois observations sont nécessaires pour le calcul d'une orbite cométaire parabolique. — Les éphémérides cométaires; ce qu'on entend par une éphéméride; contrôle des observations ultérieures. — Éléments d'une orbite elliptique. — Peut-on prédire l'apparition ou le retour d'une comète? position de la question. — Réfutation par Arago du préjugé qui court à ce sujet.

Trois observations d'une comète, trois positions différentes (en ascension droite et en déclinaison) du noyau d'une comète, en un mot trois points de sa trajectoire ou orbite apparente suffisamment distants les uns des autres, sont nécessaires, avons-nous dit, pour le calcul des éléments paraboliques de l'orbite véritable.

Cette détermination était au siècle dernier, non-seulement une opération longue, laborieuse, mais encore remplie de tâtonnements, d'incertitudes. Avant de s'engager dans les pénibles calculs des éléments de l'orbite, les astronomes essayaient graphiquement ou même mécaniquement diverses paraboles et ne commençaient leurs opérations qu'après avoir reconnu que l'une de ces courbes s'adaptait à peu près aux positions que l'observation avait fournies. De notables perfectionnements ont été apportés depuis un siècle à ces méthodes par les Lalande, les Laplace, les Gauss. Mais c'est toujours une opération assez complexe que le calcul d'une orbite cométaire, même simplement parabolique, et il faut encore à un géomètre rompu aux travaux de ce genre plusieurs heures de calcul pour trouver les valeurs approchées des divers éléments. Ce n'est pas le lieu, on le comprendra, d'en donner une idée.

D'ailleurs, une première orbite une fois trouvée, on en déduit ce que les astronomes appellent une *éphéméride*. On nomme ainsi l'ensemble des positions que la comète a dû ou devra occuper dans le ciel, de jour en jour, pendant la période de sa visibilité. Ces positions *théoriques* doivent cadrer avec les autres observations réelles, avec les positions fournies par les instruments. La comparaison de ces dernières avec les éphémérides calculées fournit donc un moyen de contrôle, d'où résulteront, soit des éléments plus exacts, soit au contraire la conviction que l'orbite parabolique ne peut rendre compte du mouvement total de l'astre. Dans ce dernier cas, il restera à examiner la question d'une orbite, soit hyperbolique, soit le plus souvent elliptique, pour la représentation exacte de ce mouvement. C'est ainsi qu'un certain nombre de comètes ont été reconnues décrire des ellipses autour du Soleil, c'est-à-dire ont dû être rangées parmi les comètes périodiques du monde solaire.

Disons seulement, puisque nous parlons des orbites elliptiques, que deux éléments doivent s'ajouter aux éléments des orbites paraboliques, pour que la courbe soit déterminée. C'est, d'une part, l'excentricité dont nous avons donné plus haut la définition, et qui, jointe à la distance périhélie, permet de calculer le grand axe de l'orbite; c'est d'autre part la durée de la révolution, durée qui est liée à la valeur trouvée pour le grand axe par la troisième des lois de Képler [1].

Ceci nous amène à dire un mot d'une question qui a toujours été assez mal comprise du public, malgré les explica-

1. Voici, par exemple, le tableau des éléments elliptiques de la comète à courte période de Tempel, 1867 II, pour son retour de mai 1873; *e* est l'excentrité, *a* le demi grand axe :

Passage au périhélie 1873. Mai 9,74218.

π	238° 2′ 34″	
☊	101° 12′ 50″	Durée de la
i	9° 12″ 6″	révolution
e	0,5076428	5ans 97j.
a	3,1721	

Mouvement direct D.

tions réitérées des astronomes. Nous voulons parler de la prédiction de la venue d'une comète.

Peut-on prédire l'apparition d'une comète quelconque? C'est en ces termes que la question précédente a toujours été posée. Pour le public qui a foi dans la science astronomique, sans en posséder de suffisantes notions, l'affirmative ne doit pas faire de doute, et les savants qui se laissent surprendre par l'apparition d'une comète, manquent à tous leurs devoirs, à leur devoir d'observateurs si de simples amateurs ont eu la primeur de l'astre nouveau, à leur devoir de calculateurs géomètres s'ils ne l'ont point annoncé.

Eh bien, en général, ces reproches sont injustes. Ils reposent sur une fausse idée du pouvoir de la science et de la nature vraie des orbites cométaires. Arago, qui ne laissait jamais passer l'occasion de détruire les préjugés antiscientifiques, a réfuté parfaitement cette erreur, qui n'en est pas moins encore fort répandue. C'était à l'occasion de la brillante comète de 1843, qui, apparue inopinément, n'avait point été annoncée par les astronomes de l'Observatoire, et pour cause. Essayons donc, après l'illustre secrétaire de l'Académie des sciences, de dissiper cette erreur du public autant qu'il est en notre pouvoir.

En nous reportant aux paragraphes précédents de ce chapitre, on peut voir que le plus grand nombre des comètes qui ont été vues et observées [1] depuis les temps les plus anciens jusqu'à nous, décrivent des paraboles ou, tout au moins, des ellipses si allongées qu'on peut assurer, ou que

1. *Voir* un astre et *l'observer* sont deux choses parfaitement distinctes. Dans la longue liste des comètes dont la tradition fait mention, depuis l'antiquité jusqu'au milieu du XVIIIe siècle, époque où écrivait Pingré, le savant cométographe ne compte que soixante-sept comètes dont des observations un peu précises aient permis de calculer l'orbite.

ces astres n'avaient jamais visité notre monde, ou qu'ils l'avaient fait à des époques antéhistoriques ; par la même raison, ils n'y reviendront jamais, ou, s'ils effectuent leur retour, ce sera à une époque si éloignée de nous qu'il est tout à fait oiseux de s'en occuper. En tout cas, il est évident qu'une comète, lorsqu'elle se présente ainsi pour la première fois en vue de la Terre, n'a pu être annoncée avant d'être aperçue; aucune prédiction de son apparition n'était possible.

Voilà un premier point établi, qui s'applique, je le répète, à la grande majorité, non-seulement des comètes enregistrées, mais des comètes cataloguées, c'est-à-dire de celles dont les orbites ont pu être calculées avec plus ou moins de précision. Sur les 262 comètes distinctes du catalogue que nous publions à la fin de ce volume, 9 seulement sont des comètes périodiques dont le retour a été constaté par l'observation; une soixantaine d'autres ont des orbites elliptiques ; encore la plupart de ces dernières sont si excentriques, qu'elles retombent, au point de vue qui nous occupe, dans la catégorie des comètes à orbites infinies.

Arago avait donc parfaitement raison de conclure ainsi, à propos de la question posée aux astronomes par quelques personnes étrangères à l'astronomie : « Est-il permis, disait-il, d'espérer raisonnablement qu'on pourra prédire un jour l'arrivée, dans notre sphère de visibilité, de comètes qui depuis des siècles restent comme perdues au milieu des régions les plus reculées de l'espace ; que personne n'a jamais aperçues ; dont l'action sur les astres du système solaire est au-dessous de toute grandeur appréciable, tant à raison de l'excessive rareté de la matière vaporeuse qui les compose, qu'à cause de leur prodigieux éloignement ? Un astre se révèle aux hommes, en devenant visible ou en produisant des effets saisissables. Celui qui n'a jamais été vu, qui n'a jamais engendré aucun déplacement observable [1], est pour nous comme s'il n'existait pas. L'annonce de l'apparition d'une comète totalement inconnue serait du domaine de la sorcellerie, et non celui de la vraie science. L'astrologie elle-même ne poussa pas ses prétentions jusque-là, dans le temps de sa plus grande faveur. » (*Annuaire* de 1844.)

1. L'astronomie théorique est arrivée en effet à ce point de perfection que des perturbations causées par des astres inconnus ont mis sur la voie de la découverte de ces astres, témoin la planète Neptune. Arago, qui écrivait le passage ci-dessus en 1844, deux ans avant la découverte de Neptune, laissait ainsi pressentir la possibilité d'une prédiction aussi remarquable.

CHAPITRE IV

LES COMÈTES PÉRIODIQUES

§ I — Comètes dont le retour a été observé

Comment on peut reconnaître la périodicité d'une comète observée et prédire son retour. — Première méthode : comparaison des éléments de l'orbite avec ceux des comètes inscrites dans les catalogues. Ressemblance ou identité de ces éléments ; période présumée qu'on en déduit. — Seconde méthode : calcul direct des éléments elliptiques. — Un mot d'une troisième méthode.

Il y a cependant un certain nombre de comètes dont les astronomes peuvent assurer et calculer le retour. La prédiction de l'époque probable où ces astres doivent se trouver en des régions du ciel d'où ils seront visibles de la Terre, la détermination de l'époque de leur passage au périhélie peut se faire avec une certaine exactitude.

Ce sont les comètes dont l'orbite, calculée d'après un nombre d'observations suffisantes, n'est point une parabole ni une autre courbe à branches infinies comme l'hyperbole, mais bien une orbite fermée et elliptique, que l'astre parcourt dès lors indéfiniment dans des périodes régulières. Ce sont, en un mot, les *comètes périodiques*.

Newton, nous l'avons vu, en assignant aux comètes une orbite parabolique, n'avait en vue que l'arc, toujours très-court, décrit par elles dans le voisinage de leur périhélie, quand leur distance relativement faible à la Terre rend l'observation possible. Dans sa pensée, les comètes étaient des astres assujettis à des périodes régulières et décrivant des ellipses, fort allongées il est vrai, mais en tout semblables aux orbites planétaires. La constatation de la première périodicité certaine d'une comète, le retour non douteux d'une comète dans la même orbite, a donc été, pour la théorie newtonienne, une confirmation, un triomphe éclatant. Ni Halley qui eut la gloire de cette première prédiction, ni Newton qui l'avait rendue possible, ne vécurent assez longtemps pour voir l'événement justifier la théorie. Depuis, comme nous allons le voir, les faits de même genre se sont multipliés, et le nombre des comètes dont le retour peut être calculé, qui de plus ont été réellement revues, déjà grand, s'accroît peu à peu. A côté du système planétaire, un autre système s'édifie donc : l'histoire de ce système des comètes du monde solaire est assez intéressante et instructive pour être donnée avec quelques détails.

Mais, auparavant, essayons de faire comprendre par quelles méthodes les astronomes arrivent à reconnaître la périodicité d'une comète.

Quand une comète nouvelle, ou qu'on croit nouvelle, apparaît, peut-on dire si elle a été déjà vue, observée à une époque antérieure? La réponse à cette question sert de fondement à la première méthode qui a servi à résoudre le problème posé. Mais cette réponse n'est point aisée, si l'apparition ou les apparitions antérieures de la comète n'ont pas été l'objet d'observations un peu précises, si la tradition se borne à quelque vague mention de la grandeur, de l'éclat du noyau, de la forme ou des dimensions de la queue. L'apparence extérieure d'une comète, son signalement physique serait le plus souvent insuffisant. Nous verrons en effet plus loin que ces caractères sont très-variables, que l'aspect d'une comète change dans le cours d'une seule apparition. Mais restât-il le même, les circonstances de sa visibilité, sa distance à la Terre suffiraient à empêcher l'identité des deux astres d'être constatée. Telle comète, vue jadis avec un éclat extraordinaire, quand elle vient à reparaître n'est qu'une nébulosité assez faible. Il eût été difficile de reconnaître le même astre dans la comète de 1607, dont la lumière parut à Képler pâle et faible, dans celle de 1682, que Lahire et Picard assimilaient à une étoile de deuxième grandeur, dans celle de 1759 qui parut comme une étoile de première grandeur à Messier, et enfin dans la fameuse comète de 1456, « que tous les historiens, sauf deux polonais », dit Pingré, « s'accordent à nous représenter comme *grande*, *terrible*, d'une *grandeur extraordinaire*, traînant après elle une queue très-longue, couvrant de sa queue deux signes célestes ou 60 degrés. » C'était cependant une seule et même comète. Les astronomes, il est vrai, se défient aujourd'hui et à juste titre de ces expressions presque toujours exagérées des anciens chroniqueurs; mais précisément pour cela, on ne peut se fonder sur une ressemblance d'aspect pour établir l'identité de deux comètes et par suite leur périodicité. Il faut des éléments de comparaison plus précis. Ces éléments sont ceux de l'orbite parabolique, quand la tradition a laissé, répétons-le, des observations, c'est-à-dire des positions et des dates permettant le calcul de cette orbite, quand, en un mot, la comète, au lieu d'avoir été simplement *vue*, a été observée. Un catalogue des anciennes comètes est donc nécessaire, et c'est justement en consultant la table des 24 comètes qu'il avait calculées, qu'Halley fit la prédiction dont nous donnerons bientôt l'histoire.

Si les longitudes du nœud ascendant et du périhélie, si l'inclinaison du plan de l'orbite, si la distance périhélie et le sens du mouvement sont les mêmes ou à peu près les mêmes dans deux orbites cométaires, il y a probabilité que ce sont deux apparitions successives, sinon consécutives, et que la comète est périodique. En prenant l'intervalle des apparitions pour la période même, la troisième loi de Képler permet de calculer les dimensions du grand axe de l'orbite elliptique correspondante, et l'on s'assure alors que l'orbite nouvelle est réellement d'accord avec toutes les observations connues. S'il en est ainsi, il est possible de calculer l'époque plus ou moins précise du prochain retour de la comète, c'est-à-dire de son passage au périhélie, et toutes les circonstances de la future apparition.

Une seconde méthode, c'est le calcul direct des éléments elliptiques. Elle suppose en général des observations très-précises, surtout si l'orbite est très-allongée, puisque alors il y a très-peu de différence entre les routes apparentes suivies par la comète dans l'hypothèse d'une parabole, d'une ellipse très-allongée ou d'une hyperbole peu aplatie. Les premiers essais faits dans cette voie, qui en théorie est très-légitime, prouvent qu'elle est sujette à beaucoup de difficultés et d'incertitudes. Euler, en l'appliquant à la comète de 1744, trouva une première fois une orbite hyperbolique, d'après des observations faites à Berlin. Une seconde fois le savant géomètre, ayant reçu les observations de Cassini, trouva pour l'orbite une ellipse très-allongée et une période de plusieurs siècles.

Le premier exemple d'une orbite elliptique calculée avec précision par cette seconde méthode est, croyons-nous, celle de la comète de Lexell ou de 1770, dont la période était courte (cinq ans et demi), et l'orbite relativement peu allongée, mais qui malheureusement — nous en verrons plus loin l'histoire — a subi des perturbations énormes et n'a point été revue. Depuis, le calcul direct du mouvement elliptique, sans comparaison avec des observations antérieures, a été employé pour un assez grand nombre de comètes, et avec succès pour quelques-unes, puisque le retour des comètes périodiques de Faye, de Brorsen, de d'Arrest, de Winnecke (1819) a été constaté par de nombreuses et non douteuses observations.

Les deux méthodes qu'on vient de lire exigent l'une et l'autre des observations de positions de la comète dont on veut reconnaître la périodicité, et ces observations doivent avoir une certaine précision. En l'absence de ces éléments, on peut cependant encore arriver au but, mais le résultat est alors aussi conjectural que la méthode elle-même. Cette troisième méthode consiste à comparer diverses comètes historiques, en notant les ressemblances de leur aspect, en s'assurant que les intervalles des apparitions successives s'accordent avec l'hypothèse d'une certaine période, dont la durée, dans ce cas, est nécessairement contenue à peu près un nombre entier de fois dans ces intervalles. Les éléments calculés pour une apparition peuvent alors suffire à rendre probable l'identité de plusieurs comètes. C'est ainsi que M. Laugier a cru pouvoir identifier les comètes de 1299, de 1468 et de 1799, en admettant une période de cent soixante-neuf ans, deux fois comprise entre les deux dernières dates ; de même, les comètes de 1301, de 1152, de 760 et plusieurs autres encore (que nous mentionnerons plus loin) ont pu être reconnues comme des apparitions anciennes de la comète de Halley, dont la période à la vérité était déjà depuis longtemps calculée et connue.

§ II — La Comète de Halley

Découverte de l'identité des comètes de 1682, de 1607 et de 1531 ; Halley annonce le plus prochain retour pour l'année 1758. — Clairaut entreprend le calcul des perturbations que la comète de 1682 avait dû subir de la part de Jupiter et de Saturne ; collaboration de Lalande et de Mlle Hortense Lepaute. — Le retour de la comète à son périhélie est fixé au milieu du mois d'avril 1759 ; la comète revient le 13 mars. — Retour de la comète de Halley en 1835 ; calcul des perturbations par Damoiseau et par Pontécoulant ; progrès de la théorie. — La comète reviendra au périhélie en mai 1910.

Rappelons-nous ces mémorables paroles de Sénèque, dans ses *Questions naturelles* : « Pourquoi s'étonner que les comètes dont le monde a si rarement le spectacle ne soient point encore pour nous astreintes à des lois fixes, et que l'on ne connaisse ni d'où viennent ni où s'arrêtent ces corps dont *les retours n'ont lieu qu'à d'immenses intervalles?*... Un âge viendra où ce qui est mystère pour nous sera mis au jour par le temps et les études accumulées des siècles... Il naîtra quelque jour un homme qui démontrera dans quelle partie du ciel errent les comètes; pourquoi elles marchent si fort à l'écart des autres planètes, quelle est leur grandeur, leur nature. » Dix-huit siècles se sont écoulés, et, non pas un homme, mais les efforts accumulés de bien des hommes ont soulevé un coin du voile dont parle Sénèque. En ce qui concerne les lois des mouvements cométaires, Newton a réalisé sa prédiction; Halley l'a complétée pour le retour et la périodicité calculée des comètes.

Ce savant, aussi laborieux que modeste, avait publié en 1705 son catalogue de 24 comètes. En comparant leurs éléments, il remarqua que trois comètes, celle de 1531, celle de 1607 et celle de 1682 avaient des orbites presque identiques. Il soupçonna dès lors l'identité des astres eux-mêmes; il fit plus, il annonça le retour le plus prochain de la comète pour l'année 1758. Donnons les éléments calculés par Halley, puis laissons-le parler lui-même.

	COMÈTE DE 1531	COMÈTE DE 1607	COMÈTE DE 1682
Longitude du nœud.........	49° 25′	50° 21′	51° 16′
Inclinaison de l'orbite.......	17° 56′	17° 2′	17° 56′
Longitude du périhélie.......	301° 39′	302° 16′	302° 53′
Distance périhélie...........	0,56700	0,58680	0,58328
Sens du mouvement.........	*Rétrograde*	*Rétrograde*	*Rétrograde*

Voici le passage du mémoire de Halley concernant la périodicité de la comète qui porte aujourd'hui son nom :

« Or, je suis bien porté à croire que la comète de l'année 1531, observée par Apianus, est la même qui a reparu en 1607, et qui nous a été décrite par Képler et par Longomontanus, et qu'enfin j'ai revue moi-même, et que j'ai observée soigneusement l'an 1682. Car tous les éléments de leurs théories sont les mêmes, et il n'y a d'inégalité un peu considérable que dans le temps de leur révolution périodique ; ce qui n'est pas étonnant, et peut être attribué à différentes causes physiques. Nous en avons un exemple à peu près semblable dans *Saturne*, dont le mouvement de révolution est tellement altéré par les autres planètes et surtout par *Jupiter*, que nous ne saurions jamais déterminer qu'à quelques jours près le temps de sa révolution périodique. A plus forte raison, combien ne serait donc pas altéré le mouvement d'une comète qui s'éloigne quatre fois davantage que ne fait Saturne, et dont la vitesse, pour peu qu'elle soit augmentée, peut changer la figure de son orbite, et lui donner une courbure différente de l'ellipse et par conséquent plus approchante de celle d'une parabole. Ce qui me confirme davantage encore dans ce sentiment, c'est qu'il me paraît que c'est encore la même qui fut aperçue l'an 1456. On la vit pendant l'été, ayant un cours rétrograde, et passant à peu près de la même manière entre la Terre et le

Soleil. Or, quoique nous n'en ayons pas, cette fois-là, d'observations bien exactes, cependant je crois ne devoir point douter, en comparant sa route et le temps de sa révolution, que ce n'ait été la même que celle des années 1531, 1607 et 1682; de sorte que je puis avec assez de certitude annoncer son retour pour l'an 1758, et si cette espèce de prédiction a lieu et qu'elle reparaisse en effet, il ne doit plus rester, ce me semble, aucun lieu de douter que les autres comètes ne reparaissent enfin de la même manière. »

Plus tard, en 1749, en publiant dix ans avant le retour prédit par lui et trois ans seulement avant sa mort, ses *Tables astronomiques*, Halley revient en termes plus décidés sur sa prédiction : « Tel est, dit-il, l'accord des éléments de ces trois comètes, accord qui serait bien étonnant, si c'étaient trois comètes différentes, ou que ce ne fût pas le retour d'une même comète dans une orbite elliptique qui passe assez près de la Terre et du Soleil ; si donc elle revient encore, suivant notre prédiction, vers l'an 1758, *la postérité se souviendra que c'est à un Anglais que l'on en doit la découverte*. »

La postérité s'est souvenue, et la science a hautement consacré la revendication de l'astronome anglais, en donnant son nom à la première comète dont le retour périodique, annoncé à l'avance, a été confirmé par l'événement. Mais la même postérité ne sera point injuste ; elle donnera une part légitime de gloire aux astronomes français Clairaut et De Lalande qui ont achevé l'œuvre de Halley en calculant le retard que la comète de 1682 devait éprouver dans son voyage de 76 années. Cette seconde partie de l'histoire d'une grande découverte est peut-être plus étonnante encore et plus instructive que la première.

A mesure en effet que l'époque du retour prédit par Halley s'approchait, tous les astronomes de France et d'Europe, préoccupés de ce grand événement scientifique, s'apprêtaient à suivre l'observation. L'époque de la réapparition était indécise. Les périodes connues, comme Halley l'avait en effet remarqué, étaient inégales : de 1531 à 1607, il s'était écoulé 27 811 jours ; de 1607 à 1682, 27 352 jours, avec une différence de 459 jours entre les passages au périhélie. La nouvelle période serait-elle plus courte encore, ou au contraire, après une diminution de quinze mois et demi, reviendrait-elle à sa première longueur ou la surpasserait-elle? Plusieurs savants firent divers calculs et diverses hypothèses sur la route de la comète à son retour et sur le moment de son apparition, que l'on attendait dès 1757.

C'est alors qu'un géomètre d'une haute valeur, Clairaut, entreprit de résoudre rigoureusement le problème qu'Halley avait su indiquer, celui de calculer les perturbations que la comète de 1682 avait dû éprouver en passant dans le voisinage des planètes, et surtout de Jupiter et de Saturne. C'était une entreprise d'une difficulté immense. Aussi Clairaut, pressé par le temps, réclama-t-il le secours de Lalande, un des astronomes que la France met aux rang de ses plus illustres savants. Une femme, Mlle Hortense Lepaute — c'est elle qui a donné son nom à *l'Hortensia* — se chargea d'une partie de cette pénible besogne. Grâce au dévouement à la science de ces trois dignes collaborateurs, dès novembre 1758 le travail était mené à terme, et Clairaut présentait à l'Académie des sciences un mémoire dont voici un court extrait :

« La comète que l'on attend depuis plus d'un an, dit-il, est devenue l'objet d'un intérêt beaucoup plus vif que le public n'en met ordinairement aux questions astronomiques. Les vrais amateurs des sciences désirent son retour, parce qu'il en doit résulter une très-belle confirmation d'un système en faveur duquel presque tous les phénomènes déposent. Ceux qui se plaisent au contraire à voir les philosophes plongés dans l'incertitude et le trouble, espèrent qu'elle ne reviendra point, et que les découvertes, tant de Newton que de ses partisans, se trouveront de niveau avec les hypothèses que la seule imagination a enfantées. Plusieurs personnes de cette dernière classe triomphent déjà et regardent une année de retardement, qui n'est due qu'à des annonces destituées de tout fondement, comme suffisante pour condamner les newtoniens.

» J'entreprends ici de faire voir que ce retardement, loin de nuire au système de la gravitation universelle, en est une suite nécessaire, qu'il doit aller encore plus loin, et je tente d'en assigner les limites. »

Disons tout de suite que Clairaut avait trouvé 618 jours de retard pour le passage de la comète à son périhélie en 1759 : 100 jours étaient dus à l'action de Saturne, 518 jours à celle de Jupiter, ce qui fixait le passage au milieu du mois d'avril. Toutefois, il faisait des réserves, avec une modestie qui l'honore autant que son immense travail, réserves que nécessitaient les termes négligés dans le calcul, les causes de perturbation inconnues et enfin la crainte d'avoir pu commettre quelques erreurs dans les nombreuses et délicates opérations effectuées. Toutes ces incertitudes accumulées pouvaient, selon Clairaut, altérer le terme d'un mois. La comète fut vue, en effet, dès le 25 décembre 1758, par un paysan saxon des environs de Dresde, du nom de Palitsh. Les astronomes avertis observèrent l'astre et bientôt purent prouver que le passage au périhélie devait se faire le 13 mars 1759, trente-deux jours avant l'époque calculée par Clairaut. Un tel triomphe de la théorie produisit dans le monde de la science une impression profonde, et Lalande dit avec un enthousiasme bien légitime :

« L'univers voit cette année le phénomène le plus satisfaisant que l'astronomie nous ait jamais offert; événement unique jusqu'à ce jour, il change nos doutes en certitude, et nos hypothèses en des démonstrations... M. Clairaut, dit-il plus loin, demandait un mois de grâce en faveur de la théorie; le mois s'y est trouvé exactement et la comète est descendue, après une période de cinq cent quatre-vingt-six jours plus longue que la dernière fois, trente-deux jours avant le terme qui lui était fixé; mais qu'est-ce que trente-deux jours sur un intervalle de plus de cent cinquante ans, dont on avait à peine observé grossièrement la deux-centième partie, et dont tout le reste s'étend hors de la portée de notre vue? Qu'est-ce que trente-deux jours pour toutes les autres attractions du système solaire, dont on n'a pas tenu compte, pour toutes les comètes dont nous ignorons la situation et les forces, pour la résistance de la matière éthérée qu'on ne peut apprécier, et pour toutes les quantités qu'on est forcé de négliger dans l'approximation du calcul?... une différence de cinq cent quatre-vingt-six jours entre les révolutions de cette même comète, différence produite par les forces perturbatrices de Jupiter et de Saturne, devient une démonstration plus frappante qu'on n'eût jamais osé l'espérer du grand principe de l'attraction et met cette loi au nombre des vérités fondamentales de la physique, dont il n'est pas plus possible de douter actuellement que de l'existence même des corps qui la produisent. »

Un autre retour de la comète de Halley a eu lieu en 1835. Il a fourni l'occasion de constater les progrès faits par l'astronomie théorique pendant la période de soixante-seize ans que la comète avait mis à parcourir encore une fois son orbite. En effet, prenant pour point de départ le passage au périhélie de 1759 et marchant sur les traces de Clairaut, deux astronomes français, Damoiseau et de Pontécoulant, abordèrent séparément la tâche laborieuse de déterminer l'époque du passage au périhélie, en tenant compte des actions perturbatrices des planètes. Parmi les causes troublantes inconnues que Clairaut n'avait pu calculer, mais qui entrèrent dans les recherches des deux savants qu'on vient de citer, figure la planète Uranus, découverte par W. Herschel en 1781. D'après M. Damoiseau, la comète devait passer au périhélie le 4 novembre ; d'après M. de Pontécoulant, ce devait être le 13 novembre 1835. Deux autres astronomes.

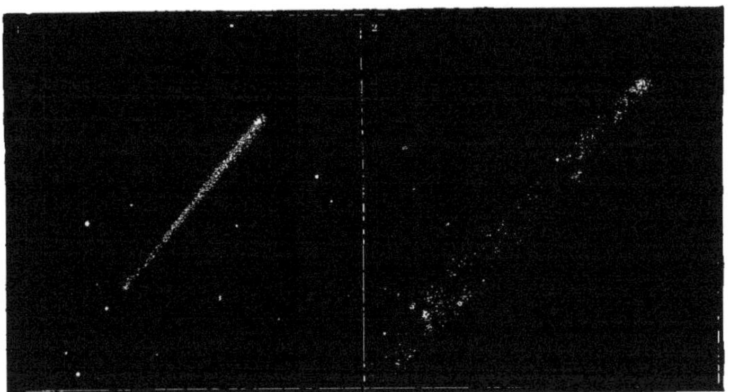

Fig. 16. — La comète de Halley, en 1835. — 1. Vue à l'œil nu le 24 octobre. — 2. Vue au télescope le même jour.

Lehmann et Rosenberger, avaient fixé les dates du 11 et du 26 novembre. Dès le 5 août, la comète était vue dans le ciel de Rome. Les observations ont donné pour la date exacte du passage au périhélie, le 16 novembre, à dix heures et demie du matin; c'est une différence de moins de *trois jours* entre l'observation et le résultat du calcul[1]. Il en résultait un accroissement de 69 jours sur la longueur de la période pré-

1. En reprenant à nouveau le calcul des perturbations, M. de Pontécoulant a trouvé, par ses formules, qu'il avait dû s'écouler 28 006 j., 66 entre les passages au périhélie de 1835 et de 1759. L'observation a donné 28 006 jours : la différence qui n'est que de 2/3 de jour montre assez quels progrès ont fait à la fois les méthodes analytiques et les procédés d'observation.

cédente, qui s'était élevée à 27 937 jours ; cet accroissement provenait de deux actions opposées :

1° D'une augmentation de 135 j., 34 due à l'action de Jupiter ;

2° D'une diminution de 66 j., 30 provenant de l'action de Saturne, de l'action d'Uranus et enfin de celle de la Terre.

La durée de la dernière période s'est trouvée égale à 76 ans et 135 jours ou 4 mois et demi. Une période égale assignerait, pour son retour au prochain périhélie, la date du 29 mars 1912. Mais cette date se trouvera modifiée par les perturbations propres à cette période : Jupiter aura sur la marche de la comète une action retardatrice considérable, et la révolution qui s'accomplit maintenant sera la plus courte de toutes celles qu'on a observées : elle sera de 27 216 jours 92, c'est-à-dire à peine de 74 ans et 6 mois. Ceci reporte, d'après les calculs de M. de Pontécoulant, la prochaine apparition au 24 mai 1910, vers neuf heures du matin [1]. En remontant au contraire dans le passé et en consultant les annales et les chroniques, on a retrouvé plusieurs apparitions de la comète de Halley dont voici les dates, les unes à peu près certaines, les autres plus douteuses :

Le 8 juin	1456	Halley avait déjà signalé cette apparition.
Le 9 novembre	1378	
En décembre	1301	D'après les recherches d'E. Biot et de Laugier.
En septembre	1152	D'après les recherches d'E. Biot et de Laugier.
En mai	1066	
En septembre	989	
En juin	760	D'après les recherches d'E. Biot et de Laugier.
En octobre	684	D'après Hind
En juillet	451	D'après les recherches d'E. Biot et de Laugier.
En mars	141	
En janvier	66	
En octobre de l'an	12	Avant J.-C.

1. Les éléments de l'orbite calculés pour cette époque par le même géomètre donnent le 16 mai 1910 vers onze heures du soir.

Outre ces dates, Hind donne encore celles-ci comme répondant probablement à des apparitions anciennes de la même comète : 1223, 912, 837, 608, 530, 373, 295, 218.

Les périodes que supposent ces apparitions, notamment celles de 1456, 1378, 760, 451, ont une durée d'environ 77 ans 1/4, notamment plus longue que celle des trois ou quatre dernières révolutions [1]. M. Laugier se demande si la diminution qu'il faudrait admettre alors, n'aurait pas la même cause que celle qu'on assigne à la diminution analogue subie par la comète d'Encke, c'est-à-dire la résistance de l'éther ; ou si, comme le pensait Bessel, elle serait due à une déperdition de matière abandonnée par la comète dans l'espace, dans le cours de ses révolutions successives. Ce sont des questions d'un haut intérêt pour l'astronomie physique : on les trouvera traitées plus loin.

§ III — La comète d'Encke ou comète a courte période

Découverte de l'identité et de la périodicité des comètes de 1818, 1805, 1795 et 1786 ; Arago et Olbers. — Encke calcule l'ellipse décrite par la comète. — Époque des vingt retours jusqu'à 1873. — Diminution successive de la période de la comète d'Encke.

Un des plus laborieux observateurs et chercheurs de comètes, Pons, découvrit à Marseille en 1818 une comète qui passait au périhélie le 27 janvier suivant, et dont les éléments paraboliques comparés à ceux des comètes catalogués à cette époque fit bientôt soupçonner qu'elle avait

1. De l'an 12 av. J.-C. à l'année 1835, il s'est écoulé 1847 ans 515, formant un ensemble de 24 révolutions de la comète de Halley. La durée moyenne serait alors de 76 ans 96.

été déjà observée en 1805. C'est Arago qui en fit la remarque au Bureau des longitudes, quand Bouvard présenta les éléments paraboliques du nouvel astre, et Olbers, en faisant la même remarque en Allemagne, ajouta que c'était sans doute aussi la comète observée en 1795 et en 1786. Voici du reste quels étaient les éléments des comètes de 1818 et de 1805 :

	1818	1805
Longitude du périhélie........	144° 15′	147° 51′
Longitude du nœud...........	329° 5′	340° 11′
Inclinaison...................	14° 48′	15° 36′
Distance périhélie............	0,353	0,378
Sens du mouvement...........	*Direct*	*Direct*

La ressemblance était trop frappante pour qu'on ne cherchât point à déterminer la périodicité de l'astre nouveau. Le calcul des éléments elliptiques de l'orbite fut fait par Encke, astronome de l'observatoire de Gotha, et c'est la raison qui a fait donner à la comète le nom de *comète d'Encke*; mais on la nomme aussi quelquefois *comète à courte période*, par opposition à la comète d'Halley dont la durée de révolution est beaucoup plus longue. La comète d'Encke parcourt en effet son orbite en 1210 jours environ ou 3 ans, 3. « En ayant seulement égard, dit Poisson, à la rapidité de ses révolutions successives, cet astre pourrait être considéré comme une planète; mais on a continué de le ranger parmi les comètes, à cause des *apparences qu'il présente*, et parce qu'*il 'nest pas visible pour nous dans toutes les parties de son orbite.* » A l'époque en effet où Poisson écrivait son rapport, on croyait encore à l'extrême allongement de toutes les orbites cométaires, et dès lors il semblait improbable qu'une comète pût avoir une révolution d'une aussi courte durée. Mais les observations successives de ses retours vinrent lever tous les doutes, et bientôt de nouvelles comètes périodiques furent découvertes qui justifièrent la possibilité d'orbites cométaires comparables, pour leur faible excentricité relative, aux orbites des planètes mêmes.

Le premier retour de la comète à courte période à son périhélie eut lieu vers la fin de mai 1822. Encke calcula l'époque de ce retour et les éphémérides ; puis, tenant compte des perturbations que la comète avait dû subir, dans sa révolution précédente, par le fait de son passage dans le voisinage de Jupiter, il montra que sa période s'en trouverait

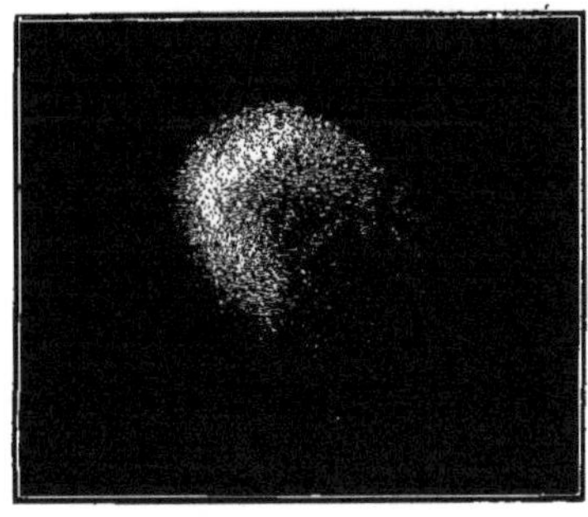

Fig. 17. — La comète d'Encke, à son passage de 1838. Le 13 août.

allongée d'environ neuf jours. De plus, la comète devait être invisible en Europe, et en effet, elle ne fut observée que dans l'hémisphère austral (en Australie).

Voici, d'après l'*Annuaire du bureau des longitudes* de 1872, les époques des passages au périhélie de la comète depuis sa découverte en 1818, jusqu'au dernier et au prochain passage :

27 janvier	1819	26 novembre	1848
23 mai	1822	15 mars	1852
16 septembre	1825	1er juillet	1855
10 janvier	1829	18 octobre	1858
4 mai	1832	6 février	1862
26 août	1835	28 mai	1865
19 décembre	1838	14 septembre	1868
12 avril	1842	29 décembre	1871
10 août	1845	12 avril	1875

En y joignant les apparitions antérieures de 1786, 1795 et 1805, cela fait en tout vingt retours constatés; mais, depuis la première date, vingt-sept révolutions consécutives se sont réellement succédé. Or, si l'on note les intervalles exacts des passages au périhélie, et qu'on en déduise les durées des périodes correspondantes, on trouve le tableau suivant, calculé par Encke :

			jours
De 1786	à 1795	3 fois	1212,63
1795	1805	3 fois	1212,50
1805	1819	4 fois	1212,02
1819	1822		1211,66
1822	1825		1211,55
1825	1829		1211,44
1829	1832		1211,32
1832	1835		1211,22
1835	1838		1211,11
1838	1842		1210,98
1842	1845		1210,88
1845	1848		1210,77
1848	1852		1210,71
1852	1855		1210,47
1855	1858		1210,57

Il y a là le témoignage d'un fait qui est d'une haute importance. La période de la comète va en diminuant sans cesse : cette diminution doit-elle continuer toujours, et s'il en est ainsi, quelle loi suit cette altération continue de l'orbite? Une diminution dans le temps périodique d'un astre ne peut avoir lieu sans qu'il y ait, en vertu des lois de Képler, une diminution correspondante dans la longueur du grand axe, dans la moyenne distance de la comète au Soleil. Faut-il croire qu'un jour la comète d'Encke, se rapprochant indéfiniment du foyer de notre monde, doit aller se précipiter dans sa masse? Ces questions intéressantes et cette hypothèse ont été étudiées, à divers points de vue, par plusieurs astronomes qui ont cherché la cause physique de la diminution que je viens de signaler. C'est un point sur lequel nous reviendrons plus loin : il intéresse l'économie même du monde solaire.

§ IV — Comète de Biela ou de Gambart

Histoire de sa découverte ; son identification avec la comète de 1805. — Calcul de ses éléments elliptiques par Gambart. — Apparitions antérieures à 1826. — Particularités relatives aux apparitions de 1832, 1846 et 1872.

La seconde comète périodique avait été reconnue telle 114 ans, et revue 60 ans après la première : il ne s'écoula que sept ans entre la découverte de la comète d'Encke et celle de Biela ou de Gambart, qu'on aurait pu appeler encore comète à courte période, puisqu'elle effectue chacune de ses révolutions en moins de sept années.

C'est à un major autrichien, du nom de Biela, qu'est due la première observation du nouvel astre, faite à Johannisberg, le 27 février 1826 : la comète fut vue dix jours après à Marseille par l'astronome français Gambart. Celui-ci, après avoir calculé les éléments de l'orbite parabolique, reconnut immédiatement leur ressemblance avec ceux de l'orbite d'une comète qui avait été observée en 1805 et en 1772. Voici les éléments comparés de ces trois orbites :

	1772	1805	1826
Longitude du périhélie..........	108° 6′	109° 23′	104° 20′
Longitude du nœud ascendant...	252° 43′	250° 33′	247° 54′
Inclinaison....................	19° 0′	16° 31′	14° 39′
Distance périhélie.............	1,018	0,89	0,95
Sens du mouvement............	*Direct*	*Direct*	*Direct*

J'insiste sur ces comparaisons pour montrer par des exemples comment s'emploie la méthode la plus simple de détermination des orbites périodiques des comètes, méthode purement indicative et provisoire, à laquelle on substitue aussitôt les calculs directs. Ces calculs furent effectués pour la comète de 1826 par Gambart et par Clausen [1], qui trouvèrent l'un et l'autre des résultats concordants, et assignèrent à la durée de la révolution de la comète une période de six ans trois quarts. Le prochain retour au périhélie put donc être prédit par Damoiseau, qui, tenant compte des perturbations, fixa ce retour au 27 novembre 1832 : la comète y passa en effet seulement un jour plus tôt, le 26 novembre. Ainsi se perfectionnait de plus en plus la théorie des orbites cométaires, basée sur la loi de la gravitation universelle.

En comptant les apparitions antérieures de 1772 et de 1805, la comète de six ans trois quarts a été observée à sept de ses retours, en 1826, en 1832, en 1846, en 1852 et en 1872. Elle aurait dû l'être en 1839, en 1859 et en 1866. « En 1839, dit M. Delaunay, elle ne put pas être observée à cause de la position défavorable de son orbite, à l'époque de son passage au périhélie. » Ce passage a dû en effet avoir lieu dans les premiers jours de juillet ; or, avant comme après, la comète se trouvait dans la proximité apparente du Soleil, et par conséquent confondue dans ses rayons. La circonstance fut à peu près semblable en 1859, le passage au périhélie ayant eu lieu aux premiers jours de juin. Enfin, en 1866, bien que la comète ne dût pas être éloignée de la

1. Il est d'usage de donner à une comète périodique le nom du premier astronome qui l'a, non pas vue ou observée, mais reconnue comme ayant une orbite elliptique. Cette comète, que les astronomes des deux mondes persistent à nommer *comète de Biela*, devrait donc être appelée *comète de Gambart*. Ce n'est pas le seul exemple d'injustice dans l'histoire de l'astronomie. Les comètes non périodiques reçoivent ordinairement le nom du premier observateur : on dit la *comète de Donati*, la *comète de Coggia*. Mais de tous les systèmes de dénomination le préférable, à notre avis, est celui qui consiste à distinguer les comètes par le chiffre de l'année où elles ont effectué leur passage au périhélie, en les affectant d'un numéro d'ordre, selon la succession des dates. On dit ainsi *comète I* 1858, *comète II* 1858, etc. Cet usage coupe court aux petites rivalités ou vanités auxquelles il est fait allusion plus haut.

Terre, aux environs du périhélie (26 janvier) la comète ne put être vue, et malgré tout le soin qu'on a mis à la chercher avec des instruments puissants, on n'est pas parvenu à la découvrir dans le ciel. Elle a été revue une dernière fois à Madras par M. Pogson, les 2 et 3 du mois de décembre 1872.

L'histoire de la comète de Gambart a fourni à l'astronomie physique des particularités curieuses. A partir de 1846, l'astre s'est trouvé divisé en deux comètes distinctes, qui figurent aujourd'hui dans les catalogues avec leurs orbites particulières. De plus, en 1832, elle a eu, comme la comète de 1773, le privilége de causer des frayeurs qui, à cette époque, n'avaient rien de fondé. Il ne s'agissait de rien moins que de la rencontre de la comète avec la Terre. On a cru, avec plus de raison cette fois, à la possibilité de cette rencontre à la fin de novembre 1872; et si ce n'est point l'une des deux comètes jumelles qui est venue frôler notre globe, tout au moins c'est un de leurs fragments. Je me borne ici à une simple mention de ces événements singuliers, qui seront traités plus loin avec les développements que mérite chacun d'eux.

§ V — Comète de Faye

Première comète dont la périodicité ait été à la fois trouvée du premier coup par le calcul et vérifiée par l'observation. — M. Le Verrier démontre qu'elle n'a rien de commun avec la comète de Lexell. — Faiblesse de l'excentricité de la comète de Faye et grandeur de sa distance périhélie. — Époques de ses retours. — Perturbations dans le mouvement de la comète de Faye, reconnues par M. A. Möller et inexplicables par la seule gravitation : problème à résoudre.

Voici, d'après une note d'Arago insérée en 1844 dans les *Comptes rendus de l'Académie des sciences*, l'histoire des premières recherches relatives à la quatrième comète périodique :

« Cet astre a été découvert à l'observatoire de Paris par M. Faye, le 22 novembre 1843. Ce jeune astronome s'empressa d'en calculer les éléments paraboliques. A mesure que les observations se multiplièrent, M. Faye reconnut que la parabole était complétement insuffisante pour représenter la suite des positions que la comète avait occupées, et il annonça qu'il déterminerait l'orbite elliptique aussitôt que, l'état du ciel ayant permis de suivre le nouvel astre dans des régions suffisamment éloignées de celles où on l'avait aperçu d'abord, personne ne pourrait élever de doute sur la certitude du résultat. C'est donc à multiplier des observations devenues excessivement difficiles par la faiblesse de la comète que M. Faye s'attachait de préférence. Les choses en étaient à ce point, lorsqu'une lettre de M. Schumacher nous a appris qu'un élève de M. Gauss, M. le docteur Goldschmidt, a déjà calculé une orbite elliptique, en se servant de l'observation de Paris du 24 novembre, et de celles du 1er et du 9 décembre faites à Altona. »

Ainsi, voilà une comète dont la périodicité a été du premier coup reconnue par le calcul, sans comparaison avec les éléments de comètes antérieurement observées. Comme la période de sa révolution est assez courte, puisqu'elle est moindre que sept ans et demi (7ans, 413), on s'étonna qu'elle n'eût point été vue auparavant ; et comme d'ailleurs, à son aphélie, il semblait qu'elle avait dû se trouver très-voisine de l'orbite de Jupiter, on crut que l'orbite avait été influencée par « ce dominateur du système solaire », et, de parabolique qu'elle était sans doute auparavant, était devenue elliptique et périodique. Mais, en réalité, suivant les calculs de M. Goldschmidt, la comète de Faye ne s'était pas trouvée à une distance de Jupiter inférieure à vingt-quatre millions de lieues, et l'on dut renoncer à cette hypothèse. M. Valz crut même reconnaître dans la nouvelle comète la fameuse comète disparue de 1770 ou de Lexell. Mais plus tard M. Le Verrier démontra qu'il n'y avait rien de commun entre ces deux astres. L'absence d'observations antérieures paraît donc seulement prouver qu'à ses apparitions antérieures, la comète de Faye ne s'était point trouvée dans des conditions convenables pour être aperçue, ce qui après tout se comprend fort bien d'un astre assez faible pour n'être visible que dans les télescopes.

Son orbite présente deux particularités assez remarquables. C'est d'abord la moins excentrique de toutes les orbites cométaires connues, ainsi que nous avons eu déjà l'occasion de le faire remarquer en mettant en regard les ellipses décrites par elle et par la petite planète Polymnie (fig. 15). En outre, elle a une distance périhélie assez considérable (1,682) : à l'époque de son passage au point de son orbite le plus rapproché du Soleil, la comète en est plus éloignée de onze millions de lieues que Mars périhélie, de huit millions huit cent cinquante mille lieues que Mars à sa moyenne distance. A l'aphélie, elle s'en va au delà de l'orbite de Jupiter, comme du reste toutes les autres comètes périodiques, à l'exception de la comète d'Encke : elle dépasse alors cette orbite de plus de moitié de la distance du Soleil à la Terre, c'est-à-dire d'environ 20 millions de lieues. Ce qui a fait, en 1843, remarquer surtout la forte distance périhélie de la comète de Faye, c'est que, cette même année, on vit la grande comète de 1843 s'approcher du Soleil à 263 000 lieues seulement de son centre, de sorte que le noyau nébuleux n'était pas à une distance de la surface de la photosphère solaire supérieure à 84 000 lieues : c'était moins que la distance de la Terre à la Lune.

La comète de Faye revint à son périhélie le 2 avril 1851 à deux heures du matin, un jour environ après l'époque que M. Le Verrier avait calculée pour ce passage, en tenant compte des perturbations subies par l'astre de la part de Jupiter. Elle a été revue en 1858, puis en août 1865 et enfin au mois de septembre 1873. La période de sa révolution est de $7^{ans},413$ ou 2708 jours, c'est-à-dire de 323 jours plus longue que celle de la planète Sylvia, la plus éloignée du Soleil des petites planètes qui circulent entre Mars et Jupiter.

En étudiant avec soin les trois premières apparitions successives de la comète de Faye, un astronome suédois, M. Axel Möller, a reconnu dans les variations de l'orbite l'impossibilité d'expliquer par la seule attraction les mouvements de la comète. Il y a donc lieu, comme pour la comète d'Encke, de rechercher la cause de cette perturbation : cette question intéressante sera traitée dans un chapitre ultérieur, où nous dirons quelles hypothèses ont été jusqu'ici proposées pour rendre compte de telles anomalies.

§ VI — Comète de Brorsen

Découverte de la comète de cinq ans et demi, en 1846, par Brorsen. — L'identité supposée avec la comète de 1532 fait soupçonner des éléments elliptiques ; calcul de ces éléments. — Retours de la comète au périhélie, en 1851, en 1868 et en 1873.

C'est dans l'ordre de leur découverte que nous passons en revue les comètes périodiques du monde solaire, celles du moins dont le retour a été constaté par l'observation et qui ont pu justifier les prédictions du calcul.

Nous arrivons de la sorte à une comète qui porte aussi le nom de l'astronome qui l'a découverte à Kiel, le 26 février 1846, à la comète de Brorsen, dont la période a une durée comprise entre celles d'Encke et de Faye. Elle fait en effet sa révolution autour du Soleil en 5 ans et demi, plus exactement en $5^{ans},483$, ou 2002 jours.

Aussitôt les éléments paraboliques de la nouvelle comète calculés, deux astronomes, Goujon et Petersen, soupçonnèrent son identité avec une comète observée en 1532[1], et furent ainsi conduits au calcul d'une orbite elliptique : cette orbite fut déterminée en réalité par Goujon, par Brunnow et plus tard par Bruhns. Le retour fut prédit pour 1851 et le passage au périhélie pour le 10 novembre de cette même année. Mais la comète ne fut revue que six ans plus tard, à son retour de 1857. Seulement, elle se trouva en avance d'environ trois mois, car, au lieu de passer au périhélie le 25 juin, comme les éphémérides du docteur Galen l'exigeaient, elle fut observée dès le 18 mars par Bruhns, huit jours plus tard par M. Yvon Villarceau à Paris, et ce n'est qu'après avoir à nouveau calculé ses éléments paraboliques, que ce dernier savant et M. Pape reconnurent la comète de Brorsen. Le passage au périhélie eut lieu le 29 mars, trois mois, je le répète, avant l'époque prévue ; cette erreur n'a rien d'extraordinaire pour l'ensemble de deux révolutions d'un astre observé à une apparition unique, mais elle explique pourquoi la comète n'avait pu être trouvée en 1851. Le lieu du ciel et l'époque où on l'avait alors cherchée étaient en effet notablement différents du lieu qu'elle occupait réellement et de l'époque où elle avait passé au périhélie. Cette dernière date, au lieu du 10 novembre, aurait dû être fixée au 27 septembre 1851.

La comète de Brorsen qui devait reparaître en 1862, en 1868 et en 1873, n'a été revue qu'à ses deux derniers retours. En 1868, le retour calculé par M. Bruhns, en tenant compte des perturbations dues à Jupiter pour le 18 avril vers minuit, eut lieu en effet le 17 vers 10 heures du soir : la théorie avait reconquis ses droits. La comète a été

1. Et aussi avec la comète de 1661. Mais la comète de Brorsen est regardée maintenant comme distincte de ces deux astres, dont l'identité est soupçonnée, mais dont la période est beaucoup plus longue.

observée à Marseille par M. Stéphan, à Twickenham par M. Bishop dans le courant de septembre et d'octobre 1873.

A son périhélie la comète de Brorsen s'approche du Soleil à une distance un peu plus grande que la moitié de la distance de la Terre, 89 millions de kilomètres; à son aphélie, elle va dépasser l'orbite de Jupiter; et son éloignement du Soleil est alors plus de neuf fois aussi grand que sa distance périhélie; il atteint 830 millions de kilomètres. Moins

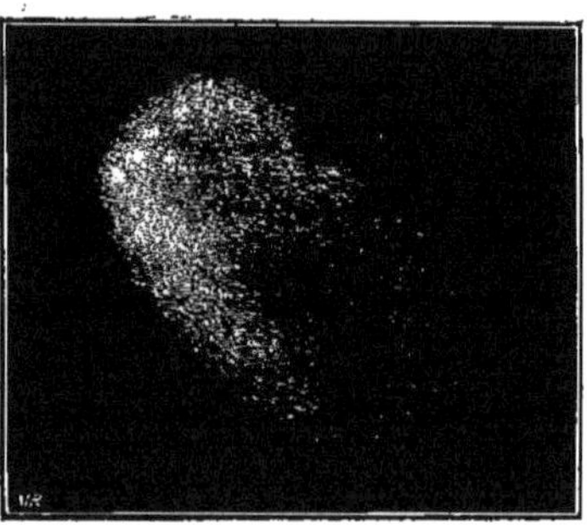

Fig. 18. — La comète de Brorsen, observée le 14 mai 1868, d'après un dessin de Bruhns.

excentrique que les orbites des comètes d'Encke, de Tuttle et d'Halley, l'orbite de la comète de Brorsen l'est plus que toutes celles des autres comètes périodiques actuellement reconnues.

§ VII — Comète de d'Arrest

Découverte de la comète et de sa périodicité par d'Arrest. — Retour prédit par M. Yvon Villarceau pour 1857; vérification à un demi-jour près. — Importance des perturbations causées par Jupiter; recherche de MM. Yvon-Villarceau et Leveau. — Retour de la comète en septembre 1870.

Voici encore une comète périodique dont la périodicité a été déterminée par le calcul, et dont le retour a été prédit et observé, sans le secours d'aucune comparaison avec les comètes antérieures. Elle porte le nom de l'astronome qui l'a découverte en 1851, et qui a reconnu l'ellipticité de son orbite. Notre savant compatriote, M. Yvon Villarceau, fit de son côté la même remarque, et calcula des éphémérides pour le prochain retour au périhélie qu'il annonça pour la fin de 1857, et qui se vérifia à douze heures près. La nouvelle comète fut revue au cap de Bonne-Espérance par M. Mac Lear. Les astronomes ont été moins heureux au retour suivant qui a dû avoir lieu en 1864, mais sans qu'on ait pu apercevoir l'astre, dont la position dans le ciel et la distance à la Terre étaient très-défavorables. En 1870, le passage de la comète au périhélie eut lieu le 23 septembre : elle était observée trois semaines auparavant par M. Winnecke, grâce à l'éphéméride calculée par MM. Yvon Villarceau et Leveau.

« De toutes les comètes qui n'ont pas cessé de nous revenir, dit M. Yvon Villarceau, la comète de d'Arrest est peut-être la plus intéressante au point de vue des perturbations : je ne crois pas qu'aucune autre ait été suivie aussi près de Jupiter. » Ces perturbations, que l'astronome que nous venons de citer avait calculées pour 1864, avaient augmenté de plus de deux mois la durée de la première révolution, la comète s'étant trouvée en 1862 à une distance de Jupiter égale aux trois dixièmes de la distance du Soleil à la Terre (11 millions de lieues). Elles ont été calculées ensuite avec un grand soin par M. Leveau pour la période suivante, et c'est sans doute à ce travail considérable, travail de trois années, que fut due la possibilité des observations de la comète à son apparition de 1870. La comète passa en effet à son périhélie le 23 septembre de cette année. Nous entrons dans ces détails pour montrer quelles sont les difficultés de l'astronomie cométaire, et comment la science en est arrivée, sinon à les surmonter toujours, du moins à les atténuer considérablement.

La comète de d'Arrest parcourt son orbite en un peu plus de six ans et demi (6^{ous},567) ou en 2398 jours : c'est 13 jours seulement de plus que la planète Sylvia. C'est, après la comète de Faye, celle dont l'ellipse a l'excentricité la moins grande, ou dont la forme est la moins allongée.

§ VIII — Comète de Tuttle

La période de la comète de Tuttle est intermédiaire entre celle de la comète de Halley, à longue période, et celles des autres comètes périodiques revenues. — Orbite très-allongée de la comète de 13 ans 2/3. — Observation antérieure en 1790; cinq passages non observés depuis. — Prochain retour en septembre 1885.

Toutes les comètes périodiques dont nous venons de faire l'histoire, celle de Winnecke que nous allons décrire après celle-ci, peuvent être considérées, celle de Halley exceptée, comme des comètes à *courtes périodes*. La comète de Tuttle, découverte il y a seize ans par l'astronome américain de ce nom, est intermédiaire entre la comète à longue période de Halley et les autres. Elle effectue en effet sa révolution en 13 ans 2/3, ou plus exactement en 13^{ans},811, ou environ 5044 jours. C'est près de deux ans de plus que la révolution de Jupiter. Mais elle décrit une orbite très-allongée, de sorte qu'à l'aphélie elle s'éloigne du Soleil à une distance qui dépasse dix fois sa distance périhélie ; elle se plonge dans l'espace au delà même de l'orbite de Saturne, à un milliard cinq cent cinquante mille lieues du foyer du monde solaire : au périhélie, elle est à peu près loin du Soleil comme notre planète.

La comète de Tuttle avait été déjà observée en 1790 par

Méchain qui la découvrit et par Messier, et c'est la comparaison des éléments paraboliques des deux astres qui a fait reconnaître leur identité. De 1790 à 1858, il s'est écoulé 68 ans, c'est-à-dire cinq fois la durée de la révolution périodique de la comète, qui a dû ainsi revenir à son périhélie sans être vue, en 1803, en 1817, en 1830 et en 1844. Le calcul des éléments elliptiques effectué par M. Bruhns a seul permis de connaître exactement la période, et de prédire le retour de la comète pour l'année 1871. Elle a été en effet observée à Marseille le 13 octobre de cette même année, puis à Carlsruhe, à Paris et au cap de Bonne-Espérance ; elle est passée au périhélie le 30 novembre suivant. Abstraction faite des perturbations qu'elle peut avoir à subir dans le cours de la révolution qu'elle a commencée depuis son dernier passage, le retour prochain de la comète de Tuttle au périhélie doit être attendu pour le milieu du mois de septembre 1885. Mais, comme pour les autres comètes périodiques, cette époque pourra se trouver quelque peu [1] modifiée sous l'influence des attractions planétaires et des perturbations de l'orbite qui en seront les conséquences.

§ IX — Comète périodique de Winnecke

Découverte de la périodicité de la troisième comète de 1819 ; calculs de ses éléments elliptiques par Encke. — Découverte de la comète de Winnecke en 1858 ; son identité avec la comète de Pons. — Retour de l'astre au périhélie en 1869 ; époque probable de son prochain retour en 1875.

Pons avait découvert en 1819, à Marseille, une comète, dont plus tard Encke calcula les éléments elliptiques : ces

1. Il faut faire observer que la comète de Tuttle se meut dans une orbite dont l'inclinaison est considérable : elle dépasse 54°. Dès lors, en s'éloignant du Soleil, en pénétrant dans les régions de l'espace et à des distances où se

éléments assignaient à la période de l'astre une durée de $5^{ans},6$. Or, en mars 1858, M. Winnecke découvrait à l'observatoire de Bonn une comète nouvelle, et il fut bientôt constaté que ses éléments paraboliques avaient avec ceux de la comète de Pons une grande ressemblance : il restait à savoir si l'identité était réelle, et pour cela, à attendre le retour de la comète en 1863 et en 1869. Elle fut revue en effet au mois d'avril de cette dernière année par M. Winnecke lui-même, et passa au périhélie le 30 juin. L'époque de son prochain retour se trouve dès lors approximativement fixée pour le mois d'avril 1875 : il y aura lieu toutefois, comme pour toutes les comètes susceptibles de s'approcher de Jupiter ou des autres planètes du système, à tenir compte des perturbations possibles.

Depuis sa première apparition en 1819, jusqu'à celle de juin 1869, 50 ans se sont écoulés, qui correspondent à neuf révolutions de la comète : trois passages seulement, comme on voit, ont été observés; sept sont passés inaperçus. Mais maintenant l'orbite elliptique est déterminée avec précision, les observateurs sont nombreux et attentifs; l'astre n'échappera plus sans doute à leurs recherches que dans les circonstances où sa proximité apparente du Soleil et sa distance à la Terre ne permettront pas de l'apercevoir.

La durée de la révolution de la comète de Winnecke est de 2042 jours, ne dépassant que de 40 jours celle de la comète de Brorsen; l'excentricité de l'orbite est un peu moins forte : au périhélie, la comète se trouve à une distance du Soleil égale aux 4/5 de la distance de la Terre ; à l'aphélie, elle va dépasser l'orbite de Jupiter de 1/5 environ de cette distance.

meuvent les grosses planètes, Jupiter, Saturne, la comète s'éloigne de plus en plus de leurs routes : l'influence perturbatrice de leurs masses sur la comète doit donc être en tout cas assez faible.

§ X — COMÈTE A COURTE PÉRIODE DE TEMPEL

Calcul des éléments elliptiques de la seconde comète de 1867, découverte par Tempel. — Perturbations dues à Jupiter et retard qui en est résulté pour le retour de la comète au périhélie en 1873. — Accord remarquable de l'observation et du calcul.

La seconde comète de 1867, découverte par M. Tempel, a été reconnue par plusieurs astronomes comme ayant des éléments elliptiques. Elle était passée au périhélie le 23 mai 1867, et sa période avait été calculée égale à 2064 jours. Mais le docteur Sœlliger, ayant tenu compte des perturbations que son passage dans le voisinage de Jupiter devait apporter aux éléments de son orbite, assigna un retard de 117 jours pour l'époque de son retour au périhélie en 1873. Elle fut en effet revue dans le courant de cette dernière année, et son passage au périhélie a eu lieu le 9 mai, ce qui donne pour la durée de la révolution qu'elle a effectuée dans l'intervalle de ses deux apparitions, une période de six ans à peu près, ou de 2178 jours, 3 jours de moins que le chiffre déterminé par le calcul.

La comète à courte période de Tempel est donc ainsi la neuvième comète périodique, à retour constaté par l'observation, c'est-à-dire faisant réellement partie intégrante et permanente du monde solaire. Observée en mai 1873 à Greenwich, par MM. Christie et Carpenter, elle a paru dans le télescope comme une nébulosité de forme allongée, d'environ 40″ de diamètre, avec un noyau central qui brillait comme une étoile de 12me à 13me grandeur.

CHAPITRE V

LES COMÈTES PÉRIODIQUES

§ I — Comètes dont le retour n'a pas été constaté par l'observation

Comètes périodiques non revues ; longues durées des révolutions ; circonstances défavorables à l'observation ; perturbations possibles des mouvements. — Orbites elliptiques déterminées par le calcul. — Incertitudes du retour dans ces différentes hypothèses.

Les neuf comètes dont on vient de lire l'histoire sont, jusqu'à présent du moins, les seules qui puissent être considérées comme appartenant décidément au groupe des astres qui constituent le monde solaire. Mais ce ne sont pas, tant s'en faut, les seules qu'on doive regarder comme périodiques, comme effectuant régulièrement leurs révolutions autour du Soleil. Parmi les comètes assez nombreuses, on va le voir, dont les orbites paraissent elliptiques, les unes ont été regardées comme des apparitions nouvelles de comètes antérieurement observées : c'est par la grande ressemblance de leurs éléments paraboliques que la périodicité a été soupçonnée. Seulement, ou bien elles ne sont pas encore revenues à leur périhélie, à cause de la longue durée de leur révolution, ou bien les circonstances favorables à l'observation de leur retour ne se sont pas présentées ; ou encore, hypothèse également probable, elles ont été troublées dans leur marche par le voisinage des masses planétaires, perturbations qui peuvent altérer considérablement leurs périodes, ou même les rejeter hors de la sphère d'attraction du Soleil, hors du monde solaire dont elles faisaient peut-être jusqu'alors momentanément partie.

D'autres comètes, sans pouvoir être assimilées à des comètes déjà observées, ont des orbites elliptiques déterminées par le calcul; mais les mêmes raisons que nous venons d'énumérer n'ont pas permis de les revoir, c'est-à-dire qu'elles ont des périodes beaucoup trop longues, ou se sont trouvées sous l'influence de causes perturbatrices.

Nous allons passer en revue les principales comètes de ces deux catégories, en les rangeant pour plus de clarté en trois classes :

1° Les *comètes à courtes périodes*, c'est-à-dire celles qui effectuent leurs révolutions en quelques années, comme les huit dernières comètes périodiques décrites plus haut : toutes les comètes de cette première classe sont des comètes intérieures, parce que leurs orbites ne dépassent point les limites connues des orbites planétaires, en d'autres termes, parce que, à leur aphélie, elles sont encore à une distance du Soleil moindre que la distance de Neptune;

2° Les *comètes à périodes moyennes*, c'est-à-dire décrivant leurs orbites en moins de deux siècles, comme la comète de Halley : ce ne sont déjà plus des comètes intérieures;

Enfin, 3° les *comètes à longues périodes*, dont les révolutions dépassent deux siècles et s'élèvent jusqu'à des centaines de mille et même à des millions d'années. Ces dernières vont se plonger dans l'espace à des distances énormes qui dépassent de beaucoup les limites du monde planétaire.

§ II — Comètes intérieures ou a courtes périodes, non encore revues

Comètes perdues ou égarées : comète de 1743 ; comète de Lexell ou de 1770 ; perturbations causées par Jupiter ; en 1767 l'action de Jupiter accourcit la période, et en 1779 la modifie en sens opposé. — Comète de Vico ; comètes à courtes périodes de 1783, de 1846, de 1873.

Pendant le mois de février 1743 on observa, à Paris, à Bologne, à Vienne et à Berlin, une comète dont les éléments paraboliques furent calculés par Struyck et par La Caille. Un géomètre de notre époque, M. Clausen, a reconnu dans cet astre une comète à courte période effectuant sa révolution en 5 ans et 5 mois. Est-ce, comme on l'a supposé, la même comète qui a été revue en novembre 1819? En ce cas, sa révolution aurait été notablement altérée, puisque les calculs d'Encke assignent à cette dernière une révolution d'environ 4 ans et 10 mois.

La comète dont nous allons parler maintenant est célèbre dans l'histoire de l'astronomie. Voici, d'après un mémoire de M. Le Verrier, les circonstances de sa première apparition :

« Messier aperçut, pendant la nuit du 14 au 15 juin 1770, une nébulosité située dans la constellation du Sagittaire, et qu'on ne pouvait distinguer à simple vue ; c'était une comète qui commençait à paraître. Le 17 juin, le nouvel astre se présentait entouré d'une atmosphère dont le diamètre s'élevait à 5′ 23″ environ. Au centre apparaissait un noyau : sa lumière avait le brillant de celle des étoiles ; Messier en estima le diamètre à 22 secondes de degré.

» La comète cependant s'approchait rapidement de la Terre. Le 21 juin, on l'apercevait à la simple vue, et trois jours après, elle brillait déjà comme les étoiles de seconde grandeur. Le diamètre de la nébulosité, qui n'était encore que de 27 minutes, grandit successivement jusqu'à atteindre 2° 23′ dans la nuit du 1er au 2 juillet. Mais, tandis que le diamètre apparent de la nébulosité croissait ainsi, suivant les lois de l'optique, en raison inverse de la distance de l'astre à la Terre, le diamètre du prétendu noyau demeurait, au contraire, à peu près invariable.

» A partir du 4 juillet, la comète se perdit dans les rayons du Soleil et cessa momentanément d'être visible. Pingré calcula sur les observations de Messier une orbite parabolique. On reconnut que la comète redeviendrait visible dans le mois d'août, et Messier put l'observer de nouveau le 4 de ce mois. Depuis cette époque, il la vit presque sans interruption; mais, comme elle s'éloignait de plus en plus du Soleil et de la Terre, elle cessa d'être sensible dans les premiers jours d'octobre.

» On n'aperçut, avant l'instant du passage au périhélie, aucun indice de queue. Mais du 20 août au 1er septembre la comète présenta une queue assez faible, dont la longueur était d'environ un degré.

» Les éléments paraboliques, donnés par Pingré, satisfaisaient aux premières observations, mais ils s'éloignaient beaucoup des dernières. D'autres éléments, calculés par Slop, Lambert, Prosperin et Widder, n'offraient pas plus de précision. Généralement, on rejeta toutes les difficultés sur un dérangement de l'orbite, causé en juin par l'action de la Terre. Prosperin soupçonna cependant que l'orbite de la comète pourrait bien être elliptique; mais il s'en tint à cette hypothèse, sans rien vérifier.

» Lexell enfin reconnut que la comète se mouvait dans une ellipse qu'elle parcourait en 5ans,585 (un peu plus de 5 ans et demi). Et rejetant, avec Dionis du Séjour, la supposition que l'action perturbatrice de la Terre eût pu altérer considérablement cette orbite, il prouva : 1° qu'on satisfaisait à toutes les observations avec une ellipse de cinq ans et demi ; 2° qu'il était impossible d'admettre une révolution de cinq ou six ans, sans introduire dans la théorie des différences considérables avec l'observation.

» Mais, disait Messier, si la durée de la révolution de cette comète n'est que de cinq ans et demi, comment se fait-il qu'on ne l'ait observée qu'une fois? C'est une objection bien forte à opposer aux recherches de M. Lexell. »

» Lexell répondait : « Comme la distance aphélie de la comète au Soleil est presque égale à la distance de Jupiter à cet astre, il naît de là un soupçon qu'il a pu se faire que le mouvement de cette comète fût autrefois dérangé par l'action de Jupiter, de manière qu'elle eût décrit une orbite toute différente de celle qu'elle parcourt actuellement. On trouve, par le calcul, que cette comète a été en conjonction avec Jupiter le 27 mai 1767, et que la distance de l'un à l'autre n'était que $\frac{1}{580}$ de la distance de la comète au Soleil ; d'où, en ayant égard aux masses de Jupiter et du Soleil, on conclut que l'action de Jupiter a été assez forte pour changer le mouvement de la comète d'une manière sensible. » Lexell indiquait encore qu'une seconde approximation de la comète à Jupiter pourrait avoir lieu vers le 23 août 1779, et que cette circonstance empêcherait peut-être la comète de revenir à son périhélie en 1781, comme cela devrait avoir lieu sans les perturbations. Et effectivement, les astronomes attendirent vainement le retour de cette comète en 1781 et 1782. »

La comète de Lexell ou de 1770 n'a point été revue non plus depuis la fin du siècle dernier. C'est donc une comète sinon *perdue*, tout au moins *égarée*, et l'on conçoit tout l'intérêt qu'a présenté aux astronomes ce problème de savoir ce qu'elle était devenue. Plusieurs géomètres en ont, après Lexell, tenté la solution : Burckardt, Laplace et, en dernier lieu, M. Le Verrier. D'après Laplace, c'est l'action de Jupiter, en 1767, qui a rendu la comète visible en diminuant sa distance périhélie ; c'est la même action qui aurait, en 1779, augmenté la même distance, rendant l'astre pour toujours invisible.

M. Le Verrier a repris à nouveau la question : il a cherché quelles furent, en 1770, les perturbations causées par la Terre, dont la comète s'était approchée à une distance qui ne dépassait pas sept fois la distance de la Lune, moins de 700 000 lieues. Puis, cherchant quelle a pu être l'influence de la masse de Jupiter au second passage de la comète à son aphélie en 1779, et pendant les deux années précédentes, il a montré que les perturbations produites pendant les vingt-huit derniers mois avaient été considérables, et avaient dû changer complétement l'orbite de la comète.

« Dès le 28 mai 1779, dit-il, la comète se précipite avec rapidité vers Jupiter, dans une orbite de second ordre. » Cette orbite secondaire était une hyperbole, courbe à branche infinie comme on sait, de sorte « qu'il est impossible que la comète soit devenue un satellite de Jupiter, ainsi qu'on l'avait supposé. » Était-elle allée heurter la puissante masse, ou traverser tout au moins la région que circonscrivent les orbites de ses quatre satellites ? A ces questions, M. Le Verrier répond que cela n'est point impossible absolument, mais que cela est fort peu probable, et qu'ainsi les conséquences tirées de l'affirmative, relativement à l'excessive petitesse de la masse de la comète, sont très-hasardées. »

Suivant son premier mémoire, il y a tout lieu de penser que la comète de 1770 n'a pas été enlevée à notre système solaire.

Mais alors n'aurait-elle point été revue depuis ? Dans le

nombre des comètes aperçues depuis 1780, n'en est-il pas qui sont identiques avec la comète de Lexell? Si leurs éléments ne sont plus semblables, il n'y a à cela rien d'étonnant, étant forcément admises les perturbations subies par l'astre pendant son retour à l'aphélie en 1779? Un premier examen avait fait croire à l'identité des comètes de Lexell et de Faye : M. Le Verrier a prouvé le contraire en étudiant la marche qu'avait dû suivre ce dernier astre avant sa découverte en 1843, en faisant voir qu'il « faut remonter jusqu'en l'année 1747 pour trouver l'époque où la comète de Faye a commencé (sous l'influence de Jupiter) l'ellipse restreinte dans laquelle nous l'avons observée de nos jours ».

Voilà donc une comète qui est comme perdue pour notre monde, ou tout au moins pour les astronomes; car si elle revient jamais, sera-t-il possible d'en reconnaître l'identité?

Une comète fut découverte le 22 août 1844 à Rome par l'astronome De Vico. Les éléments elliptiques calculés par MM. Faye et Brunnow ont prouvé que la période de révolution était seulement de cinq ans et demi (plus exactement 1996 jours), de sorte qu'abstraction faite des perturbations, la comète devait revenir au périhélie en février 1850, puis en août 1855, janvier 1861, juillet 1866, et décembre 1871; son prochain passage au périhélie devrait être attendu pour le mois de juin 1877. Elle n'a été revue ni au premier de ses retours probables, ni aux suivants. C'est donc encore tout au moins une comète égarée. On a supposé aussi que la comète de Vico est une apparition nouvelle de celle de Lexell, avec laquelle elle offrait de vagues ressemblances. D'après M. Le Verrier, ce sont deux astres différents l'un de l'autre. Le même savant n'admet point les conclusions de Mauvais et de Laugier, qui considéraient la comète de 1844 comme identique avec celle de 1585. Mais il regarde comme très-pro-

NOUTHIERS DEL.

ORBITES DE

Traits pleins ———————— 9
Traits ponctués - - - - - - - - - - Le
— —·—·—·—·— C
— —··—··—··— C

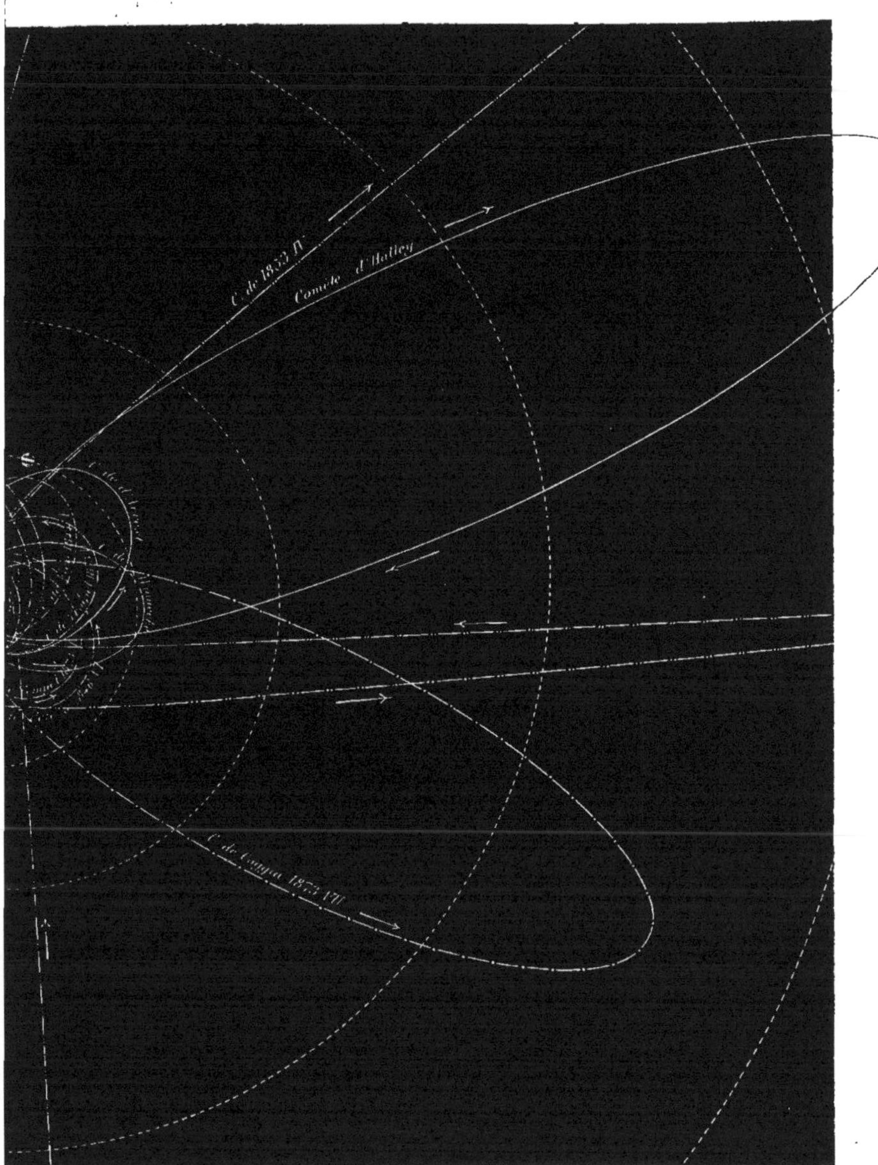

BONNAFOUS SC.

OMÈTES PÉRIODIQUES

les à retours constatés par l'observation.
nètes.
s périodiques intérieures non encore revues.
s à orbites hyperboliques.

bable que la comète de Vico avait déjà été observée en 1678. Voici ses conclusions à cet égard, conclusions écrites en 1847, avant l'époque fixée pour le premier retour de la comète de Vico :

« La comète de 1844 a pu, comme les autres, nous venir des régions les plus éloignées de l'espace, et être fixée parmi les planètes sous l'influence puissante de l'action de Jupiter. Sa venue remonte sans aucun doute à plusieurs siècles. Depuis cette époque, elle est passée bien souvent dans le voisinage de la Terre; mais on ne l'a observée qu'une seule fois dans les siècles passés, 166 ans avant l'apparition de 1844 (c'est l'apparition de 1678 mentionnée plus haut). Cette comète parcourra fort longtemps encore l'orbite restreinte que nous lui voyons décrire aujourd'hui. Dans un certain nombre de siècles toutefois, elle atteindra de nouveau l'orbite de Jupiter, dans une direction opposée à celle par laquelle elle a pu arriver dans le système planétaire : et son cours sera certainement encore une fois altéré. Peut-être même Jupiter la rendra-t-il aux espaces auxquels il l'avait dérobée. »

A l'époque de sa plus grande visibilité, qui eut lieu en septembre, la comète de Vico fut pendant quelques jours perceptible à l'œil nu. Au télescope, elle ne présenta d'ailleurs aucune particularité remarquable : sa nébulosité, en forme d'éventail, avait un noyau circulaire assez bien défini; une queue assez courte et de teinte bleuâtre s'étendait à l'opposé du Soleil.

Parmi les comètes à courtes périodes, calculées mais non revenues, citons encore la comète de 1766, dont la révolution, selon Burckhardt, serait de cinq ans, et qui est peut-être une apparition antérieure de la comète découverte par Pons en juin 1819. Cette dernière, selon Encke, aurait une période de $5^{ans},6$, l'orbite ayant été altérée dans l'intervalle par les perturbations planétaires. Vient ensuite la comète découverte le 26 juin 1846 par Peters : sa révolution serait de 16 années, mais elle n'a point été revue en 1862 et devra être encore recherchée en 1878. Enfin, en 1873, a été découverte à Marseille, par M. Stephan, une comète dont l'orbite elliptique aurait une période de 1850 jours, ou d'un peu plus de cinq années. C'est donc aussi dans le courant de 1878 qu'il faudra chercher à revoir cette comète, qui serait ainsi la dixième comète périodique à retour constaté du système solaire, ou même la onzième, si la comète de Peters était également retrouvée.

Quatre autres comètes périodiques (nous retrouverons l'une d'elles plus loin, quand nous aurons à signaler la liaison qui existe entre les comètes et les étoiles filantes) doivent être aussi rangées parmi les comètes intérieures — on ne peut plus guère dire à courtes périodes — non encore revues. L'une est la comète I, 1866 de Tempel, qui effectue sa révolution dans une période de $33^{ans},176$ ou 33 ans et 64 jours. Elle est passée au périhélie le 11 janvier 1866, et par conséquent devra revenir au printemps de l'année 1899. Cette comète s'approche du Soleil à une distance un peu moindre que celle de la Terre ; mais, à son aphélie, elle va dépasser l'orbite d'Uranus. On considère les comètes de 868 et de 1366 comme des apparitions antérieures de la comète de 33 ans : elle serait donc revenue 29 fois au périhélie sans avoir été aperçue, depuis la première de ces dates, ayant ainsi effectué 30 révolutions entières autour du Soleil. Une seconde comète, qui est la première de l'année 1867, a aussi une période de plus de 33 années ($33^{ans},62$) ou de 33 ans et demi : elle va, à son aphélie, qui est égale à 19 fois 1/3 la distance du Soleil à la Terre, dépasser l'orbite d'Uranus, avec cette circonstance, qu'à son nœud descendant

(5800 jours environ après le passage au périhélie) les deux orbites se trouvent très-rapprochées, la distance n'étant guère que de 900000 lieues de 4 kilomètres. En 1817, mais surtout en 1649, la comète en passant à son nœud s'est trouvée très-voisine d'Uranus, et il a dû en résulter des perturbations considérables dans le mouvement de la comète. Elle devra être recherchée dans le courant de l'année 1900. Enfin, deux comètes ont à peu près la même période de 55 ans. L'une a été découverte en 1846 par Vico, et devra effectuer son premier retour dans l'année 1902. Elle s'éloigne à son aphélie à une distance presque égale au rayon de l'orbite de Neptune : c'est donc encore une comète intérieure. L'autre comète de 55 ans, dont l'orbite est pareillement enveloppée par l'orbite de Neptune, a été découverte à Marseille, en 1873, par M. Coggia : on soupçonne son identité avec une comète observée par Pons en 1818.

§ III — Comètes a périodes moyennes

Comètes périodiques extérieures au système solaire : la comète de Halley est le type de ces astres; c'est la seule dont le retour ait été jusqu'ici constaté par l'observation. — Énumération des comètes dont la période est comprise entre 69 ans et 200 ans. — Durées des révolutions; distances aphélies et distances périhélies.

Le type des comètes de cette classe est la comète de Halley; mais c'est la seule dont plusieurs apparitions soient certaines. Quand une comète est soupçonnée identique avec une comète antérieure, par la similitude de leurs éléments paraboliques, il y a présomption pour le retour : mais, le plus souvent, il règne une grande incertitude sur la longueur de la période, alors même que, dans l'hypothèse d'une identité véritable, on ferait abstraction des perturbations possibles. Une troisième apparition est donc généralement nécessaire pour qu'on puisse affirmer l'identité des comètes et leur réelle périodicité. C'est ce troisième élément qui a jusqu'ici fait défaut pour les comètes dont nous faisons en en ce moment l'histoire. Mais il suffira évidemment de constater une seconde apparition, quand les éléments elliptiques auront été calculés sur les observations seules de la première apparition.

Voici, dans l'ordre de leur découverte, les neuf comètes à périodes moyennes que nous avons à citer.

La première est la comète de 1532, observée par Apien et par Fracastor, et « dont la tête était, selon ce dernier observateur, trois fois plus grosse que Jupiter, avec une barbe de deux brasses de longueur. » D'après les calculs d'Olbers, cette comète aurait une période de 129 ans, et serait identique avec une comète qui a paru en 1661 et à plusieurs autres dates remarquables. Voici ce que dit J. Herschel à cet égard : « Il a paru de grandes comètes en 1661, 1532, 1402, 1145, 891 et 243 ; celle de 1402 était assez brillante pour être vue en plein midi. Une période de 129 ans concilierait toutes ces apparitions et eût ramené la comète en 1789 ou 1790; mais, de ce qu'à cette dernière époque une telle comète n'a point été observée, ce n'est pas une preuve qu'elle n'ait pas effectué son retour, et que son passage au périhélie n'ait point eu lieu en juillet, car, par la position de son orbite, elle a pu échapper à l'observation. » C'est entre 1918 et 1920 que devra avoir lieu le plus prochain retour.

Une comète qui a été observée, de la fin de juillet au commencement de septembre 1683, par l'astronome anglais Flamsteed, aurait, selon le calcul des éléments elliptiques fait par Clausen, une période d'environ 190 ans. Cette comète, dont le retour aurait dû être observé vers 1870, n'a pas été revue; mais les perturbations qu'elle a pu subir de la part des grosses planètes ont pu causer un retard de plusieurs années, et sa réapparition peut être encore attendue. Elle s'éloigne à son aphélie bien au delà de l'orbite de Neptune, qu'elle dépasse de 200 000 000 de lieues. Cependant une discussion nouvelle des observations, faite par M. Plummer, ferait présumer que la comète de 1683 décrit une orbite parabolique, et, en ce cas, elle devrait être rayée du rang des comètes périodiques.

On aura à rechercher, vers les années 1882 et 1887, deux comètes découvertes, la première par Pons en juillet 1812, ayant environ 71 ans de période, la seconde par Olbers en mars 1815 et dont la période, calculée par Bessel, serait de 74 ans. Le retour de la comète de 1815 au périhélie serait avancé de deux années par l'action perturbatrice des planètes. Vient ensuite la comète découverte en février 1846 par Vico et par Bond : une période de 73 ans la ramènerait au périhélie vers le milieu de l'année 1919 ; puis la comète de Brorsen (juillet 1847) : période de 75 ans, retour en 1922; celle de Westphal (juin 1852) : période de 69 ans et prochain retour en 1921; celle de Secchi (comète I, 1853), dont la période serait de 188 années et qui, selon M. Hind, a une grande ressemblance avec la comète de 1664; enfin la IIIe comète de 1862, dont nous aurons à signaler les rapports avec l'essaim des étoiles filantes du 10 août; cette comète aurait une période d'environ 120 ans, d'où la conséquence que sa plus prochaine apparition devrait être attendue vers 1982.

Voici maintenant, dans l'ordre de durée de leurs révolutions périodiques, les neuf comètes à périodes moyennes qui viennent d'être énumérées : elles seraient au nombre de dix, si la comète de Halley, que nous avons prise pour type de cette classe, d'ailleurs arbitraire comme les deux autres, des comètes périodiques, n'avait eu sa place marquée parmi les comètes à retour constaté. Nous joignons à cette énumération les nombres qui mesurent leurs plus grandes et leurs plus courtes distances au Soleil, soit en rayons moyens de l'orbite de la Terre, soit en lieues de 4 kilomètres.

	DURÉES des RÉVOLUTIONS	DISTANCES PÉRIHÉLIES	DISTANCES APHÉLIES
Comète de 1852 II	69 ans	0,65 = 24 000 000	31,90 = 1 180 000 000
— 1812	71	0,78 = 28 500 000	33,4 = 1 231 500 000
— 1846 III	73	0,66 = 24 337 000	34,4 = 1 268 500 000
— 1815	74	1,21 = 44 500 000	34,1 = 1 257 500 000
— 1847 V	75	0,49 = 18 750 000	35,1 = 1 294 500 000
— 1862 III	120	1,01 = 37 250 000	48,7 = 1 795 750 000
— 1532	129	0,61 = 22 500 000	48,05 = 1 771 800 000
— 1853 I	188	1,03 = 37 980 000	65,02 = 2 397 500 000
— 1683	190	0,55 = 20 280 000	65,5 = 2 415 500 000

§ IV — Comètes a longues périodes

Comètes périodiques extérieures aux limites actuellement connues du système solaire. — A quelle distance du Soleil s'éloigne la comète dont la période calculée est la plus longue. — La comète dite de Charles-Quint : ses apparitions en 1264 et en 1556 ; prédiction de son retour pour le milieu du XIXe siècle, de 1848 à 1860. — Calcul des perturbations subies ; encore une comète égarée ou perdue. — La grande comète de 1680 : le déluge et la fin du monde. — Les comètes à grand spectacle, de 1811, de 1825, de 1843.

Aucune des comètes que nous allons mentionner maintenant, et dont la période a pu être approximativement calculée, ne sera certainement revue par les contemporains. Une seule était attendue il y a une quinzaine d'années environ; si elle est réellement revenue à son périhélie, elle n'a pas pu du moins, malgré toutes les recherches, être observée, et ne serait visible à nouveau que dans trois siècles.

Commençons par les énumérer ; nous entrerons ensuite dans quelques détails sur les plus remarquables d'entre elles.

Voici le tableau des durées de leurs périodes et de leurs distances au Soleil, exprimées en rayons de l'orbite terrestre :

	APPARITIONS antérieures probables	DURÉE des révolutions	DISTANCES AU SOLEIL	
			PÉRIHÉLIES	APHÉLIES
Comète de 1845 III	1596	249 ans	0,401	78,38
— 1556	1264	292	0,500	87,53
— 1840 IV	—	344	1,481	96,76
— 1843 I	—	376	0,006	104,28
— 1846 VI	—	401	0,633	108,21
— 1861 I	—	415	0,921	110,40
— 1861 II	—	422	0,822	111,70
— 1793 II	—	422	1,495	111,03
— 1746	1231	515	0,950	127,55
— 1840 III	1097	743	0,742	163,20
— 1811 II	—	875	1,582	181,44
— 1860 III	—	1000	0,292	211,30
— 1807	—	1714	0,646	286,07
— 1858 III	—	1950	0,578	311,40
— 1769	—	2090	0,123	326,80
— 1827 III	—	2611	0,138	379,10
— 1846 I	—	2721	1,481	388,32
— 1811 I	—	3065	1,035	421,02
— 1763	—	3196	0,498	434,32
— 1825 III	—	4386	1,241	534,64
— 1864 II	—	4738	0,909	563,30
— 1822 III	—	5649	1,145	618,15
— 1849 III	—	8375	0,895	812,73
— 1680	—	8813	0,006	855,28
— 1840 II	—	13 866	1,221	1053,00
— 1847 IV	—	43 954	1,767	2489,03
— 1780 I	—	75 838	0,096	3974,88
— 1844 II	—	102 050	0,855	4366,74
— 1863 I	—	1 840 000	0,795	29 989,00
— 1864 II	—	2 800 000	0,931	40 485,00

Nous n'avons plus besoin de prévenir le lecteur qu'il s'agit ici de comètes dont la périodicité est loin d'être absolument déterminée ; pour les unes, c'est la similitude des éléments de leur orbite avec ceux des comètes antérieures ; pour les autres, c'est le calcul direct des éléments elliptiques qui a déterminé leur périodicité. Enfin, même dans le cas où le calcul est appuyé sur des bases très-précises, et c'est le cas d'un certain nombre, il ne faut pas oublier que le retour prochain qu'on déduirait des périodes données, reste subordonné aux accidents que les astres voyageurs peuvent subir sur leur route, c'est-à-dire aux perturbations causées par les planètes connues et inconnues du monde solaire.

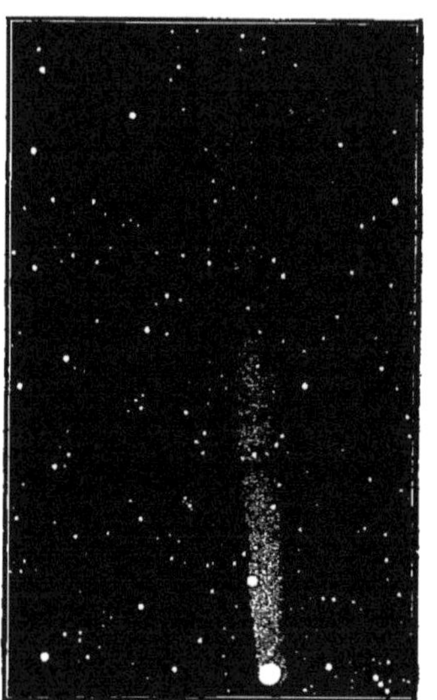

Fig. 19 — Grande comète de 1264. D'après le *Theatrum cometicum* de Lubienietzki.

La seconde comète du tableau précédent est aussi intéressante au point de vue historique, qu'au point de vue astronomique. Voici quelques détails sur l'histoire de ses apparitions.

En l'année 1264, apparut en France, dès le milieu de juillet, après le coucher du Soleil, une comète que Pingré, dans sa *Cométographie*, qualifie de « *grande* et célèbre comète ». Elle fut célèbre, en effet, à divers titres. D'abord à l'époque où elle apparut, les croyances superstitieuses aux influences cométaires étaient encore dans toute leur force, et l'on comprend qu'elles n'aient point été affaiblies par cette apparition, si l'on songe que la comète de 1264, après s'être montrée en Europe pendant deux mois et demi, disparut le 3 octobre « le jour même de la mort du pape Urbain IV ». Les témoins oculaires qui attestent ce fait ne manquèrent pas d'en conclure « qu'elle ne s'étoit montrée que pour annoncer cette mort ». Au siècle dernier, Dunthorne et Pingré calculèrent les éléments paraboliques de l'orbite de cette comète, auxquels ils trouvèrent une grande ressemblance avec ceux de la comète de 1556. « La comète de 1264, dit Pingré, est très-probablement la même que celle de 1556 : sa révolution périodique est d'environ deux cent quatre-vingt-douze ans; on peut en conséquence en espérer le retour vers 1848. »

Cette identité qui a été, jusqu'à ces derniers temps, considérée comme hors de contestation, ferait de la comète en question un astre redoutable, puisque après avoir une première fois présidé à la mort d'un pape, elle serait venue décider à l'abdication un souverain fameux. Aussi la connaît-on dans l'histoire sous le nom de *comète de Charles-Quint*. Voici ce que dit sur ce point la *Cométographie* :

« L'apparition de cette comète produisit un effet bien singulier, selon plusieurs écrivains. Elle effraya l'empereur Charles-Quint : ce prince ne douta point que sa mort ne fût prochaine ; il s'écria, dit-on :

His ergo indiciis me mea fata vocant.

« Ce vers a été ainsi traduit en notre langue :

Par la triste comète
Qui brille sur ma tête
Je connois que les cieux
M'appellent de ces lieux.

A cette traduction peu poétique, en style de complainte, Pingré proposait de substituer celle-ci :

Dans ce signe éclatant je lis ma fin prochaine.

Quoi qu'il en soit, « cette terreur panique, continue-t-il, contribua beaucoup, s'il en faut croire les historiens que j'ai cités, au dessein que forma Charles V et qu'il exécuta peu de mois après, de céder la couronne impériale à son frère Ferdinand : il avoit déjà renoncé à la couronne d'Espagne en faveur de son fils Philippe. Si ce récit est vrai, on peut mettre ce fait au rang des grands événements produits par de bien petites causes. »

Le récit est-il vrai ? Ce qui est certain, c'est que la tradition avait cours il y a peu d'années encore, comme le témoigne ce passage d'une lecture faite par M. Babinet à l'une des séances publiques de l'Institut : « En 1556, une grande et belle comète apparaît. Charles-Quint, qui temporisait pour son abdication, n'hésite plus : c'est à lui seul que la comète s'adresse, comme au plus illustre de tous les souverains d'alors. Il espère que l'influence qui le menace comme tête couronnée n'aura plus de prise sur un homme privé, sur un moine. » Est-ce bien là la raison décisive qui a déterminé le fameux empereur à se retirer sous le cloître de San Yuste? Telle n'est pas l'opinion de M. Mignet qui établit que Charles-Quint abdiqua dès 1555, et qu'ainsi « ce n'est pas la peur de l'astre chevelu de 1556 qui l'a fait descendre du trône ».

Mais revenons à l'astronomie et aux raisons scientifiques qui ont appelé l'attention des savants sur la comète de 1264 et de 1556. On vient de voir qu'au XVIIIe siècle on prédisait le retour de l'astre pour l'année 1848. Dès 1844, Encke croyait que ce retour était en train de s'effectuer et qu'il y avait identité entre la IIIe comète de cette dernière année et la comète de Charles-Quint. M. Hind, au contraire, calculant les éléments elliptiques de cette IIIe comète, lui assignait une période de 41^{ans}3/4. Mais cette période ne serait peut-être pas incompatible avec les trois dates de 1264, 1556 et 1844 ; car le premier intervalle, 1264-1556, donnerait sept périodes de 41^{ans}3/4 et le second, 1556-1844, à peu de chose près, donnerait le même nombre de révolutions de la comète. Une accélération de quatre années pour un temps aussi long, répartie d'ailleurs sur plusieurs révolutions successives, n'aurait rien que de très-admissible. J. Herschel, dans la sixième édition de ses *Outlines of astronomy*, publiée en 1858, s'exprime en ces termes au sujet de l'identité présumée des comètes de 1264 et 1556 : « M. Hind, dit-il, a fait sur ce sujet des calculs d'où il résulte une forte présomption pour cette identité. Cette probabilité est encore augmentée par le fait qu'une comète très-brillante, ayant une queue de 40 degrés de longueur, et visible en plein jour, a paru en l'an 975, et que deux autres comètes ont été signalées dans les annales chinoises comme ayant fait leur apparition en 395 et en 104. S'il est vrai que ces divers astres soient identiques, la période moyenne serait de 292 ans. Mais l'effet des perturbations planétaires peut produire encore de plus grandes différences ; et, bien qu'au moment où nous écrivons, une telle comète n'ait pas encore été observée, deux ou trois ans peuvent s'écouler, dans l'opinion des juges les plus compétents, sans que son retour doive être considéré comme désespéré. »

Achevons l'histoire de la célèbre comète et des efforts qui ont été tentés pour la retrouver. M. Hind commença par calculer les perturbations que la comète avait dû éprouver en 1556 par son passage dans le voisinage de la Terre. On avait attendu d'abord le retour pour 1848. « Mais 1849, 1850, 1851 et 1852 s'étaient écoulés, et la comète, cette grande comète, ne reparaissait pas ! En voici enfin des nouvelles — M. Babinet écrivait ces lignes en mars 1853 — que je prends dans l'excellent traité de M. Hind, que je viens de recevoir. Nous les devons à un savant calculateur de Middelbourg (Zélande), M. Bomme, qui semble avoir résolu la question dans toute sa rigueur. Inquiet, comme tous les astronomes de la non-arrivée de la comète, M. Bomme a repris tous les calculs et évalué toutes les actions de toutes les planètes sur cette comète de 300 ans de révolution, mois par mois, semaine par semaine et jour par jour quand cela était nécessaire. M. Bomme, aidé du travail préparatoire de M. Hind, avec une patience tout à fait hollandaise, et surtout avec une de ces passions froides, que l'on dit les plus énergiques de toutes, a calculé, au prix d'une vaste dépense de temps et de travail, toute la marche de la comète. »

Le résultat donna pour époque du retour au périhélie le mois d'août 1858, avec une incertitude en plus ou en moins de deux années. Mais ce fut en vain qu'on attendit, en vain que les télescopes des chercheurs explorèrent toutes les régions du ciel, en vain que de splendides comètes apparurent en 1858, en 1861, en 1862 : la comète de Charles-Quint n'est pas revenue. MM. Hind et Bomme n'eurent pas le bonheur qui récompensa Clairaut, Lalande et Mlle Lepaute au siècle dernier. Comme la comète de Lexell, comme la comète à courte période de Vico, la comète de 1264-1556 doit être considérée comme perdue ; et si en réalité ce sont les circonstances qui l'ont empêchée d'être observée, si elle doit revenir un jour, ce seront nos descendants du XXIIe siècle qui auront la satisfaction de fêter le retour de la comète égarée.

Parmi les autres comètes à longues périodes, mentionnons encore la grande comète de 1680, si fameuse par l'hypothèse de Whiston qui lui assignait seulement une révolution de 575 ans, et donnait ainsi à l'une de ses apparitions antérieures la date du déluge. Le déluge, d'après Whiston, avait été causé par la rencontre avec la Terre de la redoutable comète, qui, devant faire périr notre globe par le feu après l'avoir noyé une première fois, était destinée à amener un jour la fin du monde. Nous reviendrons plus loin sur ces rêveries. D'après les calculs d'Encke, la période de la comète de 1680 dépasserait quatre-vingt-huit siècles. A son aphélie, elle s'éloigne jusqu'à 850 rayons de l'orbite terrestre, à 125 milliards de kilomètres du Soleil et de la Terre. « A cette énorme distance, dit Humboldt, la comète de 1680, qui parcourt 393 kilomètres par seconde à son périhélie et dont la vitesse est alors treize fois plus grande que celle de la Terre, ne se meut plus qu'à raison de 3 *mètres à peine par seconde ;* c'est à peu près le triple de la vitesse de nos fleuves d'Europe, et ce n'est que la moitié de celle que j'ai constatée dans un bras de l'Orénoque, le Cassiquiare. » C'est la comète de 1680 qui a fourni à Newton les éléments de sa théorie des mouvements cométaires. C'est, après la suivante, de toutes les comètes connues celle qui s'est le plus approchée du Soleil : sa distance périhélie est en effet 0,0062. La grande comète de 1843 a pour distance périhélie le nombre 0,0055, qui équivaut à 815 000 kilomètres environ, mesurés du centre de la sphère solaire. De sorte que les noyaux de ces deux astres fameux ont passé l'un à 230 000, l'autre à 125 000 kilomètres seulement de la surface du Soleil, traversant ainsi certainement l'atmosphère hydrogénée dont les couronnes des éclipses totales ont accusé l'existence.

La grande comète de 1769 qu'on observa en Europe, à l'île de la Réunion, et en mer près des Canaries, a été calculée comme ayant une orbite elliptique par Euler, Lexell et Pingré, mais avec une période incertaine de 450 à 1230 ans. Bessel, après une discussion approfondie, a fixé à 2090 ans sa période la plus probable, mais l'incertitude est toujours d'au moins 500 ans. On voit par là quel vague reste encore dans cet élément de l'orbite. Une incertitude semblable existe pour la période de la comète de 1843 qui, si on la supposait identique, comme on l'a cru, à celle de 1668, aurait 175 ans de révolution au lieu de 376; et aussi pour la comète de 1793 dont la période avait été calculée d'abord de 12 années; mais celle de 422 ans, que nous avons donnée d'après d'Arrest, résulte d'une étude plus approfondie. La comète de Vico (1846), de 2721 ans, n'a pas une période plus certaine : l'approximation n'est que de 400 à 500 ans en plus

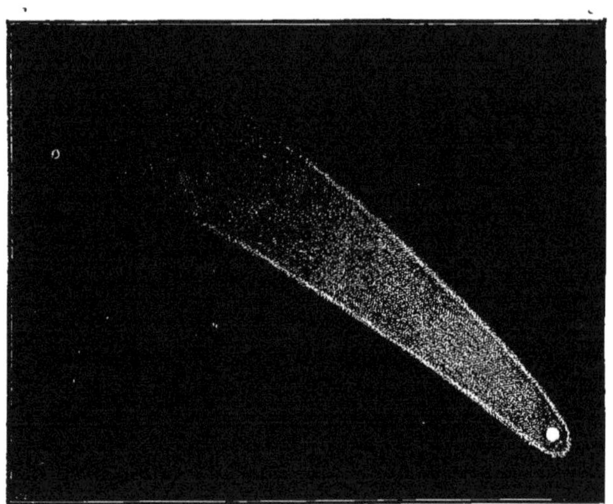

Fig. 20. — Grande comète de 1811.

ou en moins. La comète de 1840, période de près de 14 000 ans, n'aurait d'après M. Loomis que 2423 ans de révolution. On a vu plus haut une différence de même ordre pour la fameuse comète de 1680. Mais les discussions les plus récentes des éléments de toutes ces comètes doivent inspirer plus de confiance : c'est la raison qui nous les a fait préférer aux éléments anciens.

Deux comètes doivent être encore signalées parmi celles du tableau précédent : l'une, la grande comète de 1825 ou

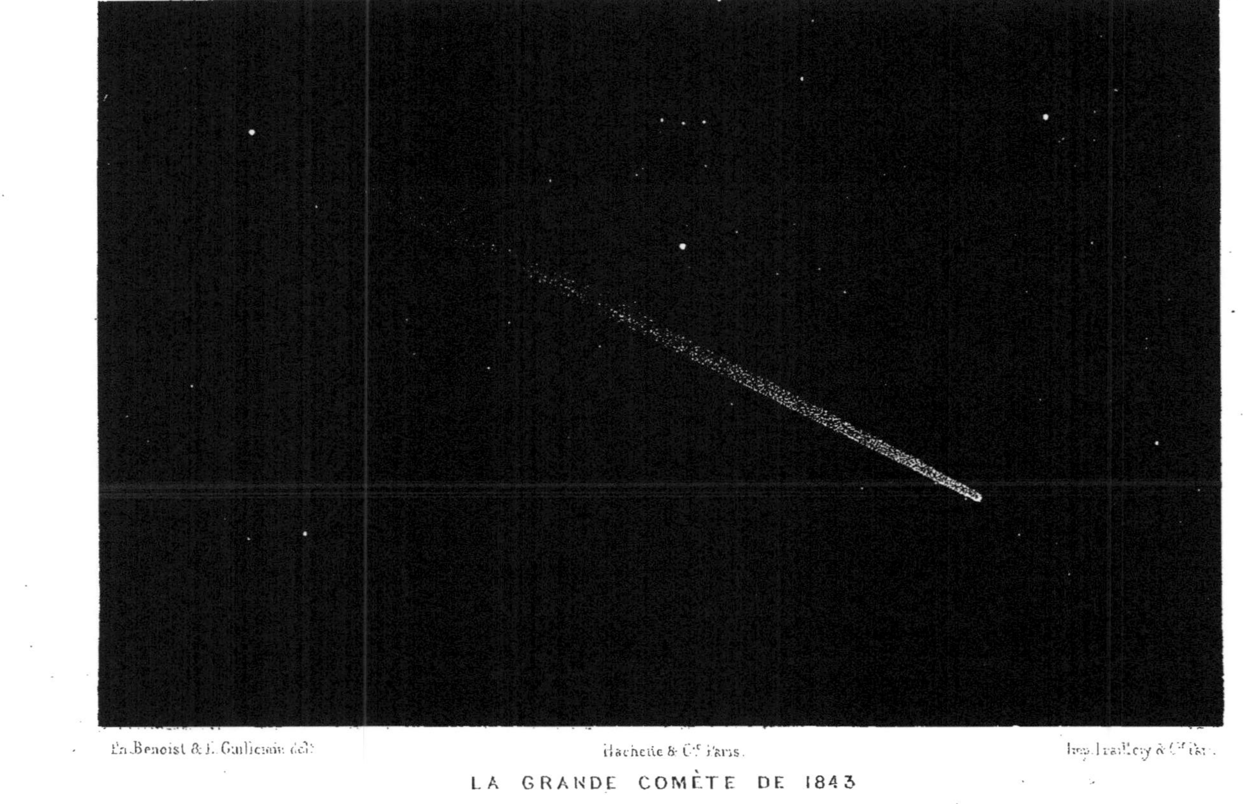

Em. Benoist & E. Guilleminn del. Hachette & Cie Paris. Imp. Lemercier & Cie Paris.

LA GRANDE COMÈTE DE 1843

vue à Paris dans la nuit du 19 Mars.

du Taureau, a paru pendant près d'une année, depuis le 15 juillet 1825, jour de sa découverte par Pons, jusqu'au 5 juillet 1826, dernier jour où elle a été vue; l'autre comète est celle de 1811, la grande comète qui a été observée aussi en 1812 et qui a fait sensation en Europe, dans l'Occident parce qu'on lui a attribué l'excellent vin connu sous le nom de *vin de la comète*, dans l'Orient parce que les Russes l'ont regardée comme le présage de la grande et fatale guerre du premier Napoléon contre la Russie.

Les comètes à longue période n'ont rien qui les distingue des autres, si ce n'est les énormes distances où toutes s'éloignent du Soleil à leur aphélie. L'orbite la plus courte va encore dépasser les limites connues du système planétaire, de 48 fois la moyenne distance du Soleil à la Terre; la comète de 1845 s'éloigne en effet jusqu'à deux fois et demie la distance de Neptune, en un mot jusqu'à deux milliards cinq cent vingt millions de lieues. La comète de 102 000 ans s'enfonce à une distance 55 fois plus considérable encore. Enfin, les deux dernières comètes de notre tableau, qui effectuent leurs révolutions, la première en 1840 siècles, la seconde en 2800 siècles, pénètrent à leurs aphélies dans des régions de l'espace si lointaines qu'il faudrait alors à la lumière, pour venir de ces astres jusqu'à la Terre, 171 jours pour l'une et 230 jours pour l'autre. La comète de 1864 franchit, loin du Soleil, le cinquième environ de la distance de l'étoile Alpha du Centaure à notre système, puisque la distance de cette étoile au Soleil est égale à 200 000 fois au moins la moyenne distance du Soleil à la Terre : c'est, il est vrai, un voyage qui dure un million quatre cent mille années pour l'*aller*, un million quatre cent mille années pour le *retour*. Il n'est donc pas juste de dire, comme on l'a fait en parlant de la comète de 1844 ou de 102 000 ans, qu'elle est allée se plonger dans l'espace à une distance plus grande que la Lyre, la Chèvre, Sirius : on voit que cela est loin d'être vrai, même pour les comètes dont la période se mesure par des millions d'années; mais rien n'empêche qu'il en soit ainsi, pour des comètes à orbites paraboliques ou hyperboliques.

CHAPITRE V

LE MONDE DES COMÈTES ET LES SYSTÈMES COMÉTAIRES

§ I — Du nombre des comètes

Le mot de Képler sur le nombre des comètes. — Comètes observées depuis les temps historiques. — Comètes calculées et cataloguées. — Conjecture sur le nombre des comètes qui traversent le système solaire ou lui appartiennent : calculs de Lambert et évaluations d'Arago. — Calcul du nombre probable des comètes avec les données actuelles : le mot de Képler se vérifie.

« Les comètes sont en aussi grand nombre dans le ciel, a dit Képler, que les poissons dans l'Océan, *ut pisces in Oceano*. »

Nous citons cette comparaison du grand astronome, comme le font tous les auteurs qui ont traité jusqu'ici de cette question du nombre des comètes ; mais nous remarquons que l'expression employée par Képler répond à une opinion toute conjecturale, et qu'il faut la prendre au point de vue poétique plutôt qu'au sens littéral du mot. Mais en faisant la part de ce qu'il peut y avoir d'exagéré dans l'expression, on va voir que Képler avait raison de considérer le nombre des comètes comme immensément grand.

Il ne peut être question ici, bien évidemment, que des

comètes susceptibles de traverser temporairement le système solaire, ou d'y circuler indéfiniment comme parties intégrantes de ce système. Toute évaluation qui aurait pour objet les comètes situées hors de cette sphère, hors de notre visibilité ou de celle des planètes qui font partie de notre groupe, ne serait plus basée sur aucune donnée positive. Il faut restreindre nos calculs et nos conjectures au domaine de ce qui est susceptible de vérification, de ce qui, rigoureusement, peut être considéré comme observable; au delà, le nombre nous échappe, nous nous perdons dans l'infini.

Ne parlons d'abord que des comètes observées, de celles tout au moins dont l'histoire et la tradition ont conservé le souvenir. Voici ce que l'on savait à cet égard à la fin du siècle dernier; nous citons Lalande : « Riccioli, dit-il, dans son énumération des comètes, n'en compte que 154, citées par les historiens, jusqu'à l'année 1651, où il composait son *Almageste*, et la dernière était de 1618. Mais dans le grand ouvrage de Lubienietz, où les moindres passages des auteurs sont scrupuleusement rapportés, toutes les fois qu'ils ont le moindre rapport aux comètes, on voit 415 apparitions jusqu'à la comète de l'année 1665, qui parut depuis le 6 jusqu'au 20 avril. Depuis ce temps-là, on en a observé 46 en comptant celles qui ont paru dans l'année 1781. » Cela faisait donc en tout, à cette dernière date, 461 comètes.

Ce nombre a été beaucoup augmenté depuis, par l'apparition de comètes nouvelles d'abord, puis par les recherches des érudits, et notamment l'étude des annales chinoises, recherches qui ont mis au jour d'anciennes apparitions oubliées ou des comètes non observées en Europe. Voici un tableau que nous avons formé en prenant pour base, mais en le complétant, le tableau que M. Hind a publié en 1860 :

	COMÈTES observées	COMÈTES calculées	COMÈTES reconnues identiques ou réapparitions
Avant l'ère vulgaire....	68	4	1
Ier siècle..............	21	1	1
IIe....................	24	2	1
IIIe....................	40	3	2
IVe....................	25	0	1
V^e....................	18	1	1
VIe....................	25	4	1
VIIe....................	31	0	2
VIIIe....................	15	2	1
IXe....................	35	1	1
X^e....................	24	2	3
XIe....................	31	3	2
XIIe....................	26	0	1
XIIIe....................	27	3	3
XIVe....................	31	8	3
XVe....................	35	6	1
XVIe....................	31	13	5
XVIIe....................	25	20	5
XVIIIe....................	69	64	8
XIXe....................	189	189	42
Totaux..........	790	326	85

En défalquant du nombre total de 790 comètes observées, celles qui ont effectué plusieurs fois leur retour, on arrive au nombre de 705 comètes distinctes. Mais il ne faut pas oublier, pour interpréter ce nombre, que jusqu'au XVIe siècle toutes les comètes furent observées à l'œil nu, tandis que depuis l'invention des télescopes un grand nombre ont été trouvées à l'aide de ces instruments. Ainsi, jusqu'en l'an 1600 environ, le tableau qui précède ne donne que les comètes les plus brillantes; mais depuis, on a pu constater que les comètes télescopiques, ou trop faibles ou trop éloignées de la Terre pour être visibles à l'œil nu, sont de beaucoup les plus nombreuses. Au XVIe siècle, sur 31 comètes observées, 8 étaient déjà des comètes télescopiques. Au XVIIe, ce nombre s'élève à 13 sur 25 comètes; il est de 61 dans le XVIIIe siècle, et dans les trois premiers quarts maintenant écoulés du XIXe, sur

189 comètes, 15 seulement ont été visibles à l'œil nu ; 174 ont été découvertes ou reconnues à l'aide des instruments, et grâce au zèle des nombreux astronomes qui se livrent à cette recherche dans les deux hémisphères.

Ce n'est pas tant, du reste, dans le nombre des découvertes que réside le progrès accompli par les astronomes des derniers siècles et du nôtre ; c'est surtout dans la détermination des orbites, la précision des observations et l'étude physique de ces astres. Aussi faut-il distinguer dans les siècles antérieurs à Newton le nombre des comètes observées ou simplement vues, du nombre des comètes cataloguées : celles-ci sont peu nombreuses avant le XVIe siècle, parce que les anciens auteurs n'avaient laissé que des notes peu précises sur la position et la marche des comètes ; et encore, les documents qui ont permis de calculer plus tard les orbites viennent-ils surtout des annalistes chinois. Au contraire, depuis trois siècles et demi, presque toutes les comètes observées sont en même temps cataloguées. Dans notre siècle, c'est l'unanimité. Sauf le cas exceptionnel où l'apparition d'une comète serait si courte, qu'on ne pourrait en faire trois observations suffisamment distantes, une comète vue et observée est en même temps et promptement aujourd'hui une comète calculée.

Mais revenons au nombre des comètes cataloguées. Il se monte à 326, nombre qu'il faut réduire, il est vrai, à 241, si l'on ne veut considérer que les comètes distinctes. Quant au nombre probable des comètes qui ont fait depuis les temps historiques leur apparition dans le monde solaire, il est évidemment beaucoup plus considérable que le nombre cité plus haut, même en ne considérant que les comètes qui ont traversé notre système dans des conditions favorables à la visibilité, pour un observateur situé à la surface de la Terre. Pour s'en faire une idée, on peut prendre pour base le chiffre que donne le siècle actuel. Il se monte, pour seulement trois quarts de siècle, à 147 comètes distinctes, ce qui ferait pour le siècle entier 185 comètes : c'est un nombre au-dessous de la vérité, et l'on pourrait sans exagérer prendre une moyenne de 2 comètes nouvelles par année. Mais tenons-nous-en au nombre 185, et comptons seulement les 20 derniers siècles. Voilà 3700 comètes, nombre énorme déjà, mais qu'il va falloir augmenter encore, pour les raisons suivantes :

En rangeant les comètes par mois suivant les dates de leurs passages au périhélie, c'est-à-dire au point de leur orbite dans le voisinage duquel elles sont surtout visibles, Arago a trouvé que, sur 226 comètes, il y en a 130 pour les mois d'hiver, 96 seulement pour les mois d'été. Sur 301 apparitions de comètes cataloguées, nous en trouvons 165 qui ont passé au périhélie de septembre à mars. La proportion, qui a légèrement diminué, est toujours d'environ 54 à 55 pour 100. Or, une telle différence ne peut provenir que d'une cause, d'ailleurs bien naturelle. C'est que les nuits des saisons hivernales sont longues, favorables à une observation prolongée d'une beaucoup plus grande portion du ciel, tandis que les nuits des saisons estivales, beaucoup plus courtes, diminuées encore par les longs crépuscules, doivent laisser dès lors échapper un plus grand nombre de comètes. La différence est de 1/7, de sorte qu'on peut ajouter cette fraction au nombre qui précède, pour tenir compte des comètes qui échappent à l'observation : on trouverait ainsi 4228 comètes.

On pourrait ajouter à cette raison d'augmentation le fait que les observateurs et chercheurs de comètes sont plus nombreux dans l'hémisphère boréal que dans l'hémisphère austral de la Terre, et qu'ainsi doivent échapper à l'observation un certain nombre de comètes dont les orbites sont tellement inclinées, qu'elles ne sont visibles, au voisinage de leur périhélie, que dans l'hémisphère austral. Mais il est clair que nous avons déjà tenu compte en partie de ce fait en égalant le nombre des comètes qui passent au périhélie dans les saisons estivales à celui des comètes des saisons hivernales. En effet, les parties du ciel qu'on ne peut explorer à cause des courtes nuits dans l'hémisphère boréal de la Terre, sont précisément en vue aux mêmes époques dans l'hémisphère austral, et si le nombre des observateurs était le même des deux côtés, il est clair qu'il n'y aurait aucune correction à faire.

En outre, il s'en faut que toutes les comètes qui arrivent en vue de la Terre soient observées en effet ; il s'en faut que les astronomes, voués à la recherche pénible des astres nouveaux, puissent explorer à la fois toutes les régions du ciel. Il n'en est plus des comètes télescopiques comme des petites planètes : celles-ci viennent toujours à un moment de leur révolution couper l'écliptique sans cesser d'être visibles, et les chercheurs n'ont à explorer le ciel qu'à une faible latitude boréale ou australe. Les comètes font leur apparition partoutet disparaiss ent de même. Un grand nombre doivent échapper ainsi aux recherches des astronomes. Mais de plus le temps n'est pas toujours favorable, et s'il s'agit d'une de ces comètes qui passent à peu de distance de notre globe, qui dès lors ne sont visibles, à cause de la rapidité de leur mouvement propre, que quelques semaines, ou même quelques jours, le ciel couvert peut fort bien pendant tout ce temps en masquer l'apparition. L'éclat de la Lune est un autre obstacle qui peut la faire échapper aux observateurs. Le passage suivant des *Questions naturelles* de Sénèque prouve que les anciens se doutaient déjà que les comètes sont en plus grand nombre que ne l'indiquent leurs apparitions : « Beaucoup de comètes, dit-il, sont invisibles, parce que les rayons du Soleil les effacent. Posidonius rapporte que dans une éclipse de cet astre on a vu paraître une comète qu'il cachait par son voisinage. »

Ainsi, c'est déjà par milliers qu'il faut compter les comètes, celles du moins qui sont venues effectuer leur passage dans une période de 2000 ans, une minute dans la durée probable du monde solaire! Mais notre calcul ne s'applique qu'aux comètes dont les orbites sont telles, que ces astres s'approchent de la Terre à une assez faible distance pour être visibles. Il reste à évaluer le nombre probable de celles qui doivent traverser notre système à toutes les distances possibles, et alors nous arriverons à des nombres tellement considérables qu'ils seront une justification de l'expression de Képler. Nous suivrons pour cela Lambert et Arago, en modifiant seulement, d'après les documents actuels, les chiffres qui ont servi à leur évaluation du nombre des comètes dans notre système.

Lambert s'appuie, pour son évaluation, sur les éléments des vingt-quatre comètes que renfermait, de son temps, la table de Halley. Il les réduit d'abord à vingt et une, à cause des réapparitions de deux d'entre elles. Puis il étudie les positions de leurs périhélies, dont deux dépassent l'orbite de la Terre, deux autres sont situés entre la Terre et Vénus, onze entre Vénus et Mercure, six enfin entre cette dernière planète et le Soleil. Ces nombres, suivant lui, sont d'accord avec l'hypothèse que les comètes sont uniformément distribuées dans les espaces interplanétaires. Mais suivant quelle loi faire croître le nombre des comètes connues? Il semble au premier abord que cela doive être dans le rapport des espaces circonscrits par les sphères des diverses planètes, c'est-à-dire proportionnellement aux cubes des distances. Mais Lambert admet « que les comètes sont disposées de façon à ne jamais se rencontrer, et à ne jamais se troubler dans leur marche. Pour cet effet, dit-il, leurs orbites ne doivent se couper en aucun endroit; et, de plus, ces orbites ne seront point regardées comme des lignes géométriques : l'on y comprendra, de la sphère d'activité de chaque comète, autant qu'il en faut pour l'empêcher de faire des incursions dans la sphère des autres, et pour prévenir les désordres qui naîtroient de ces incursions.» Sur cette restriction déduite du principe des causes finales, et qui ne nous semble aujourd'hui d'aucune façon justifiée, l'observation ayant prouvé que l'intersection des orbites, les perturbations qui en peuvent être la conséquence sont choses parfaitement possibles, le célèbre géomètre réduit l'accroissement du nombre des comètes à la raison des carrés des distances. Les nombres 6 et 17 des comètes de la table de Halley comprises dans les sphères de Mercure et de Vénus, nombres qui sont à peu près dans le rapport de 1 à 3, lui paraissent justifier cette hypothèse. Prenant alors pour base la comète de 1680, dont le périhélie était plus de soixante fois plus près du Soleil que Mercure, Lambert conclut que la sphère circonscrite par l'orbite de cette planète peut contenir soixante fois soixante ou 3600 comètes. S'élevant ensuite jusqu'à l'orbe de Saturne dont le rayon égale 24 fois le rayon de l'orbite de Mercure, il arrive à multiplier par 600 le nombre précédent, de sorte que plus de deux millions de comètes se mouvraient dans cet espace.

Si nous voulions faire aujourd'hui un calcul semblable, il faudrait d'abord doubler le chiffre du point de départ, puisque à la comète de 1680 il faudrait joindre celle de 1843 dont la distance périhélie est aussi faible. Puis c'est jusqu'à l'orbite de Neptune qu'il y aurait lieu d'étendre les limites connues du monde solaire. Dans ces conditions, on ne trouverait pas moins de 45 millions 500 mille comètes !

Arago, après avoir discuté les éléments des comètes contenues dans les catalogues, à l'époque où il écrivait son

Astronomie populaire, arrive au même principe que Lambert, c'est-à-dire qu'il admet l'uniforme distribution de ces astres dans l'espace circonscrit par le système solaire. « Aucune raison physique, dit-il du moins, ne pourrait être alléguée pour établir que les choses doivent être autrement. » Mais il repousse avec raison le second principe de Lambert qui restreint l'accroissement du nombre des comètes à la raison du carré des distances ; il part de l'hypothèse de la loi qui fait croître ce nombre comme les cubes. Or, dans le catalogue de 1853, on trouve 37 périhélies dont la distance au Soleil est moindre que le rayon de l'orbite de Mercure. « Il faudra donc, dit-il, faire cette proportion

1^3 est à 78^3 comme 37 est au nombre cherché ;

ou, en effectuant les opérations indiquées,

1 est à 474 552 comme 37 est à 17 558 424.

Ainsi, en deçà de Neptune, le système solaire serait sillonné par plus de dix-sept millions et demi de comètes. »

Un calcul semblable, aujourd'hui que le nombre des comètes dont les distances périhélies sont inférieures à la distance de Mercure, est monté à 43, donnerait plus de vingt millions de comètes.

Nous ne voulons pas quitter ce sujet sans joindre, aux évaluations que nous venons de rapporter, quelques réflexions qui permettent d'en apprécier la portée.

Tout le monde sent bien qu'il s'agit là d'une question tout à fait indéterminée, dont la solution tout approximative, ne peut donner jamais qu'une limite inférieure du nombre cherché. En admettant l'égale distribution des comètes dans l'espace comme un fait probable, on voit à l'instant que la suite du calcul dépend uniquement du point de départ, par exemple du nombre des comètes qui sont venues passer entre le Soleil et Mercure. Or ce nombre est évidemment bien inférieur à celui des comètes qui ont en réalité pénétré dans cette région depuis les temps historiques. Si l'on eût observé et cherché depuis 2000 ans comme on cherche et comme on observe depuis deux siècles, à quels nombres de comètes distinctes ne monterait pas le chiffre d'un catalogue complet? Mais il y a plus: à chaque siècle, ce nombre augmenterait, abstraction faite des réapparitions, et l'évaluation précédente s'élèverait dans une pareille proportion.

D'ailleurs, pourquoi limiter l'espace à l'orbite de Neptune? n'est-il pas évident que la sphère des comètes qui, au moins une fois viennent graviter autour du Soleil, s'étend jusqu'aux régions du ciel où l'attraction de sa masse est prépondérante. Supposons que les étoiles de première grandeur aient, en moyenne, des masses égales à celle du Soleil, et qu'elles soient à peu près également distribuées sur la sphère dont le rayon serait égal à la distance moyenne, soit à la distance d'Alpha du Centaure. C'est à la moitié de cette distance, c'est-à-dire à 100 000 fois le rayon de l'orbite de la Terre, que s'étendrait l'action du Soleil. Toute comète pénétrant en deçà tomberait sous l'empire de notre monde et graviterait autour de son étoile centrale, dans une orbite dont les éléments dépendraient de sa vitesse initiale.

En appliquant à une sphère de cette étendue les calculs que nous avons donnés pour la sphère qui s'étend jusqu'à Neptune, sait-on dans quelle proportion énorme se trouveraient multipliés les résultats de nos calculs? Dans le rapport des nombres 30^3 et 100000^3, c'est-à-dire par trente-sept milliards. De sorte qu'au lieu de compter en tout le nombre déjà considérable de vingt millions de comètes, on arriverait au chiffre effrayant de 74 000 000 000 000 000, ou *soixante-quatorze millions de milliards* de comètes, au minimum, soumises chacune, pour une au moins de leurs périodes, à l'empire du Soleil !

En présence de telles considérations, la comparaison de Képler n'est plus seulement une métaphore, et il est permis de dire littéralement, avec le grand astronome du XVIe siècle : « Les comètes sont aussi nombreuses dans le ciel que les poissons dans l'Océan, *ut pisces in Oceano*. »

§ II — Comètes a orbites hyperboliques

Les comètes appartiennent-elles toutes au système solaire ? — Orbites dont le caractère est nettement hyperbolique. — Opinion de Laplace sur la cause de la rareté des comètes hyperboliques. — Y a-t-il des comètes décrivant réellement des paraboles ? — Premier aperçu sur l'origine des comètes.

Toutes les comètes observées jusqu'à présent appartiennent-elles au système solaire ? Ou bien en est-il, comme nous l'avons déjà suggéré, qui ne viennent qu'une fois faire leur visite au Soleil, qui, avant de subir l'influence de son attraction, avant de pénétrer dans la sphère de son activité, lui étaient tout à fait étrangères ?

Théoriquement parlant, la réponse n'est pas douteuse. Un corps céleste, décrivant sous l'influence de la gravitation une orbite ayant le Soleil pour foyer, peut également se mouvoir dans une parabole, dans une ellipse, dans une hyperbole. Tout dépend de sa vitesse en un point quelconque de son parcours, de cette vitesse comparée à l'intensité de la gravitation au même point. Pour fixer les idées, prenons un point dont la distance au Soleil égale la moyenne distance de la Terre ; et supposons l'astre arrivé à ce point. Pour une certaine vitesse, que nous avons appelée vitesse elliptique ou planétaire, l'orbite est un cercle ou une ellipse ; pour une vitesse plus grande (égale à la vitesse moyenne de la Terre multipliée par le nombre 1,414 ou $\sqrt{2}$), la courbe est une parabole, aux branches infinies ; au delà, c'est une hyperbole, autre courbe aux branches infinies.

La question se réduit donc à celle-ci : y a-t-il dans les comètes connues des orbites véritablement paraboliques ou hyperboliques? Pour la parabole, il peut y avoir doute; car il est toujours permis de supposer que les orbites paraboliques sont des ellipses extrêmement allongées ou à excentricités considérables. Mais s'il en est qui aient le caractère manifestement hyperbolique, c'est-à-dire dont l'excentricité surpasse certainement l'unité, il n'y a plus de doute possible, car alors la courbe décrite n'est plus enveloppée par la parabole, elle la dépasse ou l'enveloppe, et par conséquent la confusion avec une courbe fermée, avec une orbite elliptique, n'est plus possible. Or, parmi les éléments calculés des comètes, il en est un certain nombre dont les orbites présentent manifestement ce caractère. Citons celles qui, selon l'avis de M. Hœk, méritent sous ce rapport un certain degré de confiance :

COMÈTES A ORBITES HYPERBOLIQUES

	EXCENTRICITÉ	DISTANCE PÉRIHÉLIE
Comète 1824 II	1,00173	1,05
— 1840 I	1,00021	0,62
— 1843 II	1,00035	1,62
— 1844 III	1,00035	0,25
— 1847 VI	1,00013	0,33
— 1849 I	1,00002	0,96
— 1849 II	1,00071	1,16
— 1853 IV	1,00707	0,90
— 1863 VI	1,00090	1,30

Dans le catalogue des comètes donné par M. Watson, nous trouvons encore plusieurs comètes à orbites hyperboliques, celles de 1729, de 1771, de 1773 et de 1774, ayant respectivement pour excentricités 1,00503, 1,00937, 1,00249 et 1,02830 ; ajoutons-y la comète III 1853, dont l'excentricité est 1,00026. Comme le nombre des comètes cataloguées est d'environ 311, on voit qu'il y en a une sur vingt-deux à peu près qui, certainement, est étrangère au système solaire. Il est donc possible qu'un certain nombre, parmi les comètes non périodiques, décrivent des hyperboles, dont la portion visible s'est confondue pour nous avec un arc de parabole ; toutes les autres auraient pour orbites des ellipses excessivement allongées ; et ainsi se trouverait confirmée l'hypothèse que Laplace formule en ces termes dans le dernier chapitre de l'*Exposition du système du monde* :

« En rattachant, dit-il, la formation des comètes à celle des nébuleuses, on peut les regarder comme de petites nébuleuses errantes de système en système solaire, et formées par la condensation de la matière nébuleuse répandue avec tant de profusion dans l'univers. Les comètes seraient ainsi, par rapport à notre système, ce que les aérolithes sont relativement à la Terre, à laquelle ils paraissent étrangers. Lorsque ces astres deviennent visibles pour nous, ils offrent une ressemblance si parfaite avec les nébuleuses, qu'on les confond souvent avec elles, et ce n'est que par leur mouvement ou par la connaissance de toutes les nébuleuses renfermées dans la partie du ciel où ils se meuvent, qu'on parvient à les distinguer. »

Dans la fameuse note qui termine l'*Exposition du système du monde*, note où l'illustre géomètre a exprimé ses vues sur la formation des planètes et du Soleil, il ajoute, en parlant des comètes : « On voit que lorsqu'elles parviennent dans la partie de l'espace où l'attraction du Soleil est prédominante, il les force à décrire des orbes elliptiques ou hyperboliques. Mais leurs vitesses étant également possibles suivant toutes les directions, elles doivent se mouvoir indifféremment dans tous les sens et sous toutes les inclinaisons à l'écliptique ; ce qui est conforme à ce que l'on observe. »

Laplace examine ensuite pourquoi les orbites hyperboliques sont si rares, et de fait, à l'époque où il écrivait, on n'en connaissait aucune qui eût certainement ce caractère, et il conclut que cela tient aux conditions de visibilité qui ne rendent les comètes observables que lorsque leur distance périhélie est peu considérable. « On conçoit, dit-il alors, que, pour approcher si près du Soleil, leur vitesse au moment de leur entrée dans sa sphère d'activité doit avoir une grandeur et une direction comprises dans d'étroites limites. En déterminant, par l'analyse des probabilités, le rapport des chances qui dans ces limites donnent une hyperbole sensible, aux chances qui donnent un orbe que l'on puisse confondre avec une parabole, j'ai trouvé qu'il y a six mille au moins à parier contre l'unité, qu'une nébuleuse qui pénètre dans la sphère d'activité du Soleil, de manière à pouvoir être observée, décrira ou une ellipse très-prolongée, ou une hyperbole qui par la grandeur de son axe, se confondra sensiblement avec une parabole, dans la partie que l'on observe : il n'est donc pas surprenant, conclut Laplace, que jusqu'ici l'on n'ait point reconnu de mouvements hyperboliques. » Mais, depuis près d'un siècle, les progrès de l'astronomie pratique et théorique ont rendu plus précise la détermination des orbites cométaires, et accru les chances dont il avait calculé le rapport.

Quant aux orbites véritablement paraboliques, elles ne

peuvent être qu'une exception, un cas singulier : dès qu'on imagine une comète parabolique pénétrant dans la sphère du système planétaire, la moindre perturbation, modifiant la vitesse dans un sens ou dans l'autre, va transformer l'orbite soit en parabole, soit en ellipse, rejeter dès lors la comète hors de notre système, ou au contraire la contraindre à devenir un satellite périodique du Soleil.

§ III — Aperçu sur l'origine des comètes

Toutes les comètes qui visitent le monde solaire lui ont-elles appartenu toujours? — Modifications probables des orbites primitives par les perturbations planétaires. — Cause de la diminution lente des périodes de certaines comètes.

L'origine des comètes est une question aussi intéressante que difficile.

En comparant toutes les orbites calculées, on voit qu'on passe, d'une façon pour ainsi dire insensible, des comètes à courtes périodes aux comètes à périodes immensément longues, et de là à celles dont le grand axe a des dimensions infinies. Si les dernières sont étrangères au monde solaire, les premières lui ont-elles appartenu toujours? S'il en était ainsi, pourquoi les comètes périodiques offrent-elles, dans les éléments de leurs orbites, comme dans leur constitution physique, de si profondes, de si radicales différences avec les planètes? Pourquoi ces inclinaisons dans tous les sens, ces mouvements tantôt directs, tantôt rétrogrades? Pourquoi ces faibles masses, ces apparences vaporeuses, ces changements si rapides d'aspect, la naissance et le développement des queues?

D'autre part, si les comètes ont toutes une origine extra-solaire, pourquoi toutes les orbites n'ont-elles pas un grand axe au moins égal au rayon de la sphère d'activité du Soleil ?

Il est difficile de répondre aux premières questions, dans l'hypothèse d'une origine commune aux comètes et aux planètes. Si l'on admet, au contraire, que les comètes viennent toutes des profondeurs de l'univers sidéral, on peut expliquer la faible excentricité relative de certaines orbites par les actions perturbatrices des masses planétaires qui ont modifié les orbites primitives. Nous avons vu que des perturbations en sens contraire ont pu rejeter certaines comètes hors du système, et qu'ainsi s'explique la disparition de quelques comètes périodiques. Du reste, indépendamment de cette cause de changement, il en est une autre qui tient également à la petitesse des masses des comètes : c'est celle qui agit en diminuant d'une façon continue la révolution périodique des comètes d'Encke et de d'Arrest : qu'il s'agisse de la résistance d'un milieu ou d'une force répulsive, composante de l'activité rayonnante du Soleil, le résultat est le même ; c'est une diminution progressive de la moyenne distance des comètes au Soleil, et, à la longue, la réunion de leur masse vaporeuse au globe solaire.

Dans un ouvrage qui dans notre pensée formera comme la seconde partie de celui que nous publions ici et qui sera consacré aux Étoiles filantes, on donnera des preuves nouvelles de cette origine des comètes ; on les verra surgir de tous les points de l'espace, dans leurs pérégrinations de monde en monde, venir tourbillonner autour du Soleil, comme des papillons autour de la flamme d'une chandelle ; les unes, pour s'y consumer et alimenter le foyer incandescent, les autres pour se disperser en longues traînées et répandre dans les espaces planétaires la poussière de leurs atomes. Les traînées d'artifices qui varient le spectacle si grandiose, mais toujours le même, des nuits étoilées de la

Terre, ce sont des fragments de comètes dispersées qui nous les fournissent. Qui sait si ce n'est pas, pour les planètes, un moyen d'accroître leurs masses, que la rencontre incessante de ces corpuscules cosmiques? Qui sait si les comètes ne jouent pas ainsi un rôle important dans la formation et l'évolution des systèmes planétaires? Ce rôle qui, vis-à-vis de notre énorme planète d'une part, et de notre courte existence d'autre part, semble si peu de chose, a peut-être une influence très-sensible à la longue sur la masse de la Terre : cette influence a pour elle le temps, les millions de siècles, et la matière des nébuleuses « répandue, comme dit Laplace, avec tant de profusion dans l'univers ».

§ IV — Les systèmes de Comètes

Des comètes qui ont ou semblent avoir une origine commune. — Les comètes doubles. — Les systèmes de comètes selon M. Hœk. — Distribution des aphélies sur la voûte céleste ; région du ciel particulièrement riche en aphélies.

Quand on cherche à se faire une idée, d'après les données actuelles de la science, de la constitution de l'univers visible, on voit que les corps célestes dont cet ensemble se compose sont partout distribués en groupes, en associations dont le lien commun est la gravitation universelle.

Il existe des *systèmes planétaires :* au foyer de ces groupes est une étoile, un soleil central, dont la masse prépondérante retient autour de lui, circulant dans des orbites régulières, d'autres astres ou planètes, auxquels ce soleil distribue chaleur et lumière; quelques-unes de ces planètes forment, avec leurs satellites, des groupes ou systèmes secondaires. Notre système planétaire est le type des associations astrales de ce genre.

Il existe des *systèmes stellaires*, ou groupes de deux, trois ou plusieurs soleils gravitant les uns autour des autres, probablement suivant les mêmes lois. Ces systèmes sont eux-mêmes les éléments d'associations plus vastes, qui, comme les nébuleuses résolubles connues sous le nom d'*amas stellaires*, se composent de myriades de soleils : notre Voie Lactée est un des plus splendides échantillons de ces agglomérations immenses.

Les nébuleuses elles-mêmes paraissent, en certaines régions du ciel, se grouper en systèmes, de sorte que le plan général de l'univers se résume en une vaste synthèse d'associations de divers ordres, s'embrassant les unes les autres à l'infini, sans qu'aucun des individus, ou astres particuliers qui les forment, échappe à la nécessité de faire partie de quelque groupe.

Y a-t-il pareillement des *systèmes de comètes?*

Il est d'abord certain que, parmi les comètes, il en est qui sont attachées à notre système planétaire. Étrangères à l'origine, elles s'y sont trouvées reliées par des actions perturbatrices des masses planétaires, et désormais elles font partie intégrante du groupe. Nous avons vu qu'il est possible que ces comètes, par des perturbations en sens opposé, s'échappent un jour du lien de l'attraction solaire; mais d'autres, au contraire, ne pouvant résister, grâce à la faiblesse de leurs masses, aux causes qui tendent à les précipiter au foyer de leur mouvement, iront s'y joindre un jour en se confondant dans la masse centrale ; ou bien, désagrégées et disséminées dans les espaces interplanétaires par les perturbations successives des masses des planètes, elles constitueront une sorte de milieu résistant dont les éléments accroîtront à la longue ces derniers corps.

Nous pouvons déjà du reste faire une réponse à la question posée. On a vu se dédoubler la comète de Biela, et maintenant l'on peut dire que les deux astres jumeaux, voyageant ensemble, présentent un embryon de système cométaire. La comète observée en 1860 par M. Liais offre un exemple d'un autre genre, puisque si les deux comètes qui la constituent s'éloignent du Soleil en conservant leur distance, et sortent du système, elles constitueront dans l'espace un groupe de deux comètes indépendantes.

Mais toutes les autres comètes, j'entends les comètes non périodiques, celles qui décrivent des paraboles ou des hyperboles, sont-elles de simples voyageuses indépendantes, courant de système solaire en système solaire, sans jamais fixer nulle part leur course vagabonde ? N'est-il point, parmi ces déclassées, des comètes groupées ensemble et parcourant leurs longues orbites de conserve ?

La question ainsi posée paraît susceptible d'une solution directe, comme le témoignent les recherches faites dans ce sens par un astronome hollandais contemporain, M. Hœk. Ce savant, en étudiant et comparant les éléments de diverses comètes, est arrivé à reconnaître qu'un certain nombre d'entre elles paraissent avoir une origine commune, qu'elles formaient, avant de pénétrer dans la sphère d'attraction du Soleil, des groupes ou systèmes, ce qu'il prouve en faisant voir que ces astres ont eu jadis, se trouvant alors à une faible distance les uns des autres, un mouvement initial de même direction et de même vitesse. Du reste, dans sa pensée, les comètes à orbites elliptiques ou périodiques sont l'exception : l'immense majorité des comètes se meut dans des courbes à branches infinies. Elles nous arrivent, isolées et par groupe, des profondeurs sidérales ; elles sont envoyées dans notre système par quelque étoile, dont elles se sont assez éloignées pour échapper à la prépondérance de leur attraction et tomber temporairement sous l'influence de l'attraction de notre propre Soleil. Mais à quel caractère M. Hœk a-t-il reconnu que certaines comètes émanent du même foyer, peuvent être considérées comme ayant probablement une commune origine? Pour résoudre cette question difficile, l'astronome hollandais a comparé les éléments des comètes déterminées avec une suffisante exactitude, les comètes cataloguées depuis 1556 par exemple. Il a déterminé la position de leurs aphélies, et réuni d'abord entre elles les comètes dont les apparitions n'étaient pas séparées par des intervalles de plus de dix années et dont les aphélies ne mesuraient pas, dans le ciel, une distance apparente ou angulaire de plus de 10 degrés. Il a cherché de plus si les orbites des comètes ainsi groupées trois par trois ou en plus grand nombre, n'avaient pas des points d'intersection communs.

Prenons, d'après M. Hœk, un premier exemple. Considérons les comètes de 1672, de 1677 et de 1683, puis les comètes 1860 III, 1863 I et 1863 VI. Voici les positions des aphélies de ces six comètes :

	LONGITUDES	LATITUDES
1672	279°,4	69°,4
1677	286°,4	75°,7
1683	290°,8	83°,0
1860 III	303°,1	73°,2
1863 I	313°,2	73°,9
1863 IV	313°,9	76°,4

Les différences en longitude, mesurées sur un arc de grand cercle équivalent, pour chaque groupe, à un peu plus de 3 degrés. Il y a donc là une remarquable coïncidence. Mais, si l'on cherche les points d'intersection des orbites des comètes, on arrive à une coïncidence plus étonnante encore, car on trouve que ces points sont groupés dans une région du ciel dont l'étendue n'est pas de 2 degrés, vers 319° de longitude et 78° de latitude australe. En joignant le Soleil par une ligne droite à l'étoile γ de l'Hydre, on a la commune intersection des cinq orbites. Il est donc extrêmement vraisemblable que ces cinq astres émanent d'un même foyer cométaire. Si d'ailleurs on cherche à quelles distances du Soleil se sont trouvées dans le passé les comètes de ce système, voici le résultat auquel M. Hœk arrive en prenant pour unité de distance le rayon moyen de l'orbite de la Terre :

	COMÈTES DE 1677	1683
ANNÉES	DISTANCES AU SOLEIL	
574	600	601,9
838	500	502,2
1076,5	300	402,4
1287	400	302,9
1464,7	200	203,6
1602	100	105,1

	COMÈTES DE 1860 III	1863 I	1863 IV
ANNÉES	DISTANCES AU SOLEIL		
757	600	600,4	600,2
1020,9	500	500,6	500,4
1259,6	400	400,7	400,5
1470	300	300,9	300,8
1647,8	200	201,1	201,3
1785	100	101,8	102,1
1833,7	50	52,8	53,3
1853,6	20	24,4	25,5
1858	10	15,9	17,4

Ces tableaux montrent que plus on remonte loin dans le passé, plus les deux comètes de 1677 et de 1683, d'une part, et les trois comètes de 1860 III, 1863 I, et 1863 VI, d'autre part, se trouvaient en réalité rapprochées respectivement les unes des autres. Se sont-elles mises simultanément en route, ou l'époque de leur départ a-t-elle été distincte pour chacune d'elles ? M. Hœk ne se prononce pas entre ces deux hypothèses. Seulement il fait voir qu'il suffirait par exemple d'admettre, entre les vitesses originelles des comètes de 1677 et de 1860, la minime différence de 66 centimètres par seconde pour que, à leur arrivée respective dans notre système, le retard de la moins rapide eût produit une accumulation de 200 années. Ainsi, il n'est pas impossible que les deux comètes de 1677 et de 1860 aient quitté en même temps le foyer d'où elles émanent.

Citons encore, d'après M. Hœk, les comètes III et V de

1857 et la comète III de 1867. Ces trois astres ont parcouru en effet des orbites dont les éléments à peu près semblables, joints au court intervalle qui séparait leurs apparitions, indiquent une origine commune probable. D'abord il n'avait donné comme formant système que les deux premières comètes; mais la comparaison de la troisième aux deux autres ne lui laissa plus aucun doute :

« Dans les recherches sur les systèmes cométaires, dit-il, j'ai indiqué les deux comètes III et V (1857) comme appartenant très-probablement à un système. Je n'ai pas hésité à leur attribuer ce caractère en considérant la ressemblance extrême de tous leurs éléments et le court intervalle entre leurs apparitions. Et voilà que tout d'un coup la nouvelle comète (la 3me de l'année 1867) vient nous donner une confirmation inattendue de ces vues, savoir : les cercles qui représentent les plans des trois orbites se coupent dans un même point du ciel. Ces plans se coupent donc mutuellement suivant une même ligne d'intersection. Or cette ligne est nécessairement parallèle à la direction du mouvement initial, commun aux trois astres, au moment où ils entraient dans la sphère d'attraction du Soleil. »

Le point radiant des orbites, celui où viennent se couper leurs plans, est situé dans l'hémisphère austral sur les confins de la constellation de la Dorade.

Ce système cométaire n'est pas le seul. En premier lieu, les trois comètes citées plus haut ne seraient pas les seules du groupe, auquel il faudrait joindre les comètes des années suivantes : 1596, 1781 I, 1790 III, 1825 I, 1843 II et 1863 III, et même 1785 II, 1818 II, 1845 III. Voici du reste un tableau qui résume les conclusions du savant astronome :

	COMÈTES	LONGITUDES ET LATITUDES du point radiant
I PREMIER SYSTÈME COMÉTAIRE.	1677 1683 1860 III 1863 I 1863 VI	319° — 78°5
II SECOND SYSTÈME COMÉTAIRE.	1739 1793 II 1810 1863 V	267° — 52°
III TROISIÈME SYSTÈME COMÉTAIRE.	1764 1774 1787 1840 III	175°5 — 46°5
IV QUATRIÈME SYSTÈME COMÉTAIRE.	1596 1781 I 1790 III 1825 I 1843 II 1863 III 1785 II 1818 II 1845 III 1857 III 1857 V 1867 III	75°5 — 51°7
V CINQUIÈME SYSTÈME COMÉTAIRE.	1773 1808 I 1826 II 1850 II	274°6 + 38°7
VI SIXIÈME SYSTÈME COMÉTAIRE.	1689 1698 1822 IV 1850 I	92°9 + 0°6
VII SEPTIÈME SYSTÈME COMÉTAIRE.	1618 II 1723 1798 II 1811 II 1849 I	217°8 + 26°6

Nous avons dit un mot plus haut de la question encore si obscure de l'origine des comètes. Voici quelle est, sur ce point, l'opinion du savant dont nous venons d'analyser sommairement les recherches : la compétence de son auteur exige qu'on la prenne en sérieuse considération : « Chaque étoile, dit-il, possède son système cométaire qui lui est propre ; mais, sous l'influence des attractions planétaires ou de matières cosmiques, ces corps quittent continuellement leur propre étoile principale, pour aller soit dans des ellipses permanentes, soit temporairement dans des paraboles ou des hyperboles, tourner autour d'un autre Soleil. » (*Monthly notices*, 1865.)

En étudiant la distribution sur la sphère céleste des aphélies de 190 orbites cométaires, M. Hœk a reconnu un fait assez singulier. Supposons qu'on trace un cercle par les trois points qui ont pour longitudes 95°, 169° et 243° et pour latitudes 0°, 32° et 0°, le secteur compris entre ce cercle et l'écliptique se trouve particulièrement pauvre en aphélies. Au lieu d'en renfermer une quinzaine, ainsi que l'exigerait une répartition uniforme, il n'en contient qu'une seule, celle de la comète de 1585, située à une distance de 3 degrés seulement de l'écliptique. Quelle explication donner d'une telle singularité? A cette question, M. Hœk répond que « si le point d'où s'éloigne le système solaire, dans son mouvement de translation, occupait le milieu du secteur, il attribuerait volontiers le phénomène à la difficulté qu'ont les comètes à suivre et à rejoindre le Soleil. Mais la direction de ce mouvement, telle qu'elle résulte des investigations de W. Herschel, de Mædler et d'Argelander, ne permet point une telle explication [1]. Il reste donc à savoir si,

1. Voyez sur ce sujet deux lettres intéressantes de M. Hœk à M. Delaunay, *Comptes rendus de l'Académie des sciences*, 1868, I.

en réalité, le point correspond à une région du ciel pauvre en émanations cométaires ou si cette circonstance dépend des conditions défavorables à la découverte des comètes, dans la partie de l'écliptique occupée par le Soleil du mois de juillet au mois de décembre. »

La première de ces deux dernières hypothèses n'aurait, à notre avis, rien que de fort vraisemblable. Les travaux de John Herschel sur la distribution des nébuleuses prouvent que les diverses régions célestes sont fort inégalement partagées sous ce rapport. Une pareille inégalité dans la répartition des centres nébuleux d'où émanent les comètes serait un fait du même ordre qui n'est peut-être pas sans lien physique avec le premier ; si les observations futures parviennent à l'établir, ce sera une lumière de plus à joindre à celle que l'astronomie a déjà fait jaillir sur la constitution de notre univers.

§ V — Résumé de la statistique cométaire contemporaine

Comparaison des éléments des orbites cométaires. — Excentricités : nombre des comètes elliptiques, paraboliques ou hyperboliques. — Distribution des comètes d'après leurs inclinaisons. — Distribution des comètes d'après leurs nœuds et leurs distances périhélies. — Il ya un égal nombre d'orbites directes et d'orbites rétrogrades.

Quand on suit, dans l'ordre où la tradition et la science les ont enregistrées, les apparitions de comètes, qu'on passe d'une région du ciel à une région toute opposée, d'une marche directe à une marche rétrograde, ou mieux quand on étudie les éléments de leurs orbites dans un catalogue, on est au premier abord étonné de la diversité de ces éléments, entre lesquels on ne trouve aucun lien.

Il peut être instructif cependant de chercher, dans la comparaison de ces matériaux, si aucune loi ne préside à la distribution des comètes dans le temps et dans l'espace. Nous allons donner un résumé rapide de l'examen que nous en avons fait à ce point de vue. Nous avons pris pour base le catalogue publié par M. Watson, à la fin de son ouvrage *Theoretical astronomy*.

Dans ce catalogue, que nous reproduisons, et qu'on trouvera plus loin, 279 comètes sont inscrites dans l'ordre de leurs apparitions successives, depuis les temps les plus anciens jusqu'au commencement de l'année 1867 : nous l'avons complété pour les sept années suivantes jusques et y compris la première moitié de l'année 1874, et de cette façon le nombre total des comètes cataloguées se monte à 311, nombre bien inférieur, je ne dis pas seulement à celui des comètes réelles, mais à celui des comètes dont il a été fait mention, à un titre quelconque, dans l'histoire. Pingré, en effet, dans sa *Cométographie,* compte près de 400 comètes dont l'apparition lui semble à peu près certaine, et il en enregistre beaucoup d'autres douteuses : sa liste cependant s'arrête à l'année 1781. Or il en a paru 212 depuis cette époque. Le catalogue que nous allons étudier ne comprend donc que les comètes dont les astronomes ont pu calculer les éléments. Jusqu'à la fin du XVIe siècle, ces calculs reposent en général sur des observations souvent incertaines, insuffisantes sous le rapport de la précision ; depuis, l'exactitude est allée en croissant, sous la double influence du progrès des observations et du progrès de la théorie.

Occupons-nous d'abord de la forme même, c'est-à-dire de la nature géométrique des orbites cométaires. C'est l'élément qu'on nomme *excentricité* qui détermine cette forme. Si l'excentricité est égale à 1, l'orbite est une parabole, ou du moins une ellipse si allongée que nous ne pouvons la distinguer de la parabole qui aurait même axe et même distance périhélie. Si elle est plus petite que 1, c'est une ellipse ; la comète en ce cas est une comète périodique ; on a pu, avec plus ou moins d'approximation, déterminer la durée de sa révolution autour du Soleil. Enfin, si l'excentricité est supérieure à 1, on a affaire à une orbite formée d'une branche d'hyperbole.

Cela posé, sur les 311 comètes cataloguées, nous trouvons 177 orbites paraboliques, 120 orbites elliptiques, et seulement 14 orbites hyperboliques. Mais ces nombres doivent être modifiés, parce qu'ils s'appliquent, non aux comètes distinctes, mais à toutes les apparitions, et dès lors à des comètes qui, ayant été revues à diverses époques, sont comptées ici plusieurs fois. Défalcation faite de ces apparitions multiples, on trouve en tout 264 comètes distinctes, dont les orbites se distribuent ainsi :

Orbites paraboliques................	177
Orbites elliptiques..................	73
Orbites hyperboliques..............	14

Ceci nous prouve que, dans le nombre des comètes connues, ce sont celles qui effectuent réellement leurs révolutions autour du Soleil et, à moins de perturbations inconnues, restent attachées à notre système solaire, qui sont les plus nombreuses : en ne regardant que les 87 comètes à orbites déterminées, il y en a 1 sur 6 seulement étrangère à notre système. Quant aux 177 comètes à orbites paraboliques, il reste toujours un doute, celui de savoir si l'on a affaire à des ellipses excessivement allongées ou à des hyperboles très-peu différentes de la parabole.

Si les 177 orbites qui semblent paraboliques étaient réparties dans la même proportion entre les orbites réellement elliptiques ou décidément hyperboliques, on trouverait alors, à peu près, sur 264 comètes distinctes :

222 orbites elliptiques ou comètes périodiques;
42 orbites hyperboliques ou étrangères au système solaire.

Maintenant, n'oublions pas que, sur le nombre total des 73 orbites elliptiques calculées, 9 seulement appartiennent à des comètes qui ont effectué réellement leur retour ou, ce qui revient au même, ont été observées deux fois au moins dans leurs révolutions successives.

Passons maintenant à un élément qui a une grande importance pour l'étude de la distribution des comètes dans l'espace, l'inclinaison des plans des orbites. L'inclinaison ne suffit pas pour indiquer quelle est cette distribution ; il importera d'y joindre les éléments qui fixent la position de la courbe suivie par la comète dans son plan : d'abord la position du plan lui-même donnée par la longitude du nœud, puis celle de l'axe de l'orbite, ou la longitude du périhélie.

Commençons par l'étude des inclinaisons.

On sait déjà qu'elles varient entre 0° et 90°. En un mot, certaines comètes se meuvent pour ainsi dire dans l'écliptique ou s'en écartent peu ; on pourrait les appeler des *comètes zodiacales ;* d'autres sont moyennement inclinées sur l'orbite de la Terre ; d'autres enfin parcourent leurs routes dans des courbes qui coupent presque à angle droit la route suivie par notre planète et par les autres planètes du système.

Voici le tableau de cette distribution, où nous ne faisons entrer maintenant que les comètes distinctes :

INCLINAISONS comprises entre :			NOMBRE des comètes	
0°	et	10°	21	62
10°	—	20°	20	
20°	—	30°	21	
30°	—	40°	23	97
40°	—	50°	39	
50°	—	60°	35	
60°	—	70°	31	96
70°		80°	33	
80°	—	90°	32	

Il manque dans ce tableau les inclinaisons de 9 comètes.

Ces nombres montrent avec évidence que les grandes inclinaisons sont plus fréquentes que les faibles. Ainsi, les comètes que nous proposions plus haut d'appeler *zodiacales* ne forment pas le quart des comètes cataloguées et distinctes. Les trois autres quarts se partagent à peu près également entre les inclinaisons moyennes et les fortes inclinaisons.

N'y a-t-il pas là un témoignage irrécusable de l'origine extra-solaire d'un grand nombre de comètes, puisque la divergence entre les plans où elles se meuvent et les plans des orbites des planètes est si grande? Ce caractère nous semble d'autant plus frappant que, parmi les comètes à faibles inclinaisons, il y en a un grand nombre dont la direction du mouvement est en même temps rétrograde, de sorte que c'est une incompatibilité de plus à joindre à celles qui différencient ces mouvements des mouvements des planètes.

Nous arrivons aux longitudes des nœuds ascendants et à celles des périhélies. En voici le tableau :

LONGITUDES DES NŒUDS et des périhélies comprises entre	NOMBRE DES COMÈTES nœuds		NOMBRE DES COMÈTES périhélies	
0° et 30°	20	67	17	71
30° — 60°	22		24	
60° — 90°	25		30	
90° — 120°	25	72	25	60
120° — 150°	25		21	
150° — 180°	22		14	
180° — 210°	24	66	16	66
210° — 240°	22		21	
240° — 270°	20		29	
270° — 300°	14	53	30	60
300° — 330°	22		22	
330° — 360°	17		8	

Il y a plus d'uniformité, comme on voit, dans la répartition des nœuds que dans les inclinaisons. Néanmoins, dans le dernier quart de la circonférence de l'écliptique, le nombre des comètes qui viennent traverser le plan de l'orbite de la Terre, du sud au nord, est notablement plus faible que dans les trois autres. Quant aux périhélies, la différence est moins sensible encore. Nous avons vu qu'en serrant la question de plus près, qu'en comparant les points opposés, les aphélies de comètes particulières, M. Hœk est arrivé à cette conclusion intéressante, qu'un certain nombre de ces astres se réunissent en groupes, et que chacun de ces groupes comprend des comètes ayant probablement une commune origine.

Comparons maintenant les comètes cataloguées sous le rapport des distances périhélies. Prenons la moyenne distance de la Terre au Soleil pour unité, partageons-la en dixièmes, chaque dixième correspondant à 2320 rayons équatoriaux de notre globe ou à environ 14 800 000 kilomètres. On trouvera que les plus courtes distances où 258 comètes distinctes s'approchent du Soleil indiquent la répartition suivante :

DISTANCES PÉRIHÉLIES comprises entre	NOMBRE des comètes	
0,0 et 0,1	11	192
0,1 — 0,2	9	
0,2 — 0,3	11	
0,3 — 0,4	22	
0,4 — 0,5	11	
0,5 — 0,6	29	
0,6 — 0,7	20	
0,7 — 0,8	28	
0,8 — 0,9	26	
0,9 — 1,0	25	
1,0 — 1,1	16	66
1,1 — 1,2	12	
1,2 — 1,3	11	
1,3 — 1,4	5	
1,4 — 1,5	7	
1,5 — 2,0	7	
2,0 — 6,0	8	

Ce tableau nous montre que les comètes de beaucoup les plus nombreuses sont celles comprises dans le voisinage de la Terre, entre les planètes Vénus et Mars, dont les distances moyennes sont, comme on sait, 0,723 et 1,524 : on n'en compte pas moins de 130. Au contraire, les comètes dont le périhélie est au delà de l'orbite de Mars, et même de celle de Jupiter, sont peu nombreuses ; il y en a 15 en tout. 53 comètes ont leur périhélie compris entre le Soleil et Mercure, 60 entre les orbites de Mercure et de Vénus. Mais nous avons déjà dit, dans le paragraphe consacré au nombre des comètes, que cette distribution n'est probablement qu'apparente, parce que, n'étant visibles de la Terre que dans le voisinage de leur périhélie, les comètes qui n'approchent du Soleil qu'à une distance supérieure à celle de Mars, sont dans des conditions très-défavorables à l'observation : à moins d'un éclat exceptionnel, elles passent inaperçues de la Terre. Les comètes qui ont une distance périhélie comprise entre les orbites de Vénus et de Mars sont au contraire assez voisines de la Terre ; mais, d'autre part, leur voisinage rend leur marche apparente très-rapide et elles ne sont visibles que pendant un temps assez court. En résumé, ce sont les comètes passant entre le Soleil et Vénus qui ont le plus de chances d'être observées, et qui, dans l'hypothèse d'une égale distribution dans l'espace, doivent être les plus nombreuses eu égard aux volumes des sphères qui renferment leurs distances périhélies.

Enfin, considérons le sens du mouvement des comètes. Toutes celles dont l'orbite, projetée sur l'écliptique, est parcourue dans le sens du mouvement de la Terre, sont directes ; toutes celles qui ont un mouvement opposé sont rétrogrades. Or, sur 252 comètes distinctes, il y a 129 comètes rétrogrades, et 123 comètes directes. C'est à trois comètes près l'égalité. Voici maintenant comment ces nombres se répartissent entre les orbites paraboliques, elliptiques et hyperboliques :

Comètes a mouvement direct :	Paraboliques	69	123
	Elliptiques	44	
	Hyperboliques	10	
Comètes a mouvement rétrograde :	Paraboliques	98	129
	Elliptiques	27	
	Hyperboliques	4	

Les comètes décidément elliptiques semblent se mouvoir plus nombreuses dans le sens des mouvements planétaires que les comètes paraboliques. Toutefois, comme la nature vraie des courbes décrites par ces dernières est douteuse, il n'est guère possible d'en tirer aucune conclusion sur la prédominance de l'un ou de l'autre sens de mouvement. Ce qui est plus significatif, c'est que sur 9 comètes périodiques, à retour constaté, une seule, celle de Halley, a un mouvement rétrograde, et c'est une comète dont l'aphélie dépasse les limites actuellement connues du système planétaire. En y comprenant les 7 autres comètes périodiques intérieures non encore revues, on constate de même que le mouvement direct est commun à 14 d'entre elles, et que deux seulement parcourent leurs orbites dans un sens rétrograde. Ces rapprochements deviendront peut-être plus frappants encore, si l'on observe que les inclinaisons des neuf premières comètes sont presque toutes comprises dans les limites du zodiaque. L'une d'elles, celle de Brorsen, a une inclinaison plus forte, de 29° et 1/2 environ, moindre toutefois que les inclinaisons de trois des petites planètes qui circulent entre Mars et Jupiter. La comète de Tuttle fait seule exception, son inclinaison dépassant 54°. Parmi les neuf autres comètes périodiques intérieures, une seule, la comète 1846 IV a une forte inclinaison de 85°, deux autres atteignent 30° ; six ont une faible inclinaison.

Telles sont les comparaisons que l'étude des éléments des orbites, fournis par les catalogues actuels, nous ont suggérées. Il y aurait lieu sans doute de multiplier les rapprochements de ce genre et d'en tirer les conséquences probables. C'est un travail qui exigerait de longues et minutieuses recherches : qu'il nous suffise d'avoir donné à nos lecteurs une idée de ces rapports. Si, au lieu de se borner à ces données, on voulait y comprendre toutes celles qui ont pour objet l'aspect physique et la constitution des comètes, depuis surtout qu'elles sont observées aux télescopes, la mine serait autrement féconde. On arriverait peut-être ainsi à une sorte de classification naturelle des comètes, qui se distingueraient en genres et en espèces, ou même en variétés. On rendrait plus facile l'explication physique des phénomènes qu'elles présentent, parce qu'on ne serait point forcé d'appliquer à toutes une théorie qui peut être bonne pour les unes et insuffisante pour les autres. C'est ce que le lecteur comprendra mieux, quand il aura pris connaissance de ce côté de la question, des phénomènes eux-mêmes et des explications proposées. Tel va être le principal objet des chapitres qui suivent.

CHAPITRE VI

CONSTITUTION PHYSIQUE ET CHIMIQUE DES COMÈTES

§ I — Les comètes au point de vue physique

Ce qu'on entend par constitution physique ou chimique d'un astre : la Terre prise comme exemple. — Problème posé pour les comètes.

Qu'entend-on par constitution physique ou chimique d'un corps céleste, d'un astre quelconque, étoile ou soleil, planète ou lune, comète enfin, puisqu'ici c'est de ces dernières seules dont il s'agit?

Voilà une question posée dont l'interprétation sera aisément, croyons-nous, comprise de tout le monde, mais à laquelle il sera plus difficile de répondre d'une façon précise, détaillée, catégorique, fût-on le plus savant des astronomes.

C'est par comparaison avec les corps que nous voyons à la surface de la Terre, avec le globe terrestre lui-même, considéré dans son ensemble, que nous allons dire sommairement ce qu'on peut et doit entendre par la constitution physico-chimique d'une comète.

La Terre forme un globe ou un sphéroïde dont la forme et les dimensions sont parfaitement définies et presque aussi bien connues, au moins dans la croûte externe et solide qui le constitue, comme aussi dans la couche vaporeuse qui l'enveloppe et dans son sous-sol de roches et d'assises. On connaît par des observations directes l'un et l'autre de ces éléments, la croûte solide au moins jusqu'à des profondeurs de plusieurs centaines de mètres et l'atmosphère jusqu'à des hauteurs de plusieurs kilomètres. Par induction, on a des données assez précises sur les couches de l'air où l'homme n'a pu encore s'élever, et sur les couches solides profondes où il n'a pu encore descendre. On connaît la densité moyenne de la Terre, sa masse ou son poids, et le rapport de cette masse avec celle des principaux astres du système planétaire.

Que sont les comètes à ces divers points de vue? Sont-ce des globes semblables à notre Terre, éclairés comme elle par le Soleil ou brillant de leur propre lumière? Ont-elles un noyau solide ou liquide, entouré d'une atmosphère vaporeuse, ou bien sont-ce des masses gazeuses, des amas de corpuscules plus ou moins condensés? A-t-on quelque notion précise sur leurs masses, sur la densité de la matière qui les compose? Par leurs mouvements, nous savons déjà qu'elles ne diffèrent en rien des autres astres qui composent le groupe solaire dont nous faisons partie : du moins, c'est la même force universelle, les mêmes lois qui régissent ces mouvements. Venues probablement des profondeurs du ciel, distinctes dès lors quant à leur origine, d'aspect très-différent des planètes et de leurs satellites, on ne peut appliquer aux unes et aux autres les vers d'Ovide :

.... Facies non omnibus una
Nec diversa tamen qualem decet esse sororum.

Les comètes, on le pressent déjà, sont à tous ces points de vue, leurs mouvements exceptés, notablement différentes de la Terre et des autres planètes : leur constitution physique semble tout autre. En est-il ainsi au point de vue chimique? C'est-à-dire, la matière qui les compose est-elle formée de corps simples inconnus, ou de corps simples identiques avec ceux dont les astres du monde planétaire sont constitués eux-mêmes ?

Toutes ces questions ont un grand intérêt scientifique ? Elles ne sont pas moins importantes, si on les envisage dans leurs rapports avec les croyances qui ont si longtemps fait des comètes des astres redoutables, croyances qui, après avoir changé de forme peut-être plus que de fond, ont dans une certaine mesure cours encore dans notre siècle de lumières. On a soutenu et l'on soutient toujours, avec une grande vraisemblance, la thèse d'ailleurs invérifiable de l'habitabilité des planètes ; mais on est allé plus loin, et l'on prétendait au dernier siècle, des savants de notre époque croient même encore que les comètes doivent être également peuplées. Les comètes sont-elles en effet habitables ? Nous sommes poussés, par un instinct de curiosité invincible, à nous faire des questions de ce genre, et s'il nous semble à peu près impossible d'y faire des réponses positives, du moins n'est-il pas défendu d'examiner le degré de probabilité de chacune d'elles. Or, à moins de nous laisser aller en plein dans le domaine de l'imagination et de la fantaisie, il est clair que nous devons consulter préalablement ce que dit la science, non de ce problème tant soit peu extra-scientifique, mais des conditions physiques et chimiques que l'observation et l'expérience nous montrent compatibles avec l'existence d'êtres organisés et vivants, tels du moins qu'il nous est donné de les connaître.

Voyons donc ce que l'on sait aujourd'hui de la constitution des comètes, et commençons par les étudier dans leur aspect ou dans leur forme extérieure.

§ II — Chevelures, noyaux et queues cométaires

Les chevelures et les queues. — Classification des anciens, d'après la forme extérieure apparente : les douze espèces de comètes de Pline. — Les comètes pour les Chinois. — Définitions modernes : noyau, nébulosité ou atmosphère ; queues.

Quel est, pour le public, le caractère spécifique d'une comète, ce qui lui fait immédiatement distinguer un astre de ce genre d'une étoile quelconque ? Tout le monde a déjà répondu : c'est la traînée de vapeur lumineuse, la nébulosité plus ou moins longue qui accompagne l'étoile, ou du moins qui l'enveloppe ; en un mot, c'est la *queue* et la *chevelure*.

Tout au moins est-ce ce qu'indique l'étymologie, le mot *comète* signifiant, comme tout le monde le sait, *étoile chevelue*. Armée de sa queue, qui semble brandie dans le ciel comme une épée menaçante ou comme un flambeau précurseur des événements, la comète est à l'instant reconnue et signalée partout ; elle n'a pas besoin d'un passeport signé des astronomes. Mais que la queue soit absente, qu'aucun appendice ou enveloppe nébuleuse ne signale l'astre à son apparition, pour la foule, pour le public en général, ce n'est plus une comète : c'est une étoile ordinaire, que rien ne distinguera des étoiles de chaque nuit.

Cependant il est des comètes sans queue. La comète de 1585 égalait Jupiter en grandeur ; mais elle avait moins d'éclat : sa lumière était terne ; on pouvait la comparer à la nébuleuse de l'Écrevisse. Elle n'avait ni barbe ni queue (Pingré). Lalande cite les comètes de 1665 II et de 1682 comme ayant montré « un disque aussi rond, aussi net et aussi clair que celui de Jupiter, *sans queue*, *sans barbe*, *sans chevelure*. » Il s'agit ici de comètes vues à l'œil nu ; parmi les comètes télescopiques un grand nombre sont dépourvues de queue, mais aussi le plus souvent elles sont de simples nébulosités où l'on voit à peine un faible noyau, quelquefois au centre une simple condensation lumineuse. Du reste, la présence ou l'absence de queue, qui est vraie à un moment de l'apparition, peut ne l'être plus à une époque différente. Ainsi la comète de 1682 citée plus haut (ce n'est autre que la comète de Halley), à laquelle Cassini ne vit pas de queue le 26 août, en avait une de 30° le 29 du même mois. De même pour la comète de 1585 : douze jours après son apparition, « on en voyoit sortir un rayon très-grêle et difficile à découvrir, de la longueur d'une palme au plus. » D'ailleurs souvent la queue, invisible à l'œil nu, s'aperçoit aisément au télescope : on en verra plus loin des exemples. La seule chose qu'il faille retenir ici, c'est que le signe distinctif, astronomique, d'une comète, n'est ni dans la queue, ni dans la chevelure, ni dans aucun des appendices apparents dont l'astre se trouve environné à son apparition : ce qui distingue une comète d'une planète, ce sont les éléments de l'orbite, la forte excentricité, l'inclinaison considérable, le sens souvent rétrograde. Nous avons déjà, à plusieurs reprises, insisté sur ces caractères : il est inutile de nous y arrêter davantage.

Jusqu'au XVIe siècle, jusqu'à l'introduction des lunettes dans les observations astronomiques, il ne s'agit évidemment, dans les relations qu'on donne des apparitions cométaires, que des comètes vues à l'œil nu. C'est la forme étrange des queues, des barbes et chevelures qui frappe les multitudes comme les savants. Aussi les anciens, qui n'ont pas toujours nettement distingué les comètes de certains autres météores lumineux, bolides, aurores boréales, se sont-ils appliqués à classer les comètes selon leurs apparences.

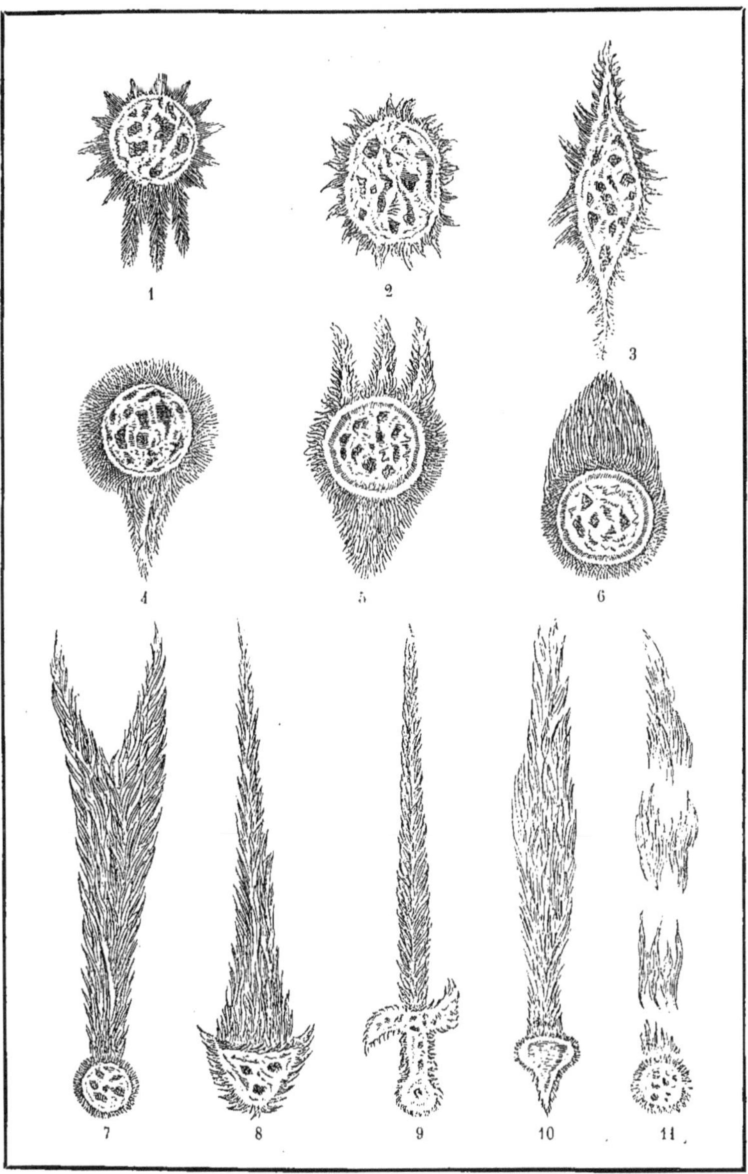

FORMES DES COMÈTES D'APRÈS PLINE
tirées de la *Cométographie* d'Hévélius.

Cometæ : 1. Discei, disciformis. — 2. Pithei, doliiformis erectus. — 3. Hippei, equinus barbatus. — 4-5. Lampadiæ, lampadiformis. — 6. Barbatus. — 7. Cornutus bicuspidatus. — 8. Acontiæ, faculiformis lunatus. — 9. Xiphiæ, ensiformis. — 10. Longites, hastiformis. — 11. Monstriferus.

Pline n'en distinguait pas moins de douze espèces, dont voici la description, qui n'est pas toujours claire :

« On voit, dit-il, des comètes proprement dites; elles effrayent par leur crinière de couleur de sang : leur chevelure hérissée se porte vers le haut du ciel. Les Barbues (*Pogoniæ*) laissent descendre en bas leur chevelure, en forme d'une barbe majestueuse. » (Ces deux premières espèces peuvent être rangées dans la même classe, puisqu'elles ne diffèrent que par la direction de leur queue.) « Le Javelot (*Acontias*) semble se lancer comme un trait; aussi l'effet le plus prompt suit de près son apparition : si la queue est plus courte et se termine en pointe, on l'appelle Épée (*Xiphias*); c'est la plus pâle de toutes les comètes; elle a comme l'éclat d'une épée sans aucun rayon. Le Plat ou le Disque (*Disceus*) porte un nom conforme à sa figure; sa couleur est celle de l'ambre : il naît quelques rayons de ses bords, mais en petite quantité. Le Tonneau (*Pitheus*) a réellement la figure d'un tonneau, que l'on concevrait enfoncé dans une fumée pénétrée de lumière. La Cornue (*Ceratias*) imite la figure d'une corne, et la Lampe (*Lampadias*) celle d'un flambeau ardent. La Chevaline (*Hippeus*) représente une crinière de cheval qu'on agiterait violemment par un mouvement circulaire, ou plutôt cylindrique. Telle comète paraît aussi d'une singulière blancheur, avec une chevelure de couleur argentine; elle est tellement éclatante, qu'on peut à peine la regarder : on y voit l'image d'un Dieu sous une forme humaine. Il y a des comètes hérissées (*hirti*, et non pas *hirci* comme plusieurs ont lu); elles ressemblent à des peaux de bêtes, garnies de leurs poils, et sont entourées d'une nébulosité. Enfin, on a vu la chevelure d'une comète prendre la forme d'une lance. »

Toutes ces dénominations sont plus ou moins justifiées par la variété d'aspect que présentent les comètes, leurs nébulosités et leurs queues; mais elles n'apprennent rien absolument sur leur nature physique. L'énumération d'ailleurs ne semble pas complète, si l'on doit encore regarder comme étant des comètes les flambeaux et les poutres (*faces* et *trabes*), dont Pline donne la description à part.

Les Chinois, qui ont, heureusement pour la science, noté soigneusement toutes les apparitions de comètes, donnaient à leurs queues le nom peu poétique de *balais* (*sui* ou *soui*)[1]. Pour eux aussi, il n'y avait pas de comète sans queue : « Lorsqu'elles n'en avaient pas, dit Pingré, quel que fût leur mouvement, on ne leur donnoit que le nom d'Étoile, ou d'Étoile nouvelle, ou même d'Étoile *hôte* ou *hôtesse*, visitant les provinces et logeant en divers lieux, comme en autant d'hôtelleries. Elles se tenoient dans les vestibules des palais célestes : là, sous une forme invisible, elles attendoient l'ordre de partir; l'ordre expédié, elles devenoient visibles et se mettoient en route. Si dans leur course elles acquéroient une queue, on disoit que l'étoile étoit devenue Comète[2]. »

Mais revenons aux définitions acceptées par les astronomes modernes.

Dans une comète, ils distinguent toujours la *tête* et la *queue*.

La tête se compose de l'étoile, c'est-à-dire du *noyau* ou point lumineux où se trouve condensée la plus forte lumière

1. « Les comètes sont appelées en chinois *étoiles-balais*, nom dérivé de la forme de leur queue, et les textes ne distinguent pas ordinairement le noyau. Les constellations qu'ils indiquent sont généralement celles sur lesquelles la queue s'est étendue. C'est ainsi que le texte décrivant la marche de la comète de 1301 dit : Elle balaya l'étoile Thien-ki, les Sankoung, etc. » (Éd. Biot et Stanislas Julien, *Comptes rendus de l'Académie des sciences*, 1842, t. II, p. 953.)

2. On comprendra mieux ce passage, si nous rapportons ici d'après le même auteur l'endroit où il explique « l'idée folle et singulière que les Chinois s'étoient formée du ciel. Le ciel étoit suivant eux, une vaste république, un grand empire, composé de royaumes et de provinces; ces provinces étoient les constellations : là étoit souverainement décidé tout ce qui devoit arriver de favorable ou de défavorable au grand empire terrestre, à celui de la Chine. Les planètes étoient les administratrices ou les surinten-

COMÈTES DE 1577, DE 1680 ET DE 1769.

1. Comète de 1577, d'après Cornélius Gemma. — 2. Grande comète de 1680, d'après J.-C. Sturm. — 3. Comète de 1769, d'après Messier.

de l'astre, puis de la nébulosité environnante, qui en est la *chevelure* ou l'*atmosphère*. Toutes les comètes n'ont pas de noyau; mais alors celles qui n'ont qu'une nébulosité d'apparence vaporeuse sont généralement des comètes télescopiques; la tête des comètes visibles à l'œil nu brille toujours comme une étoile.

Quand la nébulosité est à peu près de forme circulaire, ovale ou irrégulière parfois, ce qui peut tenir soit à la forme réelle, soit à un effet de perspective, sans aucun prolongement ou traînée, on dit que la comète n'a pas de *queue*, parce qu'on réserve cette dénomination à la traînée lumineuse, tantôt assez courte, tantôt extraordinairement longue qui s'échappe de la tête dans une direction presque toujours opposée à celle qu'occupe le Soleil au moment de l'observation. Il arrive quelquefois que la direction de cette traînée est tournée vers le Soleil, ou fait un certain angle avec la ligne joignant la tête au Soleil : c'est ce que les anciens astronomes appelaient la *barbe* de la comète, expression aujourd'hui inusitée. Pour les modernes, tout appendice lumineux, toute traînée d'apparence vaporeuse est toujours une queue.

dantes de la republique céleste, les étoiles étoient leurs ministres, les comètes leurs courrières ou messagères; les planètes envoyoient celles-ci de temps à autre pour visiter les provinces et pour y remettre ou entretenir l'ordre : mais tout ce qui se faisoit là-haut étoit ou la cause ou l'avant-coureur de ce qui devoit arriver ici-bas ».

Avouons que les idées des Chinois n'étaient ni plus folles ni plus singulières que les imaginations extravagantes des Européens pendant l'antiquité et le moyen âge; elles témoignaient en tout cas d'une idée beaucoup plus élevée de l'ordre général. Avouons aussi qu'il ne faudrait pas chercher bien loin pour trouver, même parmi nos contemporains, des gens possédant sur le gouvernement de l'univers des façons de voir qui diffèrent de celle des Chinois beaucoup plus par la forme que par le fond. Que de gens seraient Chinois en ce point !

§ III — Comètes dépourvues de noyaux et de queues

Condensation graduelle de la matière nébuleuse au centre. — Transitions insensibles des comètes sans queues apparentes aux queues immenses des grandes comètes historiques.

Entrons d'abord dans quelques généralités sur les têtes et les queues des comètes : nous consacrerons les paragraphes suivants à une étude plus détaillée, plus approfondie de leur structure.

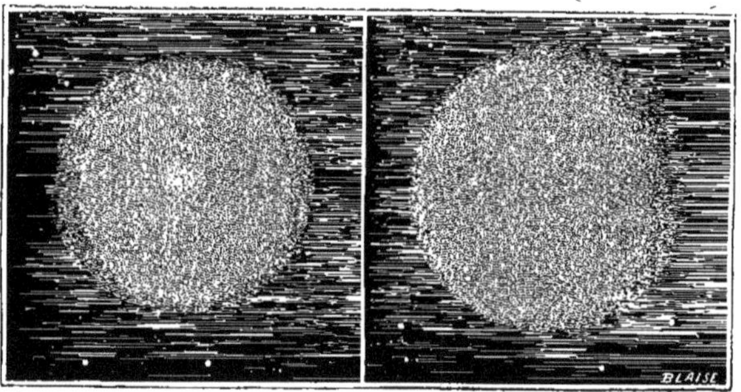

Fig. 21. — Nébulosités cométaires ; condensation centrale ; absence de queue et de noyau.

Depuis que la recherche des comètes se fait d'une façon régulière, et qu'on y emploie des instruments puissants, le nombre de celles qu'on découvre a naturellement beaucoup augmenté ; mais la plupart sont des comètes télescopiques, parmi lesquelles on trouve beaucoup de nébulosités dépourvues de noyau. Déjà W. Herschel constatait le fait en 1807 : « Sur les 16 comètes télescopiques que j'ai examinées, dit-il, 14 n'offraient rien de remarquable à leur centre. »

Voici quelques exemples de comètes réduites à de simples nébulosités, sans apparence de queues ni de noyaux. C'est d'abord la comète d'Encke, telle que l'a observée M. J. Tebbutt le 24 juin 1865 : « Elle avait, dit-il, environ 2′ de diamètre, était faible et sans la plus légère condensation de lumière au centre. » En octobre 1871, la même comète présentait, selon M. Hind, au début des observations, l'aspect d'une faible nébulosité, presque ronde, sans condensation apparente en aucune de ses parties. Le 9 novembre, la même

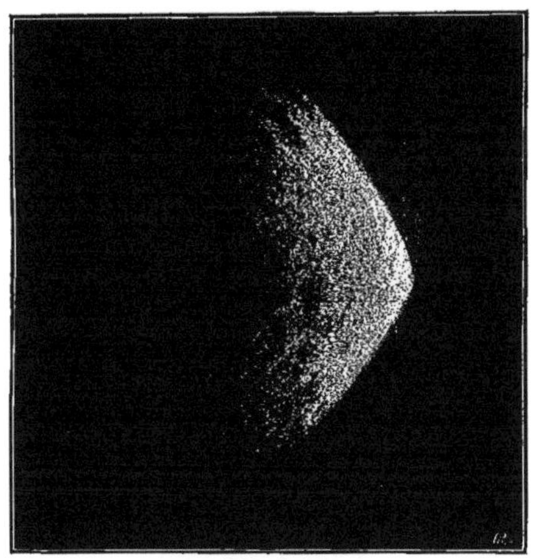

Fig. 22. — Comète d'Encke, le 9 novembre 1871, d'après un dessin de M. Carpenter.

comète avait une apparence tout autre que la forme globulaire. D'après M. Carpenter, la nébulosité s'ouvrait comme un éventail (fig. 22) dont le sommet était le point le plus brillant; mais on ne voyait toujours aucun noyau défini. La comète découverte le 12 juillet 1870 par M. Winnecke avait un aspect analogue : c'était une nébulosité ronde assez brillante, de 2′ 1/2 en diamètre.

En voici une autre, où déjà apparaît la trace d'un noyau brillant. C'est la comète de Brorsen, observée à Marseille le 1er septembre 1873 par M. Stephan, qui la décrit ainsi :

« Nébulosité ovoïde, diffuse, d'une excessive faiblesse, avec une *trace de condensation* vers la partie centrale. » Même chose de la comète de Winnecke, vue en avril et mai 1869 : « C'est une faible tache nébuleuse, dit M. Hall Wortham, paraissant parfois briller un peu au centre. » Selon M. Perry, « il semble exister une légère condensation vers le centre, mais sans noyau décidé. » Du reste, n'oublions pas que l'absence de noyau peut être due, soit à la distance de la comète qui rend une très-faible condensation invisible, soit

Fig. 23. — Comète d'Encke, le 3 décembre 1871, d'après M. H. Cooper Key.

à la position de la comète par rapport au Soleil ; si le noyau ne brille pas d'une lumière qui lui soit propre, son éclat doit être d'autant plus vif que la comète est plus voisine de son périhélie. Nous voyons en effet, dans la figure 17, la comète d'Encke avec une condensation visible, et dans la figure 23 la même avec un noyau brillant défini. Pareillement, la comète de Brorsen, observée en octobre 1873, présentait une condensation considérable vers le centre. Dans son apparition de 1868, la partie la plus brillante était très-excentrique ; on y distinguait trois ou quatre centres de condensation, ou de noyaux brillants (voyez la figure 18, page 106).

La comète 1867 II, vue au télescope par M. Huggins, montrait « une nébulosité ovale, entourant un noyau petit et peu brillant. Ce point brillant n'était pas au centre, mais voisin du bord oriental de la chevelure ». Nous verrons bientôt, dans la comète double de Biela, un noyau lumineux bien défini au centre des nébulosités qui composent chaque fragment. D'autres comètes télescopiques sont dans le même cas. En mai 1873, la comète de Tempel avait une tête oblongue avec un noyau central qui brillait comme une étoile de 12me à 13me grandeur. La comète de Faye, vue à Marseille en septembre de la même année, quoique excessivement faible, avait un petit noyau bien net, rendant l'observation facile. Enfin la comète 1873 IV, découverte par M. P. Henry à l'Observatoire de Paris, était ronde, très-brillante, presque visible à l'œil nu avec une condensation centrale. On la voit sous cet aspect dans le premier dessin de la figure 32.

Nous avons vu des comètes dont le noyau brillait à l'égal de Jupiter ; il y en a eu, que nous citerons, dont la lumière était plus éclatante encore. On voit donc que l'on peut passer par degrés presque insensibles des simples nébulosités sans noyau brillant, sans condensation lumineuse, aux comètes dont la tête surpasse en éclat les étoiles les plus vives. Nous trouverons une gradation pareille au point de vue des queues, depuis les comètes dépourvues de queue que nous venons de décrire, depuis les traces à peine visibles de ces appendices dans certaines comètes télescopiques, jusqu'aux immenses traînées lumineuses dont les grandes comètes de 1680, de 1769, de 1811, de 1843, de 1858, etc., balayèrent le ciel pendant leurs apparitions. Tous nos dessins permettent de suivre à l'œil ces différences d'aspect.

§ IV — Direction des queues des comètes

Direction des queues à l'opposé du Soleil ; découverte d'Apian ; les astronomes chinois connaissaient cette loi. — Déviations dans quelques comètes. — Variation d'aspect des queues selon la position relative de la comète, de la Terre et du Soleil.

A propos de la direction des queues, insistons sur un point important, sur un phénomène presque général, qui a été remarqué dans les temps les plus anciens. Sénèque disait déjà :

Comæ radios solis effugiunt,

les chevelures des comètes fuient les rayons du Soleil. D'après Edouard Biot, les astronomes chinois, dès l'an 837, avaient observé cette direction constante des queues à l'opposé du Soleil. En Europe, ce fut Apian « qui s'aperçut le premier, dit Lalande, que les queues des comètes étaient toujours opposées au Soleil ; cette règle fut confirmée alors par Gemma Frisius, Cornelius Gemma, Fracastor, Cardan ; cependant Tycho-Brahé ne croyait pas qu'elle fût bien générale ni bien démontrée ; mais la chose est actuellement hors de doute ».

Pingré fait observer avec raison que cette direction de la queue à l'opposite du Soleil n'est cependant pas toujours bien précise. Il cite la comète de 1577, dont la queue déviait de 21° vers le sud ; la grande comète de 1680, où la déviation était de 4° 1/2. En ces deux occasions cependant, la comète et la Terre occupaient dans le ciel les mêmes positions relatives. La déviation est d'ailleurs d'autant plus faible que la queue de la comète est plus inclinée à l'orbite ; considérée à la naissance de la queue, elle est d'autant moindre que l'astre est plus voisin de son périhélie; enfin, elle se fait toujours du côté de l'orbite que quitte la comète.

Il résulte de la loi que nous venons de mentionner, que la queue d'une comète tantôt suit, tantôt au contraire précède l'astre dans son mouvement. Elle le suit avant le passage au périhélie, elle le précède au contraire quand ce passage a eu lieu. De plus, très-fréquemment, les queues ont une

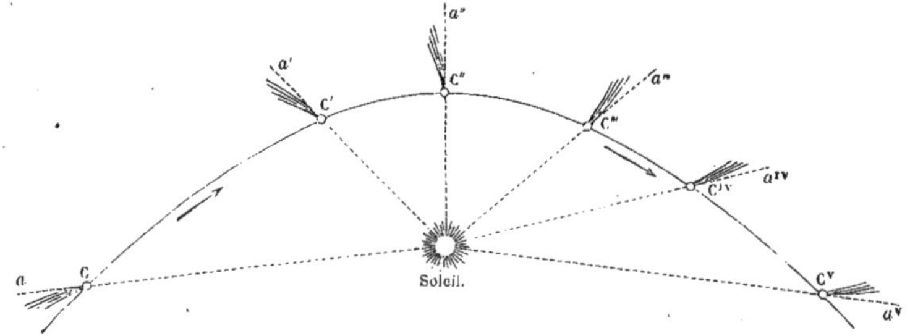

FIG. 24. — Direction générale des queues cométaires.

courbure plus ou moins considérable, et cette courbure paraît d'autant plus prononcée que la Terre est dans une position plus inclinée à l'orbite. Si la Terre est située dans le plan même de cette orbite, la courbure paraît nulle[1], la queue est rectiligne ou du moins semble telle, ce qui est dû sans doute à un effet de perspective : la courbure a donc lieu dans le plan de l'orbite. Elle est d'autant plus prononcée que l'on considère des portions de la queue plus éloignées du noyau;

1. Les deux queues de la grande comète de 1861 avaient d'abord semblé offrir une exception à cette loi. Le 30 juin, jour où la Terre passait par le plan même de l'orbite de la comète, les deux queues projetées l'une sur l'autre parurent n'en faire qu'une seule, plus large dans le premier tiers de la longueur à partir du noyau, mais toutes deux rectilignes. Seulement M. Valz et M. Bond, d'après les observations du premier et celles du P. Secchi, crurent reconnaître que les deux queues présentaient en réalité une certaine déviation à l'est du plan de l'orbite. Cette déviation rendrait plus difficile encore la théorie de la formation des queues. Mais si l'on adopte les conclusions de M. Faye à cet égard, la déviation observée n'aurait pas été réelle, et cette difficulté nou-

d'où il résulte que, si l'on mène du Soleil aux diverses positions de la comète des rayons vecteurs, toujours la queue présente sa partie convexe à ces lignes, ainsi qu'on le voit dans la figure 24.

Il y a encore une conséquence à tirer de ces faits : c'est que, si la Terre occupe une telle position par rapport à la comète et au Soleil, que la comète soit en opposition avec ce dernier, sa queue, se trouvant pareillement opposée au Soleil, est située derrière le noyau et devient alors invisible. On ne la peut voir que dans le sens de sa largeur, et alors elle semble environner le noyau en forme de chevelure, en donnant seulement à l'atmosphère cométaire une plus grande étendue apparente. Ainsi peut s'expliquer l'absence de queue constatée pour un certain nombre de comètes, d'ailleurs assez rapprochées de la Terre.

§ V — Nombre des queues cométaires

Doubles queues des comètes; comètes de 1823, de 1850 et de 1851. — Queues multiples, en forme d'éventail, rectilignes, courbes. — Variations dans le nombre des queues d'une même comète : comète de Donati, de 1861, de Chéseaux.

Le plus souvent la queue des comètes est unique : elle varie beaucoup de forme, de dimensions soit apparentes, soit réelles; pour le même astre, elle change quelquefois

velle se trouverait levée. C'est un point qui mérite d'être étudié avec soin par les futurs observateurs des phénomènes cométaires.

Les comètes à double queue, dont l'une est opposée au Soleil et l'autre dirigée vers cet astre, paraissent suivre aussi la loi qu'on vient d'énoncer. Voici en effet ce qu'Olbers dit de la comète de 1823 : « Le 23 janvier, la Terre passa par l'orbite de la comète; ce jour-là, on ne put discerner le moindre écart entre la direction de la queue anormale et l'axe prolongé de l'autre queue. » « Ainsi, ce jour-là, dit M. Faye en citant ce passage, les deux queues se projetaient sur le prolongement l'une de l'autre, ce qui montre que les queues dirigées vers le Soleil ont, comme les autres, leur axe situé dans le plan de l'orbite. »

avec une grande rapidité ; mais elle est formée d'une seule traînée lumineuse. Cependant on peut citer plusieurs exemples de queues doubles et même multiples. Les comètes de 1807 et de 1843 avaient une double queue, ou, ce qui revient au même, une queue formée de deux branches, de longueurs très-inégales. Il en était de même de la comète de 1823, sur laquelle Arago donne les détails suivants :

« Le 23 janvier 1824, la comète, outre sa queue ordinaire opposée au Soleil, en avait une autre dirigée vers cet astre, ce qui lui donnait quelque ressemblance avec la grande

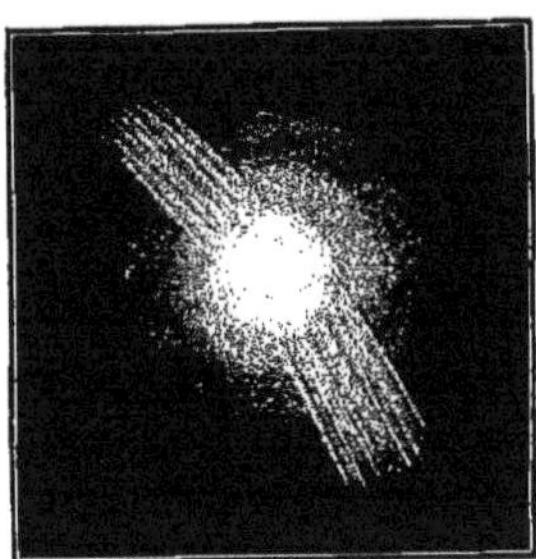

Fig. 25. — Double queue de la comète de 1823.

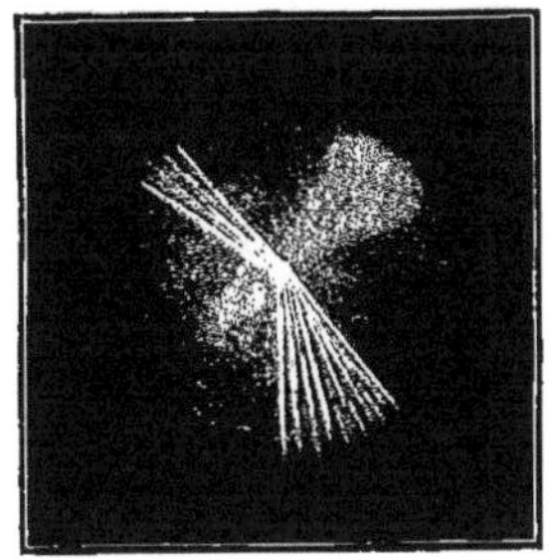

Fig. 26. — Double queue de la comète de 1850.

nébuleuse d'Andromède. La première queue paraissait embrasser un espace d'environ 5° ; la longueur de la seconde n'était guère que de 4° ; leurs axes formaient entre eux un angle très-obtus, peu différent de 180° (fig. 25). Près de la comète, la queue extraordinaire se voyait à peine : le maximum d'éclat était à 2° de distance du noyau. Dans les premiers jours de février, on n'apercevait plus que la queue opposée au Soleil ; l'autre avait disparu ou s'était tellement affaiblie, que les meilleures lunettes de nuit, par le temps le plus serein, n'en présentaient aucune trace. »

Les comètes de 1850 I et de 1851 IV (fig. 26 et 27) ont

offert le même phénomène de deux queues inégales, dont la moins longue se trouvait dirigée vers le Soleil.

Les observations et les dessins de Messier montrent que la grande comète de 1769 eut, sinon une queue multiple, du moins des jets latéraux de lumière, formant comme deux queues secondaires, partant du noyau, beaucoup plus petites d'ailleurs et moins étendues en largeur que la queue principale, et formant des angles inégaux avec l'axe de cette dernière. Les unes et les autres étaient rectilignes, ainsi qu'on peut le voir sur la planche IV.

Fig. 27. — Comète de 1851.

La comète de Donati a offert, en 1858, une semblable particularité. Outre la queue principale, remarquable par son étendue, sa courbure et son éclat, on aperçut d'abord une, puis deux traînées lumineuses, beaucoup plus faibles, rectilignes, ou du moins paraissant telles au premier aspect, et à peu près tangentes aux deux courbes limitant la grande queue. Les figures de la planche VII et de la planche IX donnent une idée très-exacte de ce phénomène qui a été observé en Europe par Schwabe (de Dessau) dès le 11 septembre, puis par Hind à Londres et par Winnecke et Struve à Poulkowa. En Amérique, les queues secondaires de la comète de Donati ont été étudiées et dessinées avec beaucoup de soin par Bond, à l'observatoire d'Harward College. En suivant le développement de ces appendices intéressants sur les belles planches du grand ouvrage consacré à cette comète par l'astronome américain, on remarque les circonstances dont voici le détail :

Le 27 septembre, on commence à voir une légère queue

rectiligne, en partie masquée par la queue principale, et à peu près de même longueur qu'elle ; elle semble tangente à la partie concave de la courbure ; même apparence le 28 ; le 29, elle commence à se rapprocher du noyau ; le 30, elle est à peine visible ; mais, les jours suivants jusqu'au 3 octobre, elle se distingue mieux : elle est alors plus longue de moitié que la queue principale. Le 4 du même mois, une seconde

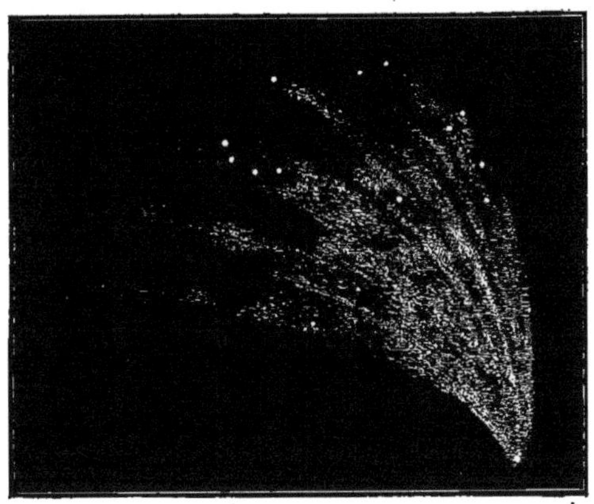

FIG. 28. — Queue sextuple de la comète de 1744, d'après Chéseaux.

queue rectiligne, moins longue que l'autre, se montre, faisant avec la première un angle sensiblement égal à l'angle des deux bords courbes de la queue principale, à partir du noyau. Le 5, c'est la plus longue qui est aussi la plus vive et la plus large. Les 6, 7 et 8 octobre, la plus longue des queues secondaires se voit seule ; mais le 9, la seconde a reparu, à la vérité pour la dernière fois. A cette date, la convexité de la queue principale s'est accentuée, et la plus longue des queues rectilignes, toujours tangente à cette convexité, est elle-même notablement courbée à sa partie inférieure, de sorte que, prolongée en ligne droite, elle ne va plus aboutir au noyau de la comète. Ces apparences singulières permettent de considérer la comète de Donati comme ayant eu une triple queue.

Au siècle dernier a été observée une comète dont la queue, disposée en éventail, a présenté jusqu'à six branches distinctes. C'est la fameuse comète de 1744 ou de Chéseaux. La figure 28 représente, d'après les dessins de cet astronome, la queue sextuple dont nous parlons. C'est à la date du 8 mars que cette apparence a été la plus sensible : les six branches divergentes de la queue s'échappaient du noyau sous la forme de courbes lumineuses dont les rayons extrêmes comprenaient un angle d'environ 60°, les plus longs se trouvant vers la partie concave. Chéseaux vit l'astre se lever avant le Soleil, et le large éventail surgir au-dessus de l'horizon bien avant que le noyau fût visible : ce curieux phénomène a été dessiné, à Lausanne, par l'observateur, et c'est d'après l'esquisse originale que nous avons composé notre planche V.

Il y a bientôt quatorze ans, on a observé en Europe et en Amérique une belle comète (comète 1861 II) qui nous intéresse à bien des points de vue. D'abord, c'est une des comètes à longue période que nous avons mentionnées ; elle effectue en 422 ans environ sa révolution circumsolaire. De plus, comme nous le verrons bientôt, selon toute probabilité, la Terre a traversé sa queue le 30 du mois de juin 1861, événement au moins curieux, ne fût-ce que par l'absence de toute conséquence fâcheuse pour les habitants de la Terre. Enfin, la comète dont il s'agit a été, précisément à cette date du 30 juin, remarquable par sa belle queue en éventail, dont les longs rayons divergents lui donnent quelque ressemblance avec la comète de 1744. Le dessin que nous re-

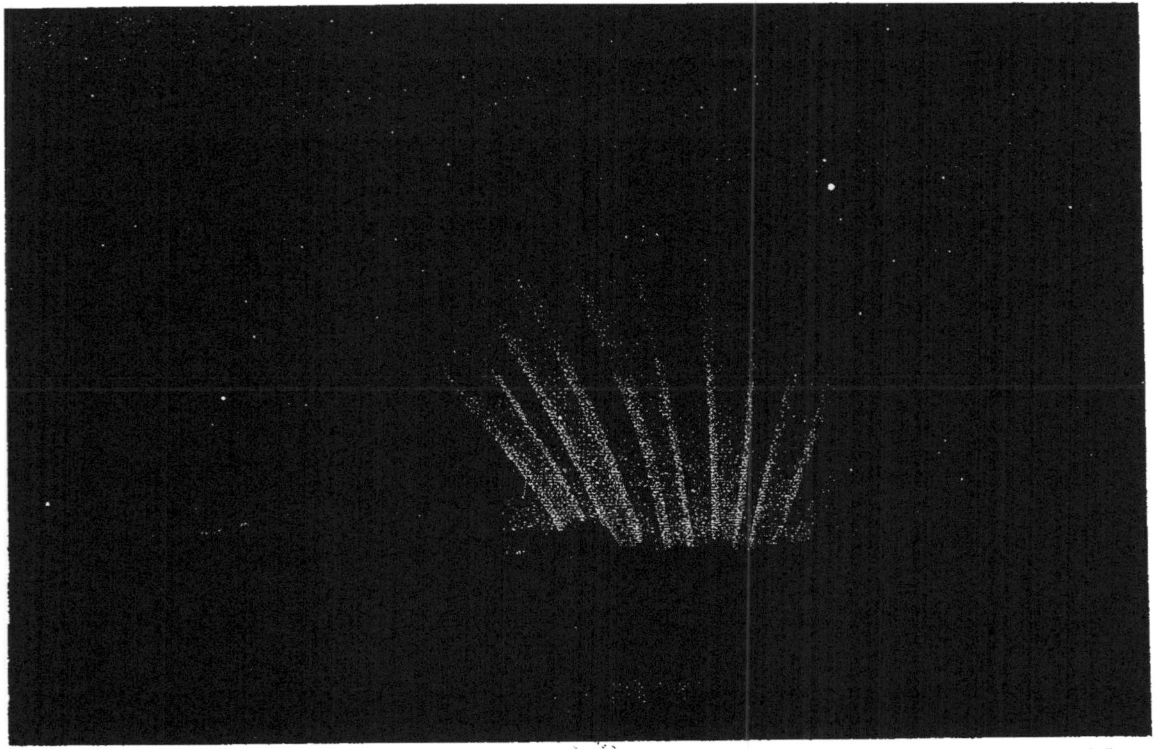

Hachette & Cie Paris — Imp. Hallery & Cie Paris

LA COMÈTE DE CHÉSEAUX

vue à Lausanne dans la nuit du 6 Mars 1744.

produisons ici (fig. 30), dû à M. G. Williams, de Liverpool, montre toutefois une différence frappante dans la forme des appendices des deux comètes. Tous les rayons qui composent la queue multiple de la comète de 1861 sont sensiblement rectilignes et émergent de la tête de la comète; seuls les rayons extrêmes, dont l'angle mesurait environ 75°, sont détachés du noyau, tandis que les plus longs

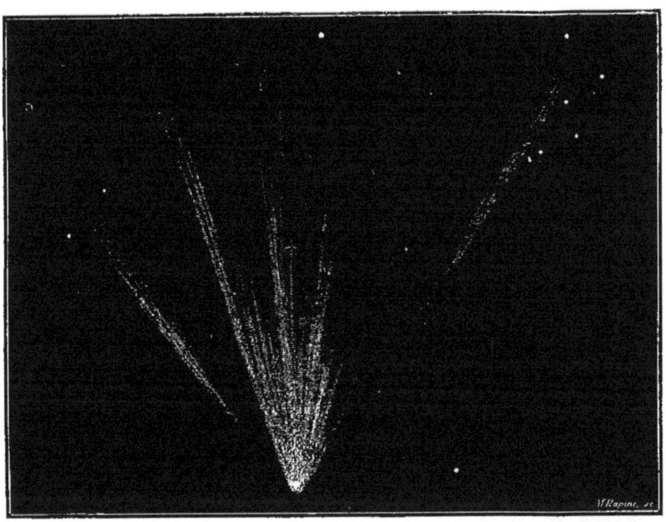

Fig. 29. — Queue en éventail de la grande comète de 1861. D'après l'observation du 30 juin et le dessin de M. G. Williams.

rayons internes affectent une légère courbure dont la concavité est tournée vers l'extérieur.

Avant de s'être montrée sous cette forme singulière, la grande comète de 1861 avait paru pourvue de deux queues d'inégale longueur, faisant un angle d'environ 13°. Les dessins que donne M. Liais pour les dates du 19 au 28 juin ne laissent à cet égard aucun doute. Ceux que nous reproduisons ici (fig. 30) d'après e P. Secchi montrent la comète à deux jours d'intervalle. Le 30 juin, la Terre passant précisément dans le plan de l'orbite, les deux queues, l'une longue et mince, l'autre plus courte et plus large, se projetaient pour nous l'une sur l'autre. Le 2 juillet, la Terre déjà hors du plan les voyait séparées. Le dessin de M. Williams donnant l'aspect de la queue pour le même jour, il semble singulier que cet aspect ait pu être si différent pour les deux observateurs. Mais s'il est vrai que la queue de la comète ait été entièrement dirigée vers nous, la divergence des rayons n'est qu'un effet de perspective, qui a dû changer avec une grande promptitude, vu l'extrême vitesse relative des mouvements des deux astres.

Fig. 30. — Les deux queues de la comète de 1861, d'après le P. Secchi. Le 30 juin et le 2 juillet.

Ainsi le nombre, comme la forme et la dimension des queues cométaires, sont choses variables, non-seulement quand on compare entre elles des comètes distinctes, mais quand il s'agit de la même comète à des époques différentes; et cette variation est due à deux causes : d'abord à des changements réels qui s'effectuent au sein de l'astre lui-même, avec une rapidité souvent prodigieuse; puis à des effets d'optique ou plutôt de perspective, que le mouvement rapide de la comète dans son orbite et celui de la Terre dans la sienne produisent nécessairement dans l'aspect des diverses parties de la tête, du noyau et de la queue.

Il faut citer encore, parmi les comètes à queues multiples,

celle que Dunlop observa en 1825, en Australie. Elle avait une queue formée de cinq branches inégales et distinctes. « A 1° 1/2 de la tête, les rayons des diverses queues se croisent et divergent ensuite indéfiniment. » Arago, après avoir cité ce passage, mentionne encore comme une comète à queue double la comète 1845 III, laquelle « présentait une queue de 2° 1/2 de long, divisée en deux branches, par une ligne noire ». Mais, à ce compte, un grand nombre de comètes n'ayant qu'une queue pourraient être considérées comme ayant une queue double, puisqu'il arrive fréquemment que les deux bords de la queue sont plus brillants que l'espace qui les sépare, et que le plus souvent en outre ils sont d'inégale longueur et d'inégal éclat. C'est ce que fait M. Liais, qui regarde les queues des grandes comètes de 1858, de 1860 et de 1861, comme formées en réalité de deux queues, dont la plus longue et la moins large est située à peu près dans le prolongement du rayon vecteur ou de la ligne qui joint le noyau au Soleil : l'autre queue, plus courte mais plus étalée, fait avec la première un certain angle ; quelquefois, par suite de la position de la Terre par rapport au plan de l'orbite de la comète, les deux queues, se projetant l'une sur l'autre, se confondent pour nous en une seule : c'est ce qu'on vient de voir dans la comète de 1861. Du reste, la question ainsi posée n'a pas grand intérêt ; la distinction des queues ou leur multiplicité n'a une réelle importance qu'au point de vue de leur origine, de la cause physique qui leur donne naissance.

§ VI — Formes diverses des queues des comètes

Formes élémentaires des queues. — Queues rectilignes, divergentes ou convergentes par rapport à la tête de la comète. — Queues cométaires à simple ou à double courbure ; comètes de 1811 et de 1769. — Formes bizarres des appendices cométaires d'après les anciennes observations.

Que les queues des comètes soient simples, doubles ou multiples, les formes sous lesquelles elles se présentent à

Fig. 31. — Comète de Winnecke, le 19 juin 1868.

l'observateur, quelque variées qu'elles soient, peuvent aisément se ramener à deux ou trois formes élémentaires.

Il y a d'abord les comètes à queues *rectilignes*, c'est-à-dire dont les rayons lumineux qui s'échappent de la tête se projettent sur le ciel comme des lignes sensiblement droites. Tantôt c'est, comme dans les comètes de 1843 et de 1769, et de Biela en 1846, un long ruban de lumière, à peu près partout de même largeur, et quelquefois variant peu d'intensité.

Tantôt les queues rectilignes vont en se rétrécissant à partir de la tête, pour se terminer en pointe : telle est l'apparence qu'ont montrée la comète de Halley en 1835 (voyez les dessins 1 et 2 de la planche VIII ou de la figure 16, page 93), la comète de Winnecke en juin 1868, et celle de P. Henry en août 1873 (fig. 31 et 32.) Enfin, il arrive aussi que les rayons formant les queues rectilignes divergent à

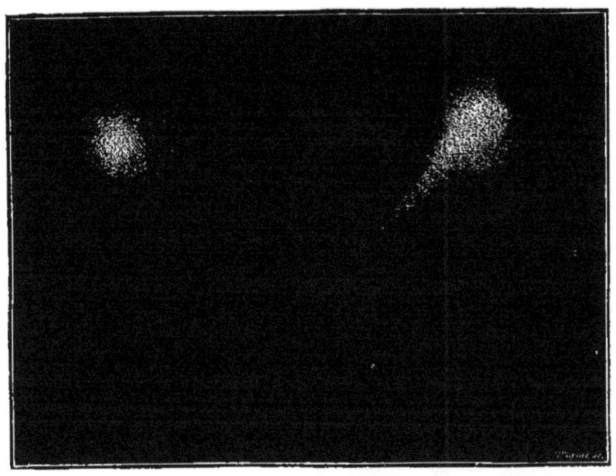

Fig. 32. — Comète de P. Henry, le 26 et le 29 août 1873.

partir de la tête, de sorte que leur largeur va en croissant jusqu'aux points où elles se terminent ou du moins où leur faible lumière ne permet plus de les distinguer : telle fut la comète de 1686, dont nous avons donné l'aspect d'après un contemporain, J.-C. Sturm ; telle aussi la grande comète de 1264. C'est à ces formes sans doute que se rapportent les comètes assimilées par les anciens à des poutres, à des épées, à des lances. Du reste, la plus simple réflexion nous fait voir que ces formes diverses peuvent n'être qu'apparentes, la même queue pouvant se montrer sous l'une quelconque d'entre elles, selon la distance où la Terre se trouve des différentes parties de l'appendice cométaire. De simples effets de perspective peuvent nous faire voir la même queue très-courte ou très-longue, en certains cas la faire disparaître, sans que ses dimensions réelles cessent d'être les mêmes.

En examinant la forme des queues dans le voisinage des noyaux à l'aide d'un télescope, on voit fréquemment leurs bords extrêmes se courber et envelopper la tête; cette courbure a une grande ressemblance avec le sommet d'une parabole ou d'une ellipse très-allongée dont le noyau occuperait le foyer. Telle était, par exemple, la comète de 1819, dont la queue se prolongeait sous forme d'un cône à bords à peu près rectilignes : la grande comète de 1811 (fig. 20, page 132) avait les bords de sa queue plus lumineux que la partie centrale et se courbant autour du sommet, comme pour envelopper le noyau. Outre cette courbure voisine du sommet, l'ensemble de la queue peut être lui-même recourbé en éventail, comme nous l'avons vu pour la comète de Donati; ce sont les comètes en forme de sabre turc, où nos ancêtres du moyen âge, préoccupés des dangers que l'empire ottoman

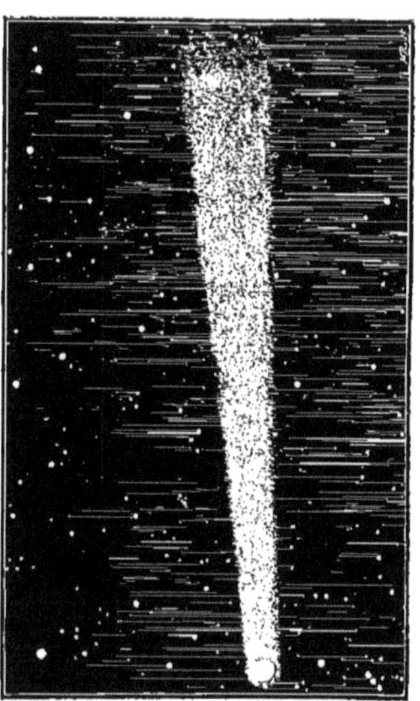

Fig. 33. — Comète de 1264.

fit maintes fois courir à la chrétienté, voyaient autant de présages de guerres menaçantes; c'est sans doute aussi la *Cornue* des anciens, l'une des espèces de comètes mentionnées par Pline. On en trouve des exemples assez nombreux dans les anciens dessins, et la comète de 1577 dont nous avons donné le *fac-simile* (planche IV) peut être considérée comme un modèle du genre. Mais n'oublions pas que les observateurs d'autrefois n'étaient pas toujours de scrupuleux dessinateurs, qu'ils ne se faisaient pas faute d'ajouter à la nature les fantaisies de leur imagination : une preuve curieuse de cette singulière manie se retrouve jusque dans Hévélius. Ce savant laborieux et instruit, voulant représenter dans sa *Cométographie* l'espèce de comète que Pline assimile, sous le nom de *Xiphias*, à une épée, n'oublie pas la poignée de l'arme. On trouvera, au numéro 9 de la planche III (page 172), le *fac-simile* de ce dessin par trop fantaisiste.

La courbure des queues cométaires a généralement le même sens dans toute l'étendue de ces appendices, de sorte que l'un des bords latéraux tournant sa convexité vers une région du ciel, l'autre bord tourne sa concavité vers la région opposée : exemples, la comète de 1811, la comète de Donati et beaucoup d'autres. Cependant les deux queues de la comète de 1807 avaient leur courbure en sens opposé, et un dessin de la même comète de 1811 que nous trouvons dans Chambers et dans l'atlas d'A. Keith Johnston, représente un phénomène analogue. Une forme plus rare et dont nous ne connaissons qu'un exemple, est mentionnée par Pingré en ces termes : « Nous avons remarqué, feu M. de la Nux à l'île de Bourbon, et nous entre Ténériffe et Cadiz, que la queue de la comète de 1769 étoit doublement courbée vers son extrémité; elle représentoit comme la figure d'une ∽. » N'oublions pas que c'est de la même comète que Messier a donné plusieurs dessins où la queue est représentée comme un ruban rectiligne plus brillant sur les bords que dans l'axe ou à l'intérieur. Cette dernière particularité est aussi assez générale; néanmoins le contraire peut se présenter; c'est ce qui est arrivé pour la comète de 1618. « On vit à Rome, dit Pingré, une espèce de noyau, comme l'appelle Hévélius, dans la queue de la dernière comète de 1618; c'étoit comme une ligne ou un trait éclatant qui, tel que la moelle d'un arbre, s'étendoit dans toute la longueur de la queue, en divisant en deux sa largeur. Képler et Schickard virent ce même phénomène, mais il ne divisait pas alors la largeur de la queue; il côtoyoit un de ses bords, ce qui est plus conforme à ce qui est ordinairement observé. »

En dehors des formes que nous venons de décrire et qui sont assez régulières pour être susceptibles d'une définition précise, les queues des comètes peuvent affecter des apparences irrégulières et bizarres. Dans les récits relatifs aux grandes comètes historiques, vues à l'œil nu par des observateurs qui n'étaient souvent rien moins qu'astronomes, on trouve la mention des apparences les plus singulières: mais on ne peut guère ajouter foi à des descriptions, naïves peut-être, mais à coup sûr altérées par les croyances superstitieuses des témoins. C'est aux astronomes modernes à suivre, avec une fidélité scrupuleuse et à dessiner, à mesure qu'ils les voient se modifier au foyer de leurs télescopes, toutes les formes des noyaux, des atmosphères et des queues cométaires. Les évolutions de ces phénomènes sont encore peu connues, et on devra les étudier sans idée préconçue, si l'on veut édifier une théorie qui soit à l'abri des démentis de l'observation. Or le seul moyen de découvrir la vérité, en astronomie comme dans toutes les sciences naturelles, c'est de commencer par recueillir des faits, c'est de raisonner et de s'appuyer sur des faits.

§ VII — Longueur des queues des Comètes

Dimensions apparentes et dimensions réelles des plus grandes queues observées. — Formation et développement des appendices cométaires ; leur disparition. — Variations de longueur dans la queue de la comète de Halley, à ses diverses apparitions. — Grande comète de 1858 ou de Donati.

Puisque nous avons commencé à faire la statistique des divers éléments des comètes, donnons aussi quelques détails sur les dimensions apparentes et sur les dimensions réelles des queues. Nous n'aurons d'abord en vue, pour chaque appendice cométaire, que les dimensions maxima sous lesquelles cet appendice a été vu de la Terre, dimensions qui se mesurent en degrés, selon l'étendue apparente que les queues ont occupée sur la voûte céleste. Des dimensions apparentes, nous passerons ensuite aux dimensions réelles, évaluées en kilomètres ou en lieues. Sous le premier rapport, l'échelle des grandeurs variera des plus petites aux plus considérables, depuis la queue de 2° 1/2 de la comète de 1851, jusqu'à l'immense queue de 100° qu'eut la comète de 1264, jusqu'à celle, plus grande encore, de la comète de 1861, qui atteignit 118° de longueur, dépassant ainsi de 28° la distance apparente d'un point de l'horizon au zénith. Mais la différence ne sera pas moins considérable, quand nous comparerons les dimensions vraies. Tandis que la seconde comète de 1811 avait une queue de onze millions de kilomètres, les grandes comètes de 1811 I, de 1847 I, de 1687 et de 1843 lançaient dans l'espace, à l'opposé du Soleil, des traînées lumineuses immenses, mesurant depuis 176 millions jusqu'à 320 millions de kilomètres, dépassant dès lors le double de la distance du Soleil à la Terre.

Voici un tableau renfermant quelques-uns de ces éléments :

		DISTANCES PÉRIHÉLIES	LONGUEURS DES QUEUES apparentes en degrés	réelles en kilomètres
Comète de	1851 I	1.700	2° 1/2	—
—	1860 III	0.292	15°	35 000 000
—	1825		17°	—
—	1744	0.222	24°	30 000 000
—	1811 I	1.035	25°	176 000 000
—	1811 II	1.582	—	11 000 000
—	1456	0.853	57°	—
—	1843 I	0.005	65°	320 000 000
—	1858 VI	0.578	64°	88 000 000
—	1689	0.019	68°	—
—	1837	0.580	79°	—
—	1680	0.006	90°	240 000 000
—	1769	0.123	97°	64 000 000
—	1264	0.312	100°	—
—	1618	0.389	104°	80 000 000
—	1847 I	0.426	—	210 000 000
—	1861	0.822	118°	68 000 000

La discordance entre les longueurs apparentes et les longueurs réelles est frappante ; il est à peine besoin d'en indiquer la raison, et tout le monde a déjà compris qu'elle tient à la façon dont chaque comète présente sa queue à l'observateur, à l'angle visuel sous lequel on voit de la Terre une ligne plus ou moins inclinée suivant les positions relatives de la Terre, du plan de l'orbite de la comète et de la comète elle-même, au moment où les dimensions apparentes ont été mesurées : de la valeur en degrés et de la connaissance des positions dont il s'agit, on déduit ensuite par le calcul la vraie longueur de la traînée lumineuse.

Du reste, les dimensions observées sont loin de concorder toujours entre elles pour une même queue, et de permettre par conséquent l'évaluation exacte des longueurs réelles. Il est très-difficile de distinguer les limites d'une lueur aussi faible que celle de la plupart des queues cométaires, du moins à l'extrémité la plus éloignée du noyau. La pureté du ciel, la puissance des instruments, la vue même des observateurs, sont autant d'éléments variables. Lalande disait à ce sujet, dans son *Astronomie :* « Dans les pays méridionaux, où l'on jouit d'un ciel pur et serein, les queues des comètes se distinguent mieux et paroissent plus longues ; la comète de 1759 parut à Paris presque sans queue, on avoit beaucoup de peine à en distinguer une légère trace d'un ou deux degrés ; tandis qu'à Montpellier, M. de Ratte jugeoit le 29 avril qu'elle avoit bien 25° dans sa totalité, et la partie la plus lumineuse étoit de 10°. M. de la Nux, à l'île de Bourbon, la vit beaucoup plus grande, par la même raison que la lumière zodiacale y paroit constamment. »

§ VIII — Formation et développement des queues

Variations de longueur dans la queue de la comète de Halley, à ses diverses apparitions. — Mêmes phénomènes pour la comète de Donati en 1858. — Le développement maximum des queues coïncide-t-il toujours avec le passage de la comète au périhélie ?

C'est le moment de constater un phénomène d'une haute importance pour la constitution physique des comètes ; j'entends celui du développement et des variations de leurs queues, selon la position que l'astre occupe sur son orbite, c'est-à-dire selon sa distance plus ou moins grande au Soleil.

On a déjà vu que les queues des comètes naissent et se développent souvent pendant leur période de visibilité, et généralement avant leur passage au périhélie. « On a constamment observé, dit Pingré, qu'une comète tendant à son périhélie ne commence à prendre une queue que lorsqu'elle approche du Soleil ; la belle comète de 1680 n'avoit pas de queue le 14 novembre, 34 jours avant son périhélie. La longueur réelle de la queue augmente de jour en jour, et la tête, ou plutôt la chevelure qui environne la tête, semble, au contraire, diminuer. La queue parvient à sa plus grande longueur peu après le passage de la comète par son périhélie; elle diminue ensuite par degrés, de manière cependant qu'à égales distances du périhélie la queue est plus longue après le passage qu'auparavant. On a de plus observé que les comètes dont la distance périhélie excédoit de beaucoup la distance moyenne du Soleil à la Terre, ne prenoient point de queues, et que la queue des autres étoit d'autant plus belle, tout étant d'ailleurs égal, que leur distance périhélie étoit moindre. »

Les lois que formulait ainsi l'auteur de la *Cométographie* sont-elles vraiment générales, s'appliquent-elles à toutes les comètes connues? Non, sans doute, comme on va le voir bientôt; néanmoins, ce qui reste certain, c'est que le plus souvent il y a une relation évidente entre la naissance, la formation et le développement des queues cométaires, et la proximité plus ou moins grande de ces astres au Soleil.

Prenons d'abord pour exemple la comète de Halley à son apparition de 1835. Quand elle fit sa première apparition, elle avait l'apparence d'une nébulosité légèrement ovale et pour ainsi dire dépourvue de queue. Le 2 octobre, c'est-à-dire un mois et demi avant son passage au périhélie, qui eut lieu le 16 novembre, on voit se former la queue, qui trois jours plus tard atteint déjà une longueur de 4 à 5 degrés. Les jours suivants, elle croît encore en longueur, et, le 15, elle atteint son maximum, qui fut de 20°. Le 16, elle était déjà réduite à 10 ou 12°, le 26 à 7°, le 29 à 3°, le 5 novembre à 2° 1/2. « Il y a tout lieu de croire, dit J. Herschel, qu'avant d'arriver au périhélie la queue avait entièrement disparu; car la comète continua d'être observée à Poulkowa, au delà du jour de son passage au périhélie, sans

LA COMÈTE DE DONATI OU DE 1858.

Formation et développement des appendices cométaires, d'après P.-G. Bond.
1. Le 24 septembre 1858. — 2. Le 26 septembre.

qu'il soit fait mention qu'on lui ait vu la moindre queue. » A la vérité, à la date du 28 janvier, un dessin de J. Herschel lui-même laisse soupçonner qu'une portion de l'atmosphère de la comète se prolonge sous forme de queue ; mais à la date du 3 mai, un peu plus de quatre mois et demi après le passage de la comète à son périhélie, la queue avait disparu complétement : l'astre avait repris sa première forme de nébulosité globulaire.

La même comète, à son apparition de 1759, passa au périhélie le 12 mars. Or elle n'avait encore, dix-neuf jours après ce passage, le 1er avril, qu'une faible queue de 53′, selon Messier qui observait à Paris. En s'en rapportant de préférence aux observations de La Nux, à l'île Bourbon, dans des conditions de visibilité bien meilleure, on trouve, pour les longueurs apparentes de la queue :

Le 29 mars	3°
Le 20 avril	6° à 7°
Le 21 avril	8°
Le 27 avril	19°
Le 28 avril	25°
Le 5 mai	47°

Il faudrait calculer les longueurs réelles pour en tirer des conséquences positives sur le développement de la queue pendant les deux apparitions ; mais il suffit de remarquer qu'en 1759 c'est longtemps après le passage au périhélie que la queue de la comète atteint son maximum, tandis qu'en 1835 c'est au contraire bien avant l'époque de ce passage.

Du reste, la grande comète de Donati (1858 VI) va nous fournir sur le même point d'intéressants détails. La première apparence de queue a été observée à Copenhague et à Vienne le 14 août, soixante-treize jours après la découverte de la comète, quarante-six jours avant son passage au périhélie : elle n'avait alors qu'une longueur apparente de 10'. A partir de cette époque, la queue a été en augmentant de longueur d'une manière presque continue, et à la fin du mois d'août elle atteignait 2°. On peut suivre cette marche croissante, qui n'a subi que de légères fluctuations, soit en lisant le tableau que nous donnons ci-dessous d'après Bond, soit en suivant de l'œil le diagramme (fig. 35) où se trouvent figurées les longueurs apparentes et les longueurs

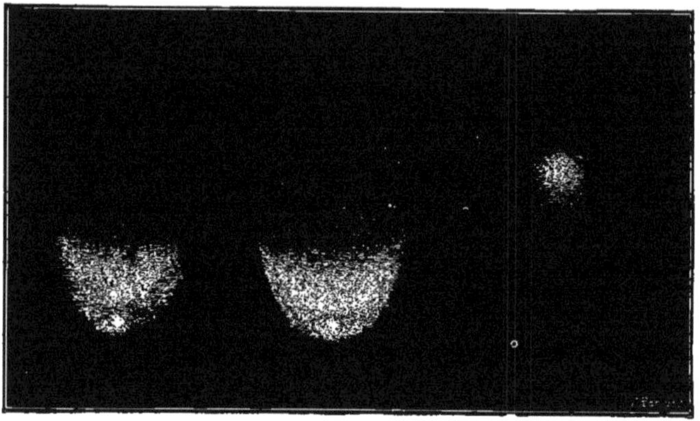

Fig. 34. — Aspect de la comète de Donati les 3, 4 et 6 décembre 1858, d'après les observations de M. Liais.

réelles de l'appendice cométaire : il ne s'agit ici que de la queue principale, qui se développait en éventail avec une courbure prononcée, et non pas des queues secondaires à peu près rectilignes, dont nous avons parlé ailleurs. Le maximum de longueur apparente s'est trouvé atteint le 10 octobre, onze jours après le passage au périhélie : la queue mesurait ce jour-là 64 degrés. A partir de cette époque, elle a été en décroissant avec plus de rapidité qu'elle n'avait crû, et le 3 décembre, à Rio de Janeiro, elle ne mesurait plus que 55'. Trois jours plus tard, elle disparaissait, « la comète, dit M. Liais, ayant pris une forme sphérique, avec le noyau un peu excentrique et placé du côté du Soleil. »

Les deux courbes *acb*, ACB, qui représentent sur notre figure les variations de la longueur apparente et de la longueur réelle de la queue, suivent à peu de chose près les mêmes sinuo-

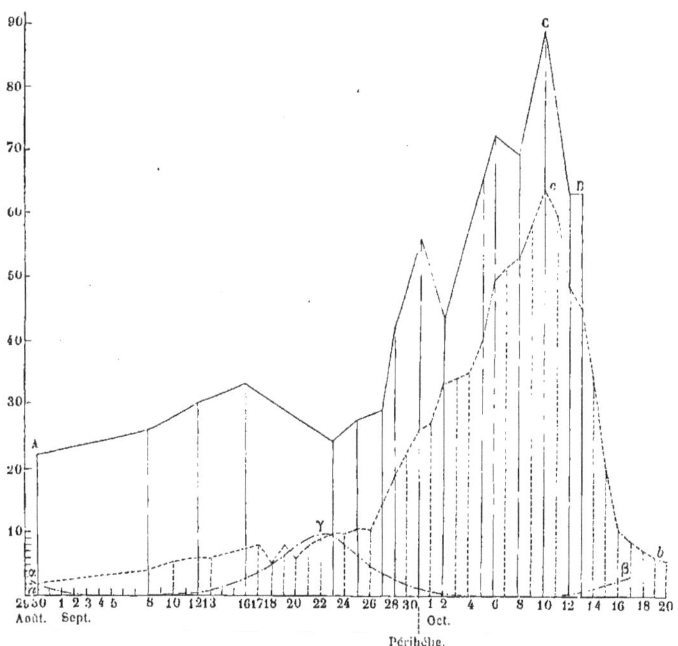

Fig. 35. — Variations des longueurs de la queue principale dans la comète de Donati.

sités ; les différences, on le comprend, proviennent des changements de distance qu'éprouvaient aux dates successives la comète et la Terre. Les figures 36 et 37, où les orbites de la comète et de notre planète sont respectivement projetées l'une sur l'autre, permettront aisément d'ailleurs au lecteur de se représenter les distances réelles des deux astres aux dates principales de l'apparition, et de les mettre en regard des variations dans la longueur apparente de la queue. Il aura à tenir compte toutefois, pour apprécier ces variations, des circonstances qui ont pu affecter la visibilité

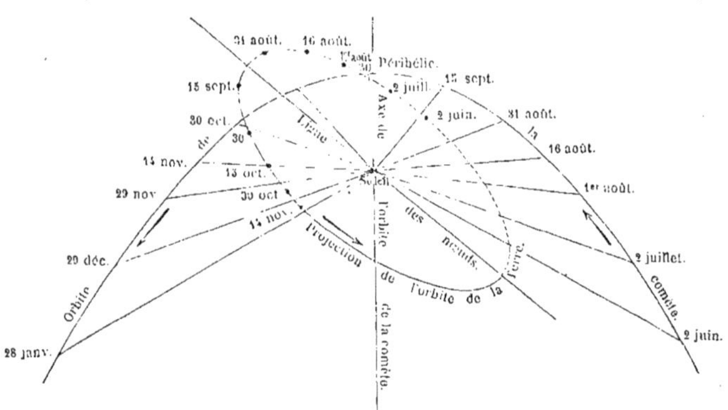

Fig. 36. — Orbite parabolique de la comète de Donati. Projection sur son plan de l'orbite de la Terre ; positions relatives des deux astres.

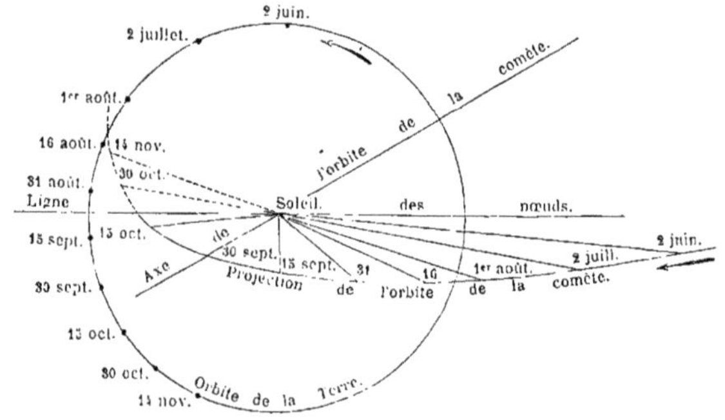

Fig. 37. — Projection de l'orbite de la comète de Donati sur le plan de l'écliptique. Positions relatives de la Terre et de la comète.

de la queue, notamment de l'éclat de la lumière de la Lune qui a dû réduire les longueurs observées, en proportion de son intensité. La courbe $\alpha\gamma\beta$, qui, dans le diagramme, marque les variations de l'intensité de la lumière de la Lune, a en effet

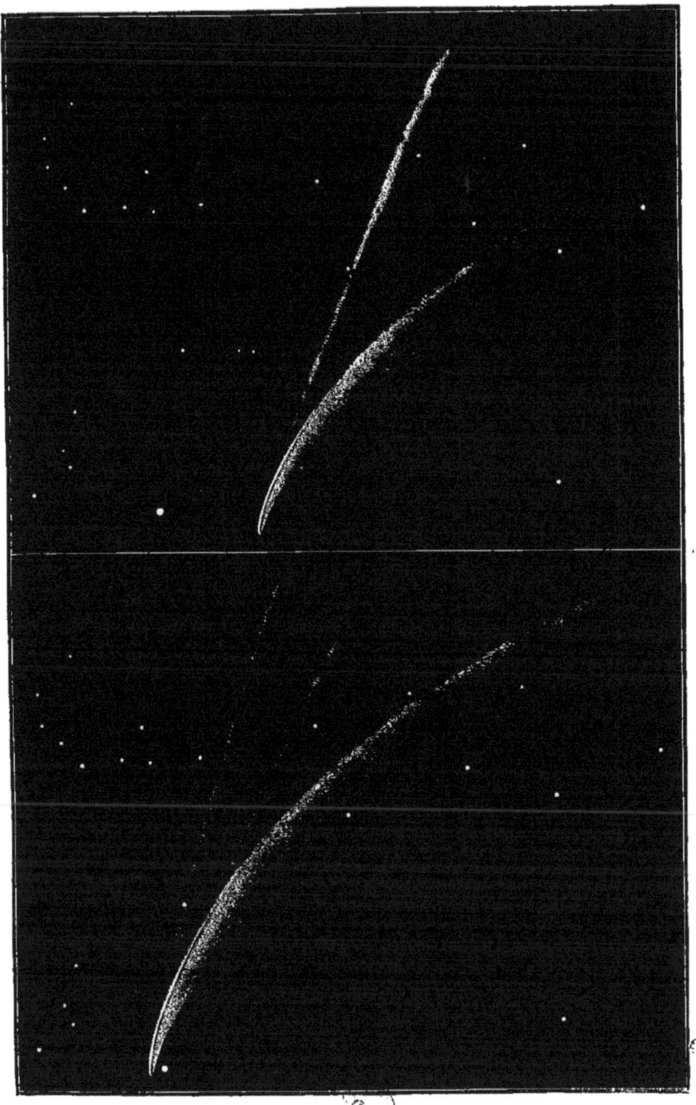

LA COMÈTE DE DONATI OU DE 1858.

Formation et développement des appendices cométaires, d'après P.-G. Bond.
1. Le 3 octobre 1858. — 2. Le 5 octobre.

son minimum dans les nuits qui avoisinent le 10 octobre ; c'est précisément la date où a été observé, ainsi qu'on l'a vu, le maximum de longueur apparente de la queue. Les variations de cette longueur doivent, de ce chef, être réduites, ainsi que les longueurs réelles. Mais la loi du développement de la queue, sa naissance un certain temps avant l'époque du passage au périhélie, son accroissement à mesure que la comète s'est rapprochée du Soleil, sa diminution à partir d'un point qui suit le périhélie d'un certain nombre de jours, puis sa disparition, beaucoup plus prompte que son développement, sont autant de faits mis hors de doute, ce nous semble, par les documents que nous plaçons sous les yeux du lecteur. Voici les tableaux dont nous parlons plus haut :

LONGUEURS DE LA QUEUE DE LA GRANDE COMÈTE DE 1858

DATES	LONGUEURS APPARENTES en degrés	LONGUEURS RÉELLES en kilomètres
29 août	2°	22 500 000
8 sept	4°	25 750 000
10	5° 24′	—
12	6°	30 570 000
13	6°	33 000 000
16	7°	—
17	8°	—
18	5°	—
19	8°	—
20	6°	—
21 août	8°	—
22	9°	—
23	10°	24 000 000
24	10°	—
25	10° 30′	—
26	10° 30′	27 350 000
27	14° 15′	—
28	19°	42 000 000
29	22° 30′	—
30	26°	56 000 000
1er oct	27°	—

DATES	LONGUEURS APPARENTES en degrés	LONGUEURS RÉELLES en kilomètres
2 oct.	33°	61 000 000
3	34°	—
4	35°	—
5	40°	66 000 000
6	50°	72 400 000
7	51°	—
8	53°	—
9	58°	—
10	64°	88 000 000
11	60°	—
12	48°	—
13	45°	62 750 000
14	34°	—
15	26°	—
16	10°	—
17	9°	—
18	7°	—
19	6°	—
21	12°	—
22	4°	—
24	4° 30′	—
25	1°	—
27	4° 30′	—
30	1° 30′	—
31	1° 24′	—
3 déc.	0° 55′	—
6	0°	—

Les exemples que nous venons de donner ne suffisent pas sans doute pour considérer le développement des queues cométaires comme soumis aux seules variations des distances d'une comète au Soleil. En tout cas, on voit que d'une comète à l'autre il peut y avoir de remarquables différences : la queue de la comète de Halley avait, à son apparition de 1835, atteint son maximum avant le passage de l'astre au périhélie, et, à l'époque de ce passage, avait entièrement disparu ; celle de la comète de Donati, au contraire, n'a atteint son maximum qu'après le périhélie, et deux mois entiers s'écoulèrent ensuite avant que cette queue disparût tout à fait et que l'astre eût repris sa forme de nébulosité globulaire.

Pour terminer ce que nous avons à dire sur ce sujet d'un grand intérêt, mais insuffisamment étudié encore, comparons les comètes dont nous avons donné les queues évaluées en millions de kilomètres, au point de vue de leurs distances périhélies. Le tableau de la page 196 va nous rendre cette comparaison facile. En effet, il est aisé de voir que cinq comètes seulement, celles de 1847 I, 1860 III, 1769, 1680 et 1843 I, satisfont à cette condition, que les longueurs de leurs queues sont d'autant plus grandes que leurs distances périhélies sont plus petites ; la comète de 1744 pourrait être substituée d'ailleurs à la comète de 1860 III sans changer ce rapport. Mais les cinq comètes restantes forment un second groupe égal au premier, et où l'inverse se produit, la longueur des queues s'y trouvant croître avec la plus courte distance des comètes au Soleil. Ainsi, rien n'autorise encore à étendre aux comètes comparées entre elles la loi de variation selon la distance, que nous avons reconnue plus haut régir le développement d'une même queue.

§ IX — Éclat des comètes

Évaluation des dimensions apparentes ou de l'éclat des comètes, de leurs têtes ou noyaux. — Anciennes comètes soi-disant plus éclatantes que le Soleil. — Comètes visibles à l'œil nu et comètes vues en plein jour : grandes comètes de 1744 et de 1843.

Entrons maintenant dans quelques détails sur les dimensions des comètes, de leurs atmosphères, de leurs noyaux et de leurs queues. Pour arriver à des notions précises sur cette partie de leur histoire, il faut commencer par distinguer entre les dimensions apparentes et les dimensions réelles. Cela est élémentaire; mais ici c'est plus nécessaire que partout ailleurs, attendu que par la nature même des orbites des comètes, soit périodiques, soit non périodiques, ces astres peuvent se trouver, au moment de leurs apparitions, ou très-rapprochés ou très-éloignés de la Terre; et qu'ainsi la même comète, vue à deux de ses apparitions successives, pourra se montrer, dans l'une, sous des dimensions considérables, être visible à l'œil nu, tandis que, dans l'autre, ce ne sera qu'un astre à peine visible, ou même invisible sans le secours des lunettes. Nous avons déjà insisté sur ce point, quand il s'est agi de reconnaître, dans une comète nouvelle, une comète déjà observée; nous devions insister encore au moment de comparer des comètes différentes sous le rapport de leurs dimensions apparentes ou réelles.

Toutes les comètes dont l'apparition est antérieure au XVIe siècle étaient visibles à l'œil nu; leurs têtes, noyaux ou chevelures, étaient donc assez considérables; les plus faibles avaient au moins l'éclat des étoiles de 5me à 6me grandeur, ou si la lumière du noyau était moindre que celle des étoiles de cet ordre, c'est que l'étendue de la nébulosité environnante faisait compensation au point de vue de la visibilité. Ceci s'applique à toutes les comètes qu'on a pu observer à l'œil nu depuis l'invention des télescopes. Mais on sait déjà qu'à l'aide des instruments on distingue des comètes si faibles qu'à peine apparaissent-elles comme des nébulosités diffuses sans condensation et sans noyau. Or plusieurs de ces dernières sont périodiques; elles s'approchent notablement de la Terre, et dès lors ce n'est point la grandeur de leur distance qui les rend si difficiles à voir. Ainsi, il y a, parmi les comètes, la même variété, au point de vue des dimensions et de l'éclat, que parmi les étoiles.

Certaines comètes ont présenté des dimensions énormes, et

une lumière d'une vivacité extrême. Les anciennes traditions témoignent de cette intensité; mais il est vrai qu'il ne faut pas toujours prendre à la lettre les récits tirés de cette source, parce qu'ils renferment des exagérations évidentes. Telle est la comète de l'an 183 avant notre ère, qui, « *plus éclatante que le Soleil*, fut vue *de jour* dans les Poissons. » Telle est aussi celle dont parle Sénèque et qui parut en l'an 146 : « Après la mort de Démétrius, roi de Syrie, père de Démétrius et d'Antiochus, peu avant la guerre d'Achaïe, brilla une comète *aussi grande que le Soleil*. C'était d'abord un disque d'un rouge enflammé, une lumière assez éclatante pour triompher de la nuit. Insensiblement elle diminua de grandeur; son éclat s'affaiblit; elle disparut totalement. » N'est-ce point encore une comète un peu agrandie par l'imagination des observateurs et des historiens, que celle qui parut en l'an 136, à la naissance de Mithridate, et resta visible pendant soixante-dix jours. « Le ciel paraissait tout en feu; la comète en occupait la quatrième partie, et son éclat était *supérieur à celui du Soleil*. »

On lit dans la *Cométographie* de Pingré les descriptions suivantes de quelques comètes, qui furent remarquables par leurs dimensions ou l'éclat de leur lumière :

« 1006. Haly ben Rodoan étant jeune, on vit une comète dans le 15e degré du Scorpion : la tête était *trois fois plus grosse que Vénus* : elle rendait autant de lumière que le quart de la lune pourrait en donner. »

« 1106. Grande et belle comète. On vit d'abord le 4, ou selon d'autres le 5 février, une étoile qui n'était distante du Soleil que d'un pied et demi : elle fut vue ainsi depuis la troisième jusqu'à la neuvième heure du jour. Quelques auteurs ont donné à cette étoile le nom de comète. »

« 1208. En cette année, il parut une comète. Durant deux semaines, on vit après le coucher du Soleil une étoile si brillante que, semblable à un feu, elle produisait une grande lumière. Les Juifs la regardaient comme un signe de l'avénement du Messie. »

« 1402. Comète fort grande et très-éclatante : personne ne se souvenoit d'avoir vu un tel prodige. (C'est, croit-on, une apparition antérieure des comètes de 1532 et de 1661.) ...Elle croissoit de jour en jour en grandeur et en éclat, en s'approchant du Soleil. Le dimanche des Rameaux, 19 mars, et les deux jours suivants, son accroissement fut prodigieux : le dimanche, sa queue fut longue de vingt-cinq brasses[1] ; le lundi, de cinquante et même de cent; de plus de deux cents

1. Dans les anciennes chroniques on trouve fréquemment, pour l'appréciation des dimensions apparentes des astres et notamment des queues des comètes, des expressions pareilles à celles que nous relatons ici, c'est-à-dire des nombres exprimant des longueurs usuelles : *deux*, *trois pieds*, *vingt*, *cent brasses*, etc. On comprend qu'il est impossible de les traduire en mesures rationnelles. Du reste, aujourd'hui même, et jusque dans les ouvrages ou recueils scientifiques, on voit se glisser des expressions semblables pour le même genre d'évaluations. Tel observateur d'un bolide dit que sa grosseur était celle d'une *orange*, et sa traînée longue de *deux mètres*. Il ne comprend pas que cette manière de mesurer les dimensions apparentes d'objets, dont la distance réelle est d'ailleurs inconnue, est tout à fait indéterminée, qu'elle peut avoir un sens précis pour l'observateur au moment où il voit l'objet, mais qu'il n'est même pas sûr qu'à un autre moment son appréciation personnelle n'eût été tout à fait différente. En tout cas, elle aurait le défaut de n'être pas comparable à la manière de mesurer d'un autre observateur quelconque.

La seule manière rationnelle de faire de telles évaluations, c'est d'exprimer la longueur de l'objet, son diamètre, etc., en degrés ou minutes de grand cercle ; et comme, en général, ce genre de mesure est difficile, si l'on n'a pas d'instrument, il est bon d'avoir recours à un procédé qui soit à la portée de tout le monde, c'est-à-dire de prendre pour unité une dimension céleste apparente que chacun connaît bien : le diamètre de la Lune ou celui du Soleil, par exemple. L'un ou l'autre peut être pris pour un demi-degré. On peut aussi, et cela est très-bon si le phénomène qu'on observe se montre par une nuit étoilée, comparer ses dimensions à la distance de deux étoiles bien connues, et dans des constellations en vue, comme la Grande Ourse, la Petite Ourse, Orion, Pégase, Cassiopée, etc. Nous insistons sur cette recommandation, parce que plus d'une fois nous nous sommes laissé aller à maugréer contre cette mauvaise coutume de mesurer des dimensions célestes apparentes en pieds, en mètres, en décimètres, ce qui n'a pas de sens, et ce qui a un grave inconvénient, puisqu'une observation qui pourrait être précieuse se trouve, de la sorte, perdre toute sa valeur.

le mardi. On cessa alors de la voir de nuit; mais durant les huit jours suivants on la voyoit de jour près du Soleil, qu'elle précédoit : sa queue n'étoit plus que d'une ou deux brasses; son éclat étoit tel que la lumière du Soleil n'empêchoit pas de la voir *en plein midi.* » En 1532, si l'identité supposée est vraie, la même comète fut aperçue avec un éclat qui égalait trois fois celui de Jupiter.

Ainsi, voilà plusieurs comètes assez brillantes pour que leur éclat ait pu être comparé à celui de la lumière solaire; trois d'entre elles ont été visibles pendant le jour. La grande comète de 1500, connue sous les noms de *Asta*, de *il signor Astone*, a été vue également en présence du Soleil : « Des voyageurs, qui faisoient voile du Brésil au cap de Bonne-Espérance, la virent le 12 mai : elle paroissoit du côté de l'Arabie ; ses rayons étoient très-longs : elle fut ainsi continuellement observée, *jour et nuit*, durant huit ou dix jours. »

Que des comètes aient été assez brillantes pour que leur lumière perce au travers du ciel éclairé par le Soleil, cela ne peut plus faire de doute, depuis qu'on a les observations d'un astronome comme Tycho sur la comète de 1577 et celles des astronomes contemporains sur la grande comète de 1843. « Le 13 novembre 1577, le Soleil n'avait pas encore disparu de dessus l'horizon, lorsque ce nouvel astre (la comète) frappa les yeux du grand Tycho. Il jugea que le diamètre de sa tête était de 7 minutes. »

Quant à la comète de 1843, voici des détails qui ne laissent aucun doute sur sa visibilité en plein soleil; nous les empruntons à Arago : « La comète, aperçue d'abord par des curieux en plein soleil, et considérée comme un météore, était à l'heure de midi, d'après une observation de M. Amici fils, de 1° 23′ à l'est du centre du Soleil. M. Amici dit seulement que l'astre était fumeux vers l'est.

Les observateurs de Parme assurent qu'en se plaçant derrière un pan de mur cachant le Soleil, on voyait une queue de 4 à 5 degrés de long. » A Mexico, le même jour (28 février), à onze heures du matin, suivant le *Diario del Gobierno*, « la comète se voyait à l'œil nu, près du Soleil, comme une étoile de première grandeur, ayant un commencement de queue dirigé vers le sud. M. Bowring, aux mines de Guadelupe y Calvo (Mexique), vit la comète, le 28 février, depuis neuf heures du matin jusqu'au coucher du Soleil. A Portland (Amérique du Nord), la comète a été vue à l'œil nu et en plein jour, à l'orient du Soleil, par M. Clarke. John Herschel cite une observation faite par les passagers à bord du *Owen Glendower*, navire partant alors du Cap : « La comète a été vue comme un court poignard près du Soleil, un peu avant son coucher. » D'après M. Clarke, « le noyau et aussi certaines parties de la queue étaient aussi nettement limités que la Lune par un jour serein. »

Un siècle auparavant, en 1743, on avait observé en Europe une comète, celle de Chéseaux, que nous avons plusieurs fois mentionnée, et dont l'éclat surpassa celui des étoiles de première grandeur. Le 9 janvier 1744, la tête de la comète égalait les étoiles de deuxième grandeur, et, quinze jours après, son diamètre était de 10 secondes. Le 26 janvier, elle atteignait presque la première grandeur ; le 1er février, elle surpassait Sirius ; et enfin, vers les derniers jours de ce mois et au commencement de mars, elle était devenue si éclatante qu'on la voyait de jour en présence du Soleil. Mais une circonstance remarquable, rapportée par Chéseaux, est celle-ci : « Du 13 décembre au 29 février (le lendemain, 1er mars, la comète passait à son périhélie), l'atmosphère est toujours allée en diminuant de grandeur, » comme si l'augmentation d'éclat de la tête était produite par la disparition de la nébulosité enveloppant le noyau, ou encore par une condensation de l'atmosphère nébuleuse.

§ X — Dimension des noyaux et des atmosphères cométaires

Dimensions réelles des noyaux et des atmosphères de quelques comètes. — Inconstance de ces éléments ; variations du noyau de la comète de Donati. — Observations d'Hévélius sur les variations de la comète de 1652. — Les nébulosités cométaires diminuent-elles de volume, quand leur distance au Soleil diminue? — Étude de la comète d'Encke sous ce rapport, à ses apparitions de 1828 et de 1838.

Toutes les observations que nous venons de rapporter donnent une idée de l'éclat des lumières cométaires, de l'intensité que cet éclat peut atteindre; mais elles n'indiquent rien de précis sur les dimensions des noyaux ou des atmosphères. Nous allons donner, sur ce point, les résultats de quelques mesures; mais il ne faut pas attacher à ces valeurs des significations aussi précises que celles des dimensions des corps de notre système : planètes, Lune, Soleil. La raison de l'incertitude que nous signalons ne vient pas des difficultés éprouvées pour la détermination de ces mesures mêmes, bien qu'elles y contribuent. Les noyaux, pas plus que les nébulosités cométaires, n'ont le plus souvent des contours bien nets ou bien limités; mais ce sont surtout les variations subies par les diverses parties de la tête d'une comète pendant son apparition, qui ne permettent pas de regarder les nombres que nous allons donner comme des éléments constants, et par suite caractéristiques, des astres qui les ont fournis.

Ces réserves faites, voici deux tableaux qui renferment quelques-uns des résultats obtenus pour la mesure des dimensions des atmosphères et des noyaux cométaires :

DIMENSIONS DES DIAMÈTRES DES NOYAUX COMÉTAIRES

Comètes de	1798 I	45 kil.
—	1805	48
—	1799 I	620
—	1811 I	690
—	1807	890
—	1811 II	4360
—	1819 I	5250
—	1847 I	5600
—	1780 I	6800
—	1843 I	8000
—	1815	8500
—	1858 VI	9000
—	1769	45 000

DIMENSIONS DES DIAMÈTRES DES ATMOSPHÈRES COMÉTAIRES

Comètes de	1799 I	2 000 kil.
—	1807	3 000
—	1847 V	28 800
—	1847 I	40 800
—	1849 II	81 600
—	1843 I	152 000
— Brorsen	1846	208 000
— Lexell	1770	326 000
—	1846 I	389 000
— Encke	1828	425 000
—	1780 I	430 000
— Halley	1835	570 000
—	1811 I	1 800 000

En comparant ces tableaux, on voit que les cinq comètes (1799 I, 1811 I, 1807, 1847 I, 1780 I et 1843 I), dont les noyaux et les atmosphères ont été pareillement mesurés, ne se trouvent pas occuper le même rang dans chacun d'eux. Il y a surtout une notable différence pour la grande comète de 1811, dont le noyau assez petit était entouré d'une immense nébulosité. Comparé au volume du globe terrestre, ce noyau n'en était que la 6300e partie, tandis que celui de la chevelure valait 2 millions 800 mille fois autant, c'est-à-dire surpassait le double du volume du Soleil lui-même.

Pour justifier les remarques dont nous avons fait précéder ces nombres, prenons pour exemple la belle comète de 1858 ou de Donati, dont les éléments physiques ont été étudiés avec tant de soin par Bond. Le diamètre de 9000 kilomètres, que nous avons rapporté, est relatif aux dimensions du noyau à la date du 19 juillet. Le 30 août suivant, il était réduit de 1/6 et ne mesurait plus que 7500 kilomètres; il continua à décroître jusqu'au 5 octobre; à cette date, il n'avait plus que 650 kilomètres, c'est-à-dire une valeur 14 fois plus petite qu'au début. Le lendemain, il atteignait 1300 kilomètres, doublant ainsi ses dimensions, d'un jour à l'autre, le volume du noyau croissant ainsi dans le rapport de 1 à 8. Enfin le 8 octobre, le diamètre atteignait un nouveau maximum de 1800 kilomètres, et le 10, se réduisait encore à moitié de sa valeur. Nous n'insistons pas maintenant sur l'importance de ces variations si rapides, dont il faudra nécessairement tenir compte, quand il s'agira d'étudier la constitution physique des noyaux cométaires. Nous verrons alors que ces variations paraissent liées aux changements de distance de ces noyaux au Soleil.

Hévélius, dans le VIe livre de sa *Cométographie*, décrit l'aspect physique de la comète de 1652, la grandeur de la tête et de la queue, leur éclat, la couleur de leur lumière. Il fait observer que les dimensions apparentes de la comète ayant diminué de jour en jour, c'est à l'éloignement de plus en plus grand de la comète à la Terre qu'il fallait attribuer cette diminution, mais qu'en réalité, « la grandeur absolue de la comète augmentait réellement tous les jours. » Cette observation dont Pingré nie la valeur, parce qu'il ne croit pas qu'Hévélius ait pu mesurer avec assez de précision les dimensions de l'astre, ni calculer exactement ses distances à la Terre, a été généralisée ; et plusieurs astronomes, parmi lesquels Newton, ont admis que les diamètres des nébulosités cométaires augmentent à mesure que les comètes s'éloignent du Soleil. Y a-t-il des exemples bien authentiques de ces changements? Arago cite les comètes de 1618 II et de 1807, comme ayant manifestement présenté ce phénomène ; mais ce dernier a été beaucoup mieux mis en évidence par les deux apparitions, en 1828 et en 1838, de la comète à courte période. Voici, d'après l'illustre secrétaire de l'Académie des sciences, le tableau de ces variations remarquables :

DIAMÈTRES RÉELS DE LA COMÈTE D'ENCKE EN 1828

DATES	DISTANCES AU SOLEIL	DIAMÈTRES EN KILOMÈTRES
28 octobre 1828	1,46	520 000
7 novembre	1,32	424 000
30 novembre	0,97	196 000
7 décembre	0,85	132 000
14 décembre	0,73	72 000
24 décembre	0,54	20 000

La diminution des diamètres est beaucoup plus rapide que celle des distances au Soleil : les six distances varient en effet dans le rapport des nombres 100, 90, 65, 58, 50 et 36, tandis que les diamètres correspondants sont entre eux comme les nombres 100, 81, 38, 25, 14 et 4 ; la distance se trouvant à la fin à peu près réduite au tiers, le diamètre est 25 fois moindre, et si du diamètre on passait au volume de la nébulosité, on trouverait que du 28 octobre au 24 décembre ce volume s'est réduit à la 17 600e partie de sa valeur première.

Passons maintenant aux variations que la même comète a subies en 1838. En voici les éléments :

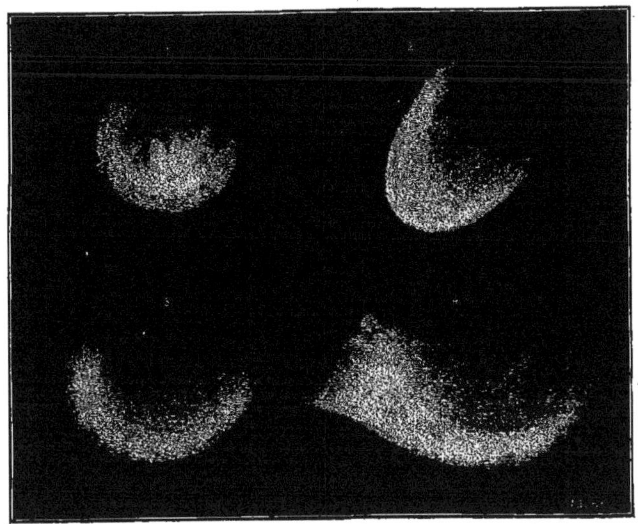

FIG. 38. — Comète d'Encke, d'après les observations de Schwabe. — 1. Le 19 octobre 1838. — 2. Le 5 novembre. — 3. Le 10 novembre. — 4. Le 12 novembre.

DIAMÈTRES RÉELS DE LA COMÈTE D'ENCKE EN 1838

DATES	DISTANCES AU SOLEIL	DIAMÈTRES EN KILOMÈTRES
9 octobre 1838	1,42	448 000
25 —	1,19	192 000
6 novembre	1,00	128 000
13 —	0,88	120 000
16 —	0,83	100 000
20 —	0,76	88 000
23 —	0,71	60 000
24 —	0,69	48 000
12 décembre	0,39	10 400
14 —	0,36	8 800
16 —	0,35	6 800
17 —	0,34	4 800

Du 9 octobre au 17 décembre, la distance de la comète au Soleil est devenue à peu près 4 fois plus petite, le diamètre réel de la nébulosité s'est trouvé réduit à la 93ᵉ partie de sa valeur, et son volume — si la comète est supposée sphérique ou tout au moins conservant sa similitude de forme — est réduit à une grosseur 81 300 fois moindre. Il paraît même certain qu'à cette seconde apparition la loi de décroissance du diamètre, comparée à la diminution de distance, accuse une variation plus rapide encore. De plus, il y a lieu de remarquer qu'à distances égales la comète était un peu moins volumineuse en 1838 que dix années auparavant. Nous nous bornons en ce moment à constater le fait : nous dirons plus loin quelles explications on en a données, et quelles difficultés ce fait présente au point de vue de la constitution physique des comètes. Toutefois, comme on a cherché à rattacher les changements de volume des nébulosités au développement et à la formation des queues cométaires, il importe de faire observer dès maintenant que la comète d'Encke est une nébulosité dont la forme est variable, tantôt ronde ou globulaire, tantôt ovale ou plus ou moins irrégulière (fig. 17, 22, 23 et 33), mais qu'elle n'a jamais présenté de queue.

CHAPITRE VII

TRANSFORMATIONS PHYSIQUES DES COMÈTES

---

§ I — AIGRETTES, SECTEURS LUMINEUX, ÉMISSIONS NUCLÉALES

Prédominance des atmosphères dans les comètes. — Aigrettes lumineuses; enveloppes vaporeuses émanées du noyau, dans les comètes de 1835, 1858, 1860 et 1861. — Formation des enveloppes dans la comète de Donati; diminution progressive de la vitesse d'expansion dans les émissions nucléales.

Les planètes, vues au télescope, sont des corps de forme, de dimensions arrêtées, probablement invariables, autant que nous en pouvons juger pendant la courte période de deux siècles qui s'est écoulée depuis l'invention des lunettes. Une masse globulaire, solide ou liquide, qu'une légère et relativement mince couche aériforme enveloppe de tous côtés, telle est, au point de vue physique, la plus sommaire définition d'une planète : ce qui en fait la permanence relative, c'est d'une part la prépondérance du globe central, où les phénomènes généraux semblent ne se modifier qu'à de longs intervalles; c'est d'autre part le peu d'épaisseur de son atmosphère, c'est-à-dire de la partie de la planète la plus sujette aux variations, aux mouvements intestins.

Dans les comètes, nous avons pu voir déjà que ce rapport

est renversé. C'est l'atmosphère, c'est l'enveloppe nébuleuse qui prédomine, quand elle ne constitue pas l'astre tout entier. Tout au plus peut-on pressentir que quelques comètes ont un noyau solide ou liquide; en tout cas, le volume n'est généralement qu'une très-faible partie du volume total de la nébulosité, même en n'y comprenant point la queue [1]. Telle comète qui, dans une portion de son orbite, semble réduite à une nébulosité simple, peu à peu présente une condensation lumineuse, un noyau : ce noyau augmente ou diminue de volume et d'éclat. Il ne paraît pas que rien de stable persiste dans la constitution de ces astres singuliers. Aussi la variabilité d'aspect paraît être un des caractères particuliers aux comètes. Déjà nous avons vu les noyaux et les atmosphères changer considérablement de volume et de forme dans le cours d'une même apparition; nous avons vu naître, se former, se développer, pour diminuer et se réduire bientôt à rien, les immenses appendices dont beaucoup de comètes se sont trouvées accompagnées. Il reste à étudier les changements intérieurs, ceux qu'on ne peut constater sans l'emploi d'instruments d'une grande puissance; il reste à voir s'il n'y a pas un lien entre les phénomènes extérieurs des queues et les mouvements de la chevelure et du noyau; si les uns et les autres ne se rattachent pas à quelque influence extérieure, comme la chaleur solaire ou toute autre force naturelle. Les comètes, décrivant toutes des orbites d'une excentricité considérable, doivent, dans le cours d'une de leurs révolutions, se trouver exposées à des différences énormes de température; les variations extrêmes de chaleur et de froid qui se font sentir pour elles du périhélie à l'aphé-

1. Les tableaux de la page 212 nous montrent que les volumes des noyaux, dans les comètes de 1799 et de 1807, ne sont environ que les 27 millièmes de ceux des nébulosités; ce rapport descend à 1/8000 dans la comète de 1843, à 1/20 000 000 dans la grande comète de 1811.

lie ne peuvent manquer de provoquer dans ces masses de vapeur, de gaz ou de corpuscules disséminés sous d'immenses volumes, des mouvements, des dilatations ou des contractions, peut-être des actions chimiques, dont nous ne pouvons, sur notre planète, avoir aucune idée : les phénomènes des taches et des protubérances solaires seraient seuls capables de nous fournir quelques termes de comparaison avec ces rapides et singulières transformations. Mais arrivons aux faits qui justifient ces conjectures et leur donnent une haute probabilité.

Les changements continuels dont les têtes d'un certain nombre de comètes sont le siége, ont été pour la première fois constatés par Heinsius, observant à Saint-Pétersbourg la grande comète de 1744 ou de Chéseaux. « Le 5 janvier, dit Arago, Heinsius ne vit rien d'extraordinaire sur la chevelure de la comète ; mais, le 25, il y découvrit une aigrette lumineuse en forme de triangle, dont la pointe aboutissait au noyau, et l'ouverture était tournée vers le Soleil. Les bords latéraux de cette aigrette paraissaient courbés comme s'ils avaient été repoussés de dedans en dehors par l'action du Soleil. Le 2 février, ces mêmes bords, plus courbés encore, formaient les deux côtés d'un commencement de queue qui devint plus distincte les jours suivants. »

Ces observations restèrent isolées jusqu'au retour de la fameuse comète de Halley en 1835. La formation de secteurs lumineux qui semblaient s'élever du noyau vers le Soleil, la variation de leurs positions, de leur nombre et de leur éclat, tous ces phénomènes si curieux et si instructifs furent observés en plusieurs points de l'Europe : à l'Observatoire de Paris par F. Arago, à Dessau et à Kœnigsberg par Schwabe et par Bessel, à Markree (Islande) par Cooper, à Florence par Amici. Depuis le 7 octobre jusqu'au 10 novembre, la tête de la comète présenta une succession d'aspects dont nous reproduisons ici quelques échantillons (voyez la planche VIII, où l'aspect de l'atmosphère de la comète est représenté d'après les observations de J. Herschel au Cap, et la figure 39, où cet aspect est donné d'après les dessins de Schwabe). En étudiant et en interprétant ces résultats, Bes-

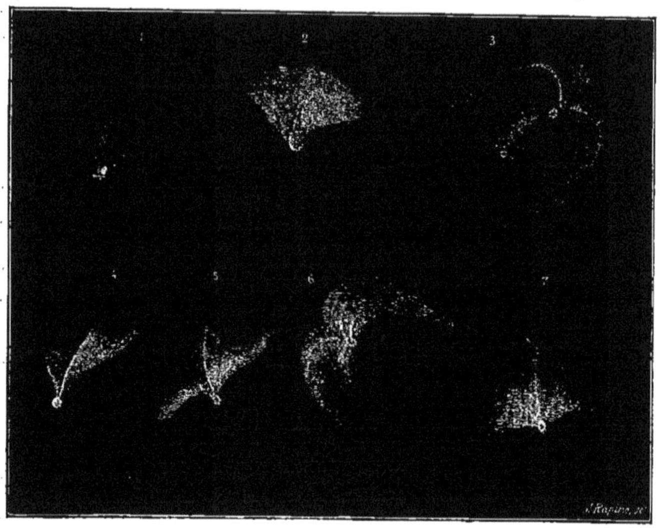

FIG. 39. — Secteurs lumineux et aigrettes de la comète de Halley d'après Schwabe. — 1. 7 octobre 1835. — 2. 11 octobre. — 3. 15 octobre. — 4. 21 octobre. — 5. 22 octobre. — 6. 23 octobre.

sel, l'illustre astronome de Kœnigsberg, a appelé l'attention des savants et des observateurs sur cette branche jusqu'ici trop négligée de l'astronomie cométaire, résultat auquel la plume si populaire d'Arago contribua d'un autre côté par ses notices insérées dans l'*Annuaire du bureau des longitudes*. Bessel insista surtout sur un fait d'une haute importance : il avait remarqué que le cône lumineux, secteur ou aigrette, émané du noyau, d'abord émis dans la direction du rayon vecteur,

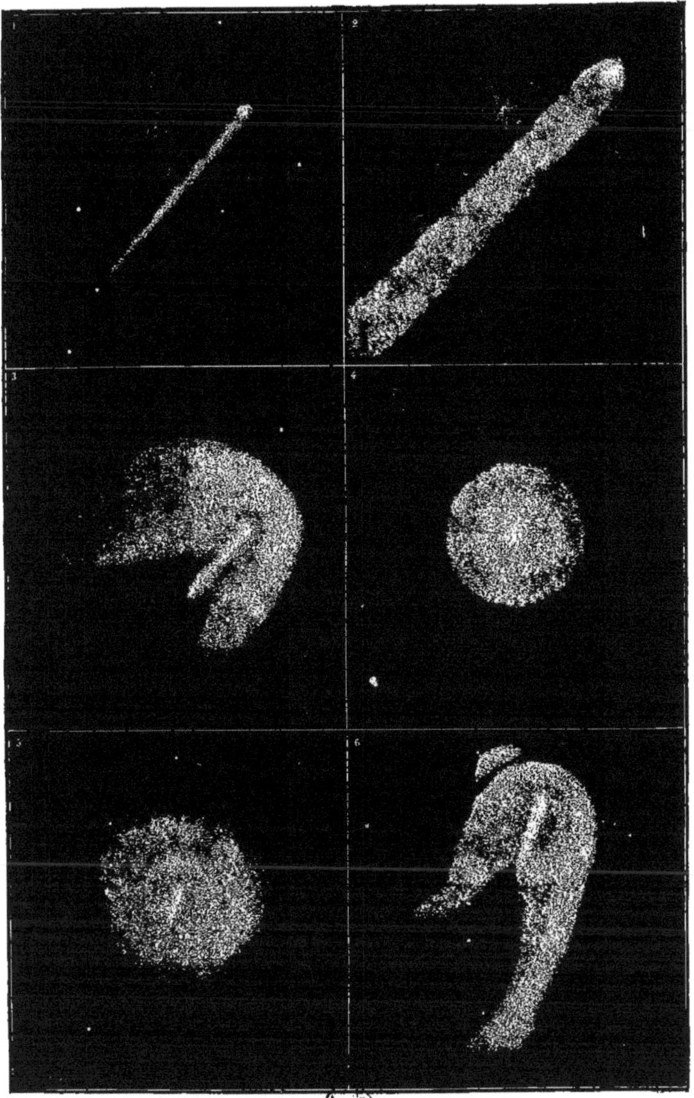

LA COMÈTE DE HALLEY EN 1835.

D'après J. Herschel. — 1. Vue de la comète à l'œil nu, dans Ophiucus, le 24 octobre 1835. — 2. *Id.* Vue dans une lunette de sept pieds de foyer. — 3, 4, 5, 6. Détails de la tête de la comète, de la fin d'octobre 1835 au commencement de février 1836.

s'éloignait peu à peu et d'une quantité notable de sa direction primitive, pour y revenir et la dépasser de nouveau, mais en sens inverse. De là il concluait à l'existence d'un mouvement de rotation ou plutôt d'oscillation de la tête et du noyau dans le plan de l'orbite. C'est cette oscillation qui donna lieu à l'hypothèse, à tous égards remarquable, de l'existence d'une force polaire ayant son foyer d'action dans le Soleil, et faisant osciller les corps cométaires, comme un barreau magnétique fait osciller l'aigrette aimantée. Nous consacrerons plus loin un paragraphe spécial à l'exposé de la théorie du grand astronome de Kœnigsberg.

Quatre autres comètes ont présenté des phénomènes analogues, mais avec des différences que nous allons signaler : ce sont la comète de Donati (1858); celle de 1860 III; celle de 1861 II; et enfin la comète de 1862 II, pour laquelle nous entrerons dans quelques détails. Ces détails feront comprendre le mode de formation et de succession des aigrettes lumineuses, des enveloppes nébuleuses auxquelles ces aigrettes donnent naissance, et enfin des queues, que la matière cométaire ainsi sortie du noyau paraît former sous l'influence d'une sorte de refoulement dont il s'agira ensuite de rechercher la cause.

Dans la comète de Donati, les jets de matière lumineuse qui s'échappaient du noyau, comme autant d'aigrettes se développant en forme d'éventail du côté du Soleil, produisirent autour de la tête des enveloppes successives qui, en s'éloignant, diminuaient d'éclat et se rapprochaient les unes des autres. Cette sorte de compression a été considérée par Bond comme résultant d'une diminution progressive dans la vitesse d'expansion de chaque enveloppe. Sept enveloppes successives se sont ainsi formées, s'élevant au-dessus du noyau dans des périodes qui ont varié de 4 jours 16 heures à 7 jours 8 heures. Chacune d'elles restait ainsi

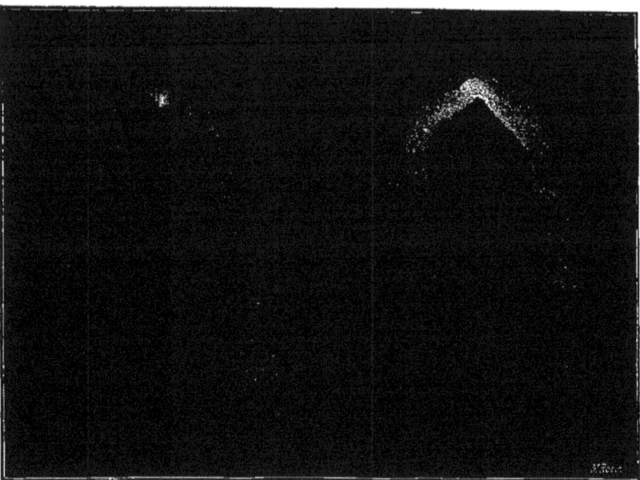

Fig. 40. — Formation des aigrettes et des enveloppes lumineuses. Comète de Donati, 8 septembre 1858.

Fig. 41. — Comète de 1860, III, le 27 juin, d'après les dessins de Bond. Aigrettes et enveloppes.

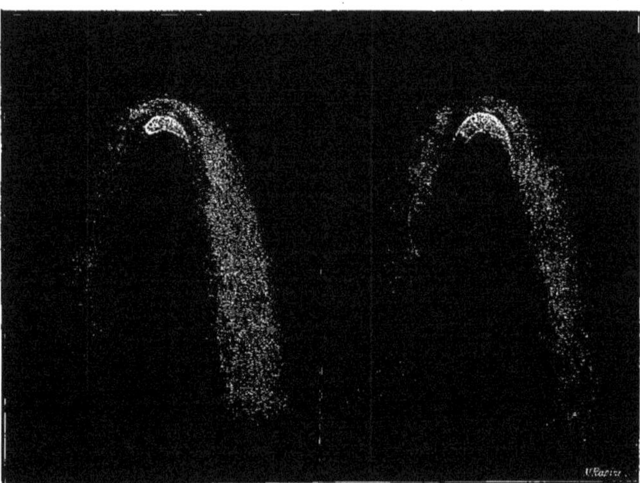

Fig. 42. — Enveloppes lumineuses de la comète de Donati. Le 30 septembre 1858.

Fig. 43. — Le 2 octobre, la même comète, d'après les dessins de Bond.

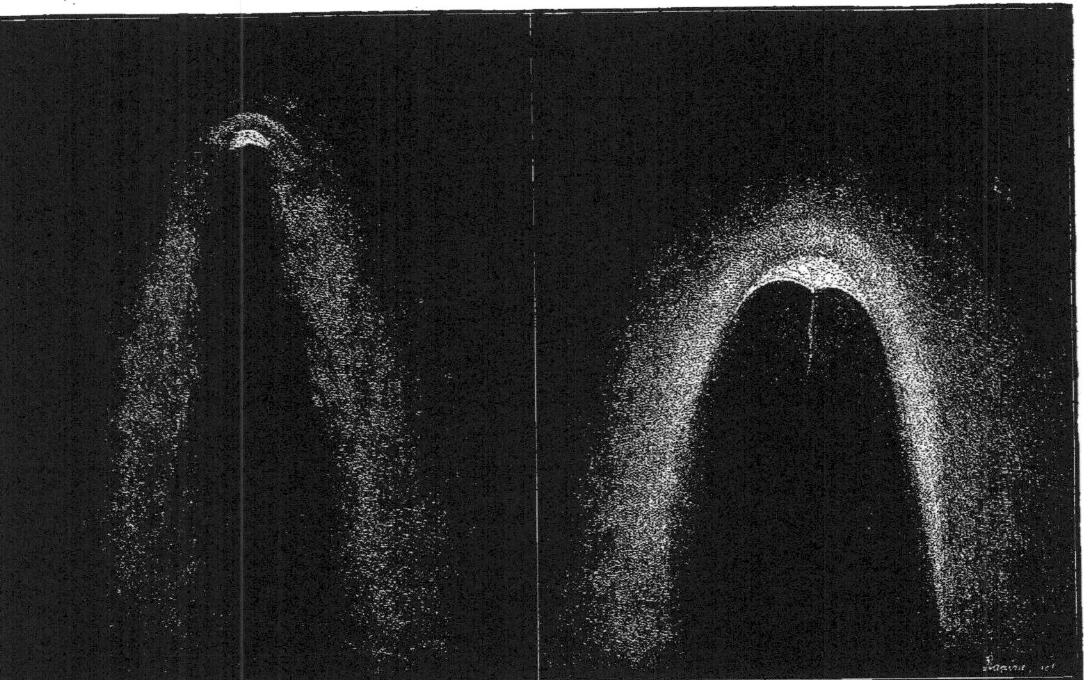

LES ATMOSPHÈRES COMÉTAIRES.

1. Secteurs lumineux et enveloppes de la comète de Donati ; d'après les observations de G.-P. Bond, du 29 septembre 1858.
2. Aigrettes lumineuses de la grande comète de 1861, le 2 juillet, d'après Warren de La Rue.

comme retenue par le noyau un certain temps, acquérant graduellement la propriété d'être refoulée en arrière pour aller former, de chaque côté, les deux branches de la queue principale. Les aigrettes ont montré toujours la même direction vis-à-vis du Soleil, de sorte qu'on en doit conclure que ni le noyau ni la chevelure n'étaient doués d'un mouvement de rotation sensible; qu'aucune oscillation du

Fig. 44. — Formation des enveloppes lumineuses dans la comète de Donati, le 6 octobre.

Fig. 45. — Le 8 octobre 1858. Observations et dessins de G. P. Bond.

genre de celle observée par Bessel ne s'est manifestée dans la tête de la comète de Donati, sauf le mouvement qu'exige la direction constante des secteurs lumineux vers le Soleil. Cette absence même de rotation, selon Bond, implique l'action d'une force polaire émanée du Soleil et maintenant l'axe du noyau vers le foyer du mouvement.

Les comètes de 1860 et 1861 ont également été le siége d'émissions nucléales dans une direction permanente, la première pendant deux semaines, la seconde pendant un mois. Onze enveloppes successives sont sorties du noyau de la comète de 1861, à des intervalles réguliers de deux jours. Leur développement et leur dissipation finale se sont accomplis, comme on voit, avec une bien plus grande rapidité que ceux de la comète de Donati.

§ 11 — Oscillations des aigrettes lumineuses; comète de 1862

Observations de J. Chacornac sur la grande comète de 1862. — Formation des secteurs lumineux, émanés du noyau. — Oscillations des aigrettes, et refoulement de la matière nucléale.

Nous allons assister maintenant aux évolutions des secteurs lumineux de la grande comète de 1862, laquelle a présenté, au contraire, des oscillations analogues à celles des aigrettes de la comète de Halley. Nous suivrons, pour cela, la description de notre savant et regretté compatriote J. Chacornac, si prématurément enlevé à la science qu'il cultivait avec un zèle, une passion sans bornes. Les dessins dont nous accompagnons le texte (fig. 46 et 47) nous ont été remis par lui-même, pendant la durée de l'apparition de cette comète remarquable.

Dès le 10 août 1862, Chacornac constatait dans la tête de l'astre la présence d'une aigrette lumineuse, d'un secteur brillant tourné vers le Soleil, et qui, de 46 degrés d'amplitude à trois heures du matin, s'était ouvert, le lendemain à deux heures, « comme la corolle d'un convolvulus et embrassait 65 degrés. Le noyau avait, le 10, l'aspect d'une fusée, ayant un diamètre beaucoup plus étendu dans la direction du rayon vecteur que dans la direction perpendiculaire. » Notons que le contraire s'était présenté dans les noyaux des comètes de 1858 et 1861, aplatis dans le sens du rayon vecteur. Le 11, les deux diamètres se rapprochaient de l'égalité. De nouvelles aigrettes se détachèrent ainsi successivement du noyau, et, à la date du 26 août, à dix heures du soir, l'observateur concluait qu'elles s'étaient succédé, du 10 au 26, au nombre de 13;

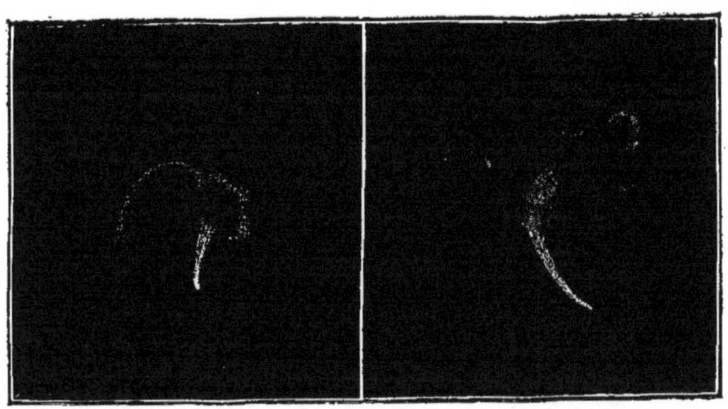

Fig. 46. — Évolution des aigrettes ou secteurs lumineux, dans la grande comète de 1862, d'après J. Charconac. Tête de la comète, vue le 23 août, à une heure du matin et le même jour à neuf heures du soir.

mais on va voir avec quelles particularités curieuses. Ayant suivi pendant tout cet intervalle, excepté durant trois nuits où le ciel fut couvert, les aigrettes successives, Chacornac a donné en ces termes la description sommaire et l'interprétation des phénomènes :

« Le noyau de la comète émet périodiquement, dans la direction du Soleil, un jet gazeux d'où s'échappent des particules de matières cométaires, comme s'échappe d'un piston de machine un jet de vapeur. Ce jet conserve pendant un certain temps des formes rectilignes, comme si une force de projection considérable, résidant dans le noyau, lançait les particules dans cette direction; puis il s'infléchit un peu, prenant la forme d'un cône légèrement cintré. « A ce moment, la matière cométaire, s'accumulant à l'extrémité du jet la plus rapprochée du Soleil, forme une espèce de nuage dont les contours arrondis, d'après Chacornac, sembleraient indiquer qu'à cette distance du noyau, la force

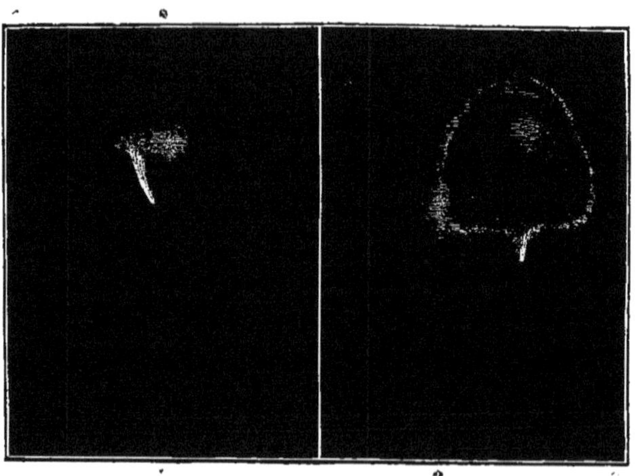

Fig. 47. — Évolution des aigrettes de la comète de 1862, d'après J. Chacornac. Le 23 août à neuf heures du soir, et le 24 août à la même heure.

de projection est vaincue par une résistance qui lui est opposée; refluant alors de part et d'autre, ainsi que le fait un jet de fumée refoulé par le vent, cette matière se répand en nappe de niveau (fig. 46 et 47) dont l'écoulement a lieu dans la direction de la queue. »

» Peu à peu, le cône vaporeux, dont l'axe et le sommet ont toujours paru les portions les plus lumineuses, prend un aspect diffus, nébuleux, comme si une épaisse atmosphère le voilait davantage; l'éclat du centre s'affaiblit, celui des côtés augmente et le cône s'élargit. L'aspect diffus continuant d'augmenter, le jet gazeux se déforme, la lumière de l'axe disparaît, et tout semble indiquer que l'émission nucléale a cessé de se produire dans cette direction. Le noyau apparaît rond, brillant. A cette époque, dans un angle de position incliné sur le rayon vecteur de 30 degrés environ vers l'est, apparaissent les premières traces d'un nouveau jet qui succède à celui-ci; et, à mesure que ces traces deviennent plus apparentes, le jet vaporeux, dirigé primitivement au Soleil, continue de s'élargir en se courbant de plus en plus, jusqu'au moment où, déformé insensiblement, il se réduit à un léger brouillard étalé, conservant à peine les traces de sa forme et de sa direction primitives. Dans cet état, l'enveloppe hémisphérique qui entoure l'aigrette est précisément plus brillante, mieux limitée dans la partie correspondante au rayon diffus en voie de dispersion que partout ailleurs.

» Dans la période de temps où le rayon dirigé au Soleil s'est dispersé, le nouveau s'est développé progressivement comme le précédent, c'est-à-dire que le noyau s'est allongé peu à peu sous la forme d'un cône, dégageant des particules gazeuses de toutes les parties de sa surface, lesquelles, en s'élançant suivant la direction de l'axe, ont formé le nouveau jet que, seize heures plus tard, on retrouve à la même phase que celui-ci. On peut suivre sur ce nouveau rayon les mêmes changements que ceux décrits pour le précédent, en remarquant toutefois que ce nouveau jet gazeux alimente la partie orientale de l'enveloppe hémisphérique et l'autre branche de la queue. D'après les observations que le temps m'a permis de faire, ces émissions nucléales auraient eu lieu alternativement depuis le 9 août, et, à chaque rayon dirigé au Soleil ou dans une position voisine, aurait succédé un autre rayon incliné sur celui-ci, en sorte que le nombre des jets vaporeux émis par le noyau, depuis cette époque jusqu'au 26 août à dix heures du soir, s'élèverait à treize. Depuis l'époque du passage de la comète à son périhélie, le jet qui correspondait, à peu près, à la direction du rayon vecteur s'est incliné peu à peu dans l'ouest, de manière que l'autre jet, tourné vers l'est, se dirige actuellement au Soleil. »

En rapprochant ces phénomènes, d'un si haut intérêt, de ceux que nous avons décrits plus haut, il est impossible de n'être pas frappé, à la fois, de la similitude qu'ils présentent avec ceux qui ont éveillé l'attention de Bessel dans la comète de Halley, et de la différence que les mêmes phénomènes accusent avec ceux dont la grande comète de 1858 a été le siége. Il ne paraît pas qu'aucune trace d'oscillation se soit manifestée dans les secteurs lumineux de ce dernier astre, tandis que le développement des auréoles concentriques en a été le principal caractère. De même, c'est le mouvement oscillatoire, plus ou moins rapide, qui a surtout, dans les comètes de 1835 et de 1862, caractérisé les jets de matière vaporeuse et lumineuse émanés des noyaux. Il ne faut pas perdre de vue ces différences et ces analogies, quand on cherche à ramener à une cause physique unique les transformations dont les atmosphères des comètes paraissent être le siége incessant, surtout dans le voisinage de leur périhélie.

§ III — Dédoublement de la Comète de Biéla

Premiers indices du dédoublement de la comète de Gambart ou de Biéla, dans le mois de janvier 1846. — Observations des deux comètes jumelles en Amérique et en Europe. — Éloignement progressif, puis rapprochement des fragments. — Retour et observations des deux comètes en 1852; leurs distances ont augmenté. — Éléments de l'orbite de chaque comète.

Nous arrivons à des transformations plus singulières encore dans l'aspect extérieur des nébulosités cométaires, et surtout à des transformations plus radicales.

Le deuxième retour de la comète de six ans 3/4 depuis 1826, époque de sa découverte comme comète périodique, ou le onzième retour depuis sa première observation en 1772, a été marqué, avons-nous dit, par un événement mémorable : le dédoublement de l'astre, son partage en deux comètes distinctes. Voici, à ce sujet, quelques détails historiques :

Le 21 décembre 1845, M. Encke avait déjà observé à Berlin la comète de Biéla ; M. Valz la vit à Marseille le 25 du même mois ; ni l'un ni l'autre de ces deux astronomes n'avaient aperçu de trace de séparation. Le 19 toutefois, M. Hind signalait vers le nord du noyau une sorte de protubérance : était-ce un premier indice du dédoublement? Quoi qu'il en soit, il paraît certain que c'est seulement le 15 janvier 1846 que la comète a été vue double à Washington (États-Unis). En Europe, ce n'est qu'à la date du 15 janvier, quinze jours avant le passage de la comète à son périhélie, que Valz à Marseille, Challis à Cambridge, Encke à Berlin, constatèrent l'existence de deux noyaux séparés.

« Les 18 et 20 janvier, dit M. Valz, la comète n'offrit rien de particulier. Seulement, la condensation lumineuse centrale me sembla plus intense qu'aux précédentes apparitions. Le temps couvert ne me permit de revoir la comète que le 27. Je fus alors tout ébahi de trouver deux nébulosités à 2′ d'intervalle, au lieu d'une seule nébulosité... Hier 29, malgré les nuages, j'ai observé de nouveau la double tête; la tête secondaire est bien plus faible que l'autre. » Chaque noyau était suivi d'une petite queue dont la direction était perpendiculaire sur la ligne qui joignait les centres des noyaux. Les deux noyaux avaient la même vitesse et se mouvaient dans la même direction. A la date du 31 janvier, M. Hind constatait la séparation rapide des noyaux. Moins

Fig. 48. — Comète de Biéla dédoublée, le 19 février 1846. D'après un dessin de Struve.

d'un mois plus tard, l'éloignement des deux comètes jumelles avait triplé, et d'ailleurs l'aspect de chacune d'elles était lui-même variable, pour ainsi dire d'un jour à l'autre. Tantôt l'un des noyaux l'emportait en éclat, tantôt c'était l'autre, de sorte qu'il était difficile de dire quelle était la comète principale, quelle était la secondaire.

Les figures 48 et 49 donnent, à deux jours d'intervalle, l'aspect et la position relative des noyaux et de leurs queues, le 19 et le 21 février 1846, d'après les dessins de l'astronome russe Otto Struve. On voit qu'alors il n'y avait aucune liaison apparente, aucune communication matérielle entre les deux astres. « La partie du ciel qui les séparait fut, en un mot, comme le dit Humboldt, notée libre de toute nébulosité à Poulkowa. Or, quelques jours plus tard, le lieutenant Maury aperçut à Washington, avec un instrument dioptrique de Munich, de neuf pouces de diamètre, des rayons que l'ancienne comète envoyait vers la nouvelle, de sorte que, pendant quelque temps, il y eut une sorte de pont jeté de l'une à l'autre. Le 24 mars la petite comète, diminuant insensiblement d'éclat, n'était déjà presque plus

Fig. 49. — Comète de Biéla dédoublée, le 21 février 1846. D'après Struve.

reconnaissable. On vit encore la plus grande jusque vers le 16 ou le 20 avril, où elle disparut à son tour. » (*Cosmos*, III, p. 584.)

L'accroissement de l'intervalle apparent des deux noyaux ne prouvait point un éloignement réel des deux fragments de la comète, puisque pendant les observations celle-ci s'approchait de la Terre; mais le calcul des distances vraies a été fait par M. Laugier, puis par M. Plantamour et par M. d'Arrest, et il résulte du tableau suivant, dû à celui-ci, qu'après s'être éloignées jusqu'au 13 février, les deux comètes se seraient ensuite progressivement rapprochées :

			KILOMÈTRES
Distance des deux noyaux	le 14	janvier 1846	285 000
—	24	—	300 000
—	3	février	308 000
—	12	—	310 000
—	23	—	308 000
—	5	mars	305 000
—	15	—	290 000
—	25	—	277 000

Les variations d'éclat et d'aspect qu'ont présentées les deux comètes ne furent pas moins remarquables que leurs variations de distance. Toutes deux montraient une condensation lumineuse au centre de leur nébulosité ; toutes deux avaient des queues assez courtes, mais parallèles entre elles. « Mais dès la première observation, le 13 janvier, où la nouvelle comète était très-petite et faible en comparaison de l'ancienne, leur différence d'éclat et de grandeur apparente alla en diminuant. Le 10 février, elles étaient à peu près égales, bien que la veille la lumière de la Lune, effaçant la nouvelle, eut permis à l'ancienne d'être observée. Le 14 et le 16, la nouvelle comète était décidément plus lumineuse que l'ancienne, présentant en même temps un noyau vif et brillant comme une étoile, comparé par le lieutenant Maury à un diamant étincelant ; mais cet état ne dura point. Dès le 18, l'ancienne comète avait regagné sa supériorité, étant environ deux fois aussi brillante que sa compagne, et offrant un noyau étoilé d'une vivacité inusitée. A partir de ce moment, la nouvelle comète faiblit, tout en restant visible jusqu'au 15 mars. Le 24, la comète se montra simple, et, le 22 avril, l'une et l'autre avaient disparu. » (Herschel, *Outlines of astronomy*.)

La communication lumineuse observée par Maury entre les deux astres, et citée plus haut, mérite aussi d'arrêter l'attention. Outre la queue propre à chaque comète, cet observateur vit un bel arc lumineux qui, comme une arche de pont, s'étendait de l'un à l'autre noyau. C'était à l'époque où la nouvelle comète avait son maximum d'éclat; et, quand l'ancienne eut repris sa supériorité, elle émit de nouveaux

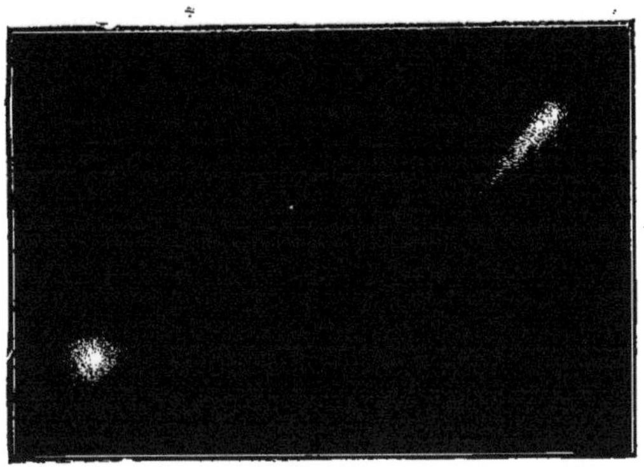

FIG. 50. — Les deux comètes jumelles de Biéla, à leur retour en 1852. D'après Secchi.

rayons qui lui donnaient l'apparence d'une comète à trois faibles queues, formant entre elles des angles de 120° et dont l'une joignait les deux comètes.

Ces phénomènes étranges soulèvent des questions du plus haut intérêt. Quelle est la cause qui a déterminé la séparation, le dédoublement de la comète de Biéla? Est-ce le fait d'une perturbation extérieure? est-ce au contraire le résultat d'une convulsion intestine? D'où proviennent ces variations d'éclat, trop frappantes pour qu'on puisse les attribuer à des illusions optiques? Quand on a observé la séparation pour la première fois, n'était-elle point déjà accomplie depuis un certain temps? Nous croyons, comme M. Liais, que cette supposition est probable, et que d'un jour à l'autre l'ancienne comète n'aurait pas projeté à une distance de soixante-dix mille lieues un fragment qui ne s'est éloigné que lentement de l'astre primitif.

On conçoit que les astronomes aient été attentifs quand la comète de Biéla, à son retour de 1852, put être observée de nouveau. En août et septembre de cette année, les deux astres, qui avaient voyagé de conserve pendant toute une révolution, furent aperçus par le professeur Challis à Cambridge, par le père Secchi à Rome, et par M. Struve. Cette fois les deux comètes étaient en moyenne huit fois plus éloignées qu'à leur passage en 1846; voici en effet quelles furent leurs distances pendant la durée des observations :

	KILOMÈTRES
Le 27 août 1852	2 417 000
4 septembre	2 510 000
12 —	2 579 000
20 —	2 614 000
28 —	2 599 000

Il est à remarquer que le maximum d'éloignement des deux noyaux correspondit, aussi bien en 1846 qu'en 1852, aux jours voisins du passage des comètes à leur périhélie, passage qui eut lieu, en 1846 le 12 février, en 1852 le 23 et le 24 septembre.

Ainsi, on peut considérer les deux comètes comme formant désormais deux astres distincts ; et en effet, de leurs mouvements respectifs on a pu déduire les éléments de leurs orbites, qui, tout ressemblants qu'ils soient et accusant la communauté d'origine, n'en ont pas moins des différences marquées. Voici ces éléments, d'après M. d'Arrest, pour le passage de 1852 :

ÉLÉMENTS DES DEUX COMÈTES DE BIÉLA

	NOYAU BORÉAL	NOYAU AUSTRAL
Époque du passage au périhélie.	Sept. 24, 2180	Sept. 23, 4520
Longitude du périhélie.........	109° 20′ 24″	109° 13′ 21″
Longitude du nœud............	246° 5′ 16″	246° 9′ 11″
Inclinaison....................	12° 33′ 25″	12° 33′ 47″
Distance périhélie..............	0,860161	0,860592
Excentricité....................	0,7552007	0,7561187
Durée de la révolution..........	6ans,587	6ans,629

Mouvement direct.

Ces éléments se traduisent, comme on le voit, par une différence de 15 jours dans les durées des révolutions. D'autres perturbations se sont-elles fait sentir depuis? C'est ce que semblait faire pressentir l'impossibilité où se sont trouvés les observateurs de revoir la double comète, sinon à son retour de 1859, du moins à celui de 1866. On verra qu'en 1872 l'un des noyaux de la comète s'est trouvé, à son nœud, assez voisin de la Terre pour qu'on puisse conjecturer que la rencontre a eu lieu effectivement. D'après plusieurs savants, c'est à cette rencontre qu'il faut attribuer le splendide phénomène dont les observateurs européens ont été témoins dans la nuit du 27 novembre : les milliers d'étoiles filantes qui sont tombées comme une pluie d'étincelles, comme une gerbe d'artifice, étaient, selon eux, partie intégrante de l'une des deux comètes : d'autres astronomes pensent que le phénomène en question est dû à la rencontre de la Terre, non pas avec l'un des fragments de la comète de Biéla, mais avec un essaim qui faisait jadis partie de la même nébulosité. Si la première conjecture est fondée, il y a lieu de se demander quelle influence la masse du globe terrestre aura eue sur la nébulosité, et si cette dernière n'aura pas été cette fois complétement disloquée. Les observations futures fourniront peut-être les éléments nécessaires à la solution de ce problème.

§ IV — Les comètes doubles dans l'histoire

Y a-t-il quelques exemples historiques de la division d'une comète en plusieurs parties? — La comète de 371; l'historien Éphore, Sénèque et Pingré. — Autres observations semblables en Europe et en Chine. — La comète double d'Olinda, observée en 1860 au Brésil par M. Liais.

Le dédoublement de la comète de Biéla devait suggérer et a, en effet, suggéré immédiatement des recherches historiques sur les événements analogues dont la tradition avait transmis la mémoire, mais dont auparavant on avait cru devoir révoquer en doute l'authenticité. On s'est alors rappelé que Démocrite, au dire d'Aristote, avait rapporté le fait d'une comète se divisant subitement en un grand nombre de petites étoiles. C'est peut-être ce fait qui avait donné lieu à l'opinion de certains philosophes de l'antiquité, que les comètes étaient formées de deux ou plusieurs étoiles errantes. Sénèque, en cherchant à réfuter cette opinion, mentionne le récit fait par un historien grec, Éphore, du partage de la comète de l'an 371 en deux étoiles; il s'exprime ainsi :

« Éphore, qui est loin d'être un historien d'une véracité irréprochable, est souvent trompé, souvent trompeur. Cette comète, par exemple, sur laquelle tout le monde a eu les yeux si avidement fixés, à cause de l'immense catastrophe que produisit son apparition, la submersion des villes d'Hélice et de Bura, c'est Éphore qui prétend qu'*elle s'est divisée en deux étoiles;* personne que lui n'a rapporté ce fait. Qui eût pu, en effet, observer le moment où la comète s'est dissoute, s'est divisée en deux parties? Comment, d'ailleurs, si quelqu'un a vu la comète se dédoubler, personne ne l'a-t-il vue se former de deux étoiles? Pourquoi Éphore n'a-t-il pas donné le nom de ces deux étoiles? »

Ces deux derniers arguments paraîtront de peu de poids, tandis que le fait donné par Éphore n'a plus rien aujourd'hui, depuis l'observation de janvier 1846, qui paraisse impossible.

Il parut, en 1618, plusieurs comètes qui furent observées, les unes en Europe, les autres en Perse, mais sur l'identité ou la distinction desquelles il était resté des doutes. Deux de ces comètes auraient été vues en même temps et dans la même région du ciel, ce qui fit soupçonner à Képler qu'il n'y avait là qu'une seule et même comète qui s'était divisée en deux. En rapportant cette opinion du grand astronome, Pingré, qui avait pris parti pour Sénèque contre Éphore, raille aussi Képler et s'écrie : « *Quandoque bonus dormitat Homerus.* » Aujourd'hui, sans affirmer que le partage ait été réel, il faut considérer la conjecture de Képler comme étant tout au moins vraisemblable. Il y a d'ailleurs d'autres faits ayant avec ceux-ci une certaine analogie. Citons Pingré lui-même.

En l'an 14 avant J.-C., « Hantching-Ti monta sur le trône de la Chine en la vingt-sixième année du 4me cycle; en la dix-huitième année de son règne, *on vit une étoile s'évanouir et se résoudre en une pluie très-fine.* »

« Sous le consulat de M. Valerius Massala Barbatus et de P. Sulpicius Quirinus, avant la mort d'Agrippa, on vit durant plusieurs jours une comète : elle était comme suspendue sur la ville de Rome; elle parut ensuite se résoudre en plusieurs petits flambeaux. » Ce fait est rapporté par Dion Cassius.

D'après les observations chinoises, recueillies par Édouard Biot, trois comètes accouplées parurent en l'an 896 et parcoururent de conserve leur orbite. Enfin, Pingré cite encore le passage suivant de Nangis, d'où il semble résulter que la comète de 1348 se serait séparée en plusieurs fragments. « La nuit commençant, en notre présence et à notre grand étonnement, cette étoile très-grosse fut divisée en plusieurs rayons, lesquels se répandirent sur Paris et du côté de l'Orient, et le tout disparut. Ce phénomène était-il une comète ou une autre étoile, ou bien était-il formé de quelques exhalaisons et se résolut-il ensuite en vapeur? C'est ce que je laisse au jugement des astronomes? »

Peut-être, dans les phénomènes de division subite ainsi mentionnés par d'anciens auteurs, en est-il qui se rapportent à des bolides ou, comme le dit Pingré, à des « météores »; mais le fait n'en serait pas moins curieux, et d'ailleurs il se rattacherait néanmoins, plus qu'on ne pouvait le penser alors, aux phénomènes présentés par les comètes elles-mêmes, depuis qu'entre les comètes, les bolides et les étoiles filantes, on a pu constater un rapport réel, sans doute une communauté d'origine. En tout ceci, il n'est plus permis de considérer ces corps comme étrangers les uns aux autres. Nous reviendrons forcément sur ces rapprochements curieux dans la seconde partie de cet ouvrage, c'est-à-dire dans le volume qui fera suite aux COMÈTES et sera consacré aux ÉTOILES FILANTES.

Mais, avant de terminer ce paragraphe, nous devons encore mentionner une observation analogue, sinon au dédoublement même de la comète de Biéla, du moins au fait de l'existence de deux ou plusieurs noyaux dans une même comète. Cette observation a été faite au Brésil par un astronome français contemporain, M. Liais, dans le courant des mois de février et mars 1860. La figure 51 montre quel était l'aspect de la double comète le 27 février 1860 le lendemain de la découverte, et les deux figures suivantes, 52 et 53, qui reproduisent comme la première les dessins de l'observateur, suffisent à préciser les variations de position et de forme des deux noyaux à deux dates postérieures. A la date du 27 février, la comète principale, d'un volume et d'un éclat bien supérieurs à ceux de la nébulosité secondaire, présente un noyau d'où s'échappent vers le Soleil deux aigrettes lumineuses. La nébulosité qui forme la tête enveloppe ces aigrettes et se prolonge à l'opposé sous forme de queue, tandis que la comète secondaire consiste seulement en une nébuleuse qui offre une condensation prononcée à son centre. Douze jours après, le 10 mars, celle-ci ne s'était

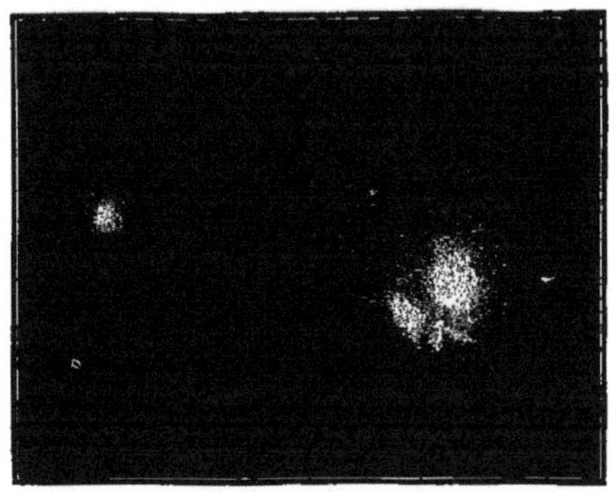

Fig. 51. — Comète double d'Olinda, le 27 février 1860, d'après M. Liais.

presque pas modifiée, tandis que les aigrettes avaient disparu dans le noyau de la comète principale, et paraissaient remplacées par une enveloppe presque circulaire autour du noyau. La comète principale offrit, le 11 mars, au lieu d'une condensation ou d'un noyau unique, « deux autres centres plus petits placés à peu près sur l'axe de la grande dimension. La seconde nébulosité paraissait d'une intensité uniforme sur tout son pourtour. Elle était beaucoup plus faible que la veille et peu visible. On voit donc que, le 11 mars, il y avait une tendance de la grande nébulosité à se diviser de nouveau en deux parties, ce qui aurait fait une comète triple. » Le lendemain, 12 mars, l'aspect avait

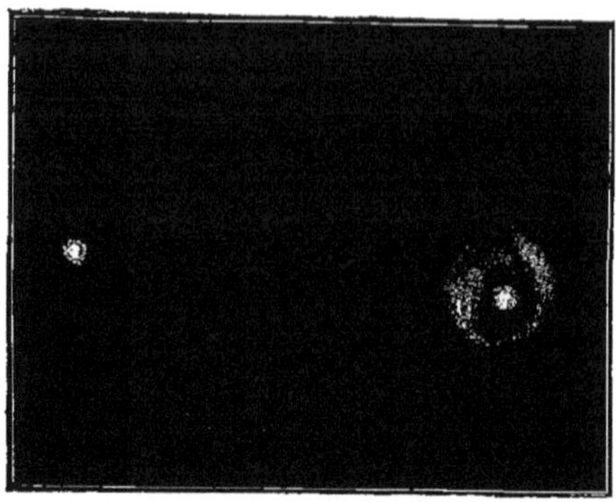

FIG. 52. — Comète double d'Olinda, le 10 mars 1860, d'après M. Liais.

changé de nouveau : un seul centre de condensation, placé comme celui du 10, était visible, et la comète la plus faible

FIG. 53. — La comète double d'Olinda, le 11 mars 1860, d'après M. Liais.

se distinguait avec peine; elle avait complétement disparu le 13 mars, dernier jour de l'observation.

La comète d'Olinda (première comète de 1860) n'étant pas

périodique, ou ce qui revient au même, ayant une période très-longue, on ne pourra étudier les changements qu'elle aura subis sans doute, à l'époque probablement extrêmement éloignée de son retour. Mais les astronomes, prévenus par les observations positives d'une véritable dislocation cométaire, celle de la comète de Biéla, sont attentifs aujourd'hui aux transformations intéressantes de ces embryons célestes, de ces masses nébuleuses sans consistance, que les planètes troublent dans leurs orbites, et qui, divisées parfois sous des influences perturbatrices plus immédiates, éparpillées en divers fragments comme tendent à le prouver des observations anciennes, s'en vont répandre dans toutes les régions de l'espace la matière dont elles étaient primitivement formées [1].

1. Depuis que nous avons écrit ces lignes, une comète nouvelle assez intéressante et visible à l'œil nu, la comète de Coggia, a fait son apparition dans le ciel de l'Europe. Aux derniers jours de sa visibilité, qui a été trop courte malheureusement, la tête parut subir des transformations singulières, accusant une certaine tendance au dédoublement. On trouvera plus loin des détails relatifs à ces phénomènes et des dessins qui en reproduisent l'aspect.

CHAPITRE VIII

MASSE ET DENSITÉ DES COMÈTES

§ 1 — Première détermination de la masse des comètes

La comète de Lexell et les calculs de Laplace. — Faiblesse de masse de la plupart des comètes, déduites de l'absence de perturbations subies par la Terre, par les autres planètes ou par leurs satellites.

Depuis longtemps, les gens éclairés ne croient plus aux influences mystérieuses des comètes sur les événements humains : une telle croyance en effet suppose un esprit enclin aux idées mystiques et à un surnaturalisme quelque peu extravagant; elle dénote en outre une complète ignorance des phénomènes astronomiques et physiques. Cette superstition dont nous avons donné tant d'exemples dans les siècles passés, est en train, avec bien d'autres, de finir son temps.

Mais si les comètes, par leurs apparitions inattendues, ne viennent plus annoncer au monde quelque grand événement, quelque catastrophe, ne sont-elles pas capables d'agir plus directement pour bouleverser notre planète, soit en la troublant dans ses mouvements, soit même en la heurtant dans une rencontre qui pourrait être, pour les habitants de la Terre, la catastrophe finale? Nous examinerons plus loin les probabilités d'une telle rencontre, et les effets qu'elle produirait sur notre globe et sur ses habitants. Mais il est aisé de comprendre que ces effets dépendraient alors, en grande partie, de deux éléments de la comète dont nous n'avons rien dit encore, de sa masse et de sa densité.

J'ai cherché ailleurs[1] à donner une idée élémentaire des méthodes que les astronomes emploient pour calculer la masse d'un astre, la quantité de matière qu'il renferme, comparée à celle du globe solaire ou de la Terre, pour le peser en un mot : je me permettrai d'y renvoyer ceux de mes lecteurs qui ne sont point familiers avec les questions astronomiques de ce genre; ces méthodes sont diverses, mais elles sont toutes basées sur le principe de la gravitation universelle. Arrivons donc aux résultats eux-mêmes, et voyons ce qu'on sait des masses cométaires.

Nous avons vu que certaines comètes, en parcourant leurs orbites, se sont approchées de plusieurs planètes, de Jupiter et de Saturne, de Mars et de la Terre, assez près pour éprouver dans leurs mouvements des perturbations sensibles. Ces perturbations, qui altèrent la forme et les dimensions de l'orbite, ont été prédites et calculées d'avance ; et l'observation a prouvé que les accélérations ou les retards assignés par la théorie étaient dus, comme celle-ci le suppose, à l'action troublante des masses planétaires. Si les masses des comètes étaient du même ordre de grandeur que celles des planètes, leurs effets eussent été de même nature, et l'on aurait réciproquement constaté dans les mouvements de Jupiter ou des autres planètes des altérations sensibles. Rien de pareil n'a été reconnu.

Prenons pour exemple la comète de 1770 ou de Lexell,

1. *Ciel*, 4e partie.

cette comète fameuse que la puissante attraction de Jupiter força une première fois à décrire une orbite elliptique à courte période, et qu'une action ultérieure du même astre renvoya à tout jamais dans les profondeurs du ciel. Non seulement la comète n'exerça aucune action sur la masse de Jupiter aux deux époques de ses passages dans son voisinage, en 1767 et en 1779, mais elle ne troubla en aucune façon les mouvements d'aucun des quatre satellites [1]. Mais la même comète, en 1770, passa fort près de la Terre; sa plus petite distance à notre globe n'a été, en effet, que la soixantième partie de celle de la Terre au Soleil, 2 450 000 kilomètres ou 610 000 lieues, c'est-à-dire à peu près six fois la distance de la Lune. De toutes les comètes observées, la comète de Lexell est celle qui a le plus approché de la Terre; celle-ci aurait dû éprouver une action sensible, si la masse de la comète eût été comparable à celle de notre globe. « En supposant ces deux masses égales, dit Laplace, l'action de la comète aurait accru de 11612″ (centésimales) la durée de l'année sidérale. Nous sommes certains par les nombreuses comparaisons des observations, que MM. Delambre et Burckhardt ont faites pour construire leurs tables du Soleil, que depuis l'année 1770 l'année sidérale n'a pas augmenté de 3″ (2″,6 sexagésimales); la masse de la comète n'est donc pas $\frac{1}{5000}$ de celle de la Terre [2]. »

1. D'après les calculs de Burckhardt, faits à l'instigation de Laplace, la comète aurait traversé le système des satellites de Jupiter en 1779, puisqu'elle se serait approchée de la planète à une distance inférieure au rayon moyen de l'orbite du quatrième satellite. Mais il résulte des recherches de M. Le Verrier, publiées en 1844, que cette distance a été en réalité au moins égale à trois fois et demie ce rayon. Les conséquences qu'on en tirait sur la faible masse de la comète de Lexell n'ont donc plus la même portée.

2. « Non-seulement, dit ailleurs Laplace, les comètes ne troublent point sensiblement, par leurs attractions, les mouvements des planètes et des satellites; mais si, dans l'immensité des siècles écoulés, quelques-unes d'elles ont rencontré ces corps, comme cela est très-vraisemblable, il ne paraît pas que leur choc ait eu sur ces mouvements une grande influence. Il est difficile

§ II — Méthode d'évaluation des masses cométaires par des considérations optiques

Masses de la comète d'Encke et de la comète du Taureau, évaluées par M. Babinet. — Objections que soulève cette méthode d'évaluation.

Voilà donc une première évaluation des masses cométaires déduites des perturbations réciproques que les comètes et les planètes exercent sur leurs mouvements respectifs. Elle montre que les comètes semblent avoir de très-faibles masses, puisque, fortement troublées elles-mêmes dans leur marche quand elles s'approchent d'une planète, elles ne paraissent point avoir eu jamais aucune influence sensible sur le mou-

de ne pas admettre que les orbes des planètes et des satellites ont été presque circulaires dès leur origine, et que leur petite ellipticité ainsi que la commune direction des mouvements d'occident en orient, dépendent des circonstances primitives du système planétaire. L'action des comètes et leur choc n'ont point changé ces phénomènes, et cependant, si l'une de celles qui ont rencontré la Lune, ou un satellite de Jupiter, eût eu une masse égale à celle de la Lune, il n'est pas douteux qu'elle eût pu rendre leurs orbes très-excentriques. L'astronomie nous offre encore deux autres phénomènes très-remarquables, qui paraissent dater de l'origine du système planétaire, et qu'un choc assez peu considérable aurait fait disparaître : je veux parler de l'égalité des mouvements de rotation et de révolution de la Lune, et de la libration des trois premiers satellites de Jupiter. Il est aisé de voir que le choc d'une comète dont la masse ne serait qu'un millième de celle de la Lune, suffirait pour donner des valeurs très-sensibles à la libration réelle de la Lune et à celle des satellites. Nous devons donc être rassurés sur l'influence des comètes, et les astronomes n'ont aucune raison de craindre qu'elle puisse nuire à l'exactitude des tables astronomiques. » (*Mécanique céleste*, t. IV, p. 256.)

Il y a dans le système planétaire une anomalie dont Laplace ne parle point, et qu'on pourrait peut-être considérer comme produite par la perturbation due à la rencontre d'une comète. Nous voulons parler de la forte inclinaison et du mouvement rétrograde des satellites d'Uranus. Une telle hypothèse ne nous paraît point invraisemblable, et alors il est clair que les conséquences tirées par Laplace de l'uniformité et de la constance des mouvements des planètes et de leurs satellites, pour déterminer un maximum des masses des comètes, se trouveraient réellement invalidées.

vement de cette dernière. Mais, par le nombre trouvé pour la masse de la comète de Lexell, nombre qui est, à la vérité, un maximum, on peut voir de combien il s'en faut qu'une comète puisse être considérée comme un *rien visible*, selon l'expression énergique d'un savant contemporain, M. Babinet. La 5000me partie de la masse du globe terrestre équivaut à la 60me partie de la masse de la Lune; c'est une quantité qui est loin, on en conviendra, d'être négligeable.

Pour justifier son expression, M. Babinet s'appuyait sur les considérations d'optique suivantes. Il rappelait les faits que nous avons nous-mêmes constatés, d'étoiles de très-faible éclat vues au travers des nébulosités cométaires, sans que leur lumière ait perdu de leur intensité. Considérant, par exemple, la comète d'Encke qui avait en 1828 l'aspect d'une masse nébuleuse globulaire de 500000 kilomètres de diamètre, et au travers de laquelle Struve avait vu, sans noter aucune diminution d'éclat, une étoile de onzième grandeur, M. Babinet faisait le raisonnement suivant. La nébulosité cométaire n'ayant altéré en rien l'intensité lumineuse de l'étoile, on doit en conclure que sa propre intensité n'était pas la 60me partie de la première; or, l'atmosphère illuminée par la pleine Lune fait disparaître toutes les étoiles au-dessous de la 4me grandeur, et cependant la lumière lunaire n'a, selon Wollaston, qu'un pouvoir éclairant 800000 fois moindre que celui du Soleil. Tenant compte enfin des épaisseurs comparées de l'atmosphère et de la comète, l'honorable académicien arrivait à cette conclusion : « que la substance d'une comète ne pouvait être évaluée en densité à une quantité aussi élevée que celle de notre atmosphère, diminuée par l'énorme diviseur *quarante-cinq millions de milliards*. » A ce compte, la comète d'Encke ne pèserait guère que *douze cents tonnes !*

La même méthode d'évaluation des masses cométaires,

par des considérations optiques, a été encore appliquée par M. Babinet à la comète de 1825, dite la *comète du Taureau*. Nous avons vu que cette comète, interposée au-devant d'une étoile de 5me grandeur, n'en altéra point l'éclat d'une manière sensible. L'étoile en question n'avait donc pas perdu une demi-grandeur, autrement dit le cinquième de sa lumière; elle avait donc conservé au moins les 4/5 de son éclat normal; or sa lumière traversait alors une couche d'environ 8000 kilomètres d'épaisseur, c'est-à-dire mille fois aussi grande que l'épaisseur de l'atmosphère supposée ramenée à la densité de l'air à la surface du sol. Et comme on admet que la lumière, dans son trajet perpendiculaire au travers de l'atmosphère, perd plus du quart de son intensité, il en résulte que l'étoile aurait dû être réduite à une intensité égale à la fraction $(\frac{3}{4})^{1000}$, si la densité de la nébulosité cométaire valait celle de l'air. Cette densité est donc énormément moindre, et, pour l'exprimer, M. Babinet prend une fraction ayant pour numérateur l'unité et pour dénominateur un nombre supérieur à l'unité suivie de 125 zéros. « Lorsque M. Herschel, conclut-il, dans son dernier ouvrage sur l'astronomie, avait parlé de *quelques onces* pour la masse de la queue d'une comète, il avait trouvé à peu près autant d'incrédules que de lecteurs. Cependant son évaluation est bien exagérée en comparaison de la détermination qui précède. »

Nous ne voulons pas rechercher si les calculs auxquels conduisent ces ingénieuses méthodes sont basés sur des points hors de toute contestation, si la densité est bien proportionnelle à l'éclat lumineux, si la substance dont les nébulosités cométaires sont formées est assimilable à celle des gaz que nous connaissons, tant sous le rapport de leur composition moléculaire qu'au point de vue de leurs propriétés optiques respectives. Mais, en admettant la légitimité de la conclusion, il faudrait en tout cas reconnaître que cette conclusion ne peut s'appliquer qu'à la comète de 1825 et à la comète d'Encke, ou tout au plus aux comètes qui n'ont pas une intensité lumineuse supérieure à celle de ces deux astres. Toute l'argumentation de Babinet repose en effet sur l'extrême faiblesse de l'intensité des lumières cométaires comparées à l'illumination de l'atmosphère par le Soleil et à la grande épaisseur des nébulosités traversées par des lumières stellaires. Cette argumentation est nulle dès lors pour les comètes très-lumineuses, pour celles par exemple qui ont été aperçues en plein jour, en plein soleil et à l'œil nu; telles furent, nous l'avons vu, les comètes de l'an 43 avant notre ère, des années 1006, 1402, 1532, 1577, 1618, 1744. Telle fut surtout la grande comète de 1843, observée en plein midi à Florence à 1° 23′ du Soleil. La première comète de 1847 a été visible à Londres, dans le voisinage du Soleil. Sans même considérer des comètes aussi éclatantes, n'a-t-on pas vu la cinquième comète de 1857, le 8 septembre, sans que le clair de Lune ait gêné en rien l'observation? Il n'est pas possible d'assimiler de tels astres à la comète d'Encke, faible nébulosité à peine condensée en son centre [1]. Est-on certain d'ailleurs que les étoiles vues au travers des nébulosités cométaires n'auraient pas été altérées dans leur intensité, peut-être même éclipsées, si l'occultation, au lieu de se faire en un point quelconque de la nébulosité, s'était faite rigoureusement derrière le noyau, dans la partie la plus lumineuse de la tête de la comète. Une occultation de ce genre n'a pas encore été, que nous sachions, constatée avec certitude. Le tort, en pareil cas, est donc de généraliser hors de propos, tandis que tout fait croire que si les masses des comètes sont

1. Cette condensation a été cependant parfois assez forte. M. Faye dit quelque part : « La densité relative du noyau de la comète d'Encke doit être assez notable, puisqu'il peut briller à l'œil nu comme une étoile de 4me grandeur. »

en général notablement inférieures aux masses planétaires, rien ne prouve que certaines d'entre elles n'atteignent pas une valeur assez considérable pour produire, dans l'hypothèse d'une rencontre avec la Terre, ou avec une autre planète, un choc ou toute autre perturbation sensible.

§ III — Troisième méthode de détermination des masses des comètes

Théorie de la formation et du développement des atmosphères cométaires sous l'influence de la gravitation et d'une force répulsive. — Calculs de M. Edouard Roche, professeur à la Faculté des sciences de Montpellier. — Masses des comètes de Donati et d'Encke, évaluées par cette méthode.

Nous allons voir en effet la même question, abordée par une autre méthode, conduire à de tout autres résultats que ceux énoncés par Babinet[1]. Entre les opinions, d'ailleurs tout à fait conjecturales, des savants des derniers siècles qui faisaient les comètes aussi denses, aussi massives que les planètes, et celles des astronomes contemporains qui en font des *riens visibles*, il y a place pour une évaluation éloignée des extrêmes et d'ailleurs mieux justifiée.

C'est à l'un de nos savants compatriotes, M. Edouard Roche, professeur à la Faculté des sciences de Montpellier, qu'est due cette méthode de détermination. Dans une suite

1. Voici le passage des *Outlines of astronomy* auquel Babinet faisait allusion : « Newton a calculé qu'un globe d'air d'un pouce anglais ($0^{mm},0254$) de diamètre, à la densité ordinaire à la surface de la Terre, s'il était réduit à la densité que produirait une élévation au-dessus de cette surface égale à un rayon du globe terrestre, occuperait une sphère dont le rayon dépasserait le rayon de l'orbite de Saturne. La queue d'une grande comète peut donc, pour ainsi dire, consister seulement en quelques livres ou même en quelques onces de matière. » Mais Herschel, on le voit, ne parle ici que des queues, non des atmosphères ni des noyaux des comètes.

de recherches fort remarquables sur la théorie des phénomènes cométaires, que nous analyserons plus loin, M. Roche montre qu'il y a un rapport déterminé entre la distance de l'astre au Soleil, sa propre masse et le diamètre de la portion de sa nébulosité soumise à l'attraction du noyau, autrement dit le diamètre de son atmosphère véritable : cette relation a lieu pour des distances du Soleil assez éloignées pour que la force répulsive, apparente ou réelle, qui engendre les queues, soit négligeable. Un autre élément — la force répulsive — s'y joint quand la comète approche de son périhélie, ou du moins dès qu'elle est assez voisine du Soleil, pour qu'il soit nécessaire de tenir compte de cette force.

S'appuyant alors sur les observations micrométriques qui ont donné la mesure approchée du diamètre de la nébulosité des comètes de Donati et d'Encke, M. Roche arrive aux résultats que nous allons transcrire.

Rapportée à la masse de la Terre, la masse de la comète de Donati serait égale à 0,000047, c'est-à-dire à peu près à la vingt-millième partie de la première, ou 53 fois environ la masse de l'atmosphère terrestre. Évaluée en eau, elle équivaudrait à une sphère de 400 kilomètres de rayon : c'est un poids de 268 millions de milliards de tonnes. Nous voilà loin des quelques kilogrammes de Babinet ! Quant à la densité, M. Roche la déduit des mesures du noyau et de la nébulosité qui, en octobre 1858, étaient à peu près respectivement de 4″ et de 50″, ou de 1600 kilomètres et de 20000 kilomètres. En admettant que la masse soit restée la même depuis juin, date de la première détermination, jusqu'au mois d'octobre, et que la nébulosité contienne $\frac{1}{1000}$ de la masse totale, la densité du noyau est environ le huitième de celle de l'eau, et celle de la nébulosité, la 154000e partie de celle de l'air atmosphérique.

La masse de la comète d'Encke, évaluée par la même

méthode, serait la millième partie environ de la masse terrestre. « Bien que nous trouvions, dit M. Roche, pour la comète d'Encke une masse beaucoup supérieure à celle qu'on aurait pu lui supposer *à priori*, ces chiffres ne sont pas inadmissibles, et il ne nous semble pas qu'on puisse en faire une objection sérieuse à notre théorie. »

Des trois méthodes que nous venons de passer en revue et qui ont pu servir à une détermination approchée des masses des comètes, la première est la plus sûre; mais elle n'a encore pu fournir que des solutions négatives du problème, en petit nombre d'ailleurs ; elle laisse supposer que les masses des comètes sont très-faibles en regard des masses planétaires; et c'est de l'absence de toute perturbation causée par les comètes qu'on a pu déduire une limite supérieure de cet élément. La seconde méthode, fondée sur des considérations optiques, est la plus conjecturale, parce qu'elle suppose que la transparence est en raison inverse de la densité, hypothèse toute gratuite si l'on songe à l'ignorance où nous sommes du véritable état physique de la substance qui compose les comètes. C'est donc à la troisième méthode qu'il nous semble qu'on doit donner la préférence, et c'est celle en effet qui fournit sur la masse de quelques comètes les résultats les plus positifs. Mais il ne faut pas se dissimuler qu'il règne encore sur ce sujet une grande incertitude.

Dans tout ce que nous venons de dire, il n'a été question pour ainsi dire que de la masse des comètes. Pour parler de leur densité, il y aurait lieu évidemment de distinguer entre le noyau solide ou liquide quand il y en a un de distinct, et l'atmosphère ou nébulosité de la comète. C'est à la densité de cette nébulosité ou des queues qu'on pourrait raisonnablement appliquer les calculs et les nombres de Babinet. La densité du noyau se calculerait aisément, il est vrai, en négligeant la masse qui l'enveloppe; mais, pour cela, il faudrait avoir des mesures précises de ce noyau, ce qui est difficile; on sait d'ailleurs que les dimensions du noyau varient dans la même comète avec la distance au Soleil. La densité doit donc varier elle-même avec cette distance et ces dimensions.

CHAPITRE IX

LA LUMIÈRE DES COMÈTES

§ I — Intérêt que présente l'étude physique de la lumière des comètes

Nous avons étudié, le télescope en main, la structure des comètes, structure si complexe et si étonnamment mobile, si différente sous ce rapport de celle des planètes et même de celle des soleils. D'une part, en effet, nous voyons des corps solides, ou tout au moins liquides, ayant avec le globe terrestre les plus frappantes analogies, entourés comme lui d'une légère enveloppe relativement peu étendue, stables d'ailleurs dans toutes leurs parties : ce sont les planètes, la Lune et les autres satellites des planètes. Quant au Soleil, quant aux étoiles qui brillent, comme le Soleil, d'une lumière propre et sont, comme lui — tout le fait supposer — des foyers de lumière et de chaleur pour autant de groupes planétaires, si ces corps sont des masses gazeuses incandescentes, du moins leur condensation est si énorme et l'état physique de leur substance est relativement si stable, que les changements dont ces globes radieux sont le théâtre continuel affectent d'une manière presque insensible leur équilibre général. Comparés aux comètes, ce sont encore des astres permanents; celles-ci ne semblent être, en dernière analyse, que des nuages célestes, des nébuleuses errantes, selon l'expression de Laplace, qui n'a fait que reproduire et commenter l'heureuse appellation de Xénophane et de Théon d'Alexandrie.

Mais ce n'est pas seulement en se concentrant au foyer d'une lunette, pour donner une image amplifiée de l'astre, que la lumière d'une comète peut servir à l'étude de sa constitution physique : les ondulations dont elle se compose conservent, après avoir traversé tout l'espace, après avoir, en dernier lieu, franchi l'atmosphère et les lentilles de cristal de l'instrument, des caractères physiques permettant, au savant qui l'analyse, de reconnaître si cette lumière émane directement de l'astre; si, au contraire, elle a subi une réflexion au sein de la matière cométaire, et si alors elle n'est que la lumière réfléchie du Soleil. D'autres procédés d'analyse permettront de pénétrer plus avant dans l'intime constitution de la comète et de ses diverses parties, et c'est encore la lumière dont elle brille qui nous dira la nature chimique de cette matière. De sorte qu'il ne restera plus, pour ainsi dire, qu'un degré à franchir pour dévoiler complétement la composition de ces corps jadis si mystérieux : c'est de pénétrer effectivement, matériellement dans l'intérieur d'une masse cométaire. Or on verra bientôt qu'il y a de grandes probabilités pour qu'un tel événement se réalise un jour, si déjà il ne s'est réalisé, tout au moins en partie.

En tout cas, ce que nous venons de dire montre assez, je pense, l'intérêt que présente l'étude des lumières cométaires dont il va être question dans les divers paragraphes de ce chapitre.

§ II — DIAPHANÉITÉ DES NOYAUX, DES ATMOSPHÈRES ET DES QUEUES

Visibilité des étoiles au travers des atmosphères et des queues des comètes : observations anciennes et modernes sur ce point. — Les noyaux sont-ils opaques ou diaphanes comme les atmosphères et les queues? difficultés à ce sujet. — Éclipses de Soleil ou de Lune occasionnées, dit-on, par des comètes.

La visibilité des étoiles, même très-petites, au travers des chevelures et des queues cométaires, est un fait qu'avaient parfaitement observé les anciens. Aristote, dans sa *Météorologie*, cite les étoiles vues par Démocrite malgré l'interposition d'une comète. Sénèque dit aussi, dans ses *Questions naturelles*, qu' « on découvre les étoiles à travers les comètes comme à travers un nuage »; et, plus loin : « Les étoiles ne sont pas transparentes et la vue perce à travers les comètes. Si cela est, cela n'est point à travers le corps de la comète, dont la flamme est dense et substantielle : c'est à travers la traînée de lumière rare et éparse en forme de chevelure; c'est dans les intervalles du feu, non à travers le feu même, que vous voyez. » Humboldt, en citant ce dernier passage « *per intervalla ignium, non per ipsos vides*, » ajoute : « Cette dernière restriction était superflue; car on peut voir à travers une flamme dont l'épaisseur n'est pas trop forte. » Il est vrai; mais Sénèque ne faisait que constater un fait, à savoir : que, de son temps, les étoiles visibles au travers de la lumière cométaire paraissaient au delà de la queue ou de la chevelure, non derrière le noyau même : l'absence de lunette ne permettait pas, en effet, aux anciens, de distinguer le corps même ou le noyau de la comète, quand toutefois il s'agit d'une comète pourvue de noyau.

Du reste, les astronomes modernes ne sont pas plus avancés, en ce sens que toutes les observations constatées d'occultations d'étoiles par des comètes, une seule exceptée, se rapportent à l'interposition de la queue ou de la nébulosité formant la chevelure, jamais à celle du noyau proprement dit. Rapportons les principales de ces observations, celles qu'on cite surtout pour prouver la diaphanéité de la lumière cométaire, et commençons par l'exception unique que nous venons de signaler. La voici d'après Arago : « Le 27 octobre 1774, Montaigne vit à Limoges une étoile de sixième grandeur, du Verseau, au travers du noyau d'une petite comète. » Voyons maintenant les autres.

Le 9 novembre 1795, W. Herschel aperçut distinctement une étoile double, de onzième à douzième grandeur, à travers la partie centrale de la nébulosité de la comète ; chaque composante, et l'une était beaucoup plus faible que l'autre, se voyait nettement. Faisons observer qu'il s'agit de la comète d'Encke, qui généralement est dépourvue de noyau, ne laissant voir qu'une condensation de lumière à son centre. Struve vit, le 7 novembre 1828, au centre de la même comète, une étoile de onzième grandeur, qu'il prit un instant pour un noyau cométaire, et dont l'éclat ne parut point affaibli. Or, l'épaisseur de la nébulosité interposée n'était pas moindre alors de 500 000 kilomètres ; c'est sur cette observation que M. Babinet s'appuyait, comme on l'a vu plus haut, pour calculer la masse et la densité de la nébulosité. D'après une observation faite à Genève vingt et un jours plus tard par M. Wartmann, une étoile de huitième grandeur aurait été, au contraire, complétement éclipsée par la comète. Il est intéressant de rapprocher ces deux observations du fait de la condensation de la comète entre les dates citées : dans cet intervalle, le volume de la nébulosité s'est trouvé réduit au huitième, et l'on comprend qu'à cette réduction ait dû correspondre une condensation lumineuse, une augmentation d'éclat qui explique l'occultation vue par M. Wartmann. En avril 1796, Olbers constata un fait semblable sur une étoile de sixième ou septième grandeur qui parut, sans s'affaiblir, un peu au nord du centre de la nébulosité ; l'étoile ne fut donc pas occultée par le noyau ; seulement sa lumière fut assez forte pour que le noyau devînt quelque temps invisible dans son voisinage.

Cacciatore a observé, à Palerme, une occultation d'étoile par la comète de 1819. « Le 5 août, dit-il, j'observai au travers de la nébulosité, très-près du noyau, une étoile qui était tout au plus de dixième grandeur. »

En ajoutant à ces observations celle de Struve, du 29 octobre 1824, qui vit une étoile de dixième grandeur à 2″ du centre d'une comète, sans que la lumière de l'étoile en fût diminuée; celles de Pons et de Valz, en 1825, qui virent, les premiers, une étoile de cinquième grandeur, le second une étoile de septième grandeur occultées par la fameuse comète du Taureau, nous aurons achevé de montrer que la lumière des comètes, non-seulement dans leurs queues, mais encore dans les parties de leur nébulosité les plus voisines du noyau, est douée d'un haut degré de transparence. Mais ce qui est vrai des nébulosités l'est-il également du noyau proprement dit? C'est ce qu'on ignore, puisque aucune des occultations d'étoiles par les comètes, sauf celle que Montaigne rapporte de la comète de 1774, n'indique positivement qu'il y ait eu interposition du noyau. L'observation de Pons, en 1825, mentionne bien le passage de l'étoile au centre de la nébulosité ; elle n'indique pas certainement le passage derrière le noyau lumineux.

Ce qu'il faut conclure des faits précédents, c'est que la matière des queues et des nébulosités cométaires est extrêmement rare, si elle est gazeuse ; mais elle est peut-être disséminée en corpuscules assez éloignés les uns des autres pour ne pas produire d'occultation sensible d'une lumière vue au travers de leur masse. C'était l'opinion de Babinet qui, des calculs que nous avons cités plus haut sur l'extrême ténuité de la matière cométaire, concluait : « La substance des comètes est donc une espèce de matière très-divisée, à grains isolés et sans réaction élastique mutuelle. » Une observation de Bessel viendrait à l'appui de cette manière de voir ; c'est ce qu'Humboldt, en la rapportant, remarque avec raison. Le 29 septembre 1835, Bessel vit en effet à environ 8″ du centre de la tête de la comète de Halley une étoile de 10me grandeur ; sa lumière traversait donc à ce moment une épaisseur considérable de la nébulosité ; or le rayon lumineux ne fut pas dévié de sa direction rectiligne, comme l'illustre astronome s'en assura en mesurant la distance de l'étoile occultée à une étoile visible sur les bords, mais en dehors de la nébulosité. « Une absence aussi complète de pouvoir réfringent, ajoute Humboldt, ne permet guère d'admettre que la matière des comètes soit un fluide gazéiforme. Faut-il recourir à l'hypothèse d'un gaz presque infiniment raréfié, ou bien les comètes consistent-elles en molécules indépendantes, dont la réunion formerait des nuages cosmiques, dépourvus de la faculté d'agir sur les rayons lumineux, de même que les nuages de notre atmosphère, qui n'altèrent point les distances zénithales des astres que nous observons ? »

La question de savoir si le noyau cométaire, si la partie lumineuse centrale la plus brillante d'une comète, celle en un mot qui donne à l'astre l'aspect d'une étoile, est opaque ou diaphane, reste donc entière. En tout cas, répétons-le, il est bien évident qu'il faut s'abstenir de généraliser, et qu'il serait absurde d'identifier à ce point de vue les faibles noyaux, à peine visibles dans les télescopes, d'un grand nombre de petites comètes, avec ceux des comètes qui brillèrent comme des étoiles de première grandeur et furent assez lumineuses pour étinceler en plein jour, perçant les régions du ciel les plus éclatantes, dans le voisinage même du Soleil.

A l'appui de l'opacité des noyaux cométaires, on a présenté différents faits rapportés par la tradition; mais ces faits sont ou apocryphes ou tout au moins fort douteux. Ainsi les deux éclipses mentionnées, l'une par Hérodote en 480 avant J.-C., l'autre par Dion l'année de la mort d'Auguste, ne pouvant s'expliquer à ces dates par le mouvement et l'interposition de la Lune, on imagina qu'elles avaient été produites par des comètes, hypothèse toute gratuite et invraisemblable. On lit dans la *Cométographie* de Pingré, à la date de 1184, la mention suivante : « Le 1er mai, vers la sixième heure du jour, on vit un signe dans le Soleil; sa partie inférieure fut totalement obscurcie ; on voyait au milieu comme une poutre qui le traversait ! Le reste de son disque était si pâle, qu'il imprimait la même pâleur sur le visage de ceux qui le regardaient. Ce phénomène était-il l'effet d'une comète placée entre le Soleil et nous? Je n'en sais rien, mais je tiens le fait pour possible. » L'obscurcissement total de la partie inférieure du Soleil serait, dans cette hypothèse, l'éclipse partielle produite par le noyau opaque, et la poutre traversant le disque, la partie la plus dense de la queue. Enfin, la pâleur du reste de l'astre s'expliquerait par l'interposition des vapeurs composant la tête de la nébulosité. Mais ce n'est toujours là qu'une supposition.

Ce n'est plus une éclipse de Soleil, mais une éclipse de Lune dont la comète de 1454 aurait été la cause, en passant entre ce dernier astre et la Terre. Du moins, cela paraissait résulter du texte d'une chronique de Phranza, protovestiaire ou maître de la garde-robe des empereurs turcs. Mais il a été prouvé que la version latine de ce texte était fausse, et que Phranza faisait simplement mention de la présence simultanée dans le ciel de la comète et de la pleine Lune, au moment où celle-ci était obscurcie par une éclipse.

§ III — Coloration des lumières cométaires

Couleurs diverses des têtes et des queues des comètes. — Exemples de coloration tirés des observations des anciens : comètes de couleur rouge, rouge de sang, jaune d'or. — Différence de couleur du noyau et de la nébulosité. — Comètes de couleur bleue. — La diversité de couleur des comètes est sans doute en rapport avec l'état physique, la température et la nature chimique de la matière dont elles sont composées.

La lumière d'un assez grand nombre de comètes a présenté une coloration sensible. La comète de l'an 146 avant J.-C. avait une teinte rougeâtre, comme le prouve ce passage de Sénèque : « Il parut une comète aussi grande que le Soleil. Son disque était d'abord rouge et comme de feu... »

Un peu plus loin, Sénèque dit encore : « Les comètes sont en grand nombre et de plus d'une sorte; leurs dimensions sont inégales, leur couleur diffère; les unes sont rouges, sans éclat; les autres blanches et brillant de la plus pure lumière... Quelques-unes sont d'un rouge de sang, sinistre présage de celui qui sera bientôt répandu. » Ainsi les anciens avaient observé des différences dans la couleur de la lumière des comètes. Et nous allons voir d'assez nombreux exemples de faits analogues empruntés aux chroniques du moyen âge ou aux observateurs modernes.

Arago cite les comètes de 662 et de 1526, comme ayant été « d'un beau rouge, » et nous avons vu que Pline, dans sa classification, parle des comètes dont « la crinière est couleur de sang ». Telle fut la comète qui parut en novembre 1457; d'après une ancienne chronique, « sa chevelure ou sa queue imitoit la couleur de la flamme. » « L'horrible comète qui, selon Comiers, parut en 1508, étoit fort rouge, représentant des têtes humaines, des membres coupés, des instruments de guerre, etc. » La première comète de 1471 « étoit très-grande, d'une couleur rougeâtre ; elle se levoit avant l'aurore. » En 1545, « une comète dont la chevelure étoit de couleur de sang brûla durant quelques jours; étant devenue plus pâle, elle s'évanouit bientôt. » Gemma, en parlant de la comète de 1556, s'exprime ainsi : « Quoique Paul Fabrice ait écrit que la comète lui parut petite, je puis assurer que, dès le commencement de son apparition, je l'ai trouvée au moins aussi grande que Jupiter ; la couleur de la comète imitoit celle de Mars ; sa rougeur dégénéra cependant en pâleur. » C'était surtout la couleur du noyau, car, d'après un autre témoin oculaire, « la couleur de la queue vers son extrémité fut toujours pâle, livide, semblable à celle du plomb. Le contraire se présenta dans les comètes de 1577 et de 1618. Tycho dit en effet de la première que sa tête était ronde, brillante et remarquable par une certaine blancheur plombée, tandis que la queue tournée vers l'orient dardait à l'opposé du Soleil des rayons plus rouges. Quant à la seconde, sa queue parut, dit Arago, d'un rouge très-vif.

La comète de 1769 avait un noyau un peu rougeâtre, ainsi que celle de 1811 observée par W. Herschel ; mais la nébulosité de cette dernière avait une teinte vert-bleuâtre, de sorte qu'Arago se demande si cette teinte n'était pas due à un simple effet de contraste. Il en résulte tout au moins que la couleur du noyau et celle de l'atmosphère différaient sensiblement. Une zone brillante, étroite et demi-circulaire, dont la tête de la comète de 1811 était enveloppée du côté du Soleil, présentait une coloration jaunâtre prononcée.

On cite aussi, parmi les anciennes observations, diverses comètes qui brillaient d'une lumière jaune d'or. Telle fut la comète de 1555, dont les rayons étaient éclatants comme l'or; puis celle de 1533, dont la queue était d'un beau jaune. On dit la même chose de la comète de Halley, lors de son apparition de 1456 : « La couleur de la comète imitoit celle de l'or. » Il est vrai que « en d'autres temps et peut-être en d'autres lieux, elle paroissoit pâle et blanchâtre; elle ressembloit parfois à une flamme étincelante. »

Cette dernière remarque suggère une réflexion bien naturelle, celle qui consiste à se demander dans quelle mesure l'état de l'atmosphère, sa plus ou moins grande pureté, la hauteur plus ou moins forte de l'astre au-dessus de l'horizon ont dû contribuer à donner aux comètes et à leurs queues les teintes plus haut signalées. Il paraît certain toutefois que les lumières des comètes sont loin de présenter la même coloration. La grande comète de 1106 était d'une blancheur remarquable. « Placée vers le lieu du ciel où le Soleil se couche en hiver, elle étendoit au loin un rayon blanchâtre qui ressembloit à une toile de lin. Depuis le commencement de son apparition, tant la comète même que son rayon qui imitoit la blancheur de la neige, diminuèrent de jour en jour. » Selon d'autres chroniques, « ses rayons étaient plus blancs que le lait. » C'est, comme on voit, un contraste complet avec les couleurs rouges ou jaunes des comètes précédentes; le contraste n'est pas moindre avec les comètes dont nous allons parler.

A la date de 1217, Pingré enregistre la mention suivante : « On observa plusieurs prodiges; on vit des comètes bleues. » La comète de 1356 observée en Chine avait une couleur blanchâtre, tirant sur le bleu. La comète de 1457, dont la queue ressemblait à une lance bien droite, avait « une couleur livide et obscure, imitant celle du plomb ». La seconde comète de 1468 avait aussi « une couleur bleue avec quelque mélange de pâleur ». Celle qui parut à la fin de 1476 était d'un bleu pâle, tirant sur le noir. Citons encore les deux comètes « terribles et de couleur noirâtre » dont l'apparition en 1456, avant celle de Halley, est mentionnée par quelques auteurs.

Les observateurs modernes paraissent s'être peu préoccupés de la coloration des lumières cométaires. Cependant nous trouvons dans Arago la comparaison suivante entre la queue de la grande comète de 1843 et la lumière zodiacale : « Le 19 mars, la queue de la comète, située presque à côté de la lumière zodiacale, était parfaitement blanche, tandis que la lumière zodiacale était évidemment teinte en rouge tirant sur le jaune. » Il ne dit rien de la couleur du noyau. Parmi les nombreuses observations de la comète de Donati, 1858, nous n'avons relevé que les mentions suivantes de sa couleur faites par un observateur de Neuchâtel, M. Jean Jacquet : « Le dimanche 3 octobre, après une journée sans nuages, crépuscule splendide. La ligne sinueuse des montagnes, du côté où le Soleil a disparu, se dessine dans un ciel tout d'or et de feu. Il est six heures ; nous essayons de voir si la comète, vu la pureté de l'atmosphère, serait déjà perceptible. Après quelques instants de recherches, nous la découvrons excessivement petite et pâle, et toujours de cette blancheur argentée d'une planète vue en plein jour. » Deux jours après, le 5 octobre, à la même heure, la comète est visible dans le voisinage d'Arcturus. « Des nuages défilent, dit l'observateur neuchâtelois, longuement pour mon impatience, dans cette partie du ciel où Arcturus réside ; ils se dissipent enfin : je vois une étoile jaune, et un peu au-dessous à sa droite une petite aigrette blanche. Ces deux couleurs me frappent : on dirait que l'étoile est en or et l'aigrette en argent. » (*Souvenirs de la comète de* 1858.) Il s'agit évidemment là de la couleur de la queue et de l'enveloppe qui entoure le noyau, car le lendemain le même observateur parle de celui-ci, qu'il retrouve « petit, vif, et de couleur rouge-jaune ».

La comète de Coggia (1874 III), observée cet été, a présenté des phénomènes de coloration sensible. Voici, en effet, ce qu'en dit le P. Secchi : « La comète, lorsqu'on l'examinait avec les oculaires ordinaires, était magnifique. Le 9 juillet, elle formait un éventail rougeâtre (par contraste) d'environ 180 degrés d'ouverture, à rayons curvilignes et partant d'un noyau jaune-verdâtre. » On voit que l'astronome romain considère la couleur rouge de l'éventail comme produite par un effet de contraste. Ce n'est pas l'opinion de M. Tacchini. Après avoir décrit le spectre continu sur lequel se projetait le spectre discontinu du noyau, ce savant ajoute en effet : « Cette belle bande colorée ne se présentait qu'au passage du noyau, qui, regardé à l'oculaire simple, paraissait d'un blanc verdâtre, tandis que l'éventail était sensiblement rougeâtre *même en occultant le noyau*[1]. »

Cette question de la coloration de la lumière dans les diverses parties qui composent une comète, noyau, atmosphère et queue, est intéressante, car elle se lie à celle de la nature de cette lumière, comme nous le verrons plus loin. En y joignant l'analyse par les méthodes spectroscopiques, par les polariscopes, on arrivera sans doute à savoir si les comètes brillent d'une lumière qui leur est propre, ou si elles ne font que réfléchir celle dont le Soleil les éclaire; peut-être ces deux hypothèses sont-elles également vraies, mais s'il en est ainsi, dans quelle mesure l'atmosphère et le noyau participent-ils à cette double cause de visibilité? Voilà une

1. « Questo bel nastro colorato presentavasi al solo passagio del nucleo, il quale guardato coll'oculare semplice appariva bianco-verdastro, mentre il ventaglio era sensibilmente rosco anche occultando il nucleo. » (*Memorie della Società degli spettroscopisti italiani*. Luglio 1874.

question à laquelle les faits et les observations les plus récentes ne permettent point encore de répondre nettement, bien que, comme on le verra plus loin, on ait déjà fait quelques pas dans cette voie.

§ IV — Changements brusques dans l'éclat de la lumière des queues

Ondulations rapides observées dans la lumière de quelques queues cométaires; observations de Képler, d'Hévélius, de Cyzat, de Pingré : comètes de 1607, 1618, 1652, 1661 et 1769. — Ondulations dans les queues des comètes de 1843 et de 1860; ces ondulations ont-elles une cause particulière à l'astre, ou dépendante de l'état de l'atmosphère ? — Objection d'Olbers relative à la première de ces hypothèses; leur réfutation par M. Liais.

Quelques comètes ont présenté dans leurs queues des variations d'éclat, des changements brusques d'intensité, analogues aux phénomènes de ce genre qu'on observe dans les lueurs des aurores polaires, et qu'on croit aussi avoir remarqués dans la lumière zodiacale. Ce fait était inconnu des anciens, et, quand Sénèque parle de l'augmentation ou du décroissement de l'éclat des comètes, il n'a évidemment en vue que les changements produits, pendant leur apparition, par les variations de leur distance; il les compare « aux autres astres qui jettent plus d'éclat, qui paraissent plus grands à mesure qu'ils descendent et s'approchent de nous, plus petits et moins lumineux parce qu'ils rétrogradent et s'éloignent. » (*Quest. nat.*, VII, 17.)

Képler est le premier observateur[1] qui ait fait mention

1. On cite cependant des observations plus anciennes du même fait : la queue de la comète de 582 paraissait, selon Grégoire de Tours, comme la fumée d'un grand incendie qu'on verrait briller de loin. La comète de 615, observée par les Chinois, avait comme un mouvement de libration dans sa pointe. Mais l'analogie de ces phénomènes avec ceux que nous allons décrire ne nous semble pas évidente.

de ces changements singuliers. « Ceux, dit-il, qui ont observé avec quelque attention la comète de 1607 (c'est une apparition de la comète de Halley) témoigneront que la queue, courte d'abord, *devint longue en un clin d'œil.* » Plusieurs astronomes, Képler, Wendelinus, Snellius, virent dans la comète de 1618 des jets de lumière, des élancements, des ondulations marquées. D'après le P. Cysat, la queue paraissait comme agitée par le vent; les rayons de la chevelure semblaient s'élancer de la tête et y revenir aussitôt. De pareils mouvements furent constatés par Hévélius dans les queues des comètes de 1652 et de 1661; et Pingré, décrivant les observations de la comète de 1769 faites en mer entre le 27 août et le 16 septembre par La Nux, Fleurieu et lui, décrit ainsi les phénomènes dont il fut témoin : « J'ai cru voir très-distinctement, surtout le 4 septembre, des ondulations dans la queue, analogues à celles que l'on aperçoit dans les aurores boréales; telles étoiles que j'avais vues décidément renfermées dans la queue, en étoient peu après sensiblement distantes. »

M. Liais rapporte ainsi les observations qu'il fit de la grande comète de 1860 : « Le 5 juillet au soir, pendant que j'observais en mer cette comète, je voyais par instants une lumière assez intense naître dans les portions de la queue les plus éloignées du noyau. Parfois comme instantanées, et paraissant sur une petite extension de l'extrémité de la queue, qui alors devenait plus visible, les lueurs mobiles rappelaient les pulsations de l'aurore boréale. D'autres fois, elles étaient plus durables et l'on suivait leur propagation de proche en proche, pendant quelques secondes, dans le sens du noyau, à l'extrémité de la queue. Ces apparences ressemblaient alors aux ondulations progressives de l'aurore polaire; mais, même dans ce cas, elles n'étaient guère visibles que dans le dernier tiers de la longueur de la queue. Les lueurs en question étaient, au reste, semblables à celles que je me rappelle avoir vues dans la queue de la grande comète de 1843, et qu'un grand nombre d'astronomes ont observées. »

Ces variations appartiennent-elles aux comètes elles-mêmes ? On en a douté ; on les a considérées comme produites par des changements brusques dans la transparence de notre atmosphère. Olbers a fait cette objection : S'il s'agissait d'un changement réel, même instantané, dans l'éclat de la queue, il ne pourrait être vu de la Terre en un temps aussi court que quelques secondes ; les diverses parties d'une queue de plusieurs millions de lieues de longueur, se trouvant à des distances fort inégales de la Terre, la lumière pour se propager de chaque extrémité jusqu'à l'observateur mettrait donc des temps assez inégaux ; et dès lors c'est par minutes qu'il faudrait compter l'intervalle écoulé, pour produire d'un bout à l'autre de la queue l'apparence de propagation du changement lumineux. Or les observateurs parlent de variations beaucoup plus rapides, de quelques secondes. M. Liais réduit cette objection à sa juste valeur, en montrant que les longues queues cométaires sont presque vues de face, que la différence des distances de la Terre à chaque extrémité ne sont pas aussi considérables que le suppose Olbers, que par exemple « la différence des temps nécessaires à la lumière pour venir des deux extrémités de la queue de la comète de 1860 à la Terre n'atteignait pas 4 secondes, le 5 juillet. » Le même observateur fait remarquer en outre que les ondulations vues par lui n'avaient pour siége qu'une portion de la queue ; enfin que, dans la même soirée, il fit des observations comparatives d'autres lumières célestes, de la voie lactée et de la lumière zodiacale, sans pouvoir y constater des mouvements lumineux semblables à ceux de la lumière cométaire. Il semble donc bien démontré que le phénomène n'est pas dû aux variations de transparence de notre atmosphère. Il faudra donc en chercher l'explication dans les comètes elles-mêmes, dans les variations réelles de leur lumière, soit au sein du noyau lui-même, soit dans l'étendue de son appendice.

§ V — Les comètes brillent-elles d'une lumière propre ou d'une lumière réfléchie ?

Si les noyaux des comètes présentent des phases. — Polarisation des lumières cométaires. — Expériences d'Arago et de plusieurs astronomes contemporains. — La lumière des nébulosités et des atmosphères est en partie de la lumière réfléchie du Soleil.

Les astronomes des derniers siècles étaient tous préoccupés de l'étude des mouvements cométaires, de la nature des orbites, de la périodicité, de toutes les questions enfin qui permettaient de rattacher ces astres aux planètes par le lien commun de la gravitation universelle. On étudiait peu alors les branches de l'astronomie qu'on nomme aujourd'hui physique, et l'on se bornait sous ce rapport à des conjectures. C'est sans doute la préoccupation dont nous parlons qui faisait assimiler alors les comètes aux planètes ; c'était une façon de réagir contre l'ancienne hypothèse de météores, de feux passagers. « Les planètes sont des corps opaques, dit Pingré, elles ne nous renvoient que la lumière qu'elles reçoivent du Soleil. Il ne faudrait peut-être pas en conclure définitivement que les comètes sont pareillement des corps opaques ; il n'est pas rigoureusement démontré qu'un corps lumineux ne puisse pas circuler autour d'un autre corps. Mais la lumière des comètes est faible et terne, son intensité varie, on y aperçoit des inégalités sensibles, des vides même. Il ne paraît pas qu'on puisse expliquer ces phénomènes autrement qu'en supposant les comètes des corps opaques, n'ayant d'autre lumière que celle qu'ils reçoivent du Soleil, et environnés d'une atmosphère semblable à celle de la Terre; il se forme dans cette atmosphère des nuages analogues aux nôtres, ces nuages affaiblissent ou même interceptent totalement les rayons du Soleil et nous privent successivement de la vue d'une partie de la comète. Tout s'explique dans cette hypothèse.... » Ailleurs, le même auteur dit : « Le noyau ou la tête des comètes en est la partie la plus brillante et en même temps la plus petite. On juge avec fondement que c'est un corps solide, mais assez petit, et probablement de peu de densité. » On le voit, il n'y a là que de pures conjectures.

D'autres savants admettaient que les comètes sont des planètes d'une espèce particulière, ne recevant pas la lumière du Soleil et brillant d'un éclat qui leur est propre; mais ils ne donnaient non plus en faveur de leur opinion aucune observation, aucune preuve positive.

Disons cependant qu'on avait cru observer des phases à certaines comètes; Cassini, observant la comète dite de Chéseaux, en 1744, « remarqua la phase de cette comète, dont la partie éclairée n'était visible qu'à moitié. » Ces dernières expressions sont de Lalande, mais Cassini ne parlait que de l'irrégularité du noyau de l'astre. En l'an 813, « une comète parut qui ressembloit à deux lunes jointes ensemble; elles se séparèrent et, ayant pris diverses formes, elles parurent enfin sous celle d'un homme sans tête. » Pingré explique par des phases du noyau et de la queue ces apparences singulières, la comète étant alors voisine de sa conjonction avec le Soleil. Un autre témoignage plus précis est celui d'un observateur qui vit en forme de croissant, puis en quartier, le noyau de la comète de 1769, quand elle approchait du Soleil. Arago a discuté les observations faites à

Palerme en 1819 par Cacciatore, et d'où cet astronome concluait que le noyau de la comète de cette année avait présenté des phases. Il a réfuté son opinion en se basant sur un dessin de l'observateur (voy. la figure 54), faite à la date du 5 juillet 1819, où les cornes du croissant de la phase se trouvaient sur une ligne dirigée au Soleil, au lieu de l'être à angle droit avec cette ligne même, comme elles le furent dix jours plus tard, le 15 juillet.

L'absence de phases dans les noyaux cométaires n'est pas toutefois un argument contre leur opacité. Pingré disait :

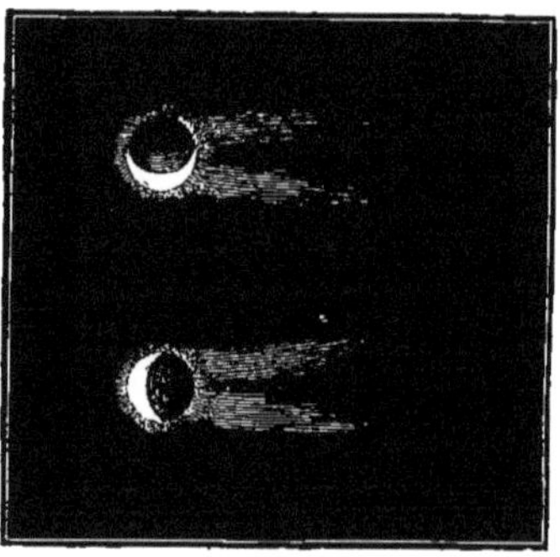

Fig. 54. — Prétendues phases de la comète de 1819, d'après Cacciatore ; observations des 5 et 15 juillet.

« Si les comètes sont de vraies planètes, leur tête ou leur noyau doit être un corps opaque éclairé des rayons du Soleil ; mais leur atmosphère est également pénétrée des mêmes rayons et nous les renvoie souvent, plus même que le corps de la comète. C'est sans doute pour cette raison qu'on ne voit pas les comètes en croissant ou en quadrature, comme nous y voyons souvent la Lune, Mercure et Vénus. » C'est la raison que donne Arago en d'autres termes : « Je reconnais, dit-il, que l'absence de phases dans un noyau peut-être diaphane, entouré, comme l'est celui des comètes, d'une épaisse atmosphère qui, par voie de réflexion, peut porter la lumière sur tous les points, ne saurait conduire à aucune conclusion certaine. »

Enfin, ajoutons nous-même une remarque qu'il est impossible de ne point faire, lorsque l'on compare entre elles les vues télescopiques de certaines comètes, de la tête de la comète de Donati, par exemple : les secteurs lumineux qui s'échappent du noyau pourraient, dans des instruments d'une puissance insuffisante, passer pour des phases, tandis qu'il est évident que ces phénomènes variables, dont la succession et les oscillations sont si remarquables, ont une tout autre nature et ne sont pas de simples apparences optiques.

Arago a enfin abordé la question de la nature physique des lumières cométaires par une méthode susceptible de conclusions positives, permettant de dire si la lumière d'une comète observée est celle d'une matière lumineuse par elle-même, ou si elle est, soit totalement, soit partiellement, de la lumière solaire réfléchie. Cette méthode peut s'appliquer d'ailleurs, et nous allons voir qu'elle a été appliquée, aussi bien au noyau qu'à l'atmosphère et à la lumière des queues. Les premières recherches d'Arago à ce sujet datent de 1819; il y avait onze ans alors que Malus avait découvert la polarisation par réflexion, et huit ans qu'Arago lui-même avait trouvé les phénomènes de coloration de la lumière polarisée.

Ce n'est pas le lieu de dire comment la nature d'une source de lumière peut être étudiée à l'aide des appareils d'optique qu'on nomme *polariscopes*. Nous rappellerons seulement qu'en examinant un objet lumineux à l'aide d'un prisme de Nicol, ou d'une pince à tourmaline, il se forme deux images qui varient d'intensité et de couleur, si la lumière qui émane de l'objet est polarisée, et si l'on fait tourner l'appareil de manière à lui faire décrire sur son axe une circonférence entière. La lumière, au contraire, est-elle naturelle, il ne se manifeste ni différence d'intensité dans les images, ni différence de nuances dans leur coloration. On peut de plus savoir quand la lumière est polarisée, si elle l'est par réflexion et dans quel plan, de manière à remonter ainsi à la source d'où elle émane primitivement.

Appliquant ces principes d'optique aux comètes, Arago étudia la lumière de la comète de 1819, puis de celle de Halley en 1835. « Je dirigeai, dit-il, sur la comète, — il s'agit du premier de ces deux astres, — une petite lunette dans laquelle était un prisme doué de la double réfraction; les deux images de la queue de l'astre présentèrent une légère différence d'intensité qui fut vérifiée par les observations concordantes de MM. de Humboldt, Bouvard et Mathieu. Le 23 octobre 1835, ayant appliqué mon nouvel appareil (la lunette polariscope) à l'observation de la comète de Halley, je vis sur le champ deux images qui offraient des teintes complémentaires, l'une rouge, la seconde verte. En faisant faire un demi-tour à la lunette sur elle-même, l'image rouge devenait verte, et réciproquement. Ainsi la lumière de l'astre n'était pas, en totalité du moins, composée de rayons doués des propriétés de la lumière directe, propre ou assimilée : il s'y trouvait de la lumière réfléchie spéculairement ou polarisée, c'est-à-dire, définitivement, de la lumière venant du Soleil. » Mais les résultats ainsi trouvés ne pouvaient-ils pas provenir de l'atmosphère terrestre? Pour s'en assurer, Arago pointa, dans sa première observation, la même lunette sur la Chèvre, et reconnut une parfaite égalité d'intensité dans les deux images de l'étoile. La lumière de l'atmosphère n'étant point polarisée, il devenait évident que la polarisation s'était effectuée à la surface de la matière de la comète.

Ces observations ont été depuis confirmées par un grand

nombre de savants : Chacornac à Paris, Ronzoni et Govi en Italie, Poey à la Havane, Liais au Brésil, ont trouvé que la lumière de la comète de Donati était polarisée, soit dans le noyau, soit dans les portions de la queue voisines du noyau. La condition que réclamait Brewster, afin d'enlever tous les doutes au sujet de la possibilité de la polarisation par réfraction dans l'atmosphère terrestre, a été remplie : le plan de polarisation passait par le Soleil, la comète et l'œil; c'est ce qu'affirme M. Poey. De sorte qu'une portion au moins de la lumière de cette comète était de la lumière solaire réfléchie. Le même fait a été constaté par M. Govi sur la comète de Marguerit.

Mais dans quelle mesure ce fait est-il vrai? Outre la lumière du Soleil, les comètes n'ont-elles pas un éclat, une lueur qui leur soit propre? C'est à l'analyse spectrale à répondre : nous allons bientôt voir si cette méthode d'observation, qui n'a pu être encore appliquée qu'à un petit nombre de comètes peu remarquables, est susceptible de fournir sur ce sujet quelques lumières. Auparavant, indiquons deux observations intéressantes faites en 1861 et en 1868 par le P. Secchi. La première eut lieu sur la grande comète à double queue de 1861. D'abord le noyau ne présenta aucune trace de polarisation, tandis que la lumière de la queue était fortement polarisée. Le 3 juillet, le noyau donnait des traces de polarisation : le P. Secchi en conclut que, les premiers jours, le noyau brillait d'une lumière propre, « peut-être, dit-il, à cause de l'incandescence à laquelle il avait été porté dans sa grande proximité au Soleil. » La seconde observation eut lieu en 1868 sur la comète de Winnecke : ayant examiné sa lumière à l'aide d'une lunette polariscope, le même observateur n'a trouvé aucune différence sensible de couleur dans les images du noyau; tandis que, dans la lumière de l'auréole de la comète, il y avait une trace évidente de coloration complémentaire. « Ainsi, conclut-il, la lumière du noyau est de la lumière propre dans sa partie principale. »

On verra plus loin les observations relatives au même sujet, lesquelles ont été faites tout récemment sur la comète de 1874 ou de Coggia.

§ VI — Analyse spectrale de la lumière des comètes

Recherches de MM. Huggins, Secchi, Wolf et Rayet. — Spectres de diverses comètes : bandes brillantes sur un fonds lumineux continu. — Analyse de la lumière de la comète de Coggia, en 1874. — Composition chimique des noyaux et des nébulosités.

On sait que les physiciens distinguent en trois ordres les spectres donnés par les sources de lumière, quand un faisceau lumineux émané de ces sources se trouve décomposé par son passage à travers un prisme ou un système de prismes.

Un spectre du *premier ordre* consiste dans une bande colorée continue, où l'on ne voit ni lignes sombres, ni bandes brillantes séparées par des intervalles obscurs : c'est le spectre solaire, dont les couleurs sont plus ou moins vives et l'étendue plus ou moins grande, mais dépourvu des raies noires qui le caractérisent. Les solides ou les liquides incandescents produisent des spectres continus. Les spectres du *second ordre* sont ceux qui proviennent de sources de lumière constituées par des vapeurs ou des gaz incandescents ; ils sont formés d'un nombre plus ou moins grand de raies ou de bandes brillantes colorées, que séparent des intervalles obscurs : le nombre, la position et par suite les couleurs de ces raies ou bandes lumineuses sont caractéristiques de la substance gazeuse en ignition ; chaque corps chimiquement simple, chaque composé devenu lumineux sans décomposition a un spectre qui lui est propre. A l'inspection des raies brillantes fournies par un gaz ou une vapeur incandescente, on peut donc connaître de quels éléments chimiques ils sont formés. Enfin, un spectre du *troisième ordre* est celui qui, comme le spectre de la lumière solaire, peut être regardé comme formé par un spectre continu sillonné de raies noires, plus ou moins fines, mais généralement beaucoup plus étroites que leurs intervalles lumineux. Ces raies sombres indiquent l'existence, en avant de la source de lumière qui donne le spectre continu, de vapeurs absorbantes : partout où existe une raie noire, l'onde lumineuse, dont la réfrangibilité est déterminée par la position même de la raie, se trouve éteinte. L'expérience a montré que les substances dont ces vapeurs sont formées ont la propriété d'intercepter les rayons lumineux de même réfrangibilité que ceux qu'elles émettent elles-mêmes à l'état d'incandescence. Par exemple, le sodium incandescent donne un spectre formé d'une raie lumineuse située dans le jaune et bien connue; d'autre part un charbon solide incandescent donne un spectre continu; or, si la vapeur du sodium enveloppe le carbone, on verra dans son spectre une raie noire à la place même de la raie jaune sodique. Ainsi un spectre du troisième ordre indique une lumière émanant d'un corps solide ou liquide incandescent, entouré lui-même d'une atmosphère de vapeurs absorbantes.

Après avoir rappelé ces données de spectroscopie, voyons quels sont les résultats obtenus jusqu'ici par les astronomes qui ont analysé par le prisme les lumières cométaires.

Donati a trouvé que le spectre de la comète de 1864 était formé de trois raies brillantes. C'est la première observation de ce genre que nous connaissions. « Le spectre de cette comète, dit-il, ressemble aux spectres des métaux ; les parties obscures sont plus larges que les parties plus lumineuses ; on peut donc dire que c'est un spectre formé de trois lignes brillantes. » Dans cette observation très-simple se trouve à peu près résumé tout ce qu'on sait en fait d'analyse spectrale, dans son application à la lumière des comètes. Le spectre formé de trois raies ou bandes lumineuses s'est retrouvé jusqu'ici dans toutes les comètes analysées. Seulement la réfrangibilité de ces bandes paraît varier d'une comète à l'autre, indiquant soit un état physique différent, soit une différence d'ailleurs peu sensible dans la composition chimique. Quelques autres particularités méritent d'être mentionnées ; nous allons les signaler successivement.

La comète 1866 I, découverte par Tempel, a été analysée par M. Huggins et par le P. Secchi. Voici le résultat obtenu par le premier de ces observateurs : « La lumière émanée du noyau, dit-il, donne un spectre consistant en une raie brillante unique, tandis que le spectre formé par la lumière venant de la chevelure est continu. Cette observation montre, ajoute le savant astronome, que la lumière de la chevelure de cette comète diffère de celle du petit noyau. Ce dernier est lumineux par lui-même, et la matière dont il se compose est à l'état de gaz en ignition. Comme on ne peut supposer que la chevelure consiste en une matière solide incandescente, le spectre continu de sa lumière est l'indice probable d'une matière éclairée simplement par la lumière solaire. »

L'astronome romain a distingué, dans la lumière de la même comète, trois raies, dont l'une assez vive, celle du milieu et probablement celle de M. Huggins, se trouvait dans le vert entre les raies *b* et F de Fraunhofer ; les deux autres raies, très-faibles, étaient l'une dans le rouge, l'autre du côté du violet. Outre ces raies, il a vu un fond général légèrement diffus.

La comète 1867 II a donné un spectre probablement analogue, mais moins distinct. « Au spectroscope, dit M. Huggins, la lumière de la chevelure forme un spectre continu. Il était impossible, à cause de la faiblesse du noyau, de distinguer avec certitude le spectre de sa lumière qui se projetait sur le large spectre de la chevelure. Néanmoins, j'ai soupçonné la présence de deux ou trois lignes brillantes, mais mon observation n'est pas certaine. »

Fig. 55. — Comète 1868 II, de Winnecke, d'après un dessin de M. W. Huggins.

La comète 1868 I de Brorsen a montré au même observateur un spectre formé de trois bandes brillantes, se projetant sur un faible spectre continu. « Dans la bande du milieu, dit M. Huggins, je soupçonne deux lignes brillantes qui semblent plus courtes que la bande, et sont peut-être dues à la lumière du noyau. » Le P. Secchi a analysé à Rome la lumière de cette même comète, dont le spectre lui a également paru discontinu et formé de bandes lumineuses se détachant sur un fond légèrement lumineux. La plus vive de ces bandes était située dans le vert, près de la raie *b* du magnésium. Une autre était visible dans le bleu au delà de la raie E, mais moins vive et plus vaporeuse. Deux autres raies se voyaient encore, l'une dans le jaune, l'autre à peine perceptible dans le rouge. Cela fait en tout quatre bandes au lieu des trois aperçues par M. Huggins; mais la faiblesse de l'une d'elles explique parfaitement cette différence dans les résultats des deux observations.

Trois bandes lumineuses formaient également le spectre de la lumière de la comète 1868 II de Winnecke. « Celle du milieu, la plus vive, dit le P. Secchi, est verte ; une autre, assez brillante, se trouve dans le jaune ; et la dernière, la

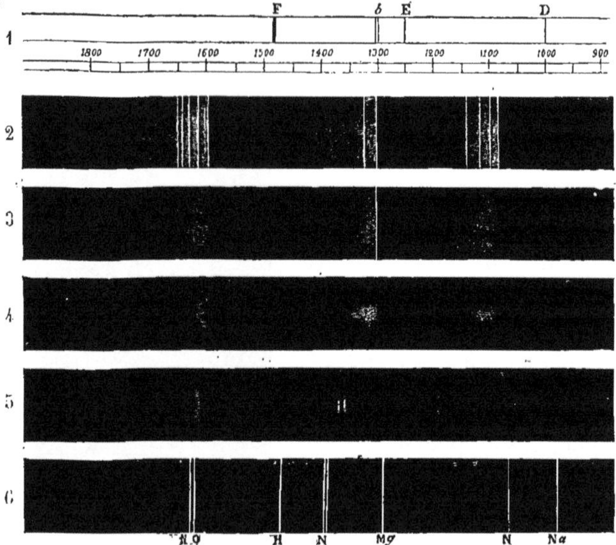

Fig. 56. — Spectres de la lumière des comètes 1868 I (Brorsen) et 1868 II (Winnecke), d'après les observations de M. W. Huggins.

1. Spectre solaire. — 2. Spectre du carbone. — 3. Spectre du gaz oléfiant. — 4. Spectre de la comète 1868 II. — 5. Spectre de la comète 1868 I. — 6. Spectre de l'étincelle d'induction.

plus faible, dans le bleu. Le fond du champ de la lunette est plein d'une faible lumière diffuse. » Les positions des bandes lumineuses ont été mesurées par M. Wolf, qui a trouvé la plus brillante située entre *b* et F de Fraunhofer, presque au contact de *b*. Des deux autres, l'une est placée entre D et E, un peu plus près de E que de D ; la troisième est au delà de F, mais assez voisine de cette ligne. On peut voir, du reste, dans la figure 56, les deux spectres des comètes de Brorsen et de Winnecke, comparés au spectre du carbone obtenu en faisant jaillir l'étincelle d'induction dans le gaz oléfiant. C'est à M. W. Huggins qu'est due cette comparaison intéressante. Elle montre qu'il y a, à peu de chose près, identité entre le spectre du gaz oléfiant (C^4H^4) et celui de la comète de Winnecke, tandis que le spectre de la comète de Brorsen est notablement différent, sinon par sa composition, du moins par la situation de ses bandes plus resserrées que les autres.

La comète I de 1870 a donné à MM. Wolf et Rayet trois bandes brillantes semblables aux précédentes, se projetant sur un faible spectre continu. Même résultat, d'après Huggins, pour la comète 1871 I et pour la comète d'Encke, sauf que celle-ci ne donnait pas de spectre continu, ce que l'observateur attribue à la petitesse et au peu d'éclat du noyau.

Deux autres comètes ont été encore analysées de la même manière par MM. Wolf et Rayet. Voici les résultats obtenus par ces savants :

« La comète découverte à Marseille par M. Borelly, disent-ils, dans la nuit du 20 au 21 août (1873 III), présente la forme d'une nébulosité circulaire d'environ 2 minutes de diamètre, et offre en son centre un noyau assez brillant. Son spectre se compose d'un spectre continu, depuis le jaune jusque vers le violet, dû en partie à la lumière solaire réfléchie, et de deux bandes lumineuses, l'une dans le vert, l'autre dans le bleu. La bande verte est intense, nettement limitée vers le rouge, diffuse vers le violet. La bande bleue, dont l'éclat est environ la moitié de celui de la précédente, est aussi limitée vers le rouge et diffuse vers le violet. Le spectre continu présente beaucoup plus d'éclat que celui des comètes que nous avons précédemment étudiées et est beaucoup plus étroit. Peut-être est-il dû à un noyau solide. »

La même année, fut découverte à l'observatoire de Paris, par deux jeunes astronomes, MM. Paul et Prosper Henry, une comète (1873 IV) dont la lumière, étudiée à trois nuits d'intervalle, a fourni les spectres que représente la figure 57. Dans la nuit du 26 au 27 août, la comète avait la forme d'une nébulosité circulaire, avec une condensation de lumière très-vive en son centre : sa physionomie était celle

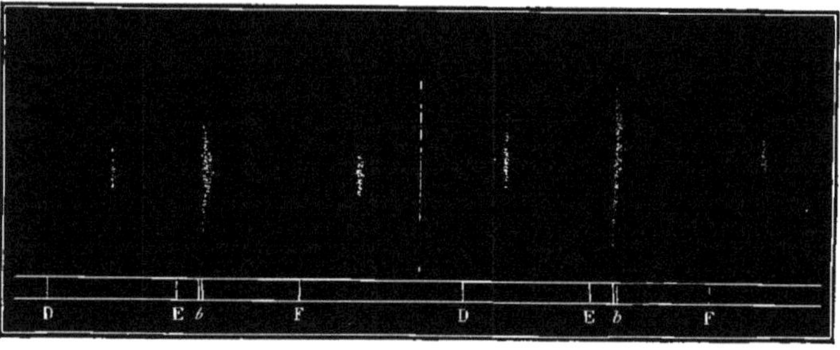

Fig. 57. — Spectre de la comète 1873 IV (Henry) ; 1° le 26 août ; 2° le 29 août.

de l'amas stellaire d'Hercule vu dans un instrument dont le pouvoir optique serait insuffisant pour résoudre cet amas en étoiles[1]. Le spectre était composé des trois bandes lumineuses ordinaires, avec cette circonstance que la ligne la plus brillante, celle du vert, avait une longueur double de celle des deux autres; pas de trace de spectre continu. Dans la nuit du 29 au 30, l'astre avait une queue assez large de 25′ de longueur, et l'éclat du noyau central s'était accru de la septième jusqu'à la sixième grandeur.

1. La figure 32 (page 191) représente la comète Henry, telle que la montrait le télescope à l'époque des observations que nous rapportons ici.

« La tête de la comète donnait toujours un spectre composé de trois bandes lumineuses, mais traversé, cette fois, par un très-faible spectre continu. L'éclat de l'astre ayant augmenté, l'observation spectrale a pu être faite avec une fente relativement étroite, et la bande du vert a pris alors une physionomie plus nette; sur une partie de sa longueur, elle était terminée, des deux côtés, en ligne droite, tout en restant toujours plus brillante du côté du rouge. L'éclat des lignes jaune et bleue avait également un peu augmenté. »

Depuis le moment où nous avions écrit ces lignes, cinq comètes nouvelles ont été découvertes et observées dans le premier semestre de 1874 : la première, le 20 février, par M. Winnecke; la seconde, le 11 avril, par MM. Winnecke et Tempel; la troisième, la plus brillante et que tout le monde a pu voir à l'œil nu en juillet, a été trouvée à Marseille par M. Coggia le 17 avril; les deux autres ont été découvertes l'une par M. Borrelly, l'autre par M. Coggia. Mais c'est l'analyse spectrale de la seconde et de la troisième qui a fourni les résultats suivants :

« Le matin du 20 avril, dit le P. Secchi, la lumière de la comète (la seconde) était assez belle; elle présentait un noyau nébuleux environné d'un éventail de nébulosité irrégulière. Le spectroscope simple, appliqué à la grande lunette de Merz, montra des traces de bandes; mais la diffusion de l'objet ne permettant pas l'usage de cet instrument, on appliqua le spectroscope composé, en se servant toutefois, de la lunette; car la faiblesse était telle, qu'on n'apercevait rien de bien sûr. Alors, ayant ôté la lunette et regardant à l'œil simple, le spectre parut très-nettement formé de trois bandes très-bien séparées : une dans le vert bleu, une autre dans le vert et la troisième dans le jaune vert. La première était la plus vive et la plus étendue ; les deux autres, et surtout celle du milieu, étaient plus faibles. A première vue, j'ai jugé que ces bandes se trouvaient à la place des bandes des autres comètes ; mais je n'ai pu prendre de mesures rigoureuses. »

Le même astronome décrit ainsi ses observations spectroscopiques de la comète de Coggia : « Le 17 mai, j'ai pu constater que le spectre était vraiment à bandes ; deux surtout étaient très-vives dans le vert et le vert jaune. Ayant éclairé le tube de la lunette devant la fente avec la lumière diffuse de différents gaz, les deux bandes brillantes principales furent trouvées correspondre aux bandes du spectre de l'oxyde de carbone et de l'acide carbonique. La faiblesse de la lumière ne permit pas de reconnaître les autres bandes. »

La lumière de la même comète a été analysée par MM. Wolf et Rayet. « Le 19 mai, dit ce dernier, j'ai pu en faire, avec M. Wolf, une première observation spectroscopique un peu complète. La comète avait près de 3 minutes de diamètre et une queue commençait à se développer. La lumière, analysée par le prisme, donnait un spectre continu depuis l'orangé jusque vers le bleu (spectre du noyau solide), traversé par trois bandes brillantes (spectre de la nébulosité gazeuse) ; c'est le spectre bien connu des astres de cette espèce ; mais il différait des spectres ordinaires par les dimensions et l'éclat relatif des diverses parties. Ainsi, tandis que le spectre continu du noyau est en général large et diffus, il était, pour la comète de M. Coggia, très-étroit. D'un autre côté, les bandes lumineuses transversales, au lieu de s'estomper vers le côté le plus réfrangible, se terminaient, vers le rouge et vers le violet, par des lignes droites assez nettes ; le fait, surtout saillant pour la bande médiane la plus longue et la plus lumineuse, m'a beaucoup frappé, car c'est la première fois que je le constate. »

Une seconde observation, faite dans la nuit du 4 au 5 juin, a confirmé ce dernier fait : « Le spectre continu, dit M. Rayet, correspondant au noyau, est remarquablement étroit, presque aussi étroit que celui d'une étoile vue dans le même instrument; il rappelle le spectre d'une étoile de sixième grandeur, mais sans coloration vers les extrémités. Le spectre s'étend, de part et d'autre, au delà des trois bandes lumineuses. Le spectre à bandes est composé de trois lignes qui, par leur réfrangibilité, répondent au jaune, au vert et au bleu. La bande centrale est longue, très-lumineuse, et, lorsque la fente est convenablement étroite, elle se termine, vers le rouge et vers le violet, par des lignes droites tranchées; elle n'a donc rien conservé de cette apparence dégradée vers le violet que l'on rencontre dans le spectre des comètes télescopiques ordinaires..... Les bandes du jaune et du bleu ont un éclat environ moitié de celui de la précédente; elles sont un peu diffuses vers les bords et se rapprochent du type ordinaire.

» Si, au lieu de porter la fente du spectroscope sur l'image focale du noyau, de manière à obtenir tout à la fois le spectre du noyau et celui de la nébulosité qui l'entoure, on place la fente de manière à couper l'image de la queue, on obtient un spectre qui offre les trois bandes brillantes, déjà décrites, sans trace de spectre continu et séparées les unes des autres par des intervalles obscurs. Dans la queue, il n'y a donc point de matière solide incandescente en quantité sensible. »

On trouvera plus loin (voyez à la page 289) d'autres détails sur l'analyse de la lumière de la comète de 1874. Ils nous sont parvenus trop tard pour être insérés ici, à la place qu'indiquait naturellement le sujet traité dans le présent paragraphe. Ces détails, du reste, ne font que confirmer les résultats obtenus par nos deux savants compatriotes.

Tels sont les résultats donnés jusqu'ici par l'analyse spectrale de la lumière cométaire. Ils sont importants par les conséquences qu'il est permis d'en tirer, dès à présent, sur la constitution physique et chimique de quelques-unes d'entre elles.

Il y a d'abord un fait commun à toutes les comètes dont la lumière a été analysée. Ce fait, c'est que leur spectre consiste principalement en un certain nombre de bandes lumineuses brillantes, séparées par d'assez larges intervalles obscurs. Le spectre continu, d'ailleurs très-faible, sur lequel se projetaient ces bandes, n'existait ou du moins n'était visible que pour quelques-unes d'entre elles; les comètes dont le noyau était très-faible, comme celui de la comète d'Encke, ou n'était pas encore assez lumineux (C. 1873 IV), n'ont pas donné de spectre continu. Il semble donc acquis que les bandes brillantes sont produites par la lumière des atmosphères ou des chevelures cométaires. De ses premières observations, M. Huggins tirait une conclusion opposée, mais cela tenait sans aucun doute à l'impossibilité où se trouvait alors le savant observateur de comparer les résultats trouvés à ceux des comètes analysées depuis.

Ainsi les comètes à noyaux, dont la lumière a pu être analysée par le prisme, seraient ainsi constituées :

Au centre de la nébulosité un noyau donnant un spectre continu. Cela indique-t-il nécessairement une matière liquide ou solide incandescente? On pourrait l'affirmer si la continuité de ce spectre pouvait être regardée comme entière; mais sa faiblesse est telle qu'il est difficile de dire si la lumière dont il brille est une lumière propre due à l'incandescence de la matière qui compose le noyau, ou si elle est la lumière réfléchie du Soleil. Peut-être participe-t-elle de ces deux origines, surtout quand la comète, en s'approchant du Soleil, acquiert une température croissante; les observations de polarisation par réflexion prouvent en tout cas qu'une partie au moins de cette lumière est réfléchie du Soleil.

Quant à la lumière des atmosphères et des queues, le spectre à bandes brillantes dénote, dans la matière qui les forme, à la fois l'état gazeux et l'incandescence. L'identité, sous ce rapport, de la queue et de la chevelure dans la comète de Coggia montre bien que c'est la matière de l'atmosphère qui, sous une action répulsive, va former à l'opposé du Soleil l'appendice cométaire. Comme, d'autre part, les phénomènes des aigrettes émanées du noyau prouvent que les enveloppes atmosphériques se forment aux dépens de ce dernier, il semble bien difficile d'admettre l'incandescence pour l'atmosphère cométaire et pour les queues, si le noyau lui-même dont elles se forment incessamment ne jouit pas de cet état d'incandescence. Donc il est probable que les noyaux cométaires, tout au moins dans le voisinage du périhélie, émettent, outre la lumière réfléchie du Soleil, de la lumière directe, émanée de leur propre substance.

Au point de vue chimique, les comètes, en petit nombre il est vrai, qui ont été analysées, ont une constitution très-peu complexe. C'est, ou du carbone simple, ou un composé du carbone, hydrogène carboné d'après les comparaisons faites par M. Huggins, oxyde de carbone ou acide carbonique d'après les recherches du P. Secchi. Ce dernier savant a donc eu raison de dire : « Il est très-remarquable que toutes les comètes observées jusqu'ici ont les bandes du carbone. »

§ VII — La comète de 1874 ou comète de Coggia

Des cinq comètes de 1874, la troisième, ou comète de Coggia, a seule été visible à l'œil nu. — Aspect télescopique et spectre de la comète dans les premiers temps de la visibilité, d'après MM. Wolf et Rayet. — Observations de Secchi, de Bredichin, de Tacchini, de Wright : polarisation de la lumière du noyau et de la queue. — Transformations de la tête de la comète du 10 juin au 14 juillet, d'après MM. Rayet et Wolf.

Ce n'est pas LA COMÈTE, mais bien LES COMÈTES DE 1874 que nous aurions dû en toute rigueur donner comme titre à ce paragraphe de notre ouvrage. En effet, à l'époque où nous intercalons ces lignes au chapitre convenable, c'est-à-dire dans les derniers jours du mois d'août de cette année, cinq comètes nouvelles ont été déjà découvertes et observées. Mais une seule, la troisième en date, a attiré l'attention du public, par cette raison toute simple qu'elle seule est devenue assez brillante pendant la durée de son apparition pour être visible à l'œil nu : les trois autres sont restées des comètes télescopiques, accessibles aux seuls observateurs ou astronomes de profession. Bien que sa visibilité en Europe n'ait pas été de longue durée, la comète 1874 III, ou comète de Coggia, a présenté dans son aspect physique, dans les changements de forme de la tête et de la queue, des particularités assez curieuses pour mériter une mention spéciale et une description quelque peu détaillée.

C'est à l'observatoire de Marseille, dans la nuit du 17 avril, que la comète nouvelle a été découverte par un astronome de cet établissement, M. Coggia, déjà connu des savants par la découverte de la planète Églé, de la deuxième comète de 1870, et l'année dernière par celle de la septième comète de l'année, comète dont il a été question dans le chapitre des comètes périodiques. Le nouvel astre était à l'origine une nébulosité très-faible, mais qui, en se rapprochant à la fois du Soleil par son mouvement vers son périhélie et de la Terre, acquit bientôt un éclat de plus en plus intense jusqu'à devenir visible à l'œil nu vers les premiers jours de juillet. A partir de cette époque, la comète augmenta encore d'éclat jusque dans la nuit du 14 juillet, où son mouvement propre combiné avec le mouvement diurne la fit disparaître dans les brumes et sous l'horizon, du moins pour nos latitudes. On espère qu'elle aura été observée dans les régions plus voisines de l'équateur et dans l'hémisphère austral. Cela est grandement désirable, car c'est précisément au moment où l'étude télescopique devenait la plus intéressante que la comète a disparu pour nous. Nous devons donc nous borner à décrire les faits en laissant parler les observateurs eux-mêmes.

« A l'époque de la découverte, dit M. G. Rayet, la comète était faible, de forme circulaire, avec une condensation centrale très-marquée, figurant un point lumineux ; le diamètre de la nébulosité était d'environ 2 minutes. La lumière était si peu intense, que l'on pouvait à peine constater l'existence d'un spectre. Depuis, la comète s'est constamment approchée du Soleil et de la Terre, et son éclat a régulièrement augmenté.

L'analyse du spectre de la lumière, faite en commun par MM. Rayet et Wolf, à la date du 19 mai, est rapportée dans le paragraphe précédent (pages 282 et 283), ainsi que celle de la nuit du 4 au 5 juin.

Dans la nuit du 4 au 5 juin, la comète offrait un noyau rond très-brillant, dont l'éclat égalait celui d'une étoile de huitième grandeur. La nébulosité environnante, dont le noyau se détachait nettement, mesurait 4 minutes de diamètre et se prolongeait, à l'opposé du Soleil, en une queue de 8 minutes de longueur. L'intensité de la

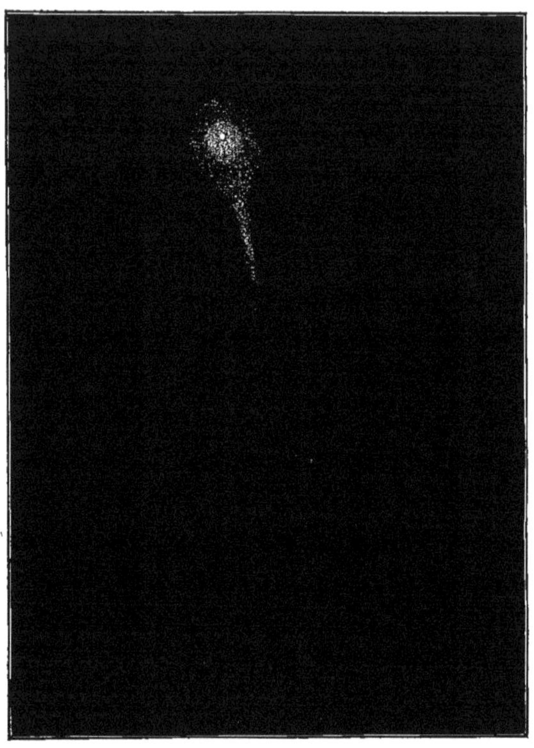

Fig. 58. — La comète de Coggia, le 10 juin 1874; vue d'ensemble, d'après le dessin de M. G. Rayet.

lumière, quadruplée depuis le 17 avril, permit d'obtenir un spectre bien visible. On peut en lire la description page 283, d'après M. Rayet.

La lumière de la comète de Coggia a été aussi analysée à Rome par le P. Secchi, dont les observations confirment dans leurs principaux résultats ceux qu'on vient de lire. Les trois bandes brillantes et le spectre continu qui les coupait transversalement avaient, aux dates du 18 juin et du 9 juillet, l'aspect que montre la figure 59. L'astronome de l'observatoire romain insiste sur une particularité qu'on y peut voir aisément : nous voulons parler des interruptions que présente le spectre continu dans le voisinage de chaque bande, et qui sont surtout sensibles dans la seconde observation. « En regardant, dit-il, le spectre ainsi composé avec un prisme de Nicol, on voyait la partie continue s'affaiblir considérablement, tandis que les bandes conservaient leur vivacité. Cette remarque ferait croire que le spectre continu était dû à la lumière réfléchie. » On voit que, sous ce dernier rapport, le P. Secchi diffère d'opinion avec les astronomes français cités plus haut, qui considèrent le spectre continu comme donné par un noyau solide à un certain état d'incandescence. Il parait certain que la lumière de la comète était polarisée : c'est ce que prouvent les observations faites à Rome dans le courant de juillet; mais le noyau ne peut-il à la fois émettre de la lumière propre et réfléchir partiellement celle du Soleil? C'est une question non résolue, un doute qui subsiste toujours sur la nature de la lumière cométaire, ainsi que nous l'avons déjà reconnu dans diverses comètes étudiées à ce point de vue.

Voici encore quelques détails dus au même astronome, qui a pu observer la comète plus longtemps qu'en France, ainsi que le prouve la date du 17 juillet ci-dessous :

« La comète, dit-il, lorsqu'on l'examinait avec les oculaires ordinaires, était magnifique. Le 9 juillet, elle formait un éventail rougeâtre (par contraste avec le noyau) d'environ 180 degrés d'ouverture, à rayons curvilignes et partant d'un noyau jaune verdâtre. En poussant le grossissement jusqu'à cent fois, on voyait le noyau surmonté seulement de très-faibles panaches, et réduit à une petite sphère diffuse de 2 secondes de diamètre à peine. L'absence de toute limite tranchée, l'effet produit par les forts grossissements, prouvent que ce noyau ne contenait pas de corps solide. Les mêmes grossissements montrent, en effet, les satellites de Jupiter avec un disque nettement tranché.

« Sur l'invitation de M. Hind, nous avons cherché la comète pendant le jour, mais sans succès. Il paraît peu

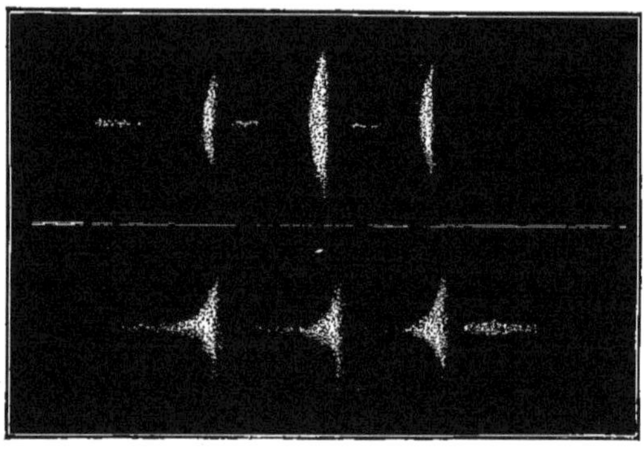

Fig. 59. — Spectres de la comète 1874 III, de Coggia. D'après le P. Secchi.

probable qu'on puisse la voir dans ces conditions, car Jupiter, qui est bien plus brillant, n'est pas lui-même visible. Le 17 juillet, la queue était énorme : elle arrivait jusqu'à l'étoile υ de la Grande-Ourse, la tête étant pour nous sous l'horizon; elle devait avoir au moins 45 degrés de longueur. Le 13, elle était assez dilatée autour de la tête. »

Ayant comparé les positions des bandes brillantes du spectre cométaire avec celles des spectres de l'oxyde de carbone et de l'acide carbonique, le P. Secchi les trouva correspondantes; mais, en employant des hydrocarbures, aucune raie hydrogénique ne parut coïncider avec celles de la comète. Ces résultats prouvent que les astronomes ne s'entendent pas bien encore dans l'interprétation des faits d'analyse spectrale qu'ils observent; car nous lisons dans une lettre adressée de Moscou aux spectroscopistes italiens par le professeur Bredichin, que ce savant a comparé les positions des bandes du spectre de la comète avec celles du carbure d'hydrogène d'un tube de Geisler; et il ajoute : « Dans les limites des erreurs des observations (j'en ai fait plus de dix), les bandes de la comète coïncident avec les bandes de l'hydrocarbure dont les longueurs d'onde sont 5633, 5164, 4742, à l'échelle d'Angström. »

A Palerme, M. Tacchini a fait aussi, sur le spectre de la comète et sur la polarisation de sa lumière, les observations suivantes :

« Les raies brillantes observées dans le spectre de la comète étaient au nombre de quatre qui, reportées sur un spectre solaire, correspondaient aux positions suivantes de l'échelle d'Angström : 6770, 5620, 5110 et 4800. Les positions de ces raies ne peuvent être considérées comme rigoureusement exactes, à cause du moyen qui servit à les obtenir; mais il est clair que les trois dernières correspondent au spectre du carbone. Celle du rouge était moins distincte que les autres, parce que, dans cette partie, le rouge était très-vif et diffus : cette raie se vit bien seulement dans les premières soirées, c'est-à-dire dans les derniers jours de juin et les premiers jours de juillet. Les trois autres lignes n'étaient pas d'égale longueur, et la plus étendue était la 5620; la 5110 était la plus vive de toutes et paraissait quasi blanche, ainsi qu'il arrive aux raies du magnésium après les éruptions (solaires). Le spectre continu du noyau de la comète se projetait comme sur un fond formé d'un spectre solaire plus intense, où le rouge, ainsi qu'il vient d'être dit, était plus dilaté. Ce beau ruban coloré ne se voyait qu'au passage du noyau, lequel, vu simplement à l'oculaire, paraissait d'un blanc verdâtre, tandis que l'éventail était sensiblement rose, même en occultant le noyau. Dans la vive lumière solaire que réfléchissait le noyau, devaient se montrer des traces de polarisation, et, pour les vérifier, nous invitâmes le professeur de physique, il signor Pisati, à faire l'expérience à l'aide des polariscopes qu'il avait à sa disposition. Ayant appliqué un bi-quartz à la lunette, il se montra des traces de polarisation, mais faibles; à l'aide d'un prisme de Nicol, la lumière parut fortement polarisée, et le plus grand affaiblissement de lumière fut trouvé quand la section principale du Nicol coïncidait avec la direction de la queue, d'où il suit que la lumière était polarisée dans un plan passant par le Soleil. L'expérience fut répétée aussi sur la partie la plus vive de la queue et donna le même résultat. Vers le milieu de la queue, la lumière était si faible qu'on ne pouvait rien conclure de certain; mais il semble probable que la réflexion avait lieu sur toute la longueur de la queue. » (*Memorie della Societa degli spettroscopisti italiani. Luglio* 1874.)

Ces conclusions très-décisives, comme on voit, de la polarisation de la lumière dans la comète de Coggia, sont confirmées d'un autre côté par des observations que M. Wright a faites à Yale-College (États-Unis), et ce savant en tire la conséquence « qu'une portion considérable de la lumière de la comète dérive du Soleil par voie de réflexion ».

Revenons maintenant sur l'aspect que le noyau et la nébulosité ont offert au télescope pendant la période la plus intéressante de l'apparition. Pour cela, nous suivrons la description qu'en ont donnée nos deux savants compa-

LA COMÈTE DE COGGIA EN 1874

Vue du Pont-Neuf à Paris.

triotes MM. Wolf et Rayet. Grâce à leur obligeance, nous pourrons étudier les changements dont la comète a été le théâtre, sur plusieurs dessins inédits qui représentent l'aspect de l'astre à des époques différentes, et que ces savants nous ont autorisé à reproduire par la gravure.

« Le 10 juin, disent-ils, la comète avait conservé l'aspect général des jours précédents : c'était toujours une nébulosité circulaire d'environ 4 minutes de diamètre, avec le noyau central très-brillant et remarquablement net, qui donnait à l'astre une physionomie toute spéciale. A l'opposé du Soleil, la nébulosité se prolongeait en une queue qui, étroite à la base, s'épanouissait ensuite en forme d'éventail sur une longueur d'environ 24 minutes; la chevelure était plus brillante au centre que vers les bords (voy. la figure 58, page 288).

» La comète a conservé ce même aspect, en grandissant rapidement, jusqu'au 22 juin environ, au moins autant qu'il a été possible d'en juger par des observations extrêmement gênées par la lumière de la Lune.

» Le spectre était resté tel que nous l'avons décrit, formé d'un spectre continu très-étroit et de trois bandes brillantes transversales.

» Le 22 juin a commencé la série des changements de forme de la tête de la comète. Ce jour-là, la comète, examinée au télescope de Foucault de 40 centimètres, paraissait renfermée dans l'intérieur d'une parabole très-allongée (fig. 60). A partir du noyau, placé comme pourait l'être le foyer de la courbe, l'éclat allait en décroissant régulièrement vers le sommet; mais, vers l'intérieur de la parabole, la diminution de la lumière était brusque et la ligne de chute dessinait une autre parabole un peu plus ouverte que la première, et ayant pour sommet le noyau brillant lui-même. La parabole passant par le noyau se prolongeait pour former les limites latérales de la queue dont les bords, nettement terminés, étaient beaucoup plus brillants que les parties intérieures. Cette queue avait donc l'apparence

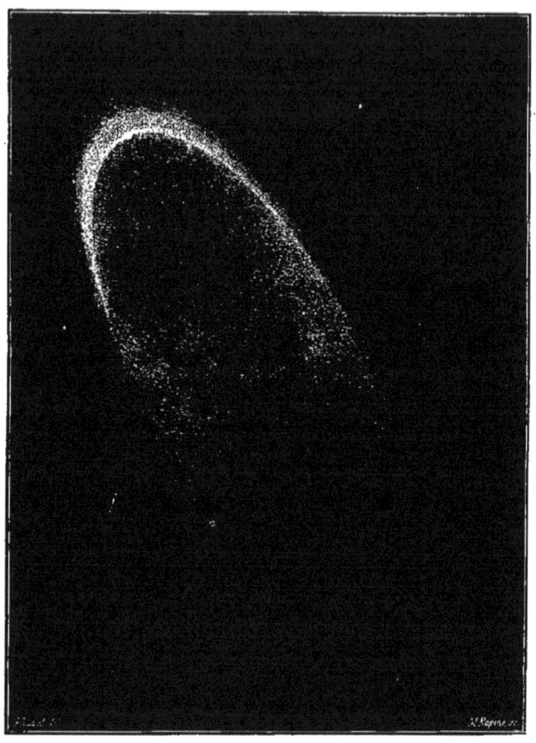

FIG. 60. — La comète de Coggia, vue au télescope le 22 juin 1874; d'après un dessin de M. G. Rayet.

d'une enveloppe lumineuse creuse intérieurement. Le noyau était toujours très-net.

» Le 1er juillet, la forme générale de la comète est restée la même; elle paraît toujours terminée, à l'extérieur, par un arc de parabole. Toutefois le point lumineux fait saillie dans l'intérieur de la seconde parabole, et il n'y a pas symétrie complète entre les deux côtés de la queue (fig. 61). Le côté ouest, celui dont l'ascension droite est plus grande,

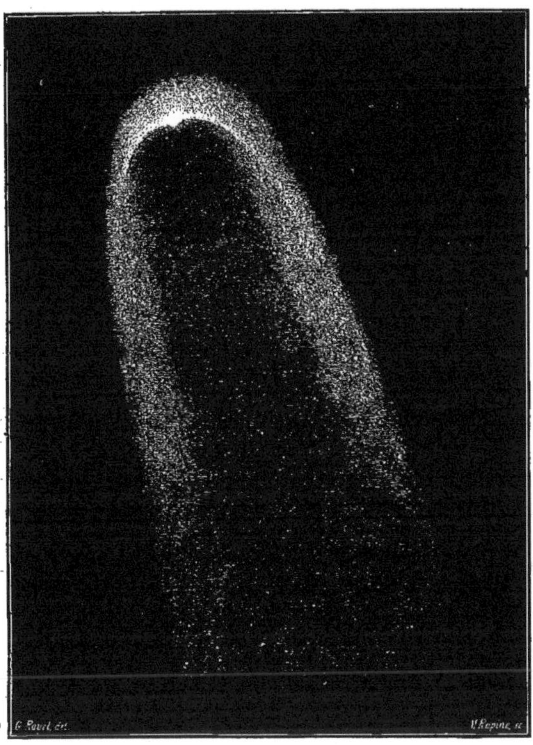

FIG. 61. — La comète de Coggia le 1er juillet 1874 ; d'après un dessin de M. G. Rayet.

est très-sensiblement plus lumineux que l'autre. Le spectre à bandes brillantes de la nébulosité est assez lumineux, et dans le spectre étroit du noyau on distingue des couleurs : le rouge d'une part et une teinte bleue ou violacée à l'autre extrémité.

» A partir du 5 juillet, la dissymétrie de la comète va en s'accentuant de plus en plus, et, vers la tête, la décroissance de la lumière devient moins régulière.

» Le 7 juillet, la dissymétrie est frappante, la partie *ouest* de la queue étant environ deux fois plus brillante que la portion *est*. En même temps, le noyau paraît devenir diffus et s'estompe du côté de la tête de la comète, tandis qu'il est encore net vers la queue : on le comparerait volontiers à un éventail ouvert.

» Du 7 au 13 juillet, les conditions atmosphériques n'ont point été favorables à l'observation ; mais il n'est survenu dans la comète aucun changement notable, car le 13 elle s'est retrouvée avec la même forme un peu plus accentuée. Toutefois, l'éventail de lumière formé aux dépens du noyau avait pris une importance plus grande et s'inclinait, d'une manière très-marquée, vers la partie ouest de la chevelure. Au moment de l'observation (fig. 62), vers 10 heures du soir, la partie nord du ciel était légèrement brumeuse et la comète déjà bien près de l'horizon ; quant à la queue, elle se prolongeait jusque vers *o* de la Grande-Ourse, ayant ainsi une longueur apparente de 15 degrés environ.

» Notre dernière observation de la comète est du 14, à dix-sept heures de temps sidéral (9^h 30^m du soir) ; elle se signale par d'importants changements dans l'aspect de la tête (voyez plus loin la figure 63). L'éventail de lumière est tout à fait rejeté à l'ouest et se prolonge, de ce côté, en une longue traînée dont on ne perd la trace que bien loin dans la chevelure ; vers l'ouest, l'éventail se termine brusquement et la ligne de terminaison ne fait qu'un petit angle avec l'axe de figure de la comète. En même temps, on distingue deux panaches, deux aigrettes jetées en avant, l'un à droite, l'autre à gauche : ces panaches lumineux semblent naître du bord de l'éventail dont ils forment comme le prolongement. Le panache dirigé vers l'est se projette bien en avant et atteint bientôt, pour se recourber ensuite vers la queue, la partie antérieure de la comète; il est faible et tranche peu sur la nébulosité. Le panache dirigé vers l'ouest est beaucoup plus brillant et se recourbe de suite vers la queue, dont il contribue ensuite à dessiner le bord extérieur et brillant. »

MM. Wolf et Rayet rappellent, comme ayant eu avec la comète de Coggia des formes et des transformations analogues, les comètes de 1858 et de 1861. L'analogie est évidente; mais il y a aussi de notables différences. L'aspect de la comète de 1874, dans la nuit du 14 juillet, est surtout remarquable par les phénomènes, que nous croyons sans précédents, indiqués par le dessin de M. Rayet. Les panaches ou aigrettes secondaires, dont la description vient d'être donnée par les observateurs, indiquent le commencement d'une transformation radicale dans la forme de la tête et de la queue : on dirait deux comètes différentes juxtaposées, se projetant l'une sur l'autre. Est-ce, comme on l'a dit quelque part, un indice de dédoublement? C'est ce que la suite des observations, malheureusement interrompues en Europe, nous apprendra, si la comète a continué d'être observée dans l'hémisphère austral. Cependant il y a quelque chose qui nous frappe en comparant les dessins des astronomes français avec celui qui est donné par M. Newall presque à la même heure. Les deux panaches du dessin anglais forment deux aigrettes très-régulières, très-symétriquement placées par rapport à l'axe de la queue, au noyau, à la tête tout entière de la comète. On croirait voir les antennes de certains papillons nocturnes. Nous avouons que le dessin très-étudié, très-détaillé de M. Rayet nous paraît mériter toute confiance.

Mais achevons de donner le texte de la note de

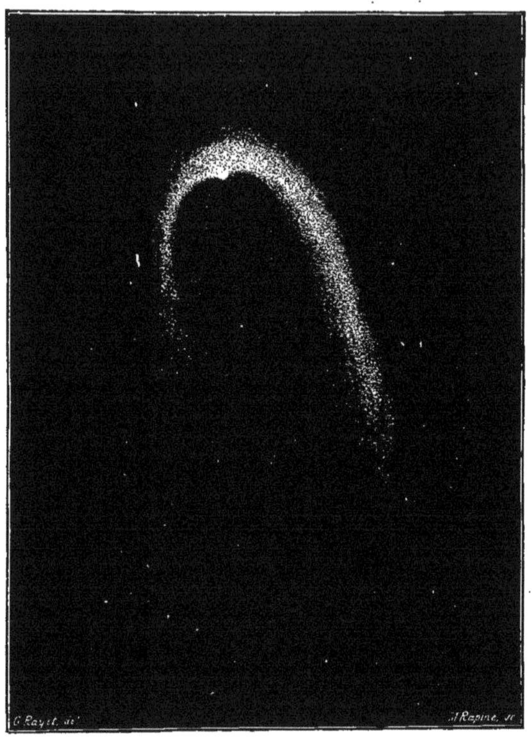

Fig. 62. — La comète de Coggia, le 13 juillet 1874, d'après M. G. Rayet.

MM. Wolf et Rayet. La fin a trait à l'analyse spectrale de la lumière de la comète dans le cours du mois de juillet.

« Pendant que la comète de Coggia changeait de forme, son spectre conservait la même apparence et les mêmes caractères tout en augmentant d'éclat. Ce n'est qu'à partir du 13 juillet qu'il s'est modifié par l'exagération de l'importance de l'une de ses parties. A cette dernière date, le noyau

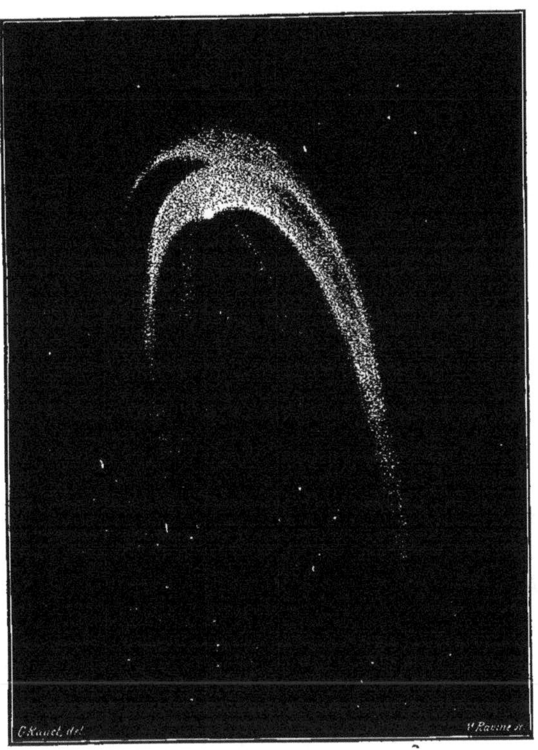

FIG. 63. — La comète de Coggia, vue le 14 juillet; d'après un dessin de M. G. Rayet.

était devenu diffus, et la matière solide qui le formait paraissait s'être répandue dans toute la tête de la comète, de sorte que le spectre se composait d'un trait lumineux vivement coloré, continu du rouge jusqu'au violet, se détachant sur un spectre continu plus large. Les trois bandes lumineuses avaient presque disparu, noyées peut-être dans la lumière de ce dernier spectre continu. La comète était d'ailleurs très-proche de l'horizon et dans la brume. Nous avons vainement cherché dans le spectre continu la présence de lignes brillantes ou de raies noires.

» Le 1er et le 6 juillet, pendant que les bandes lumineuses étaient encore bien visibles, nous avons rapporté par des pointés micrométriques la position de la plus brillante d'entre elles, la ligne médiane, aux lignes E et *b*. Nous avons ainsi trouvé pour longueur d'onde, du côté le moins réfrangible de cette ligne : 1874, 1er juillet, 5161 ; 6 juillet, 5165. La longueur d'onde de l'ensemble des trois lignes *b* étant 5174, cette bande est un peu plus réfrangible.

» Nous croyons cette mesure précise; mais la difficulté des déterminations est telle, que nous pensons au moins inutile de chercher à identifier cette bande avec les lignes brillantes d'un gaz quelconque. »

Tels sont les faits dès maintenant recueillis, qui intéressent la constitution physique et chimique de la comète de Coggia. Nous nous abstiendrons d'en tirer aucune conséquence, par la raison que toute discussion serait en ce moment incomplète, et par suite prématurée. La nouvelle comète a été certainement étudiée par plusieurs autres astronomes d'Europe et d'Amérique ; mais il importe surtout d'attendre les observations faites après l'époque de la disparition de la comète sous nos latitudes.

Nous ne dirons rien des comètes I, II et V de 1874, sinon qu'elles ont été découvertes, les deux premières par M. Winnecke, le 20 février et le 11 avril; la troisième par M. Coggia, le 20 août. Mais la comète IV 1874, due à M. Borrelly (Marseille), a présenté une structure fort intéressante, qui laisse penser que les observations des comètes de 1618 et de 1661 par Hévélius méritent d'être traitées moins dédaigneusement que ne l'ont fait certains astronomes. Nous avons vu que les têtes de ces comètes étaient pourvues de noyaux multiples, de sorte que ceux-ci semblaient formés de l'assemblage d'une multitude de petites étoiles : nous donnons le fac-simile des dessins par lesquels Hévélius a cherché à représenter cette structure du noyau.

Les comètes 1869 I, 1869 III et 1871 I étaient pareillement formées de nébulosités parsemées d'un grand nombre de points lumineux, leur donnant l'aspect de certaines nébuleuses résolubles. La comète découverte en 1874 par M. Borrelly appartient évidemment à la même classe. Voici, en effet, d'après les observations de M. Wolf, quelle a été l'apparence de la tête de la quatrième comète de cette année : « La nouvelle comète, dit-il, découverte à Marseille par M. Borrelly, s'est présentée dès les premiers jours comme une nébuleuse assez faible, mais presque résoluble. Sur le fond blanchâtre de la nébulosité apparaissent une multitude

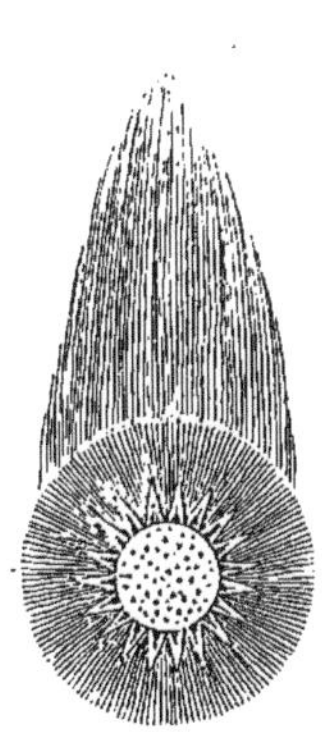

Fig. 64. — Comète de 1618, d'après Hévélius. Noyaux multiples.

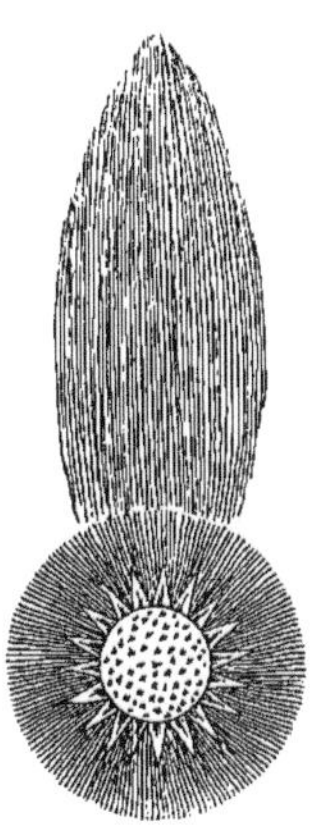

Fig. 65. — Comète de 1661, à noyaux multiples, d'après Hévélius.

de petits points brillants, dont le plus beau est excentrique, en arrière et au nord du centre de figure. Cette comète semble donc appartenir à une classe dont les représentants sont peu nombreux, et sur laquelle M. Schiaparelli a rappelé l'attention, les comètes formées d'un amas de petits noyaux. Le 3 août, l'aspect de la comète de Borrelly rappelait, avec un éclat beaucoup moindre et une moindre étendue, celui de l'amas de la constellation d'Hercule. Le 8 août, le noyau principal excentrique était devenu plus brillant, en même temps que la nébulosité s'étendait davantage. »

CHAPITRE X

THÉORIE DES PHÉNOMÈNES COMÉTAIRES

---

§ 1 — QU'EST-CE QU'UNE COMÈTE ?

Complexité et étendue de la question posée. — La gravitation suffit à rendre compte des mouvements des comètes. — Les lacunes de la théorie : accélération du mouvement des comètes d'Encke et de Faye. — L'origine des comètes ; leurs systèmes. — Questions relatives à leur constitution physique et chimique. — Forme des atmosphères ; naissance et développement des queues.

Jetons un coup d'œil en arrière sur le contenu des chapitres qu'on vient de lire.

Voilà certes des faits accumulés en grand nombre, des observations intéressantes et instructives, des phénomènes dont les variations suscitent des réflexions à perte de vue sur les astres qui les présentent. Cependant tous ces faits permettent-ils de répondre nettement, sûrement à cette question simple :

Qu'est-ce qu'une comète ?

Je dis une question simple. Cela est vrai le plus souvent dans la pensée de celui qui la fait, s'il est étranger aux sciences, et notamment à l'astronomie ; mais, en réalité, il n'est pas de question plus complexe. Pour essayer d'y répondre, de dire au moins ce qu'on croit savoir de certain sur les comètes, pour exposer les conjectures probables sur les points douteux, il faut procéder avec méthode et diviser la difficulté.

Une première division naturelle du sujet ressort, ce nous semble, de l'exposé même qui a été fait dans les chapitres précédents des phénomènes cométaires. D'un côté, il y a les mouvements des comètes, mouvements apparents ou réels, tout ce qui concerne les orbites qu'elles décrivent au sein de l'éther, en un mot les lois qui régissent les comètes aussi bien dans la partie qu'on pourrait appeler régulière de leur cours, que dans les vicissitudes ou perturbations qu'elles subissent de la part des corps célestes étrangers. Là, en théorie du moins, nulle difficulté, aucun nuage dans l'explication des faits, de la périodicité de certaines comètes, de la disparition de quelques-unes, de la non-réapparition des autres, des retards ou avances de celles dont l'époque du retour peut être connue. La gravitation est le principe qui rend compte de tous les faits, de tous les mouvements; la théorie des comètes est, sous ce rapport, la même que celle des planètes, et, s'il y a encore des difficultés, des obscurités, des choses inexpliquées, ce n'est une raison de doute pour aucun astronome sérieux.

Il y a des difficultés, nous l'avons déjà vu : par exemple, on se demande pour quelle raison l'orbite de la comète d'Encke se raccourcit progressivement dans sa période. Est-ce la résistance d'un milieu, ou l'action d'une force répulsive? Les avis sont partagés; mais cela ne porte nullement atteinte au principe de la gravitation en raison des masses et réciproque au carré des distances.

Il y a des obscurités : ainsi de la question de l'origine

des comètes. Ces astres paraissent ne pas appartenir tous au système solaire, puisque certaines comètes se meuvent dans des hyperboles. Mais toutes sont-elles primitivement venues de l'extérieur; forment-elles, ainsi que le croit M. Hœk, des groupes ou systèmes, et la conversion de leurs orbites primitives en orbites fermées est-elle due à l'action perturbatrice des masses planétaires? Ces questions ne sont pas encore résolues; mais, quelle que soit la réponse que la science y fera un jour, il est clair qu'elles ne toucheront en rien, de l'aveu de tous les astronomes, ni à la cause des mouvements ni à leurs lois.

Enfin, il y a des choses inexpliquées, comme la non-réapparition de la comète de 300 ans, celle de 1264-1556, et comme l'impossibilité de revoir quelques-unes des comètes à courtes périodes; comme enfin le partage de la comète de Biela en deux comètes distinctes.

Mais ce dernier phénomène, d'ailleurs si curieux, tient peut-être à autre chose qu'à une influence étrangère, et, dans ce cas, il se rattacherait à la seconde catégorie des problèmes contenus dans l'énoncé de la question posée plus haut : « Qu'est-ce qu'une comète? »

La masse, la densité, l'état physique du noyau lumineux, de l'atmosphère qui l'enveloppe, des effluves qui s'en échappent quand la comète approche du Soleil; les variations de forme et de volume du noyau et de la nébulosité; toutes ces transformations singulières que le télescope révèle, notamment la naissance, le développement et la disparition des queues : voilà autant de points sur lesquels les données ne manquent pas sans doute — les chapitres qui précèdent en font foi — mais qu'il est difficile de coordonner en un ensemble logique, de ramener à un principe unique dont toutes les observations pourraient être déduites comme autant de conséquences particulières. Il y a là l'indice d'une constitution spéciale, comme le fait justement remarquer un de nos savants compatriotes, M. Édouard Roche, auteur de recherches d'un haut intérêt que nous analyserons tout à l'heure. Voici du reste comment M. Roche pose la question à résoudre :

« Ce qui caractérise les comètes, dit-il, plus encore que la forme et la position de leurs orbites, ce sont les changements qu'elles subissent pendant la durée de leur apparition, et qui se succèdent quelquefois avec une étonnante rapidité. Ces changements dénotent une constitution physique toute spéciale à ces astres, et qui les distingue essentiellement des autres corps célestes. Tandis que le centre de gravité de la comète décrit sa trajectoire autour du Soleil, sous l'influence de la gravitation solaire et de l'action perturbatrice des planètes dont elle vient à s'approcher, la comète elle-même éprouve, dans sa figure et ses dimensions apparentes, des modifications profondes dans lesquelles on ne saurait méconnaître l'action du Soleil; car c'est surtout dans le voisinage du périhélie qu'elles se développent sur la plus grande échelle. »

M. Roche divise les phénomènes dont il s'agit en deux sortes : les uns relatifs à la queue, à son apparition, à ses formes variées, à son éclat et à son étendue; les autres aux variations de forme ou d'intensité lumineuse des diverses parties composant la tête de la comète. Ceux-ci, nous l'avons vu, sont des phénomènes d'observation plus récente, tandis que la formation des queues avait été remarquée depuis longtemps. Aussi est-ce sur l'explication de ces queues, considérées comme l'élément différentiel ou caractéristique principal des comètes, que les astronomes ont commencé par porter tous leurs efforts. Les hypothèses qui sont nées de ces tentatives sont nombreuses; mais elles peuvent se réduire à quatre principales, que nous allons étudier successivement.

§ II — Hypothèse de Cardan

Les queues cométaires considérées comme des effets de réfraction optique. — Objections de Newton et de Gregory. — Théorie nouvelle de Gergonne ; idées de Saigey sur les queues planétaires. — Difficultés et lacunes de cette théorie.

Panétius, un philosophe de l'antiquité, croyait que les comètes n'existent pas réellement, que ce sont de fausses apparences. « Ce sont, dit-il, des images formées par la réflexion, dans l'étendue des cieux, des rayons du Soleil. » Pour Cardan et quelques astronomes ou physiciens, Apien, Tycho-Brahé dans la Renaissance, Gergonne, Saigey de nos jours, les queues des comètes sont des apparences optiques.

Voici le passage de l'ouvrage de Cardan (*De Subtilitate*) relatif à cette question : « Il est donc évident qu'une comète est un globe situé dans le ciel, rendu visible par l'illumination du Soleil ; les rayons lumineux qui le traversent produisent le simulacre d'une barbe ou d'une queue [1]. » Aucun détail, du reste, sur le mode de production de ces apparences qui, dans la pensée du médecin milanais, étaient sans doute analogues aux effets de réfraction que détermine la convergence des rayons lumineux traversant soit un verre lenticulaire, soit la boule pleine d'eau dont se servaient jadis certains artisans pour concentrer la lumière sur leur ouvrage.

« Mais, comme Newton et Gregory l'ont fait remarquer,

1. « Quo fit ut clarè pateat cometem globum esse in cœlo constitutum, qui a Sole illuminatus videtur, et dum radii transeunt, barbæ aut caudæ effigiem formant. » (*De Subtilitate*, lib. IV, 118, édition de 1554.)

objecte justement M. Roche, la lumière n'est visible qu'autant qu'elle parvient à l'œil; il faudrait donc que les rayons solaires, réfractés par la tête de la comète et rassemblés derrière en un faisceau convergent, fussent renvoyés vers la Terre par des corpuscules matériels. Ainsi l'on voit quelquefois, le Soleil étant près de l'horizon et caché par des nuages, ses rayons, réfléchis par les particules d'air ou de vapeur, se dessiner nettement sur le ciel sous forme de jets lumineux. »

L'idée fondamentale sur laquelle repose cette explication a été reprise et modifiée plusieurs fois, depuis Cardan dont elle a retenu le nom. Nous nous bornerons à mentionner dans cet ordre d'idées un mémoire de Gergonne intitulé : *Essai analytique sur la nature des queues des comètes*. L'origine du phénomène y est considérée comme purement optique; les queues ne seraient qu'une apparence due à la portion la plus éclairée de l'atmosphère cométaire, ou plus exactement à la surface caustique enveloppe des rayons solaires qui se sont réfractés en traversant le noyau ou les couches environnantes. Ces rayons deviennent visibles en se réfléchissant sur les particules qui composent l'atmosphère de la comète. Mais il faudrait, dans cette théorie, que l'atmosphère eût un rayon au moins égal à la longueur de la queue; et cela seul constitue une objection à peu près insurmontable, que d'ailleurs l'auteur ne se dissimule pas. » N'oublions pas en effet que certaines comètes ont eu des queues dont la longueur s'élevait à plusieurs dizaines de millions de lieues. L'atmosphère des comètes étant nécessairement beaucoup plus restreinte, il faudrait supposer que la réflexion a lieu sur les particules d'un milieu interplanétaire, indépendant des comètes et s'étendant à des distances de beaucoup supérieures aux limites de la lumière zodiacale. Saigey, dans sa *Physique du globe*, admet cette explication des queues des comètes, et, selon lui, les planètes ont aussi des queues *virtuelles*, qui deviendraient réelles « si les espaces planétaires étaient remplis d'une manière analogue à celle qui accompagne ces derniers astres ». Par cette dernière ligne, Saigey se prononce évidemment pour l'extension indéfinie des atmosphères cométaires et l'objection faite plus haut subsiste dans toute sa force. Quant aux formes des queues, à leur courbure, à leur multiplicité, à leurs oscillations, il les explique, la courbure par un effet d'aberration dû à la vitesse non infinie de propagation de la lumière [1], la multiplicité par l'irrégularité de forme du noyau, les oscillations par un mouvement de rotation qui ramène les irrégularités à des périodes régulières.

Dans ce système, aujourd'hui à peu près abandonné, il paraît difficile de rendre compte des particularités que nous avons décrites en détail et dont le télescope fournit l'aspect variable d'heure en heure : le développement des aigrettes lumineuses en avant du noyau, celui des enveloppes, ainsi que le refoulement latéral de la matière lumineuse qui forme les bords de la queue. Il n'est pas moins difficile enfin d'expliquer la formation des queues qu'on a vues quelquefois se projeter du côté du Soleil même, à moins que, tout en assimilant les comètes à des globes diaphanes et réfringents, on leur fasse en même temps jouer le rôle de miroirs concaves.

Nous avons vu que l'observation d'occultations d'étoiles par les atmosphères cométaires n'a pas permis de constater un pouvoir de réfringence quelconque dans les nébulosités

1. Parlant de la queue de la Terre, il dit : « L'axe de la gerbe lumineuse doit avoir mathématiquement la forme d'une spirale d'Archimède, dont le cercle générateur est 64 000 fois plus grand que l'orbite terrestre ; tellement que la portion la plus brillante de cette gerbe est légèrement courbée en arrière du mouvement de translation de la Terre. »

de la tête : ce serait donc la réfraction dans le noyau seul qui pourrait donner lieu à la formation des caustiques produisant pour nous, à distance, l'illusion des queues. En voilà assez d'ailleurs sur une hypothèse qui a peu de chance de se relever du discrédit où elle est tombée.

§ III — Théorie de l'impulsion des rayons solaires

Idées de Képler sur la formation des queues. — Galilée, Hooke et Euler. — L'hypothèse de Képler formulée par Laplace. — D'où vient l'impulsion dans la théorie des ondulations ?

Képler, qui un instant se laissa séduire par l'idée de Cardan[1], l'abandonna bientôt. Il y substitua celle de l'action des rayons solaires. Les queues cométaires ont un corps, dans ce système ; elles sont formées de matériaux empruntés à la comète, à son noyau ou du moins à sa nébulosité. « Le Soleil, dit Képler, frappe la masse sphérique de l'astre par des rayons directs qui pénètrent sa substance, entraînent avec eux une partie de cette matière et sortent pour former au delà cette trace de lumière que nous appelons *queue de la comète*. Cette action des rayons solaires raréfie les particules qui composent le corps de la comète : elle les chasse, elle les dissipe. »

Hooke, un contemporain de Newton, pour expliquer l'ascension des matières légères et ténues qui, émanées du noyau, vont former la queue, en refluant en arrière à l'opposite du Soleil, admet que ces matières légères ne sont pas pesantes ; il oppose leur *lévitation* à la *gravitation* ; elles

1. Il paraît que Galilée fut aussi partisan de la même théorie. « On trouve, dit Arago, dans un ouvrage intitulé *Il Trutinatore*, que Galilée lui donna son approbation. »

tendent, selon lui, à fuir le Soleil. C'est admettre une force répulsive, sans dire où en est le siége.

L'opinion de Képler a été complétée, étendue, modifiée. Admise par Euler, puis par Laplace, on peut la considérer comme le point de départ de la théorie soutenue par plusieurs astronomes contemporains, notamment par M. Faye, théorie d'après laquelle les rayons solaires exercent à distance une action répulsive ; nous lui consacrerons dans sa forme actuelle un paragraphe spécial. En attendant, voici comment Laplace formulait cette hypothèse dans l'*Exposition du système du monde :*

« Les queues que les comètes traînent après elles paraissent être composées des molécules les plus volatiles que la chaleur du Soleil élève de leurs surfaces, et que l'impulsion de ses rayons en éloigne indéfiniment. Cela résulte de la direction de ces traînées de vapeurs, toujours situées au delà de la tête des comètes relativement au Soleil, et qui, croissant à mesure que ces astres s'en approchent, n'atteignent leur *maximum* qu'après le passage au périhélie. L'extrême ténuité des molécules augmentant le rapport des surfaces aux masses, l'impulsion des rayons solaires peut devenir sensible, et faire même alors décrire à peu près à chaque molécule un orbe hyperbolique, le Soleil étant au foyer de l'hyperbole conjuguée correspondante. La suite des molécules mues sur ces courbes depuis la tête de la comète forme une traînée lumineuse opposée au Soleil et un peu inclinée au côté que la comète abandonne en avançant dans son orbite ; c'est en effet ce que l'observation nous montre. La promptitude avec laquelle ces queues s'accroissent peut faire juger de la rapidité d'ascension de leurs molécules. On conçoit que les différences de volatilité, de grosseur et de densité des molécules doivent en produire de considérables dans les courbes qu'elles décrivent ; ce qui apporte de grandes variétés dans la forme, la longueur et la largeur des queues des comètes. Si l'on combine ces effets avec ceux qui peuvent résulter d'un mouvement de rotation dans ces astres, et avec les illusions de la parallaxe annuelle, on entrevoit la raison des singuliers phénomènes que leurs nébulosités et leurs queues nous présentent. »

Cette hypothèse, comme on le voit, admet deux modes d'action des radiations du Soleil. La première, que Képler indique vaguement, est un effet de dilatation dû à l'activité calorifique des rayons solaires, effet précédé sans doute lui-même d'une évaporation dans les parties liquides de la surface du noyau. La nébulosité devient ainsi plus volumineuse, les couches qui la forment de plus en plus légères. Jusque-là, aucune difficulté : les effets physiques connus de la chaleur rendent compte de cette partie de la théorie. Où commence la difficulté, c'est quand il faut admettre que les mêmes rayons, qui ont agi comme rayons calorifiques, sont doués d'une autre propriété jusqu'ici inconnue : celle de déterminer un mouvement en avant, ou de propulsion, des molécules réduites à un état de ténuité convenable. Une telle force existe-t-elle?

Pour Laplace, qui, à l'époque où il écrivait, était en droit d'adopter la théorie de l'émission, cette force répulsive était toute naturelle : les molécules lumineuses émanées du Soleil, se mouvant avec une énorme vitesse, communiquaient une partie de leur force vive aux molécules émanées de la comète, à celles que l'action de la chaleur avait préalablement réduites à une ténuité suffisamment petite. De là la formation de la queue. Mais cette force répulsive se conçoit moins dans la théorie des ondes, aujourd'hui partout adoptée. Les ondulations se propagent bien avec une énorme vitesse au sein de l'éther, mais sans qu'il y ait aucun phénomène de transport[1]. On ne voit pas bien quelle composante de la force donnant naissance aux ondes successives peut engendrer ce mouvement en ligne droite des molécules de l'atmosphère cométaire. De plus, avant d'admettre l'existence de cette force répulsive réelle, il faudrait tâcher de la démontrer par l'expérience. Arago, en citant les expériences de Homberg, leur oppose les vérifications négatives de Bennett, et conclut ainsi : « L'idée fondamentale de l'impulsion due aux rayons solaires n'est donc qu'une hypothèse sans valeur réelle. » Toutefois la question n'est pas tranchée, nous le verrons bientôt.

§ IV — Hypothèse de la répulsion apparente

Idées de Newton sur la formation des queues des comètes. — Action de la chaleur, et raréfaction de la matière cométaire. — Le milieu éthéré, perdant de sa pesanteur spécifique, s'élève à l'opposé du Soleil et entraîne avec lui la matière des queues. — Objections faites à l'hypothèse d'un milieu résistant et pesant.

Newton, pour rendre compte de la formation des queues des comètes, ne suppose pas d'autres causes que l'action ordinaire des rayons calorifiques d'une part, et, d'autre part,

1. M. Roche cite la comparaison suivante due à Euler et par laquelle ce grand géomètre, partisan du système des ondes lumineuses, justifie son adhésion à l'hypothèse de l'impulsion des rayons solaires :

« Comme un son véhément excite non-seulement un mouvement vibratoire dans les particules de l'air, mais qu'on observe encore un mouvement réel dans les petites poussières très-légères qui voltigent dans l'air, de même on ne saurait douter que le mouvement vibratoire causé par la lumière ne produise un semblable effet. »

Cette comparaison très-vague n'est pas concluante. Les ondes sonores ont une amplitude assez grande pour causer des agitations visibles ; mais ce qu'il faudrait constater, c'est un mouvement progressif en ligne droite et non des oscillations.

que celle de la gravitation. Mais s'il n'imagine aucune force nouvelle, il est obligé de supposer que la comète, pendant tout le temps que se développe la queue, traverse un milieu soumis à la gravité et tendant vers le Soleil. Voici, du reste, comment l'illustre géomètre expose sa manière de voir :

Il pense que « cette queue est composée des vapeurs, c'est-à-dire des parties les plus légères de l'atmosphère des comètes. Ces vapeurs se raréfient par l'action de la chaleur solaire; elles échauffent à leur tour la matière éthérée environnante. Ainsi le milieu qui entoure la comète est raréfié ; il perd dès lors de sa pesanteur spécifique, et, au lieu de tendre avec la même énergie vers le Soleil, il va s'élever comme s'élèvent, en vertu du principe d'Archimède, les couches d'air échauffé à la surface du sol. En s'élevant, il entraînera avec lui les particules cométaires, dont l'ascension produira ainsi la queue rendue visible par la réflexion de la lumière émanée du Soleil. C'est ainsi, dit-il, que la fumée monte dans une cheminée par l'impulsion de l'air où elle est suspendue : cet air est raréfié par la chaleur; il monte parce que sa gravité ou son poids spécifique est devenu moindre, et il entraîne dans son ascension des colonnes de fumée. L'ascension des vapeurs cométaires résulte encore de ce qu'elles tournent autour du Soleil, et, par là, tendent à s'en écarter. L'atmosphère du Soleil, matière du ciel, est en repos ou tourne plus lentement, ayant reçu son mouvement de la rotation du Soleil. Telles sont les causes de l'ascension des queues au voisinage du Soleil, où les orbes sont plus courbes et les comètes plongées dans une atmosphère plus dense et par cela même plus pesante, et elles y émettent les queues les plus longues. »

Cette théorie, qui avait été d'abord vaguement formulée

par Riccioli, puis par R. Hooke (celui-ci, nous l'avons vu plus haut, s'est plus nettement prononcé pour une force répulsive), fut adoptée par divers astronomes du XVIIIe siècle, le P. Boscowitch, D. Gregory, Pingré, Delambre, Lalande. A la vérité, Gregory ne se contente point de la cause donnée par Newton à l'ascension des queues ; il croit aussi à une activité propre des rayons solaires, à une impulsion effective qui s'ajoute à la force répulsive apparente, et son système se trouve être une combinaison des deux systèmes que nous venons d'exposer.

On a fait à la théorie de Newton diverses objections sérieuses. L'existence d'un milieu résistant et gravitant vers le Soleil, d'une atmosphère solaire, en un mot, est nécessairement limitée à une certaine distance du foyer de notre monde. Laplace a prouvé que, pour subsister, cette atmosphère doit être animée d'un mouvement de circulation, et qu'elle a pour limite la distance où la force centrifuge née de ce mouvement devient égale à la gravité. Dans le plan de l'équateur solaire, cette limite est les 17 centièmes de la moyenne distance de la Terre : elle correspond au rayon de l'orbite d'une planète dont la révolution, égale en durée à la rotation solaire, s'effectuerait en vingt-cinq jours et demi. Or les comètes, bien avant d'atteindre une telle proximité du Soleil, sont pourvues de queues ; on en a vu de considérables à des comètes dont la distance périhélie dépassait même le rayon de l'orbite terrestre, rayon qui est à peu près six fois aussi grand que la distance limite.

D'ailleurs, ce milieu pesant serait aussi un milieu résistant. Outre l'action perturbatrice que cette résistance exercerait sur la tête de la comète et sur l'orbite de l'astre, il agirait d'une façon beaucoup plus intense sur les queues en raison de leur rareté même. Avant le passage au périhélie, dans la première partie du mouvement, la courbure et le refoulement de la queue en arrière s'expliquerait assez naturellement par cette résistance; mais, après le passage au périhélie, la queue continue à affecter la même position, relativement au rayon vecteur qui joint le noyau au Soleil, de sorte que l'astre semble mouvoir sa queue en avant de son propre mouvement, phénomène incompatible avec l'hypothèse d'un milieu résistant. On a aussi assimilé le milieu dont nous parlons à la lumière zodiacale; et Mairan, qui expliquait ainsi les aurores boréales terrestres, voyait encore dans cette lumière la cause ou l'origine de la production des queues des comètes. Mais les objections précédentes, et d'autres en outre qu'il serait trop long de développer, ont été justement opposées à cette nouvelle hypothèse.

§ V — Théorie d'Olbers et de Bessel

Hypothèse d'une action électrique ou magnétique, pour la formation des queues. — Actions répulsives du Soleil sur la matière cométaire, et du noyau sur la nébulosité. — Idées de sir J. Herschel et de M. Liais. — Théorie de Bessel. — Oscillations des secteurs lumineux. — Force polaire magnétique.

Que la cause qui détermine la production des queues cométaires et leur développement, si immense à la fois et si rapide, soit une force *sui generis* ou une force apparente, il n'en est pas moins vrai qu'elle a tous les caractères d'une action ou d'une force répulsive. La chaleur, l'impulsion des rayons solaires, la gravité, ont été diversement combinées pour cette explication : on devait évidemment chercher à faire intervenir la force électrique ou magnétique.

Olbers, J. Herschel, Bessel, ont tour à tour abordé le

problème de ce point de vue. Analysons rapidement les opinions de ces illustres astronomes.

C'est la comète de 1811 qui provoqua les méditations d'Olbers. « Cet astronome, dit M. Roche, attribue à la proximité de la comète et du Soleil un développement d'électricité chez l'un et l'autre de ces astres; de là une action répulsive du Soleil, et une autre action répulsive de la comète sur la nébulosité qui l'entoure. » Par la première de ces forces, Olbers expliquait la formation et le développement des queues; par la seconde, il rendait compte de la formation des secteurs lumineux ou aigrettes de la comète, et aussi de celle des enveloppes successives semblables aux enveloppes de la comète de Donati. Biot a donné son adhésion à cette théorie.

L'idée de J. Herschel est à peu près la même : « Il n'est pas improbable, dit-il, que le Soleil soit sans cesse chargé d'électricité positive ; quand la comète s'en approche et que sa substance se vaporise, la séparation des deux électricités s'opère, le noyau devenant négatif et la queue positive. Dès lors, l'électricité du Soleil dirigera le mouvement de la queue, comme un corps électrisé agit sur un corps non-conducteur électrisé par influence [1]. »

1. Dans ses *Outlines of astronomy*, sir J. Herschel est moins explicite sur la nature physique de la force qui produit les queues, il ne nomme pas l'électricité; mais en cherchant à résumer les phénomènes si curieux dont la tête et la queue de la comète de Halley avaient été le siége pendant son apparition en 1835, il lui semble impossible de ne pas en tirer les conclusions suivantes, intéressantes à reproduire en ce chapitre :

« 1° Que la matière du noyau d'une comète est puissamment excitée et dilatée dans un état vaporeux par l'action des rayons solaires, s'échappant en courants et en jets sur tous les points de sa surface qui opposent la moindre résistance, et, selon toute probabilité, entraînant la surface et le noyau lui-même dans des mouvements irréguliers, par la réaction due à ce mouvement de projection, et de la sorte altérant sa direction ;

2° Que ces phénomènes ont lieu surtout dans la portion du noyau qui est tournée du côté du Soleil ; la vapeur s'échappant surtout dans cette direction ;

3° Que la vapeur émise de la sorte est détournée de la direction qui lui

M. Liais, dans son ouvrage l'*Espace céleste*, se prononce pour l'existence d'une force répulsive de nature électrique. D'après lui, l'action calorifique des rayons solaires modifie l'état moléculaire physique et chimique du noyau et fait naître ainsi les deux électricités. Tandis que le noyau se charge de l'une d'elles, l'électricité contraire se développe

a été primitivement imprimée, par quelque force émanée du Soleil, laquelle, la refoulant en arrière et la charriant à de vastes distances loin du noyau, forme la queue, ou du moins la partie de la queue pouvant être considérée comme consistant en une substance matérielle ;

4° Que cette force, quelle qu'en soit la nature, agit inégalement sur la matière de la comète, la plus grande partie restant non vaporisée, et une partie considérable de la vapeur produite restant dans le voisinage où elle forme la tête et la chevelure ;

5° Que la force ayant une telle action sur la matière de la queue peut être identique avec la gravitation ordinaire de la matière, étant centrifuge ou répulsive eu égard au Soleil, mais possédant une énergie de beaucoup supérieure à la gravitation vers cet astre. Cela est évident si l'on considère l'énorme vitesse avec laquelle la matière de la queue est charriée en arrière, à l'opposé à la fois du mouvement qu'elle partage avec le noyau et avec celui qu'elle acquiert dans l'acte de l'émission, double mouvement qui doit d'abord être anéanti avant qu'un mouvement dans une direction contraire puisse être imprimé ;

6° Qu'à moins que la matière de la queue ainsi chassée loin du Soleil ne soit retenue par une attraction particulière et très-énergique du noyau, différente du pouvoir ordinaire de la gravitation, elle paraît devoir abandonner le noyau ; en effet elle est emportée loin au delà du point où le faible pouvoir coercitif dû à l'action de la gravité correspondant à la petite masse du noyau peut la maintenir; et il y a lieu de croire que la comète peut perdre, à chacun de ses passages vers le périhélie, une portion de la matière particulière, quelle qu'elle soit, d'où dépend la formation de la queue. Quant à la portion de matière qui reste après cette élimination, elle est sans doute moins sensible à l'action des rayons solaires, et, en somme, d'une constitution plus analogue à la matière dont sont formées les planètes ;

7° Qu'en considérant les immenses distances où se trouve transportée loin du noyau la matière qui forme la queue, et le chemin qu'elle suit à travers le système, il est tout à fait inconcevable que la totalité de cette matière doive être réabsorbée ; qu'en conséquence, pendant la durée de son passage au périhélie, elle doit abandonner quelque portion de cette matière ; et si, comme il n'est pas improbable, cette matière est de nature à être repoussée, non attirée par le Soleil, ce qui restera devra, par conséquent, selon la quantité d'inertie, être attiré plus énergiquement par le Soleil que ne l'était la totalité. Si l'on suppose l'orbite elliptique, chacune des révolutions successives se fera dans un temps plus court que la précédente, jusqu'à ce que la comète se trouve débarrassée de la totalité de la matière répulsive. »

dans les parties les plus ténues, les plus légères, qui la transportent avec elles jusqu'aux limites de l'atmosphère cométaire. Mais, d'autre part, le Soleil lui-même se trouve constamment dans un état de tension électrique prononcé. Celle des deux électricités qu'il possède en excès attirera, par exemple, le noyau, si celui-ci est chargé de l'électricité opposée, et repoussera les molécules de l'atmosphère électrisée de la même manière.

Cette répulsion, en s'exerçant sur la partie de l'atmosphère qui a déjà une tendance à s'éloigner du Soleil, formera une première queue à peu près directement opposée au rayon vecteur; en agissant sur les molécules antérieures, qu'elle devra refouler en arrière, elle formera une seconde queue. « Comme l'action électrique du Soleil, dit-il, attractive sur le noyau et répulsive sur la nébulosité, perturbe un peu la figure que prendrait la comète sous l'influence isolée de la gravitation, de manière à allonger primitivement la nébulosité plus fortement en arrière qu'en avant, la pesanteur des molécules vers le noyau est moindre à l'opposé du Soleil que de son côté, et, en outre, l'électricité semblable à celle de ces astres y est plus abondante. Par conséquent, c'est là que la force répulsive se fait sentir le plus énergiquement. D'ailleurs les courants de matière sont directement dans le sens de cette force, et n'ont pas à se recourber comme ceux qui naissent en avant. La queue postérieure est donc plus énergiquement repoussée et plus longue que la queue née de la région antérieure. Par la même raison, elle fait avec le rayon vecteur prolongé de la comète un angle moindre, conformément à ce que l'on observe. Par la même raison aussi la queue, dont la naissance est à l'opposé du Soleil, apparaît généralement la première et disparaît la dernière. » Cette double queue, qui était très-aisée à observer dans la comète de 1861,

M. Liais admet qu'elle existe dans presque toutes les comètes ; les deux parties dont elle se compose ne paraissent distinctes que si elles sont fort longues, à moins que, par la position de la Terre dans leur plan commun qui est celui de l'orbite, la perspective ne les projette l'une sur l'autre.

Ce qui précède suffira à faire comprendre l'ensemble de ce dernier système, qui ne diffère pas essentiellement de ceux d'Olbers et de J. Herschel. M. Liais entre d'ailleurs dans de grands détails, trop longs pour être reproduits, par lesquels il s'attache à expliquer toutes les anomalies des observations et à montrer, peut-être avec un peu de complaisance, que ces anomalies apparentes sont de légitimes conséquences de la théorie de l'électricité cométaire : les queues multiples, droites ou courbes, en panache ou en éventail, en forme d'épée, les secteurs lumineux et aigrettes, les queues dirigées vers le Soleil, la double courbure de la queue de la comète de 1769, l'accélération du mouvement de certaines comètes, les lueurs rapides et passagères des queues, tout cadre à merveille, selon M. Liais, avec cette hypothèse.

Dans un *Mémoire sur la constitution physique de la comète de Halley*, l'illustre astronome de Kœnigsberg, Bessel, a formulé une théorie un peu différente de celle de l'électricité. Le but qu'il avait surtout en vue était de rendre compte du phénomène si curieux des balancements ou oscillations des aigrettes lumineuses observées en 1835, phénomène que plus tard nous avons vu observé pareillement dans la tête de la grande comète de 1862. Bessel compare l'axe de la comète à un aimant dont l'une des extrémités ou l'un des pôles se dirige vers le Soleil, tandis que l'autre tend à s'en éloigner. C'est de l'équilibre tour à tour rompu et rétabli sous l'action des forces internes et de la force polaire émanée du Soleil que résultent les oscillations observées. Cette force, dans la partie de son action qui est répulsive, tend à former et développe en effet la queue. « Quant à l'origine physique de cette force, dit M. E. Roche dans son analyse du mémoire de Bessel, il l'attribue à une action particulière du Soleil qui accompagnerait la volatilisation du fluide cométaire, et tendrait à la fois à repousser chaque molécule et à diriger vers le Soleil l'axe de la comète. Cette force ne serait pas proportionnelle à la masse, mais spécifique, c'est-à-dire agissant avec une différente intensité sur des matières différentes. Par cette spécificité s'expliquerait la production des queues multiples. Le jeu des forces polaires imaginées par Bessel est du reste très-compliqué; leur action sur le noyau de la comète est obscure et rend impossible toute espèce d'équilibre dans l'atmosphère qui l'enveloppe [1]. »

1. Voici, du reste, d'après la traduction française insérée en 1840 dans la *Connaissance des temps*, une analyse sommaire du mémoire de Bessel.

L'illustre astronome décrit en premier lieu l'aspect que lui a présenté la tête de la comète, depuis le 2 jusqu'au 25 du mois d'octobre 1835, insistant surtout sur les mouvements de l'aigrette, de cette « effusion de matière lumineuse qui sortait du noyau et était dirigée du côté du Soleil. Le plus curieux phénomène qu'ait présenté la comète, dit-il, est sans contredit le mouvement de rotation ou d'oscillation du cône lumineux. » Il cherche ensuite à déterminer de quelle façon et dans quelle direction s'effectuait ce mouvement, et il parvient à conclure des observations et des mesures de position de l'aigrette l'hypothèse probable d'un mouvement pendulaire effectué par le cône lumineux dans le plan de l'orbite de la comète et autour d'un axe perpendiculaire à ce plan. La durée de la période se trouvait comprise entre 4 et 5 jours, et l'amplitude des oscillations avait une valeur moyenne de 60 degrés.

Maintenant, comment expliquer ce mouvement? L'attraction du Soleil, agissant inégalement sur les particules de la comète, plus ou moins éloignées du Soleil, et se combinant avec le mouvement de l'astre dans son orbite, ne pourrait-elle produire dans le noyau une libration analogue à la libration de la Lune? Bessel résout négativement la question ainsi posée, parce que, dans ce cas, la durée des oscillations provenant de l'attraction du Soleil serait très-longue, tandis que les observations assignent à ces oscillations une courte période. C'est alors qu'il penche pour l'admission d'une force physique spéciale; voici le passage où il explique sa pensée à ce sujet :

« Il est nécessaire d'admettre une force polaire qui tende à diriger un des

§ VI — Théorie des phénomènes cométaires

Recherches de M. E. Roche sur la forme et l'équilibre des atmosphères des corps célestes sous l'influence combinée de la gravitation, de la chaleur solaire et d'une force répulsive. — Figure d'équilibre d'une masse fluide soumise à la gravitation et à la chaleur du Soleil. — Les comètes devraient avoir deux queues opposées. — Complément de la théorie des marées cométaires, par l'admission d'une force répulsive, apparente ou réelle. — Accord de la théorie ainsi complétée avec les observations.

Un savant professeur de la Faculté de Montpellier, M. Édouard Roche, a traité de la façon la plus complète,

rayons de la comète vers le Soleil, et le rayon opposé dans le sens contraire; il n'y a aucune raison pour rejeter *à priori* une pareille force. Le magnétisme sur la Terre nous offre l'exemple d'une force analogue, quoiqu'il ne soit pas encore prouvé qu'elle se rapporte au Soleil; si cela était, on en pourra voir l'effet dans la précession des équinoxes. Une fois cette force admise, il est facile d'expliquer le mouvement oscillatoire de l'aigrette; la durée des oscillations dépend de la grandeur de cette force, et leur amplitude d'une constante relative au mouvement initial des molécules. Je remarque, en outre, que si le Soleil exerce sur une partie de la comète une force autre que l'attraction, cette force doit être une force polaire, c'est-à-dire produisant une action contraire sur une autre partie de la masse. Car si cela n'avait pas lieu, la somme de toutes les actions que le Soleil exerce sur la masse de la comète ne serait pas proportionnelle à cette masse, et par conséquent le mouvement de la comète suivant les lois de Képler ne correspondrait pas à la masse du Soleil déterminée par le mouvement des planètes. Or les observations n'ont montré aucune déviation pouvant provenir de cette cause; si donc on peut prouver que le Soleil n'agit pas de même sur toute la masse de la comète, on aura un nouvel argument en faveur d'une force polaire. »

Bessel étudie ensuite par l'analyse quelle est la route suivie par une particule qui, émanée du noyau et s'échappant de l'aigrette lumineuse dans la direction du Soleil, va sous l'influence de la répulsion solaire rebrousser chemin et s'éloigner de la tête de la comète à l'opposé du Soleil; puis, comparant les résultats de l'analyse à ceux de l'observation, il rend compte des apparences que présentent les queues de diverses comètes, leur courbure, leur plus ou moins grande largeur, etc.

Mais toutes les comètes sont loin de présenter les mêmes phénomènes : par exemple, tandis que les aigrettes des comètes de 1835 et de 1744 sortaient d'une région particulière de la surface du noyau, dans celle de 1811 la matière lumineuse en émanait dans toutes les directions; dans celle de 1769, il y avait deux aigrettes distinctes; la comète de 1807 avait deux queues. Nous avons vu d'autres exemples de ces différences. Bessel explique les premières dans une série de mémoires, la question de la figure que prennent les atmosphères des corps célestes sous l'influence des forces agissant dans le système solaire. Il a étudié particulièrement les atmosphères cométaires, et en général tous les phénomènes qui se passent à l'intérieur des masses des comètes, soit autour du noyau, soit au delà des nébulosités et dans les queues.

M. Roche commence par traiter la question en réduisant les données à leur plus grande simplicité. Il assimile la comète « à une masse entièrement fluide, sensiblement homogène et n'ayant pas de mouvement de rotation ». Les forces

par une simple différence dans la valeur d'une constante; les autres, en admettant que la force répulsive du Soleil s'exerce avec des intensités qui varient selon la nature spécifique des diverses portions de la matière lumineuse.

Terminons cette analyse en citant le passage où Bessel explique le mouvement d'oscillation qui, en fixant principalement son attention, a donné naissance à sa théorie.

« Je regarde, dit-il, le mouvement oscillatoire de l'aigrette lumineuse de la comète de Halley comme un effet de la même force qui lance dans des directions opposées les particules sorties du noyau parallèlement au rayon vecteur. Voici comment je suppose que cette force agit :

» Toute action d'un corps sur un autre peut être divisée en deux parties, dont l'une s'exerce également sur toutes les particules de ce dernier, et dont l'autre se compose des différentes actions exercées sur diverses parties. Lorsque les corps sont très-éloignés l'un de l'autre, et que leur action est très-faible, c'est la première partie qui devient d'abord sensible, à mesure que la distance diminue ; la seconde ne peut avoir de valeur appréciable que plus tard. Ainsi, lorsqu'une comète se rapproche du Soleil après en avoir été très-éloignée, on s'aperçoit d'abord de l'action générale qu'il exerce sur toutes ses parties. Je suppose que cette action consiste en une volatilisation des particules qui, en outre, soient polarisées de manière à être repoussées par le Soleil. La seconde partie de l'action peut avoir pour effet la polarisation de la comète elle-même, et une émission particulière de matière lumineuse dans la direction du Soleil. La partie de la surface d'où sort l'aigrette lumineuse a une polarisation telle, qu'elle tend à être attirée vers le Soleil; et par conséquent, les particules qui la composent ayant la même polarisation, tendent aussi à se rapprocher du Soleil. Mais ces particules se meuvent dans un espace rempli d'une matière polarisée en sens contraire, qui tend à se reproduire constamment ; aussi les deux polarisations contraires se neutraliseront et les particules qui composent l'aigrette prendront la propriété opposée à celle qu'elles avaient précédemment, d'autant plus qu'elles se sont plus éloignées du rayon de la comète. »

qui la sollicitent sont l'attraction mutuelle de ses propres molécules et la gravitation vers le Soleil. Pour qu'une telle masse soumise à ces forces soit en équilibre, il faut qu'elle ait la figure d'un ellipsoïde dont le centre est son centre de gravité, qui est de révolution par rapport au rayon vecteur mené au Soleil, et dont le grand axe coïncide avec ce rayon.

Introduisant alors le mouvement de la comète vers le Soleil, M. Roche examine les modifications qu'apporte à la figure de son atmosphère la diminution de distance, en n'ayant toujours égard qu'à l'attraction mutuelle des deux corps célestes. « D'abord sphérique quand la comète est très-loin, cette figure devient ellipsoïdale et s'allonge progressivement, à mesure qu'elle approche du Soleil. » Mais il y a une limite à cette distance, limite qui dépend de la densité du fluide dont l'atmosphère cométaire est formée.

Bien que, selon M. Roche, il existe peut-être dans le grand nombre de comètes du monde solaire quelque comète dont la constitution physique réponde à cette première hypothèse, néanmoins il est plus naturel, plus général de considérer un noyau central entouré d'une atmosphère beaucoup plus rare : c'est la pesanteur vers le noyau qui, selon le caractère commun aux atmosphères des corps célestes, maintient l'enveloppe gazeuse. Voyons dans cette nouvelle hypothèse ce que donne la théorie.

« En suivant avec soin, dit M. Roche, les phénomènes qui se développent chez une comète, quand elle approche du Soleil, on voit bien qu'ils résultent, au moins en partie, de l'action croissante de la pesanteur solaire. La différence des attractions exercées par le Soleil sur la partie de l'atmosphère cométaire la plus voisine, et sur la plus éloignée, doit avoir pour effet d'allonger la comète suivant la direction du Soleil, et de plus en plus, à mesure qu'elle en est plus près. En un mot, la cause des marées terrestres doit se manifester ici d'une manière analogue, mais sur de bien plus grandes proportions, au voisinage du périhélie. Ce premier aperçu s'est trouvé confirmé par mon analyse. » En effet, les couches de niveau primitivement sphériques s'allongent de plus en plus dans le sens du Soleil, à mesure que, par la diminution de distance, l'action de cet astre devient plus grande; la comète allongée vers le Soleil l'est pareillement en sens opposé. Mais l'atmosphère est limitée aux points où se balancent l'attraction du Soleil et celle du noyau cométaire. Au delà d'une

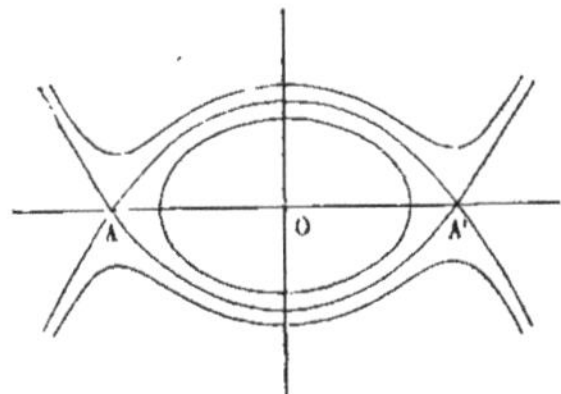

Fig. 66. — Théorie des phénomènes cométaires de M. Roche. Limite des couches de niveau atmosphériques.

surface de niveau limite, que M. Roche nomme *surface libre*, toute molécule dépassant l'atmosphère proprement dite obéit à l'action prépondérante du Soleil; on peut dire qu'elle ne pèse plus sur le noyau et doit abandonner la comète. Les couches de niveau extérieures n'ont plus la forme sphéroïdale; elles s'ouvrent pour ainsi dire au voisinage des deux pôles en A et en A′ en se développant en nappes indéfinies (fig. 66).

Que, pour une cause quelconque, « le fluide cométaire vienne à dépasser la surface libre, il se répandra en tous sens sur les surfaces de niveau immédiatement extérieures; et comme elles sont illimitées, le fluide excédant s'écoulera par les deux sommets coniques, comme par des ouvertures, et ira se dissiper dans l'espace » (fig. 67). Jusque-là, la gravitation est la force seule dont l'action soit étudiée ; elle suffit, comme on le voit, à donner la figure d'équilibre que prend une comète supposée une masse fluide homogène, ou un noyau central liquide ou solide entouré d'une atmosphère pesante. On peut encore aller plus loin sans faire intervenir d'autre force ; car M. Roche trouve que la surface libre, ses dimensions varient avec la distance au Soleil ; cette surface « se contracte en quelque sorte à mesure que la comète marche vers le périhélie, et la couche fluide qui reste en dehors de

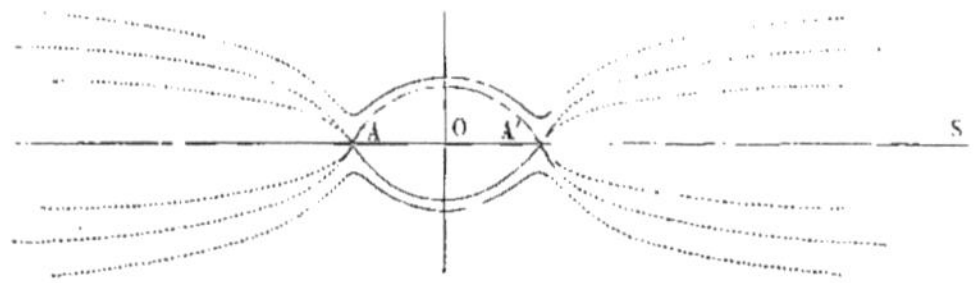

FIG. 67. — Écoulement de la matière cométaire au delà de la surface libre de l'atmosphère. Force répulsive nulle.

cette surface s'écoule aux deux pôles, formant ainsi deux jets opposés suivant le rayon vecteur du Soleil. Si le fluide est élastique et se comporte comme un gaz, cet écoulement se continuera, tant que des molécules viendront de l'intérieur remplacer les molécules qui s'échappent. Voilà ce qui doit arriver quand la comète approche du Soleil. » Cet effet cesse, il est vrai, dès que le périhélie est atteint.

Mais une autre cause contribuait déjà, sans doute d'une manière beaucoup plus puissante, à produire cet écoulement du fluide cométaire aux deux extrémités de l'axe de la comète, ainsi que le représente la figure 67. Cette cause, c'est l'action calorifique des rayons solaires sur le noyau, action qui va en croissant rapidement dans le voisinage du périhélie. Alors la chaleur accumulée dilate progressivement et volatilise la substance cométaire qui s'élève par la diminution de sa pesanteur spécifique, atteint la surface libre et tend à la dépasser, pour s'écouler dans l'espace, comme nous venons de le dire. Toute cette matière qui abandonne ainsi, non-seulement le noyau mais l'atmosphère cométaire, se résout alors en particules indépendantes de la comète, « en un tourbillon de poussière composé d'un nombre indéfini de molécules sans liaison [1]. Si elles restent encore agglomérées sans se dissiper, c'est que leur mouvement est à peu près le même, à raison de la vitesse commune qu'elles possédaient primitivement. »

Telle est, dans ses traits principaux, la théorie à laquelle M. Roche lui-même donne le nom de *théorie des marées cométaires*. Elle ne met en jeu que la gravitation et la chaleur. Il s'agit de savoir si les phénomènes observés s'accordent avec les résultats de l'analyse. Notamment en ce qui concerne les appendices des têtes des comètes, est-elle suffisante pour expliquer la formation et le développement des queues? Cette question que s'est posée M. Roche est résolue

1. C'est l'expression qu'emploie M. Roche dans son Mémoire. Elle est vraie sans doute, si l'on considère cette poussière molécule à molécule ; mais est-il vrai de dire en général que celles-ci n'ont plus de liaison ? Elles sont toujours soumises et à la gravitation vers le noyau et à la gravitation vers le Soleil : cette dernière étant prépondérante, le système des molécules écoulées existe toujours pour deux raisons : premièrement, parce que rien ne prouve que les molécules aient perdu toute action mutuelle ; secondement, parce que leur ensemble continue à graviter vers le Soleil : ce que prouve bien d'ailleurs la solidarité apparente des comètes et de leurs queues. Maintenant, toute cette matière abandonnée ne revient-elle plus en totalité à la comète ? Il est probable, il est possible, si elle est toujours douée de la gravitation (et comment l'aurait-elle perdue ?), qu'elle est attirée par le Soleil ou quelque autre planète rencontrée qui bénéficie des pertes de la comète ; d'autre part, comme la vitesse acquise lui fait suivre en grande partie le mouvement de la comète dans son orbite, il doit arriver qu'à une certaine distance du périhélie, l'action prépondérante du Soleil cessant pour faire place à celle du noyau, la matière écoulée regagne les limites de l'atmosphère cométaire, puisque la surface libre se dilate dans la seconde moitié de l'orbite à mesure que la distance au Soleil augmente.

par lui-même négativement : « Si cette théorie, dit-il, suffisait pour tout expliquer, c'est-à-dire si l'attraction du Soleil et celle du noyau étaient les seules influences intervenant dans le phénomène (il y a en outre la chaleur), il existerait un accord constant entre l'observation et les conséquences que je viens d'indiquer. Toute comète aurait, non point une queue unique, mais deux queues directement opposées. Cette circonstance, qui s'est rencontrée chez la comète de 1824 et chez quelques autres, est pourtant exceptionnelle ; on n'observe ordinairement de queue qu'à l'opposite du Soleil. A la vérité, la queue antérieure est souvent remplacée par une aigrette brillante qui peut être considérée comme une queue rudimentaire. Il y a toutefois dans l'aspect des comètes une telle absence de symétrie, qu'on est obligé de reconnaître l'insuffisance de notre théorie des marées cométaires : elle n'explique qu'une partie des phénomènes. »

Il se demande alors si ce défaut de symétrie ne s'explique point en partie par l'inégalité d'action des rayons de la chaleur solaire sur les portions antérieure et postérieure de la comète. Dans une certaine mesure, oui. Mais il reste à rendre compte de l'étendue extraordinaire des queues opposées au Soleil, de l'arrêt de développement de la seconde queue, de la forme des aigrettes qui paraissent refoulées, recourbées en dehors pour aller se disséminer dans la queue. Ainsi se présente la nécessité de faire intervenir une force nouvelle, une force apparente ou réelle, exerçant sur la matière cométaire une action répulsive.

A l'époque où notre savant compatriote venait de publier les premiers mémoires résumés plus haut, la comète de Donati avait attiré l'attention des astronomes par les faits singuliers que l'observation avait révélés dans la structure du noyau de la nébulosité et de la queue. M. Faye, reprenant l'hypothèse de Képler, d'une force répulsive réelle inhérente aux rayons solaires, en avait discuté toutes les conséquences en les comparant aux faits. Il engagea M. Roche à l'introduire dans son analyse, ce que fit ce dernier. Nous verrons plus loin comment M. Faye définit la force en question. Bornons-nous à dire ici que, sous l'influence de cette force, « la figure des couches de niveau cesse d'être symétrique par rapport au noyau cométaire. La surface libre, convexe et légèrement aplatie du côté du Soleil, se termine à l'extrémité opposée par un sommet conique. Les surfaces de niveau intérieures enveloppent le noyau de toute part ; mais les surfaces

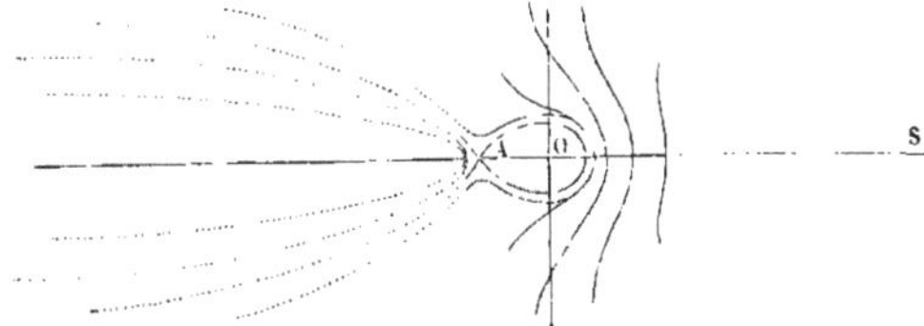

Fig. 68. — Développement des queues cométaires, dans l'hypothèse d'une force répulsive intense. Théorie de M. Roche.

extérieures, fermées vers le Soleil, s'ouvrent à l'opposite, au voisinage du point saillant A (fig. 68) pour s'étendre en nappes indéfinies. C'est par cette unique ouverture que

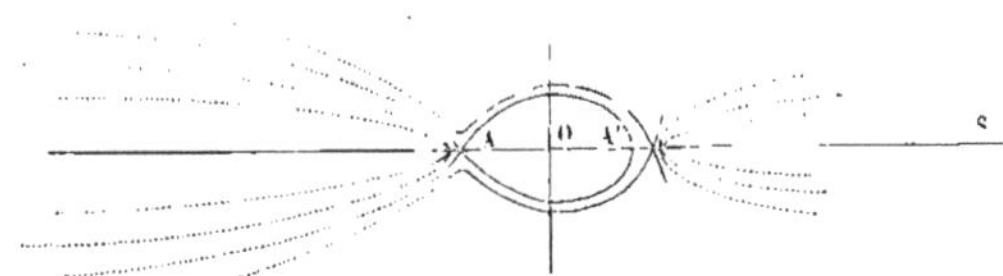

Fig. 69. — Développement des queues cométaires, dans l'hypothèse d'une force répulsive faible. Théorie de M. Roche.

s'échappe, en arrière du noyau, le fluide cométaire en excès. Ainsi, vers le Soleil, des couches régulièrement superposées en forme d'enveloppes ; de l'autre côté, ces couches traversées et comme rompues par l'émission du sommet A, origine d'une queue opposée au Soleil; tel est l'aspect que doit offrir une comète dans les nouvelles conditions où nous l'avons placée. »

Du reste la figure varie, si l'on fait varier l'intensité de la force répulsive, selon la nature des molécules sur lesquelles elle agit. De là des formes différentes qui peuvent coexister dans une même comète. Les trois figures théoriques que nous donnons correspondent, la première (fig. 67) à une force répulsive nulle, la seconde (fig. 68) à une force répulsive qui agit sur tout le fluide avec une grande intensité. La troisième (fig. 69) suppose que la force en question est extrêmement faible. La queue dirigée vers le Soleil existe alors, mais sous forme d'une aigrette très-peu allongée, qui est bientôt refoulée pour aller se joindre à la queue opposée.

M. Roche examine alors en détail quelques-uns des faits d'observation que nous avons décrits, et il montre qu'ils trouvent dans sa théorie une explication logique : les enveloppes successives formées par les vapeurs que l'influence de la chaleur solaire élève du noyau, les émissions antérieures sous forme d'aigrettes recourbées, la forme générale de la queue généralement plus brillante sur les bords extérieurs où s'accumulent les matières repoussées, le secteur obscur qu'on voit à l'arrière du noyau..., etc.

Il y sans doute dans la même comète, ou d'une comète à l'autre, des complications d'aspect qui demandent une étude particulière. Elles peuvent tenir à la constitution propre de l'astre, mais elles doivent être aussi souvent produites par les changements dans la position relative de la comète observée et de la Terre; en ce cas, ce ne sont que des effets de perspective.

Cette théorie de M. Roche a reçu l'adhésion des astronomes français et étrangers. Et, en effet, elle a un grand mérite à nos yeux : elle est plus qu'une simple hypothèse ne s'appuyant que sur des principes hors de contestation en astronomie, ne se basant que sur l'action de forces connues, la gravitation et la chaleur solaire, et ne faisant intervenir une force nouvelle, la force répulsive, qu'en laissant tout à fait indéterminée son origine et sa nature. Les seules hypothèses admises par M. Roche sont relatives, d'une part, au mode d'action de la force répulsive qu'il regarde comme proportionnelle à la densité de la matière soumise à son influence et en raison inverse du carré du rayon vecteur, et, d'autre part, à un fait sur lequel paraissent d'accord tous les astronomes contemporains : j'entends l'extrême ténuité de la matière cométaire dans les parties de la nébulosité détachées du noyau. « Cette ténuité, dit-il, est si grande qu'elle surpasse tout ce qu'on peut imaginer, et rend les nébulosités cométaires comparables au milieu qui occupe le vide des machines pneumatiques. La répulsion que la comète semble éprouver de la part du Soleil serait donc une conséquence de ce singulier état de la matière sur lequel la physique ne possède pas, jusqu'à présent, de données certaines[1]. »

1. « A un autre point de vue, ajoute M. Roche, l'étude d'une substance réduite à cet état d'extrême dilatation n'aurait pas moins d'importance. En effet, comme l'a judicieusement remarqué M. Radau, « la matière des queues des comètes est tellement disséminée et raréfiée, qu'il faut renoncer à exprimer sa densité en chiffres. Cette extrême division de la matière n'est pas si extraordinaire qu'on pourrait le croire ; elle est comparable à la densité de la matière cosmique, dont la concentration a donné naissance, selon Laplace, aux planètes et à leurs satellites. Concevons que la Terre soit dilatée seulement jusqu'à la Lune ; elle serait tellement raréfiée qu'elle deviendrait cinquante fois moins dense que l'air ordinaire ; et si le Soleil se dilatait jusqu'à l'orbite terrestre, sa densité ne serait plus que les 16 millionièmes de l'air atmosphérique. » C'est donc un milieu analogue sous ce rapport aux queues cométaires qui a constitué l'atmosphère du Soleil pendant la période de sa condensation ; les propriétés encore inconnues de ce milieu nous éclaireraient sans doute sur l'état primitif du système solaire. »

Ce n'est pas seulement à l'orbite terrestre qu'il faudrait supposer dilatée la matière du Soleil et des planètes pour reconstituer la nébuleuse solaire primitive : c'est au minimum jusqu'à l'orbite de Neptune. En supposant une

§ VII — La force répulsive, force physique réelle

Théorie de M. Faye. — Définition rigoureuse de la répulsion inhérente à la radiation solaire. — Son intensité varie avec les surfaces des deux corps ; elle décroît en raison inverse du carré des distances. — Sa propagation n'est point instantanée. — Discussion et accord des faits. — Expériences relatives à la constatation de la force répulsive.

On a vu plus haut que c'est à l'instigation de M. Faye que M. Roche a introduit, dans ses recherches analytiques sur les phénomènes cométaires, l'hypothèse d'une force répulsive qui l'a, en effet, conduit à des résultats plus conformes aux observations. Mais c'est toujours plutôt en géomètre qu'en astronome physicien que la question a été traitée par ce dernier savant. M. Faye au contraire a surtout considéré le côté physique du problème. En présence des théories précédemment élaborées et dont nous avons donné un résumé, il a voulu faire un choix ; et la discussion approfondie à laquelle il s'est livré, la comparaison qu'il a faite des observations et des hypothèses, l'ont amené à se prononcer en faveur d'une force répulsive réelle, propre aux rayons solaires, celle qui est la base de la théorie connue sous le nom de théorie de Képler, à laquelle Euler et Laplace notamment ont donné leur adhésion.

A l'époque où M. Faye a exposé ses vues, deux grandes comètes, celle de 1858 ou de Donati et celle de 1861, venaient de faire leur apparition ; ces deux astres avaient été l'objet de nombreuses études télescopiques, et il fallait donner une

sphère homogène de ce rayon remplie de cette matière, on trouve pour sa densité rapportée à celle de l'eau le nombre 0, 000 000 000 005 29, un peu plus *d'un demi cent-billionième* de la densité de l'eau ; c'est une densité deux cent cinquante millions de fois moindre que celle de l'air atmosphérique !

explication des phénomènes physiques que des observations très-détaillées avaient suivis pour ainsi dire jour par jour en Europe et en Amérique. D'autre part, il fallait expliquer aussi un phénomène d'un autre ordre, mais d'une importance non moindre, celui de l'accélération du mouvement reconnu dans les comètes périodiques d'Encke et de Faye.

Encke, comme nous le verrons bientôt, s'était prononcé pour l'hypothèse d'un milieu résistant : telle était, suivant lui, la cause de l'accélération reconnue. C'est aussi, comme on l'a vu, à la résistance d'un milieu interplanétaire que Newton attribuait la formation des queues. Ainsi se liaient deux ordres différents de phénomènes. Or M. Faye, dans l'hypothèse d'une force répulsive, va trouver aussi précisément la cause de ces deux séries de faits, la formation et le développement des aigrettes et des queues, l'accélération du mouvement de quelques comètes.

Voyons d'abord comment il définit la force répulsive.

C'est un point capital qui avait été laissé jusqu'alors dans le vague par les partisans de cette théorie : on supposait une impulsion aux rayons solaires, et voilà tout. Citons M. Faye lui-même :

« Force répulsive née de la chaleur. C'est par elle que la chaleur produit des effets mécaniques. Elle dépend de la surface et non de la masse du corps incandescent. Son action sur un corps est en raison de la surface de ce corps et non de sa masse. Elle ne se propage pas instantanément comme la force attractive de Newton. Elle n'agit pas à travers la matière comme l'attraction. On admet provisoirement que son intensité décroît en raison inverse du carré de la distance, et que sa vitesse de propagation est celle des rayons de lumière ou de chaleur. »

Maintenant, comment l'existence d'une telle force étant admise, M. Faye en fait-il découler la théorie des phénomènes cométaires ? Comment en résulte-t-il la formation des queues simples ou multiples, leur courbure, leur direction, la naissance des secteurs lumineux ou obscurs, le dégagement des enveloppes plus ou moins paraboliques ? Sur tous ces points, M. Faye donne les explications suivantes, dont il trouve la confirmation en suivant point par point les observations des dernières et des plus brillantes comètes apparues.

« L'action de la force répulsive sur un corps en mouvement autour du Soleil ne coïncide pas avec le rayon vecteur, mais elle s'exerce toujours dans le plan de l'orbite, en sorte que la figure qu'elle tend à imprimer à un corps primitivement sphérique, tel que celui d'une comète très-éloignée du Soleil, doit être symétrique par rapport à ce plan, et ce résultat ne saurait être changé, ni par l'attraction solaire, ni par celle du noyau, ni par le progrès de la déformation elle-même. En second lieu, l'action de cette force étant en raison des surfaces, les effets produits dépendent de la densité des matières dont la comète est composée ; il s'ensuit que, sauf le cas évidemment particulier où ces matériaux seraient complétement homogènes, il doit se former plusieurs queues, car celles-ci résultent d'une sorte de triage purement mécanique, opéré par la force répulsive. Mais les axes de ces queues multiples, d'autant plus longues qu'elles sont moins recourbées, doivent toujours être situées dans le plan de l'orbite comme dans le cas d'une queue unique.

» D'après la génération mécanique de ces appendices dont la matière se trouve à un état de division, de ténuité et d'indépendance moléculaire dont il est difficile de se faire une idée, chaque queue, dans sa partie régulière, doit offrir une courbure simple en arrière du mouvement du noyau ; cette courbure, faible pour les matières les plus légères spécifiquement, est plus forte pour les matières plus denses. Chacune de ces queues est, à l'origine, tangente au rayon vecteur, ou plutôt présente une légère inclinaison sur ce rayon....

» Quant à la forme propre d'une queue quelconque, il faut la regarder comme l'enveloppe des matières de même densité qui abandonnent successivement la tête de la comète, sous la triple influence de la force répulsive, de l'attraction solaire et de la vitesse générale, à laquelle il faut joindre encore, comme l'a fait Bessel, la faible vitesse propre à l'émission nucléale. Si, à un instant donné, on considère l'ensemble des molécules ainsi chassées de l'étroite sphère d'attraction de la comète, on les trouvera principalement distribuées sur le pourtour d'une section à peu près circulaire de la nébulosité; et si l'on suit cette même série de molécules pendant les instants suivants, on verra que, par l'effet de leurs mouvements sur des trajectoires indépendantes dont on peut assigner la nature, elles doivent occuper des aires de plus en plus grandes, la section allant en s'allongeant dans le sens du plan de l'orbite, tandis que le diamètre transversal croît en raison bien moindre. Ainsi les queues s'étaleront principalement dans le plan de l'orbite, surtout les queues les plus recourbées; mais, en les regardant par la tranche, elles paraîtront droites, sous forme d'une bande étroite, également nette sur les deux bords, plus brillantes aux bords qu'au milieu; ces deux bords seront presque parallèles, ou du moins peu divergents, à moins que l'observateur ne se trouve très-voisin d'une partie de la queue.... S'il y a plusieurs queues, elles paraîtront toutes projetées les unes sur les autres au moment où la Terre traversera le plan de l'orbite, et comme elles sont loin d'être opaques, on verra les queues les plus étroites se dessiner au milieu de la bande la plus large ou la plus voisine de l'observateur. Il faut évidemment que la Terre ait dépassé notablement le plan de l'orbite pour qu'on commence à distinguer ces queues une à une. »

Voilà comment M. Faye rend compte de la naissance et du développement des queues, ainsi que des apparences variées présentées par les observations des appendices cométaires. Dans son ensemble, cette théorie est certainement satisfaisante, mais nous n'oserions affirmer que, devant les faits si complexes et si multiples dont nous avons donné une description détaillée, il n'y ait pas lieu de faire des réserves et même de formuler des objections. Pour n'en donner qu'un exemple, nous ne voyons pas trop comment M. Faye expliquerait l'apparence de la queue multiple en éventail que la grande comète de 1861 a présentée le 30 juin, jour où la Terre est passée précisément dans le plan de l'orbite. Dans cette situation, les queues multiples devaient se montrer projetées les unes sur les autres comme on l'a vu plus haut. Mais ce sont là des difficultés de détail, provenant sans doute de la complexité réelle des phénomènes aggravée encore par les effets de perspective.

Quant aux émissions du noyau, aux secteurs en aigrettes, aux enveloppes lumineuses, elles s'expliquent par la seule considération des forces attractives, jointes à l'influence croissante des radiations solaires calorifiques. Sous ce rapport, M. Faye s'en réfère à M. Roche, et considère les figures théoriques données par ce savant comme la représentation, aussi fidèle que possible, des phénomènes réels.

« Ainsi la figure d'une comète, dit-il en terminant, aussi bien celle de la tête que de la partie bien plus étendue de son appendice caudal, n'est que le résultat de l'action purement mécanique de deux forces : l'attraction newtonienne et la répulsion née de la chaleur. L'attraction est exercée par les masses du Soleil et de la comète; la répulsion à distance est exercée par la surface incandescente du Soleil; mais il faut encore considérer la force répulsive que la chaleur propre de la comète, ou plutôt celle qu'elle reçoit du Soleil en tombant vers lui, développe entre ses molécules. De là, en effet, une expansion plus ou moins analogue à celle de nos corps terrestres pris à l'état gazeux, expansion qui intervient dans le phénomène de la double émission nucléale. C'est elle qui donne prise à la répulsion solaire, en dilatant de plus en plus la matière du noyau et en la réduisant bientôt à une rareté extrême, comme je l'ai montré pour les enveloppes nucléales de la comète de Donati. La question est donc fort simple en principe, malgré l'énorme complication du phénomène, et, comme dans l'univers tout se lie, on s'apercevra de plus en plus qu'il existe autour de nous dans le monde solaire, dans l'univers sidéral, tout comme dans le domaine terrestre, bien d'autres manifestations de cette force répulsive dont les comètes nous présentent les effets sur une échelle gigantesque. »

Quelque bien liées que soient entre elles et avec leur principe toutes ces déductions d'une théorie savante, elles n'en reposent pas moins sur une hypothèse : celle de la réalité d'une force répulsive propre à la radiation solaire. Il manquait donc à la théorie de M. Faye une sanction décisive, indispensable, celle de l'expérience. Ce savant l'a, dès l'abord, parfaitement compris. Aussi a-t-il cherché cette sanction que les expériences de Bennet avaient jadis semblé donner. Il a fait en 1861, avec le concours de M. Ruhmkorff, des recherches sur l'action que des lames métalliques portées à l'incandescence exercent, dans le vide, sur les stratifications de l'étincelle d'induction. « Dans toutes ces expériences, dit-il, l'action répulsive de la surface incandescente était très-prononcée; mais c'est surtout avec l'arsenic et le soufre que j'en fus frappé. » L'influence de la chaleur est manifeste, s'il est vrai que la répulsion augmentait avec la température des plaques portées à l'incandescence. Celle de la densité du milieu ne l'est pas moins, si les indices de la répulsion étaient d'autant plus faibles qu'on faisait rentrer une plus forte proportion d'air à l'intérieur des ballons qui servaient aux expériences.

Quant à la vérification directe de la répulsion solaire, elle est, selon M. Faye, impossible à la surface de la Terre; « car il est probable qu'elle s'épuise sur les couches supérieures de notre atmosphère avant de parvenir jusqu'à nous. » S'il en est ainsi, il est clair qu'il n'y a pas de raison pour que la Terre, et toutes les planètes pourvues d'une atmosphère, n'aient point des queues comme les comètes. Il reste à savoir si ces queues sont assez étendues pour être visibles; mais elles doivent exister, sans quoi la force répulsive solaire s'épuiserait ici sans produire son effet.

§ VIII — Théorie de l'action actinique des rayons solaires

Expériences et hypothèses de Tyndall. — Originalité de sa théorie. — Objections qu'elle suscite et lacunes qu'elle présente. — Y a-t-il incompatibilité entre cette théorie et celle d'une force répulsive?

En ces derniers temps, une théorie nouvelle des phénomènes cométaires a été proposée par un des physiciens contemporains les plus distingués, M. Tyndall. Nous croyons qu'elle mérite d'être enregistrée, d'abord parce qu'elle est, ce nous semble, entièrement nouvelle et originale; puis, parce qu'elle est née, non d'une conception *à priori*, comme tant de théories astronomiques ou physiques, mais d'expériences précises et de leur interprétation.

C'est en étudiant l'action des radiations sur les milieux de constitution gazeuse, très-raréfiés, que Tyndall est arrivé à envisager le mode de production des phénomènes offerts par les têtes et les queues des comètes. Parmi les ondulations qui émanent d'une source lumineuse telle que le Soleil, les unes déterminent des actions purement calorifiques : ce sont celles qui ont la plus grande amplitude ou qui sont les moins réfrangibles ; les ondulations constituant ou produisant la lumière viennent ensuite dans l'ordre des longueurs d'onde ou de la réfrangibilité ; les ondes les plus courtes sont celles qui se manifestent exclusivement à nous par les actions chimiques. Voici comment le savant physicien conçoit le mécanisme de ces dernières modifications, comment il rend compte de cette diversité dans les propriétés des ondes de diverses amplitudes, qui fait que ce sont les plus courtes qui sont douées de la propriété d'agir sur les substances chimiques pour les décomposer, pour séparer les atomes dont leurs molécules sont formées, tandis que les ondes plus longues et mécaniquement plus puissantes sont inefficaces, au contraire, pour opérer une telle décomposition. « D'où vient, dit-il, cette puissance plus grande des ondes plus courtes pour détruire les liens de l'union chimique ? Si elle n'est pas le résultat de leur énergie, elle doit être, comme dans le cas de la vision, le résultat de leur période de récurrence. Mais comment nous figurer cette action ? Je dirai : le choc d'une seule onde ne produit qu'un effet infiniment petit sur un atome ou une molécule. Pour produire un effet plus considérable, le mouvement doit s'accumuler, et, pour que les impulsions des ondes s'accumulent, celles-ci doivent arriver à des périodes identiques aux périodes de vibration des atomes qu'elles frappent. Alors toutes les ondes qui se succèdent, trouvent les atomes dans des positions qui leur permettent d'ajouter leur choc à la somme des chocs des ondes qui les ont précédées. L'effet est mécaniquement le même que celui d'un enfant qui rhythme ses impulsions sur sa balançoire. Un seul battement du pendule d'une horloge n'a pas d'effet sur le pendule en repos, et d'égale longueur, d'une horloge située à quelque distance ; mais si les battements se renouvellent, et que chacun d'eux ajoute au moment voulu son impulsion infinitésimale à la somme des impulsions qui ont précédé, ils mettront, c'est un fait connu, la seconde horloge en mouvement. »

Après avoir ainsi rendu compte du mode d'action chimique de la lumière, Tyndall étudie cette action sur les vapeurs des diverses substances volatiles, employant tantôt un faisceau de lumière électrique, tantôt la lumière solaire. Il remplit un tube d'une certaine longueur, d'un mélange d'air avec de la vapeur de nitrite d'amyle, de nitrite de butyle, d'iodure d'allyle, après avoir pris les précautions propres à expulser toute matière étrangère, et notamment les corpuscules qui flottent dans l'air : poussières, germes organiques, matières minérales, etc. Ainsi rempli, le tube reste obscur, et le mélange qu'il contient absolument invisible. Mais si l'on fait tomber à l'intérieur du tube, en le rendant convergent au moyen d'une lentille, un faisceau lumineux, celui que donne une lampe électrique par exemple, voici ce que l'on observe : l'espace reste encore un instant obscur après l'introduction du faisceau; mais après ce moment très-court, un nuage blanc lumineux envahit la portion du tube qu'occupe le faisceau de lumière. Que s'est-il passé? L'action des ondes a décomposé le nitrite d'amyle et fait précipiter une pluie de particules qui, dès ce moment, deviennent propres à réfléchir et à diffuser de toutes parts la lumière du faisceau. « Cette expérience, dit Tyndall, met en outre en évidence ce fait que, quelque intense qu'il soit, le faisceau de lumière reste invisible jusqu'à ce que quelque chose le fasse reluire. L'*espace*, quoique traversé par les rayons de tous les soleils et de tous les astres, reste lui-même invisible. L'éther aussi, qui remplit l'espace et dont les mouvements sont la lumière de l'univers, est lui-même invisible. »

On voit par cette dernière remarque quelle est l'objection capitale obligeant les astronomes à repousser la théorie de Cardan, qui considère les queues comme de purs effets de réfraction : c'est celle que nous avons faite plus haut.

Il est à remarquer qu'à l'extrémité du tube à expérience, la plus éloignée de la lampe, il n'y a pas de nuage. Et cependant, il s'y trouve de la vapeur de nitrite d'amyle comme avant. Pourquoi cette différence? Parce que la portion des ondes du faisceau capables de décomposer la vapeur a épuisé son énergie dans la partie antérieure du tube ; ce sont les ondes les plus longues qui continuent leur chemin ; mais ces ondes sont impuissantes à produire une décomposition chimique. Ainsi le savant physicien sait trouver, dans les détails des faits, les confirmations de ses plus ingénieuses hypothèses. Mais arrivons à sa théorie des phénomènes cométaires.

Voici en quoi consiste cette théorie, que Tyndall résume dans les sept propositions suivantes. Nous les transcrivons textuellement :

1° Une comète est composée d'une vapeur décomposable par la lumière du Soleil ; la tête et la queue visibles sont un nuage actinique résultant de cette décomposition ; la contexture des nuages actiniques est la révélation de celle d'une comète.

2° La queue, d'après cette théorie, n'est pas une matière projetée, mais une matière précipitée sur les rayons solaires qui traversent l'atmosphère de la comète. On peut démontrer par l'expérience que ce précipité peut, soit se produire avec une lenteur relative le long du rayon, soit se former dans un instant indivisible sur toute la longueur du rayon. La rapidité surprenante du développement de la queue serait ainsi expliquée, sans invoquer le mouvement de translation incroyable que l'on a admis jusqu'ici.

3° Quand une comète tourne autour de son périhélie, la queue n'est pas composée partout de la même matière, mais de nouvelle matière précipitée par les rayons solaires qui traversent l'atmosphère de la comète dans ses nouvelles directions. On rend ainsi compte du tourbillonnement énorme de la queue, sans invoquer un mouvement de translation.

4° La queue est toujours tournée du côté opposé au Soleil, pour cette raison : deux puissances antagonistes agissent à la fois sur la vapeur cométaire; l'une, puissance *actinique* tendant à produire le précipité; l'autre, puissance *calorifique* tendant à produire la vaporisation. Si la première l'emporte, on a le nuage cométaire; si c'est la seconde, on a la vapeur cométaire transparente. C'est un fait, que le Soleil met en jeu les deux agents ici invoqués; il n'y a rien d'hypothétique à supposer leur existence. Pour que le précipité ait lieu derrière la tête de la comète, ou dans l'espace occupé par l'ombre de la tête, il est seulement nécessaire d'admettre que les rayons calorifiques du Soleil sont absorbés plus abondamment par la tête et le noyau, que les rayons actiniques. Ce fait augmente la supériorité relative des rayons actiniques, en arrière de la tête et du noyau, et leur permet de précipiter le nuage qui forme la queue de la comète.

5° La queue primitive, lorsqu'elle cesse d'être abritée par le noyau, est dissipée par la chaleur solaire; mais cette dissipation n'est pas instantanée. La queue adhère à la portion de l'espace abandonnée par la comète, fait d'observation qui n'a pas été expliqué jusqu'ici.

6° Dans le combat entre les deux classes de rayons, un avantage temporaire, dû aux variations de densité ou à quelque autre cause actinique, peut être remporté par les rayons actiniques, même dans les portions de l'atmosphère cométaire qui ne sont pas abritées par le noyau. Des courants latéraux accidentels et l'émission apparente de faibles queues vers le Soleil s'expliquent ainsi.

7° L'échancrure de la tête, dans le voisinage du Soleil, provient du battement contre elle des ondes calorifiques qui dissipent les franges atténuées et donnent lieu à une contraction apparente.

Cet exposé très-sommaire d'une hypothèse qu'on pourrait appeler la *Théorie physico-chimique*, est tiré de la nouvelle édition de *la Chaleur* du savant physicien anglais. Il ne l'accompagne d'aucun commentaire, d'aucune explication, de sorte que cette théorie laisse dans l'esprit, pour nous du moins, des lacunes, des obscurités que nous allons brièvement formuler sous forme de questions ou d'objections, et au sujet desquelles nous serions heureux de provoquer des éclaircissements de la part de l'auteur.

Tyndall définit les comètes sans faire mention du noyau : il semble que ces astres soient pour lui de simples vapeurs rendues visibles par l'action actinique des rayons solaires ; plus loin, cependant, il considère le noyau comme doué de la propriété d'absorber les ondes calorifiques, en laissant aux ondes chimiques toute leur efficacité. Le noyau, dans les comètes où l'observation en constate l'existence, est-il un milieu solide ou liquide, ou une simple masse gazeuse d'une densité plus grande que les autres parties de l'astre?

Il considère les ondes chimiques et les ondes calorifiques comme deux puissances antagonistes. Cependant, tous les physiciens regardent ces mouvements ondulatoires comme n'ayant pas entre eux de différence essentielle, ou, si l'on veut, comme ne différant que par leur amplitude, la longueur et la durée de leur période. En quoi les ondes calorifiques et les ondes chimiques sont-elles donc opposées ?

Qu'est-ce que cette « dissipation par la chaleur solaire » de la queue que n'abrite plus le noyau? Est-ce l'effet d'une force répulsive inhérente aux rayons calorifiques que le noyau n'absorbe plus? Les particules précipitées par l'action décomposante des rayons actiniques se sont-elles à nouveau recomposées pour reprendre leur état primitif de transparence?

Tyndall ne dit mot de la courbure des queues, de la disposition qui les fait étaler dans le plan de l'orbite, de la production des queues multiples ; les courants latéraux accidentels dont il parle répondent-ils suffisamment à cette dernière question.

Enfin, selon la théorie dont on a lu l'exposé, il résulte que les comètes sont des agglomérations de matière extrêmement ténue, dont certaines parties seulement sont rendues visibles par l'action solaire. La précipitation se fait au sein de la masse dans une direction déterminée, mais qui varie sans cesse, de sorte que cette masse doit être considérée comme ayant dans tous les sens des dimensions aussi considérables que l'indiquent les énormes longueurs des queues. Ces sphères de vapeurs, dont les rayons atteignent des millions de lieues, voyagent donc ainsi dans les orbites connues au sein des espaces interplanétaires. Est-ce la gravitation vers le noyau qui rend ainsi solidaires les molécules constituantes de ces masses d'une faiblesse si excessive, ou s'il n'en est rien, si les vapeurs ainsi formées sont incessamment abandonnées dans l'espace, comment sont-elles incessamment remplacées? Est-ce une émission propre au noyau, ou le fait d'une action répulsive de la chaleur solaire? Au cas où Tyndall admettrait cette dernière hypothèse, que deviendrait l'utilité de l'action actinique des rayons solaires pour l'explication du développement des queues: sa théorie serait ainsi entée sur celle de M. Faye, et n'aurait de raison d'être que pour rendre compte de la visibilité de la matière si ténue dont les atmosphères et les queues cométaires sont formées.

Dans notre pensée, toutes ces questions nécessitent des éclaircissements; mais elles sont plutôt des questions que des objections. Qu'on n'oublie pas que les forces en jeu dans les phénomènes de cet ordre, j'entends les forces reconnues, sont la gravitation et les radiations éthérées. On a conçu la gravitation comme ayant elle-même sa source dans les ondes de l'éther; celles-ci nous sont révélées par leur triple manifestation, calorifique, lumineuse, chimique. Or Tyndall invoque, pour expliquer les phénomènes cométaires, l'action chimique; M. Roche et M. Faye font intervenir, avec la gravitation, la chaleur; il reste à voir si la force répulsive ne peut pas s'expliquer comme une composante des radiations solaires. S'il en était ainsi, le plus grand obstacle à la conciliation de ces diverses théories se trouverait écarté, et la cause de tous ces phénomènes si curieux, si divers, des mouvements des comètes, de leurs perturbations, comme de leurs transformations physiques apparentes ou réelles, se réduirait à un principe unique entrevu par Lamé comme le lien universel des phénomènes, au mouvement ondulatoire de l'éther.

§ IX — Les comètes et la résistance de l'éther

Accélération du mouvement de la comète d'Encke : ses périodes successives vont en diminuant sans cesse. — Elle décrit une spirale et se réunira un jour au Soleil. — Hypothèse d'un milieu résistant ; comment la résistance d'un milieu accroît-elle la rapidité du mouvement ? — Ce qu'est le milieu supposé, d'après Arago, Encke, Plana. — Objections de M. Faye ; explication de l'accélération par la composante tangentielle de la force répulsive.

En faisant l'histoire de la comète périodique d'Encke, nous avons donné, avec les dates de ses apparitions successives, les durées des révolutions comprises entre ces dates. Si le lecteur veut bien se reporter à ce tableau (page 98), il lui sera aisé de voir que ces durées sont inégales, que la période va en décroissant d'une façon à peu près continue, et qu'en dernière analyse on peut dire qu'elle s'est accourcie en tout d'un peu plus de 2 jours, exactement de 2j,06. Comme le tableau embrasse 22 révolutions de la comète, c'est tout au plus une diminution de 2 heures 22 minutes pour chacune d'elles : quantité bien faible, mais qui, s'accumulant incessamment, peut produire à la longue, dans l'orbite et dans le mouvement de l'astre, des changements d'une très-grande importance.

La découverte de cette accélération est due au savant qui a donné son nom à la comète. Dès 1824, Encke avait reconnu la diminution de la période. Il avait trouvé qu'on ne pouvait rendre compte des observations en admettant dans les masses des planètes, dont il avait eu soin de calculer l'influence perturbatrice sur la comète, des erreurs assez fortes ; mais en supposant l'existence d'un milieu résistant, Encke trouvait que le grand axe de l'orbite devait diminuer, ainsi que l'excentricité; le moyen mouvement devait s'accroître, tandis que l'inclinaison et la longitude du nœud ne subissaient aucune influence. Comme cela s'accordait avec les observations, le savant astronome fut conduit à attribuer l'accélération du mouvement de la comète à la résistance d'un milieu, à ce qu'on est convenu depuis d'appeler la *résistance de l'éther*.

Encke poursuivit ses recherches sur le même sujet; à chacun des retours de la comète, il calcula avec soin, en tenant compte des perturbations planétaires, les époques des passages de l'astre à son périhélie; enfin il publia, en 1858, le mémoire auquel nous avons emprunté les nombres qui accusent, d'une manière saisissante, l'accélération de son mouvement.

Pour expliquer cette diminution dans la période, Encke, on vient de le voir, admit dans les espaces interplanétaires, non le vide, comme l'admettait Newton et les astronomes de son école [1], mais un milieu d'une densité suffisante pour opposer au mouvement des astres qui s'y meuvent une résistance capable d'en modifier à la longue les orbites. L'augmentation de moyen mouvement, qu'indiquent les observations de la comète, provient selon lui d'une force dirigée suivant la tangente à l'orbite, dans un sens contraire à la marche de l'astre, « ce qui s'accorde tout à fait, dit-il, et de la manière la plus simple, en adoptant l'hypothèse de l'existence d'un milieu dans l'univers. Les preuves à l'appui de cette existence paraissent si évidentes, qu'on

1. Newton, tout en admettant le vide des espaces planétaires, explique cependant, nous l'avons vu, la formation des queues, par un mouvement ascendant des particules cométaires au sein d'un milieu pesant qui entoure le Soleil à une certaine distance, et dont la densité croît à mesure que décroît cette distance. C'est donc en réalité l'hypothèse de Newton dans cette circonstance qui s'est trouvée reprise par Encke.

ne peut plus en douter. » Nous allons voir bientôt que cette évidence n'est pas considérée comme telle par tous les astronomes, et M. Faye notamment a élevé des objections dont il est difficile de ne pas tenir compte. Quoi qu'il en soit de la cause qui produit l'accélération de la comète d'Encke, et quelle que soit la nature physique de la force en question, toujours est-il que les géomètres et les astronomes la considèrent comme une résistance appliquée à la comète, et dans un sens contraire à celui de son mouvement.

A cet égard, il y a lieu d'entrer dans quelques détails pour faire comprendre une idée qui semble toujours singulière aux personnes peu familières avec les principes de la mécanique, de la mécanique céleste surtout. Ces personnes trouvent étrange qu'une résistance, subie par un mobile décrivant une certaine courbe autour d'un centre, produise un accroissement de vitesse ; il leur semble volontiers que le raisonnement est vicieux, et que c'est un ralentissement qui devrait être la suite d'une telle résistance. Elles auraient raison, s'il s'agissait d'un mobile qui se mût suivant une ligne déterminée et invariable, et qui fût assujetti à ne point quitter cette ligne. Un train de chemin de fer, par exemple, qui marche contre un vent un peu fort, éprouve une résistance et ralentit son mouvement. Il n'en est pas de même d'une comète ni d'aucun astre qui, animé d'une vitesse déterminée, mais libre de prendre une direction quelconque dans l'espace, suit nécessairement le chemin qui résulte, d'une part, de sa vitesse tangentielle ou impulsive, d'autre part, de la force avec laquelle la masse du Soleil l'attire. Ces deux forces ont à tout instant une résultante déterminée soit en vitesse soit en direction.

Supposons que l'une de ces composantes, la force tangentielle, par exemple, subisse une diminution, — c'est ce qui arrive dans le cas d'un milieu résistant, — alors la gravitation vers le Soleil est accrue d'autant, ou, ce qui revient au même, la comète, qui d'abord parcourait la route CC′ en un temps donné, suit la route CC″ dans le même temps, et se rapproche ainsi du Soleil. Or — suivez bien le raisonnement — il y a un rapport constant trouvé par Képler, et dont Newton a donné la raison mécanique dans le principe de la gravitation ; il y a un rapport constant, disons-nous, entre les grands axes des orbites et les durées des révolutions[1]. Si les grands axes, ou les distances moyennes au Soleil diminuent, il faut que les durées des révolutions diminuent aussi, de manière à conserver au rapport dont il s'agit la même valeur.

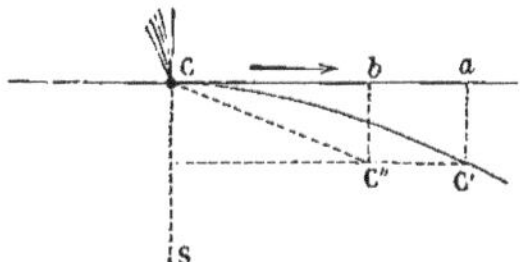

FIG. 70. — Influence d'un milieu résistant sur l'orbite d'une comète.

Ainsi, la conséquence de l'action d'un milieu résistant sur une comète, c'est l'accélération de son mouvement, c'est le raccourcissement de la durée de ses périodes. Comme, d'ailleurs, la même cause agit sans cesse, et même, dans l'hypothèse d'un milieu de plus en plus dense, agit avec une intensité croissante, l'accélération sera elle-même, proportionnellement, de plus en plus considérable avec le temps. La comète décrira de la sorte une courbe se rapprochant du Soleil d'une façon continue et progressive, c'est-à-dire une spirale qui, au bout d'un temps limité, précipitera enfin l'astre dans le foyer incandescent.

Ce que nous disons ici de la comète d'Encke s'applique-

1. Les carrés des durées des révolutions sont dans le rapport des cubes des grands axes.

rait évidemment à toutes les autres comètes, à tous les astres, planètes ou satellites qui composent le monde solaire. Seulement, pour les planètes, dont la masse ou plutôt la densité est très-grande relativement à celle des comètes, l'effet de la résistance a été, jusqu'à présent, insensible ; ce ne serait qu'une question de temps, toutefois, et, comme le dit Arago « mathématiquement parlant, si l'on ne parvient pas à trouver une cause compensatrice de la résistance éprouvée, il sera établi qu'après un laps de temps suffisant, composé peut-être de plusieurs milliards d'années, la Terre, par exemple, ira se réunir au Soleil. »

Mais, laissons là les planètes, trop peu intéressées pour le moment dans la question, et revenons au milieu résistant. Quel est ce milieu ? Selon Arago, ce serait l'éther, c'est-à-dire « la matière éthérée qui remplit l'univers et dont les vibrations constituent la lumière ». Telle n'est pas l'opinion d'Encke, qui considère le milieu résistant comme une sorte d'atmosphère enveloppant de tous côtés le Soleil à une certaine distance, et dont la densité croîtrait en raison inverse du carré de cette distance. L'origine de ce milieu serait ou une atmosphère primitive du Soleil, ou des débris des atmosphères laissées dans l'espace par les planètes et les comètes. Ce n'est pas non plus l'opinion de Plana qui, dans un mémoire sur le sujet traité par Encke, s'exprime ainsi : « Le milieu résistant auquel on applique les formules n'est pas l'éther impondérable et universel qui propage la lumière, c'est une espèce d'atmosphère qui entoure le Soleil. »

Nous avons eu déjà l'occasion de dire quelles objections on a faites à ce milieu hypothétique. M. Faye y joint celle-ci : l'analyse des géomètres qui en admettent l'existence prouve qu'ils regardent cette espèce d'atmosphère pondérable comme immobile. « Or, dit-il, cette immobilité est impossible; aucune particule pondérable ne saurait subsister dans le système solaire, à moins qu'elle ne tombe vers le Soleil ou qu'elle ne circule autour de lui; il n'y a pas place ici pour une autre alternative. » M. Faye montre que la seconde supposition est seule possible; mais alors avec un milieu résistant et circulant autour du Soleil, on arrive à d'autres conséquences qu'il résume ainsi : « Au lieu de faire parcourir aux astres une spirale qui doit les rapprocher incessamment du Soleil, et finalement les précipiter sur lui, l'action d'un tel milieu porte principalement sur l'excentricité; une fois que cet élément est suffisamment affaibli, l'orbite devient de plus en plus circulaire, mais le grand axe cesse de diminuer et l'astre ne se précipite nullement sur le Soleil. » Pour une comète directe, telle que celle d'Encke, l'action d'un milieu qui circule dans le même sens dépendra de la vitesse relative de la comète et des couches qu'elle rencontre. Alternativement, il y aura des périodes d'accélération et des périodes de retard. Les premières auront le dessus tant que l'orbite ne sera point devenue circulaire; mais alors l'influence du milieu cessera. Une comète rétrograde — celle de Halley est seule dans ce cas parmi les périodiques — subirait au contraire une résistance plus considérable, et l'accélération devrait être très-forte.

Cette objection, comme on voit, porte sur un événement que l'observation trop peu prolongée n'a pu constater encore. Il est fort possible en effet, que les choses se passent un jour comme le dit M. Faye, que l'accélération de la comète d'Encke ait un terme. L'hypothèse du milieu résistant, supposé mobile, ne semble donc point affaiblie.

Mais on conçoit que ce savant ait dû chercher dans sa propre théorie l'explication de l'accélération observée. La force répulsive, à l'aide de laquelle il rend compte des phénomènes des queues, lui fournit tout naturellement un moyen. En effet, l'action de cette force, on l'a vu, n'est point instantanée; elle se propage avec la vitesse des rayons de lumière et de chaleur; il en résulte une sorte d'aberration, une déviation dans la direction suivant laquelle agit la force répulsive. On peut alors concevoir cette force C*a* comme composée de deux parties : l'une radiale, CF, dans le sens du rayon vecteur, c'est la cause de la formation des queues; l'autre tangentielle C*b*, opposée au mouvement de la comète; c'est celle-là qui joue le rôle de la résistance d'un milieu et cause, en laissant la prépondérance à l'attraction solaire, la diminution de la distance au Soleil et l'accélération du mouvement.

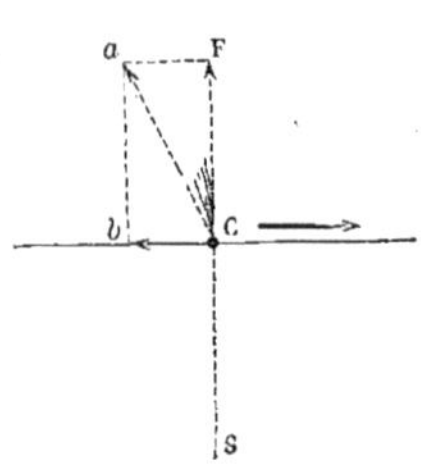

Fig. 71 — Composantes radiale et tangentielle de la force répulsive, d'après M. Faye.

Au reste toute force répulsive, quelle qu'en soit la nature, du moment que la propagation ne s'en fait point avec une vitesse infinie, doit produire le même effet et expliquer de la même manière l'accélération. Bessel, dans le mémoire analysé plus haut, s'exprime ainsi à ce sujet : « L'aigrette lumineuse de la comète de Halley lui donnait à peu près l'aspect d'une fusée. Par conséquent, elle doit avoir exercé sur son mouvement un effet analogue à celui qu'on observe dans le mouvement des fusées. Ce n'est pas le centre de gravité de la comète seule, mais le centre de gravité de la comète et de l'aigrette qui décrit une section conique suivant les lois de Képler; la matière lumineuse qui sort de la comète pour former l'aigrette, doit donc exercer sur le centre de gravité une action répulsive qui, étant continue, produit une force accélératrice. D'après l'éclat de l'aigrette, qui donne le rapport apparent de sa masse à celle du noyau, on peut penser que cette force perturbatrice puisse altérer d'une manière sensible le mouvement elliptique. Déjà, dans la comète de 1811, les recherches délicates de M. Argelander paraissent indiquer une déviation provenant d'une cause analogue; les observations plus exactes de la comète de Halley permettront d'approfondir ce sujet davantage. »

Biot arrivait à une conclusion analogue, en tenant compte de la perte de substance éprouvée par la comète à chacune de ses révolutions.

Telles sont les hypothèses proposées pour expliquer l'accélération du mouvement de la comète d'Encke. Mais cette accélération est-elle un fait unique? Non. Il paraît, d'après les recherches d'un astronome suédois, M. Axel Möller, que la comète de Faye présente un phénomène semblable : cela résulte de l'étude des trois révolutions successives qui se sont accomplies depuis l'époque de sa découverte en 1843 jusqu'en 1861. « Les mouvements de cette comète, dit-il, ne peuvent être représentés par la seule attraction. »

Comment se fait-il que ces deux comètes soient les seules qui aient manifesté les effets d'une cause dont l'action, qu'il s'agisse d'un milieu résistant ou d'une force répulsive, doit être générale? Dans l'hypothèse d'Encke, la comète à courte période étant celle qui, de toutes les comètes périodiques connues, ou plutôt revues, s'approche le plus du Soleil, on conçoit qu'elle subisse l'influence la plus forte d'un milieu qui est plus dense dans les régions les plus rapprochées de cet astre. Dans l'hypothèse de la force répulsive, il en est de même, puisque l'intensité de cette force étant aussi plus considérable à de plus faibles distances, sa composante tangentielleest aussi plus grande. Mais cette raison échappe, quand, de la comète d'Encke on passe à la comète de Faye, dont la distance périhélie et même la distance moyenne sont au contraire parmi les plus grandes. Peut-être ces divergences apparentes tiennent-elles uniquement à ce que les astronomes n'ont pu encore calculer avec assez de précision les mouvements de ces astres et leurs perturbations. C'est, en tout cas, une étude à faire, dont les résultats permettront de décider entre les théories proposées.

CHAPITRE XI

LES COMÈTES ET LES ÉTOILES FILANTES

---

§ I — Qu'est-ce qu'une comète ?

Les anciens n'ont rien su de la nature physique des comètes. — Idées fausses des astronomes des derniers siècles sur la constitution des comètes : ils les considèrent comme des globes à peu près semblables aux sphéroïdes planétaires. — Vues de Laplace sur les comètes, assimilées par lui à des nébuleuses. — L'astronomie contemporaine a confirmé ces vues et rectifié les erreurs des anciennes hypothèses. — Desideratum de la science actuelle : une rencontre par la Terre, soit d'une comète, soit d'un fragment de comète.

La question examinée dans le chapitre précédent, et que nous reproduisons en tête de ce paragraphe, *Qu'est-ce qu'une comète?* a été, comme on le voit, l'objet de nombreuses hypothèses. Elle ne peut cependant être encore considérée comme résolue. Mais elle a été abordée en ces derniers temps d'une façon toute nouvelle par une méthode qui pouvait et devait sembler inespérée, celle de l'investigation directe. C'est l'exposé de cette méthode et des considérations qui l'ont fait découvrir, qui fera l'objet de ce nouveau chapitre.

Résumons auparavant ce que nous ont appris déjà en substance les recherches et travaux antérieurs.

Les anciens, nous l'avons vu au début et dans le cours de cet ouvrage, n'ont eu sur la nature des comètes que des notions tout à fait hypothétiques et d'ailleurs contradictoires. Quand on passe en revue leurs conjectures, on est fort étonné sans doute d'y rencontrer des idées qui sont dans une certaine conformité avec ce qu'il y a de positif dans les enseignements, fort peu précis encore il est vrai, de la science moderne. On peut considérer les astronomes du moyen âge et de la renaissance, jusqu'à Newton et même après Newton, comme aussi peu avancés que les anciens. Les rencontres dont nous parlons sont de pur hasard : quand on émet des hypothèses toutes conjecturales, on a la chance de tomber sur des propositions qui ont avec la vérité des airs de parenté qu'on est tout d'abord porté à regarder comme le résultat d'une merveilleuse divination : le plus souvent, c'est une illusion pure. Xénophanes a appelé les comètes des *nuées errantes* : cela est vrai sans doute, mais quelle différence entre le sens que pouvait attacher le philosophe à une telle expression, et celui que la science lui sait donner aujourd'hui !

Nous avons déjà dit que les progrès de l'astronomie cométaire depuis Newton, progrès d'ordre essentiellement géométrique ou mécanique, avaient engagé les savants du XVIIIe siècle dans une voie fausse au point de vue de leurs idées sur la constitution physique des comètes. Ne voyant dans ces astres que des planètes suivant des routes plus allongées que les autres, et plus inclinées dans leurs mouvements rapportés à l'écliptique, ils les assimilaient à peu près complétement aux planètes ; ils en faisaient des globes entourés d'atmosphères plus denses, soumis à des vicissitudes extrêmes de chaleur et de lumière, par conséquent notablement différentes de celles des planètes, de climats peut-être fort opposés, mais voilà tout.

Laplace, guidé par ses vues à la fois profondes et positives, vues proposées avec réserve cependant, sur le passé du monde solaire et planétaire, vit nettement le premier qu'il devait y avoir entre les planètes et les comètes une différence d'origine, comme la faiblesse de leur masse et leur apparence optique dénotent une différence essentielle de structure. Non-seulement il en fit des nébuleuses, mais il en fit des nébuleuses qui sont de passage dans notre monde planétaire, et qui, en général, errent d'étoiles en étoiles, ou de systèmes en systèmes. Quelques-unes seulement, conquises pour un temps par l'effet des perturbations des planètes, deviennent des satellites temporaires du Soleil.

Mais le grand géomètre, dont les idées semblent acquérir d'autant plus de crédit que la science fait de plus grands progrès, et dont la gloire résiste à des dénigrements aussi impuissants qu'injustes, attachait-il à cette dénomination de nébuleuse une signification physique bien arrêtée ? Évidemment, il ne voulait ni ne pouvait assimiler une comète à une nébuleuse résoluble, c'est-à-dire à un amas d'une multitude de petites étoiles distinctes. C'était dans sa pensée une masse confuse d'éléments analogues à ceux qui constituaient les nébuleuses proprement dites d'Herschel, là où l'illustre astronome de Slough voyait se condenser la matière pour former des centres de lumière ou des soleils ; ou bien encore c'était comme un fragment de la nébuleuse solaire primitive ou de toute autre pareille agglomération.

Qu'est-ce que la science, qu'est-ce que l'observation a ajouté à ces notions naturellement assez vagues ? Nous l'avons vu dans les chapitres où nous avons étudié en détail la constitution physique et chimique des comètes. Il en résulte évidemment qu'une comète est tout autrement constituée que les globes plus ou moins semblables à la Terre qui forment les planètes, grosses ou moyennes ou télescopiques. C'est une masse à l'état d'équilibre instable, dont la forme se modifie avec une rapidité extrême, selon qu'elle reçoit de plus ou moins loin, eu égard à sa position sur son orbite, les radiations solaires, et qu'elle subit les influences de l'attraction du Soleil et des planètes elles-mêmes. Les transformations physiques, calorifiques, lumineuses et probablement chimiques de la partie nébuleuse sont si extraordinaires et si rapides, que rien dans les autres astres n'en peut donner l'idée. Tout fait croire que les noyaux cométaires, même quand ils peuvent être regardés comme des masses solides ou composés de masses solides multiples, plus ou moins agrégées, sont eux-mêmes le théâtre de transformations tout aussi singulières.

L'analyse spectrale, malgré le peu de données qu'elle ait encore recueillies sur la lumière des comètes, laisse soupçonner cependant que la matière des nébulosités est chimiquement composée de deux ou trois éléments tout au plus : celle des noyaux, qu'elle soit un solide ou un liquide incandescent, ou seulement une matière solide réfléchissant la lumière du Soleil, nous échappe complétement encore, et nous ne pouvons rien dire de la nature des éléments chimiques qui la composent.

Il faudrait, pour ajouter à nos connaissances sur ces points douteux d'astronomie cométaire, qu'un de ces événements, si redoutés des populations craintives et superstitieuses, se réalisât : il faudrait que notre globe vînt à rencontrer dans sa route une comète, ou bien, pour rendre en toute hypothèse la chose plus inoffensive, un simple fragment de comète. La pénétration de la matière du fragment dans l'atmosphère, sa chute sur le sol, en permettant aux hommes de science de contempler *de visu* et de toucher de leurs mains la substance cométaire ne couperait-elle pas ainsi court à toute incertitude ?

Jusqu'à présent, rien dans l'histoire du passé de l'humanité, rien dans l'histoire du passé de la terre, géologiquement considérée, n'indique qu'un tel événement soit arrivé jamais. Du reste, dans le cas de l'affirmative, à supposer qu'il eût été inoffensif, la science qui n'existait point encore n'en eût pas profité, et nous ne saurions pas aujourd'hui mieux que nous ne le savons quelle est la véritable constitution d'une comète.

Est-il vrai cependant que la Terre ait traversé en 1861, le 30 juin, la queue de la grande comète qui parut à cette époque? Nous verrons plus loin qu'il est possible qu'un tel événement ait eu lieu ; plusieurs astronomes qui ont étudié sérieusement la question l'affirment. En tout cas, qu'en est-il résulté ? Tout au plus une lueur phosphorescente ; personne n'a rien ressenti, personne n'a rien vu. D'après ce qu'on sait des queues, de leur masse, de leur densité infime, personne ne pouvait rien voir.

C'est au sein, sinon du noyau cométaire, du moins de la tête vaporeuse, des aigrettes lumineuses et des enveloppes, qu'il nous faudrait pénétrer pour être témoins des phénomènes singuliers dont le télescope nous a déjà révélé le développement. Mais une telle rencontre paraît offrir des probabilités si faibles, qu'il y a gros à parier que nous ne saurons jamais rien par ce moyen. L'éther est un océan si vaste, ses abîmes sont si profonds, si prodigieusement étendus en comparaison des volumes insignifiants des astres, de notre globe chétif et même des plus grosses comètes, que toute chance de collision entre ces navires dont la route est si bien réglée paraît bien hasardeuse.

Mais n'y a-t-il pas d'autres raisons d'espérer une rencontre, non entre la Terre et une comète même, mais entre la

Terre et des fragments de matière cométaire? Cela suffirait au desideratum de la science. On a vu des comètes se dédoubler; on a vu leurs noyaux projeter, sous l'influence de forces inconnues, des flots, des jets de matière qui, au loin, vont s'éparpillant dans l'espace. Cette matière, nous avons déjà effleuré à plusieurs reprises cette question importante, rejoint-elle à la fin le centre d'où elle a été projetée? ou bien arrive-t-il qu'elle abandonne ce centre, et qu'ainsi les comètes, à chacune de leurs révolutions, à chacun de leurs passages, perdent une portion de leur substance? C'est une question qui mérite examen.

§ II — La matière des comètes est-elle peu a peu dispersée dans les espaces interplanétaires?

Loin du Soleil, les nébulosités dont l'agglomération constitue la comète conservent une forme sphérique ou globulaire, indice certain que leurs molécules obéissent à l'action prépondérante du noyau. Dans ces conditions, la masse se conserverait intégralement, si aucune action étrangère ne venait à déranger leurs positions mutuelles, à troubler l'équilibre de leur ensemble.

Mais la comète, en approchant du périhélie, subit de plus en plus l'action attractive du Soleil, dont l'énorme masse suffit à changer la forme sphérique de la nébuleuse cométaire, à la rendre de plus en plus ellipsoïdale, de manière à entraîner à la fin hors de la sphère d'attraction du noyau des couches entières de nébulosité. C'est ce que l'analyse de M. Roche, nous l'avons vu, a mis hors de doute. Outre l'action de la masse solaire, il y a celle des radiations du foyer de chaleur, laquelle détermine des changements d'une importance capitale : émission de matières vaporeuses par le noyau, jets lumineux, aigrettes, enveloppes concentriques successives. Si les queues, comme tout porte à le croire, sont des réalités matérielles, non de simples jeux d'optique, si ce sont des molécules détachées de la nébulosité et projetées loin d'elle par une force répulsive, on peut dire qu'échappées à l'action prépondérante de l'attraction nucléale, elles sont momentanément devenues étrangères à la comète elle-même qui a laissé s'échapper une portion, si petite soit elle, de sa matière ou de sa masse.

Nous avons dit *momentanément*. En effet, pour n'être plus retenues par le noyau cométaire, les molécules abandonnées, repoussées, n'ont pas perdu pour cela le mouvement orbital ou de translation qu'elles possédaient en commun avec toutes les autres. Elles continuent donc à décrire autour du Soleil des orbites qui les entraînent encore toutes ensemble vers les mêmes régions de l'espace que la comète elle-même. Une fois qu'elles ont dépassé tous les points qui forment leurs périhélies respectifs, elles s'éloignent comme la comète, et de plus en plus, du foyer de leurs mouvements, du Soleil. Or, à mesure que, cet éloignement continuant, les distances au Soleil vont s'accroître, les causes de leur dispersion vont inversement diminuer d'intensité, tandis que l'attraction nucléale au contraire reprendra peu à peu son influence première. Nous ne voyons pas pourquoi alors toutes les molécules dispersées ne reviendraient pas à la fin, sinon reprendre leurs places dans le système, du moins reconstituer l'agglomération nébuleuse, non dans sa forme sans doute, mais dans sa masse primitive.

A la vérité, pour que les choses se passent ainsi, il faut faire une hypothèse. Il faut supposer qu'aucune cause de perturbation ne soit venue déranger le système, troubler cette reconstitution. Or, on sait que les comètes traversent le système des planètes, et qu'elles projettent à des distances énormes, au travers de ce système, la matière de leurs queues. Les noyaux eux-mêmes sont troublés dans leur marche par les masses de Jupiter, de Saturne, de Mars, de la Terre. Cette même action troublante a dû maintes fois exercer son influence sur les nébulosités détachées des comètes, et enlever pour toujours à celles-ci les portions retardataires de leurs atmosphères et de leurs queues. C'est sans doute une intervention pareille qui a coupé en deux la comète de Biela, et dispersé depuis l'un ou l'autre des fragments. Que sont devenus en effet ces débris, qu'on n'a pu revoir aux époques où leur période régulière eût dû les ramener en vue de notre globe?

Ainsi, tout permet de prévoir qu'il existe, çà et là, disséminées sur les plages planétaires, flottantes sur les vagues de l'océan éthéré, quelques comètes disloquées, restes des naufrages qu'ont pu subir tant de millions de comètes : ce sont les épaves de ces navires, impuissants la plupart à accomplir leur traversée sans avarie. Toutefois de tels fragments plus ou moins désagrégés n'errent point au hasard dans l'espace; ils se meuvent dans des orbites dont la forme dépend des modifications que l'action perturbatrice a apportées à leur vitesse première. On peut concevoir que ces orbites continuent à être des orbites fermées ayant le Soleil pour foyer. Elles peuvent aussi avoir été changées en hyperboles. On peut même supposer que la perturbation a été telle, que les fragments sont devenus des satellites de la planète perturbatrice. Peut-être tous ces cas, et d'autres encore, se sont ils présentés dans la suite des temps.

Le nombre des comètes qui pénètrent dans notre monde est, selon toute probabilité, si immensément grand, que depuis les centaines de millions d'années qu'il est permis d'assigner à la durée écoulée de ce monde, les espaces interplanétaires doivent être sillonnés d'une multitude prodigieuse de courants de matière, de comètes désagrégées, de fragments de comète, que les planètes, dans leur cours régulier autour du foyer solaire, ne peuvent manquer de rencontrer fréquemment. C'est ainsi probablement que les choses se passent. Or, on a en effet aujourd'hui des témoignages à peu près positifs de la réalité du fait, et bien qu'on soit arrivé d'une autre manière à constater l'existence de ces courants matériels, cette existence est certaine. L'origine seule en aurait pu être douteuse.

§ III — Les comètes et les essaims d'étoiles filantes

Caractères périodiques des essaims de météores ; les points radiants ; nombre des essaims aujourd'hui reconnus. — Périodicité des maxima et des minima dans certains courants météoriques; période trentenaire de l'essaim de novembre. — Théorie de Schiaparelli. — Vitesse parabolique des étoiles filantes ; les essaims sont venus des profondeurs sidérales.

Ces considérations nous amènent à la théorie récemment élaborée par un savant astronome italien, le directeur de l'observatoire de Brera, à Milan, G. V. Schiaparelli.

D'après cette théorie, il y a entre les comètes et les étoiles filantes une connexion étroite, une communauté d'origine, qu'il est possible dès maintenant de regarder comme positive, parce qu'elle peut se baser à la fois sur des déductions rationnelles et sur des observations. Nous allons rappeler sommairement par quel enchaînement d'idées cette assimilation, entre des phénomènes qui paraissent si étrangers les uns aux autres au premier aspect, est passée de la phase de la simple hypothèse dans celle d'une théorie que des observations d'une grande valeur peuvent faire considérer aujourd'hui comme démontrée.

Résumons d'abord les faits qui lui ont servi de point de départ.

Les étoiles filantes qu'on observe dans toutes les nuits de l'année sont notamment plus nombreuses à certaines époques, à certaines dates à peu près fixes, par exemple vers

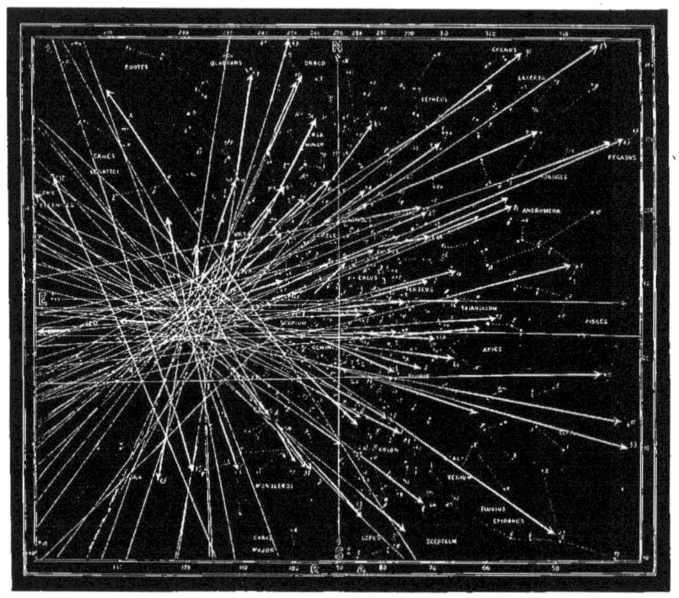

FIG. 72. — Etoiles filantes du 13 au 14 novembre 1866. Convergence des trajectoires d'après A. S. Herschel et H. Mac Gregor.

le 10 août, le 13 ou le 14 novembre, le 20 avril. Alors elles apparaissent en nombre assez grand pour qu'on ait dû les considérer, non comme des météores isolés, mais comme des groupes, des essaims météoriques solidaires. Cette solidarité parut bientôt plus manifeste, quand les observateurs reconnurent que les étoiles d'un même essaim parcouraient des trajectoires non disséminées au hasard sur la voûte céleste, mais disposées de telle sorte qu'en les prolongeant elles venaient toutes ou presque toutes aboutir, sinon en un même point mathématique, du moins en une même région très-resserrée du ciel. Pour se faire une idée juste de cette conjonction singulière des trajectoires apparentes des étoiles filantes d'un même courant, le lecteur n'a qu'à jeter les yeux sur la figure 72, qui représente un certain nombre de ces météores apparus dans la même nuit, celle du 13 au 14 novembre 1866.

Le point d'émanation ou de convergence des trajectoires d'un essaim se nomme le *point radiant*. Or, non-seulement les météores qui apparaissent aux dates fixes dont nous avons parlé, et dans une même nuit ou dans plusieurs nuits successives, ont tous à peu de chose près un point radiant commun, mais ce point radiant ne varie pas de position ou varie peu dans le cours des années et des apparitions successives d'un même courant, d'un même essaim.

Au début des recherches relatives à ces phénomènes singuliers, le nombre des courants à retours périodiques était peu nombreux : ceux du 10 août et du 14 novembre furent d'abord seuls reconnus. On crut que les étoiles filantes des nuits ordinaires étaient des météores dispersés sans connexion apparente. Mais une étude plus approfondie ne tarda pas à faire reconnaître qu'en réalité ces étoiles filantes dispersées — *sporadiques* — obéissent à des lois comme celles des autres essaims; un grand nombre de courants furent ainsi distingués, et la position de leurs points radiants déterminée : on en connaît aujourd'hui 102.

Mais un autre caractère d'une grande importance fut également mis en évidence, tant par les recherches historiques sur les anciennes apparitions de météores, que par les observations suivies et prolongées des astronomes contemporains. Ce caractère, le voici :

La périodicité des essaims météoriques n'est pas seulement annuelle, de manière que les mêmes dates, dans les années successives, sont signalées par des flux d'étoiles filantes assez abondants pour distinguer ces dates des nuits précédentes ou suivantes ; il arrive aussi, pour certains de ces flux, que l'abondance des météores y varie d'une année à l'autre d'une façon continue : on y distingue très-nettement des maxima ou des minima périodiques. Citons l'exemple le plus remarquable de cette périodicité à longue échéance, celui de l'essaim du milieu de novembre. En 1799, ce flux d'étoiles filantes fut d'une intensité prodigieuse. Le même phénomène s'est renouvelé 34 ans plus tard, c'est-à-dire dans l'année 1833 ; en recherchant parmi les observations anciennes, on retrouva celle de 1766 pareillement abondante à la même date. On en trouva de semblables à des époques plus reculées, avec cette circonstance décisive que les intervalles de ces apparitions extraordinaires étaient de 33 ou 34 années ou d'un multiple de ces nombres. Il paraît donc certain qu'il y a, pour cet essaim particulier, un retour maximum périodique à peu près tous les tiers de siècle. Aussi Olbers n'hésita-t-il point à prédire, longtemps à l'avance, le retour d'un maximum pour l'année 1867. Un savant américain, le professeur Newton, muni de documents plus précis, assigna à la période la durée exacte de 33 années et un quart, et put donner à la prédiction une forme plus rigoureuse, en fixant pour l'époque du prochain retour celle de la nuit du 13 au 14 du mois de novembre 1866.

L'essaim fut exact au rendez-vous.

On avait bientôt compris que l'interprétation de ces phénomènes singuliers ne pouvait être donnée, si l'on ne considérait pas les divers essaims de météores comme ayant une origine extra-terrestre ou cosmique. D'autres circonstances, que nous exposerons en détail ailleurs [1], vinrent se joindre à celles que nous venons de rapporter pour prouver que les étoiles filantes forment des courants de corpuscules célestes, qui circulent indépendamment dans l'espace, en décrivant comme les comètes des orbites régulières. Ces courants très-nombreux parcourent les intervalles planétaires dans tous les sens, et c'est la rencontre de quelques-uns d'entre eux avec la Terre qui donne lieu à la production des étoiles filantes. Notre globe, ou seulement son atmosphère, pénétrant plus ou moins profondément au sein de ces groupes, la rencontre se fait, suivant les sens respectifs des mouvements, avec une vitesse égale tantôt à la somme, tantôt à la différence, tantôt à une composition quelconque intermédiaire des vitesses respectives des mobiles. En tous cas, il y a perte de force vive, ou plutôt transformation de cette force en chaleur, et le plus souvent incandescence.

Mais si les essaims sont des courants de matière météorique, quelle est la loi de leur circulation dans l'espace? quels sont les éléments de leurs orbites elles-mêmes? Et puis, question non moins intéressante, quelle est leur origine? On fit tout d'abord, pour répondre à ces questions, diverses hypothèses. On supposa que les essaims formaient des anneaux fermés plus ou moins elliptiques, plus ou moins excentriques par rapport au Soleil, centre de leurs mouvements, et par rapport à l'orbite de la Terre. On rendit ainsi, tant bien que mal, compte des faits, des observations.

1. Dans l'ouvrage qui, faisant suite aux COMÈTES, aura pour objet les ÉTOILES FILANTES.

C'est alors que M. Schiaparelli est venu, par des spéculations hardies, jeter une lumière nouvelle sur un point encore obscur de l'astronomie contemporaine. Il crut pouvoir déduire de diverses observations que la vitesse des météores, au moment où ils pénétraient dans l'atmosphère terrestre, était au moins égale à ce que nous avons vu qu'on nommait la vitesse cométaire, par conséquent supérieure de près de moitié à la vitesse de translation de la Terre. Il montra que cette hypothèse rendait compte d'un fait[1] qui paraissait d'abord en contradiction avec l'origine cosmique des étoiles filantes, que dès lors elle en était, au contraire, une confirmation éclatante. Pourvu de cet élément précieux, le savant italien put calculer les éléments des orbites de certains essaims, reconnaître qu'ils décrivent dans l'espace des courbes excessivement allongées, paraboliques ou hyperboliques.

§ IV — Origine commune des étoiles filantes et des comètes

Transformation d'une nébuleuse entrée dans la sphère d'attraction du Soleil; anneaux paraboliques continus de matière nébuleuse. — Similitude des éléments des orbites des courants de météores et des orbites cométaires. — L'essaim d'août; identité des Léonides et de la comète de 1862. — Identité des Perséides et de la comète de 1866 (Tempel). — Les étoiles filantes du 20 avril et la comète de 1861. — Comète de Biela et essaim de décembre. — La Terre a-t-elle rencontré la comète de Biela, le 27 novembre 1872?

Il restait à expliquer l'origine des essaims, à montrer la raison de leur périodicité annuelle, des maxima qui apparaissent à des époques séparées par plusieurs années d'intervalle. Là,

1. Celui de la variation du nombre des étoiles filantes observées dans une nuit quelconque, avec l'heure de l'observation. Le nombre horaire maximum coïncide avec les heures qui suivent 2 ou 3 heures du matin.

il fallait quitter un instant le domaine des faits, s'adresser aux spéculations théoriques.

Les essaims d'étoiles filantes paraissent constitués comme des agrégations de corpuscules assez distants les uns des autres. Mais si, au lieu de les voir à leur arrivée à la proximité de la Terre, au contact de son atmosphère, il était possible de les contempler à une distance un peu grande dans le ciel, l'ensemble de ces myriades de corpuscules, qu'ils soient éclairés par les rayons solaires, ou qu'ils brillent d'une lumière propre, paraîtrait à l'observateur comme un nuage, une nébulosité. Et comme la vitesse admise des essaims dans leurs orbites est la vitesse cométaire, il s'ensuit que les nébulosités dont nous parlons viennent des profondeurs de l'espace, de régions fort éloignées du Soleil et des planètes. Néanmoins il est clair que ces nébuleuses, qui viennent peut-être de quelque autre système sidéral, n'entrent dans le nôtre que sous l'influence de l'attraction, devenue à un certain instant prépondérante, de notre Soleil.

Ce sont des considérations de ce genre qui ont sans doute amené M. Schiaparelli à se poser ce problème : « Étant donnée une nébuleuse située à une distance fort grande, mais néanmoins telle que l'attraction du Soleil détermine son mouvement vers notre système, sous quelle forme cette agrégation de corpuscules isolés, supposée sphérique au point de départ, arrivera-t-elle à son périhélie? En résolvant ce problème par l'analyse et d'après les principes de la gravitation universelle, M. Schiaparelli prouve que la masse nébuleuse, de globulaire qu'elle était au point de départ, se sera peu à peu transformée, de manière à être, lors de son passage dans le voisinage du Soleil, allongée en un immense courant continu de forme parabolique, incomparablement plus dense qu'à l'origine, et pouvant mettre des années, des centaines et même des milliers d'années à effectuer successivement son passage au périhélie.

On comprend dès lors que, la Terre venant à rencontrer ce courant en un point de son orbite, et passant à chacune de ses révolutions par ce même point de l'espace interplanétaire, il en résultera une apparition périodique de météores : ce seront les corpuscules du courant qui viendront traverser les hautes régions de l'atmosphère, y briller un instant chacun sous l'apparence d'une étoile filante, les uns consumés et détruits par cette combustion, les autres poursuivant leur route, après avoir de la sorte pendant quelques secondes manifesté la présence de la nébuleuse dont ils font partie. Les longues traînées paraboliques expliquent ainsi les courants périodiques annuels de météores : selon que la portion traversée est plus ou moins profonde ou plus ou moins épaisse, le nombre des étoiles filantes se trouvera, à la date correspondante, plus ou moins considérable.

Quant aux périodes plus longues, qui donnent des maxima à des intervalles réguliers de plusieurs années, M. Schiaparelli en rend compte de la façon suivante. De même que les longs courants paraboliques sont comparables, au point de vue de leurs mouvements, aux comètes à orbites infinies, de même les courants périodiques intermittents sont analogues aux comètes périodiques à retours réguliers. Des circonstances particulières, des perturbations planétaires par exemple, peuvent transformer un courant indéfini en un anneau elliptique fermé. C'est probablement le cas, d'après Schiaparelli, des météores du 13 au 14 novembre.

Nous n'entrerons pas dans des détails plus longs sur cette théorie à tous égards remarquable. Elle sera développée comme elle le mérite dans notre ouvrage : LES ÉTOILES FILANTES. Nous devons ici nous borner à insister sur l'analogie qui existe entre les courants de nébulosité qui donnent naissance aux essaims météoriques et les nébulosités cométaires. La vitesse de translation, l'inclinaison des plans des orbites à tous les degrés, les mouvements dans tous les sens, sont des éléments communs aux comètes et aux essaims de météores.

Une sanction, la plus essentielle, manquait à cette théorie, celle donnée par l'observation, seule capable de

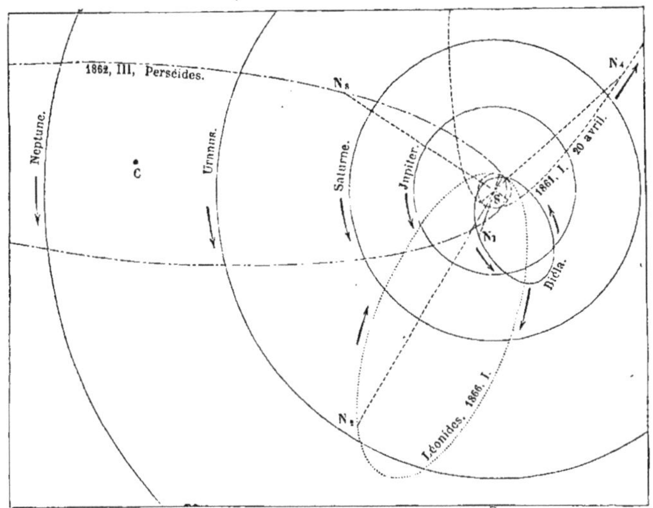

Fig. 73. — Orbites des essaims de novembre, d'août et d'avril et des comètes de 1862 de 1866 et de 1861.

démontrer par le fait l'analogie, l'identité même des deux espèces de nébuleuses. Or cette sanction existe aujourd'hui : elle a d'ailleurs suivi de près la théorie, et elle paraît assez évidente pour défier toute contradiction. M. Schiaparelli ayant en effet recueilli tous les éléments donnés par les observations de l'essaim météorique du 10 août, a pu en calculer l'orbite, comme s'il s'agissait d'un corps céleste, d'une comète. Or, en cherchant parmi les éléments paraboliques des comètes cataloguées, il reconnut la presque identité de ces éléments et de ceux de l'essaim. Voici le tableau qui permet cette comparaison :

	ÉLÉMENTS DE L'ORBITE de l'essaim du 10 août calculés par Schiaparelli	ÉLÉMENTS DE L'ORBITE de la comète de 1862 calculés par Oppolzer
Passage au périhélie.............	août 10,15	août 22,9 1862
Longitude du périhélie..........	343° 28′	344° 41′
Longitude du nœud.............	138° 16′	137° 27′
Inclinaison......................	64° 3′	66° 25′
Distance périhélie...............	0,9643	0,9626
Direction du mouvement........	*Rétrograde*	*Rétrograde*

Une similitude aussi complète ne semble point pouvoir résulter d'une coïncidence fortuite. Mais le savant astronome italien ne s'est pas borné là. Il a calculé de même les éléments de l'orbite de l'essaim de novembre, puis reconnu encore leur presque identité avec les éléments elliptiques de la comète de Tempel (1866 I), éléments calculés par Oppolzer. Donnons également le tableau qui permettra une comparaison immédiate :

	ÉLÉMENTS ELLIPTIQUES DE L'ORBITE de l'essaim du 13 novembre d'après Schiaparelli	ÉLÉMENTS ELLIPTIQUES DE L'ORBITE de la comète de Tempel (1866 I) d'après Oppolzer
Passage au périhélie........	novembre 10,092	janvier 11,160 — 1866
Longitude du périhélie......	56° 25′ 9″	60° 28′ 0″
Longitude du nœud.........	231° 28′ 2″	231° 26′ 1″
Inclinaison..................	17° 44′ 5″	17° 18′ 1″
Distance périhélie..........	0,9873	0,9765
Excentricité.................	0,9046	0,9054
Demi-grand axe............	10,340	10,324
Période de révolution.......	33ans,250	33ans,176
Sens du mouvement........	*Rétrograde*	*Rétrograde*

Après avoir signalé cette nouvelle et importante coïncidence, l'auteur de la théorie faisait les observations suivantes : « Il est très-digne de remarque que les deux courants météoriques bien connus, ceux d'août et de novembre, aient chacun leur comète. Faut-il supposer que la même chose arrive pour tous les autres? Dans ce cas, on ne pourrait s'empêcher de voir dans ces fleuves cosmiques le résultat d'une dissolution de corps cométaires. Mais il serait au moins prématuré d'étendre cette conclusion à toutes les étoiles filantes; j'ai montré la possibilité que tous ces corps, grands et petits, forment dans l'espace des systèmes uniquement liés par leur attraction, et détruits ensuite par l'action du Soleil. Peut-être aussi ce que nous appelons comète n'est pas un corps unique, mais un ensemble de corps très-nombreux et très-petits attachés à un noyau principal. »

On voit tout de suite quel lien existe entre ces vues et celles d'après lesquelles M. Hœk a étudié ce qu'il nomme les systèmes cométaires; on saisit de même le rapport entre cette manière d'envisager la constitution des comètes et les faits d'observation que nous avons signalés dans les paragraphes consacrés plus haut au dédoublement de la comète de Biela, aux divisions et dislocations d'anciennes comètes, phénomènes transmis par les traditions, mais jusqu'à présent méconnus ou regardés comme des fables par les astronomes.

Pour terminer ce chapitre qui laisse un domaine si vaste ouvert à la fois aux recherches nouvelles et aux conjectures, n'oublions pas de mentionner un troisième et un quatrième cas d'identité entre les essaims météoriques et les comètes. Le premier concerne les météores du 20 avril. D'après MM. Gall et Weiss, l'orbite de cet essaim a les mêmes éléments que l'orbite de la comète 1861 I. D'Arrest et Weiss ont pareillement assimilé la comète de Biela et les étoiles filantes des premiers jours de décembre. Nous avons déjà dit que la pluie si remarquable d'étoiles filantes qui a signalé la nuit du 27 novembre 1872 paraît certainement due à la rencontre qu'a fait la Terre, sinon de l'une des deux comètes, fragments de celle de Biela, du moins d'un courant de matière qui a primitivement appartenu à cette comète et qui, dans l'espace, suit à peu de chose près la même route.

Voilà donc, si ces vues qui auraient paru si étranges il y a seulement un demi-siècle, sont confirmées, un moyen nouveau bien inattendu de nous trouver en communication directe avec les comètes, puisque la Terre, chaque année, chaque nuit de l'année, rencontre sur sa route les fragments de nébulosités qui ont été des comètes. La constitution physique de ces astres se trouverait de la sorte éclairée d'un nouveau jour : on pourrait considérer comme très-probable la structure granulaire des noyaux de comètes, formés ainsi de corpuscules isolés, structure que soupçonnait Babinet en s'appuyant sur des considérations d'un tout autre genre.

CHAPITRE XII

LES COMÈTES ET LA TERRE

---

§ I — DES COMÈTES QUI ONT LE PLUS APPROCHÉ DE LA TERRE.

Le Mémoire de Lalande et la panique de l'année 1773. — Lettre de Voltaire sur la comète. — Le communiqué de la *Gazette de France* et les Mémoires de Bachaumont. — Catalogue donné par Lalande des comètes qui, jusqu'alors, s'étaient le plus approchées de notre globe.

Dans le printemps de l'année 1773, une rumeur singulière, bientôt suivie d'une étrange panique, se répandit à Paris et dans le reste de la France. Une comète devait bientôt se trouver sur le chemin de la Terre, heurter notre planète, et ainsi infailliblement amener la fin du monde, de notre monde s'entend. L'origine de cette rumeur était un Mémoire que notre illustre compatriote Lalande devait lire dans l'Assemblée publique de l'Académie des sciences du 21 avril, qu'il n'avait point lu cependant, mais dont le seul titre avait suffi pour allumer les imaginations. Le travail du savant astronome était intitulé : *Réflexions sur les comètes qui peuvent approcher de la Terre*. On s'imagina bientôt, ou plutôt on imagina (car rien de pareil ne se trouvait dans le Mémoire) qu'une comète prédite par l'auteur allait dissoudre la Terre le 20 ou 21 mai 1773.

La peur fut telle, que Lalande, avant de publier son travail, dut faire insérer dans la *Gazette de France* du 7 mai, l'annonce suivante : « Le sieur de Lalande n'eut pas le temps de lire un Mémoire sur les comètes qui peuvent en s'approchant de la Terre y causer des révolutions ; mais il observe qu'on ne saurait fixer l'époque de ces événements. La comète la plus prochaine dont on attende le retour est celle qui doit paraître dans dix-huit ans ; mais elle n'est pas du nombre de celles qui peuvent nuire à la Terre. » Cette note, paraît-il, ne calma point les esprits, car voici ce qu'on lit à la date du 9 mai, dans les *Mémoires de Bachaumont :*

« Le cabinet de M. de Lalande ne désemplit pas de curieux qui vont l'interroger sur le Mémoire en question ; et, sans doute, il lui donnera une publicité nécessaire, afin de raffermir les têtes ébranlées par les fables qu'on a débitées à ce sujet. La fermentation a été telle, que des dévots, aussi ignares qu'imbéciles, sollicitaient M. l'archevêque de faire des prières de quarante heures pour détourner l'énorme déluge dont on était menacé, et ce prélat était à la veille d'ordonner ces prières, si des académiciens ne lui eussent fait sentir le ridicule de sa démarche. Le faux énoncé de la *Gazette de France* a produit un mauvais effet, en ce qu'il a fait présumer que le Mémoire de l'astronome devait contenir des vérités terribles, puisqu'on les déguisait aussi évidemment. »

On voit qu'il y a un siècle les *communiqués* n'étaient pas plus efficaces qu'aujourd'hui, le public étant toujours enclin à y lire des contre-vérités. Mais les gros mots de Bachaumont à l'égard des dévots n'en étaient pas moins déplacés, ainsi que les injures qu'il trouve moyen de prodiguer plus loin à Lalande. Combien ne préférons-nous pas, pour combattre des préjugés sans fondement, la fine ironie de Voltaire, dans sa *Lettre sur la prétendue comète*. Qu'on en juge par ce court extrait :

A Grenoble, ce 17 mai 1773.

« Quelques Parisiens, qui ne sont pas philosophes, et qui, si on les en croit, n'auront pas le temps de le devenir, m'ont mandé que la fin du monde approchait, et que ce serait infailliblement pour le 20 du mois de mai où nous sommes.

» Ils attendent ce jour-là une comète qui doit prendre notre petit globe à revers, et le réduire en poudre impalpable, selon une certaine prédiction de l'Académie des sciences qui n'a point été faite.

» Rien n'est plus probable que cet événement ; car Jacques Bernouilli, dans son *Traité de la comète*, prédit expressément que la fameuse comète de 1680 reviendrait, avec un terrible fracas, le 17 mai 1719 ; il nous assura qu'à la vérité sa perruque ne signifierait rien de mauvais, mais que sa queue serait un signe infaillible de la colère du ciel. Si Jacques Bernouilli se trompa, ce n'est peut-être que de cinquante-quatre ans et trois jours.

» Or, une erreur aussi peu considérable étant regardée comme nulle dans l'immensité des siècles, par tous les géomètres, il est clair que rien n'est plus raisonnable que d'espérer la fin du monde pour le 20 du présent mois de mai 1773, ou dans quelque autre année. Si la chose n'arrive pas, ce qui est différé n'est pas perdu.

» Il n'y a certainement nulle raison de se moquer de M. Trissotin, tout Trissotin qu'il est, lorsqu'il vient dire à madame Philaminte (*Femmes savantes*, acte IV, scène 3) :

Nous l'avons en dormant, madame, échappé belle :
Un monde près de nous a passé tout du long,
Est chu tout au travers de notre tourbillon;
Et, s'il eût en chemin rencontré notre terre,
Elle eût été brisée en morceaux comme verre.

» Une comète peut à toute force rencontrer notre globe dans la parabole qu'elle peut parcourir; mais alors qu'arrivera-t-il? Ou cette comète aura une force égale à celle de la terre, ou plus grande, ou plus petite. Si égale, nous lui ferons autant de mal qu'elle nous en fera, la réaction étant égale à l'action; si plus grande, elle nous entraînera avec elle; si plus petite, nous l'entraînerons.

» Ce grand événement peut s'arranger de mille manières, et personne ne peut affirmer que la Terre et les autres planètes n'aient pas éprouvé plus d'une révolution, par l'embarras d'une comète rencontrée dans leur chemin. »

Le Mémoire de Lalande fut publié dans le courant de l'année 1773; il parut en outre dans les *Comptes rendus de l'Académie*, et bientôt on oublia la prédiction qu'il n'avait point faite. « Les Parisiens ne déserteront pas leur ville le 20 mai, avait dit Voltaire en terminant sa lettre; ils feront des chansons, et l'on jouera la comète et la fin du monde à l'Opéra-Comique. »

De quoi s'agissait-il donc simplement dans le travail de Lalande? De trouver par le calcul les distances des nœuds de soixante et une comètes à l'orbite de la Terre, ainsi que les distances des comètes à l'écliptique, pour le cas où leur rayon vecteur est égal à l'unité. A l'aide de ces éléments, on pouvait reconnaître quelles étaient, parmi les comètes alors connues, celles qui pouvaient le plus approcher de la Terre, et occasionner ou subir les plus grandes perturbations. La table qu'il donna fut perfectionnée par un astronome suédois, Prospérin. Voici un extrait des résultats les plus curieux à ce point de vue :

COMÈTES QUI ONT LE PLUS APPROCHÉ DE LA TERRE

	DISTANCES MINIMUM des comètes à l'orbite de la Terre		ÉPOQUES DE L'ARRIVÉE aux points des plus courtes distances	
	EN RAYONS DE L'ORBITE	EN LIEUES	DE LA TERRE	DES COMÈTES
Comète de 1472	0,0434	1 600 000	19 janvier	22 janvier
— 1680	0,0053	195 000	22 décembre	20 novembre
— 1684	0,0092	340 000	18 juin	29 juin
— 1702	0,0304	1 120 000	22 avril	20 avril
— 1718	0,0449	1 655 000	27 janvier	10 janvier
— 1742	0,0141	520 000	9 novembre	13 décembre
— 1760	0,0536	1 975 000	16 janvier	31 décembre
— 1770	0,0183	675 000	1er juillet	1er juillet

Parmi ces comètes, deux se sont approchées de l'orbite de la Terre à une distance inférieure à la 100me partie de la distance de la Terre au Soleil; ce sont les comètes de 1680 et de 1684. La première s'est trouvée à moins de 200 000 lieues, la seconde à environ 340 000 lieues de l'orbite de la Terre ; mais les deux astres se sont en réalité, si l'on consulte les dates de leurs passages aux points les plus voisins, beaucoup plus éloignés l'un de l'autre que ne le marquent ces nombres. Il n'en est pas de même de la comète de 1770, qui a passé le même jour que la Terre par un point dont la distance à l'endroit précis où notre globe devait se trouver cinq heures plus tard, était seulement de 675 000 lieues.

§ II — La fin du monde par les comètes

Prédiction de 1816 ; la fin du monde annoncée pour le 18 juillet. — Article du *Journal des Débats*. — La comète de 1832 ; sa rencontre avec l'orbite de la Terre. — Arago et sa notice de l'*Annuaire du Bureau des longitudes*. — Des probabilités d'une rencontre entre une comète et la Terre. — La fin du monde en 1857 et la comète de Charles-Quint.

Les terreurs de l'année 1773 nous font sourire aujourd'hui ; mais nous devons être modestes si nous songeons que de pareilles craintes se sont, à diverses reprises, renouvelées dans notre siècle même. Bornons-nous à citer les dates de 1816, de 1832, de 1857.

En 1816, le bruit de la prochaine fin du monde courut : le 18 juillet était la date assignée au fatal événement. Quelques jours après, parut dans le *Journal des Débats* un article satirique d'Hoffmann, où ce critique raillait de la manière suivante [1] l'hypothèse du choc de la Terre par une comète :

« Un grand géomètre (Laplace) qui a exposé le système du monde d'une manière parfaite, et dont l'ouvrage fait *loi*, a bien voulu nous rassurer un peu sur les inciviles comètes de Lalande ; mais il s'en faut bien qu'il ait banni tout motif de crainte. On peut en juger par le passage que je vais transcrire littéralement : « La petite probabilité » d'une pareille rencontre peut, en s'accumulant pendant » une longue suite de siècles, devenir très-grande. » Or, il y a bien des siècles qu'une comète n'a heurté notre

1. Notre citation est empruntée à un curieux opuscule de M. Maurice Champion : *La fin du monde et les comètes au point de vue historique et anecdotique.* Paris 1859.

globe. Reprenons..... » Ici, l'énumération des effets produits par le choc d'une comète, que nous reproduisons plus loin nous-même d'après Laplace..... « Comme il y a fort longtemps, reprend Hoffmann, que cette catastrophe est arrivée, comme la probabilité de ce désastre s'accroît avec le temps, ainsi que l'a dit notre grand géomètre, il me semble qu'il est prudent pour nous de mettre ordre à nos affaires; car, dans trois ou quatre mille ans au plus tard, nous verrons une nouvelle représentation de cette grande tragédie. »

En France, l'esprit qui, dans ce cas, est la fleur du bon sens, ne perd jamais ses droits. Bayle, Voltaire, nous l'avaient déjà prouvé. Hoffmann, en 1816, en est un témoignage nouveau; mais les idées superstitieuses non plus ne lâchent pas pied aisément, et, l'ignorance aidant, laquelle a toujours été grande en fait de connaissances astronomiques, on voit de temps à autre reparaître ces mêmes craintes des comètes, si vives au moyen âge, dans le peuple comme chez les grands, chez les ignorants comme chez les lettrés. Il y a cependant entre les croyances superstitieuses d'autrefois, et la crédulité encore trop fréquente d'aujourd'hui à l'égard des comètes, une différence essentielle; la voici : toute apparition de comète passait jadis pour une sorte d'événement surnaturel, pour un avertissement d'en haut, et les conséquences funestes du passage de l'astre terrible étaient autant de décrets de la Providence sans rapports directs, mécaniques ou physiques, avec l'astre lui-même. De nos jours, les craintes sont provoquées surtout par la pensée qu'une rencontre fortuite d'une comète avec la Terre est un fait possible de l'ordre naturel. Aussi le plus souvent, comme en 1773, est-ce d'une annonce scientifique mal interprétée que naissent de chimériques frayeurs, qui trouvent aussitôt dans l'ignorance et dans les restes de croyances mystiques un aliment si favorable à leur propagation. Nous allons encore citer deux exemples à l'appui de cette manière de voir.

Le premier nous est donné par la comète de six ans trois quarts, celle de Gambart ou de Biela, par la prédiction astronomique de son passage pour l'année 1832.

Olbers venait de donner les éléments et l'éphéméride de la comète découverte en 1826 par Biela, reconnue ellip-

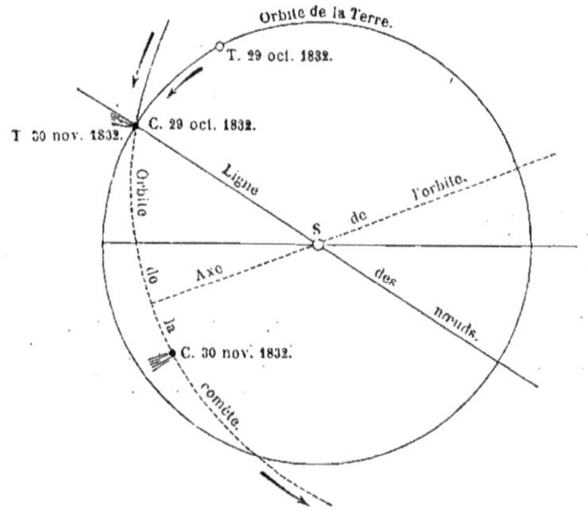

FIG. 74. — L'orbite de la Terre et celle de la comète de Biela en 1832. Positions relatives des deux astres.

tique par Gambart, et dont Damoiseau avait calculé le retour pour l'automne de 1832. Le 29 octobre, avant minuit, la nouvelle comète devait passer à son nœud, c'est-à-dire couper le plan de l'orbite terrestre, et cela un peu en dedans de cette courbe; la distance du nœud à l'orbite même ne devait pas dépasser 4,66 rayons de notre globe. Quatre rayons deux tiers, cela fait un peu moins de 30 000 kilomètres, exactement 7430 lieues. Or, pour peu que le noyau et la chevelure eussent des dimensions de quelque importance, — les observations de la comète par

Olbers, en 1805, assignaient à ces dimensions plus de 5 rayons de la Terre, — et voilà l'orbite terrestre à coup sûr rencontrée le 29 octobre par la nébulosité cométaire.

Il n'en fallait pas davantage, ces détails ayant transpiré dans le public, pour que le bruit courût d'une prochaine rencontre d'une comète et de la Terre. Notre globe, heurté violemment, serait brisé en éclats; c'était évidemment la fin du monde. Un seul point avait été oublié par les amateurs de nouvelles à sensation, et Arago, qui se chargea

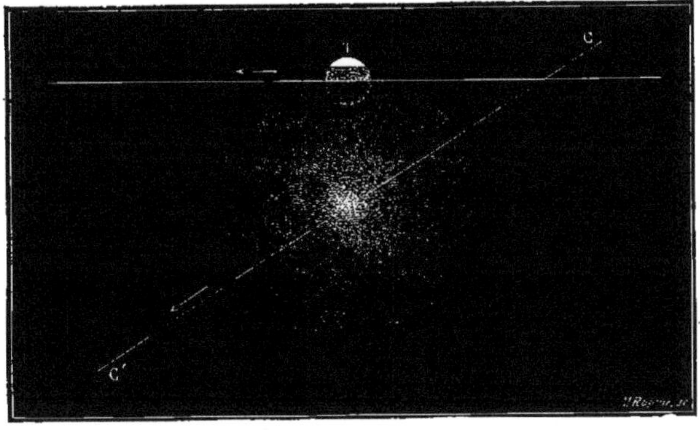

Fig. 75. — La comète de Biela à son nœud, le 29 octobre 1832. Position supposée de la Terre à la plus courte distance de la comète.

dans l'*Annuaire du Bureau des longitudes* de rédiger une note propre à calmer les inquiétudes du public, le relève en ces termes. Après avoir conclu, comme on vient de le lire plus haut, « que *le 29 octobre prochain* UNE PORTION DE L'ORBITE DE LA TERRE *se trouvera comprise dans la nébulosité de la comète*, » l'illustre astronome continue ainsi :

« Il ne nous reste plus qu'une seule question à résoudre, c'est celle-ci : au moment où la comète sera tellement près de notre orbite, que sa nébulosité en enveloppera quelques parties, LA TERRE *elle-même où se trouvera-t-elle?*

» J'ai déjà dit que le passage de la comète très-près d'*un certain point* de l'orbite terrestre aura lieu le 29 octobre avant minuit; eh bien! la Terre n'arrivera *au même point* que le 30 novembre au matin, c'est-à-dire *plus d'un mois après*. On n'a maintenant qu'à se rappeler que la vitesse moyenne de la Terre dans son orbite est de 674 000 lieues par jour, et un calcul très-simple prouvera que LA COMÈTE DE 6 ANS $\frac{3}{4}$, DU MOINS DANS SON APPARITION DE 1832, SERA TOUJOURS A PLUS DE 20 MILLIONS DE LIEUES DE LA TERRE! »

Arago faisait bien de réserver les apparitions ultérieures; car cette même comète de 1832, quarante ans après, venait, sinon choquer, — personne de nous ne s'est aperçu d'un choc, n'a ressenti aucune secousse, — du moins frôler la Terre. Nous ferons voir ailleurs quelles ont été les circonstances de cet événement mémorable.

Enfin, pour en finir avec ces histoires imaginées à plaisir de rencontres de comètes et de *fin du monde*, disons que les mêmes chimériques frayeurs ont couru l'Europe en 1857, à propos du retour annoncé de la comète de *Charles-Quint*. Cette fois c'est d'Allemagne que venait la mystification; il ne s'agissait d'abord que de la rencontre d'un astre imaginaire, d'une prédiction fantastique, et c'est par le feu que devait s'accomplir la ruine de la Terre, embrasée par la terrible comète le 13 juin de l'année de grâce 1857! Puis l'attente sérieuse où se trouvaient alors les astronomes, du retour de la comète de 1264 et de 1556, suggéra l'idée d'attribuer la future catastrophe à la comète attendue, bien que rien dans les éléments de l'orbite ne justifiât la probabilité d'une pareille rencontre[1].

1. Peut-être avait-on constaté que les comètes de 1264 et de 1556, dans la table de Lalande, figurent seulement pour 0,08 environ dans leurs plus courtes distances à l'orbite terrestre, et que la Terre et la comète sont passées précisément le même jour, le 12 mars 1556, par les points de leur plus grand rapprochement, à 2 900 000 lieues toutefois l'une de l'autre.

Dans sa Notice sur la comète de 1832, Arago se pose cette question générale : *Une comète peut-elle venir choquer la Terre ou toute autre planète?* Et en s'appuyant sur le fait que les orbites des comètes sillonnent le ciel dans tous les sens, qu'elles traversent constamment notre système solaire et vont, en pénétrant à l'intérieur des orbites des planètes jusque dans les régions comprises entre Mercure et le Soleil, il arrive à reconnaître « qu'il n'y a rien d'impossible à ce qu'une comète vienne rencontrer la Terre ». Mais, après avoir constaté la possibilité du fait, il se hâte d'en examiner la probabilité. Il considère pour cela une comète « dont on ne saurait rien autre chose, si ce n'est qu'à son périhélie elle serait plus près du Soleil que nous ne le sommes nous-mêmes, et qu'elle aurait un diamètre égal *au quart* de celui de la Terre. » Arago trouve alors, par le calcul des probabilités, que, sur 281 millions de chances, une seule est défavorable, une seule peut amener la rencontre des deux corps. Cette probabilité devrait, il est vrai, être au moins décuplée, si, au lieu de la rencontre de la Terre par le noyau cométaire, il s'agissait de la nébulosité totale, dont le volume est comparativement beaucoup plus considérable.

Pour bien faire comprendre la signification des résultats numériques auxquels conduisent les considérations de ce genre, Arago ajoute : « Admettons un moment que les comètes qui viendraient heurter la Terre par leur noyau, anéantiraient l'espèce humaine tout entière ; alors le danger de mort, qui résulterait pour chaque individu de l'apparition d'une *comète inconnue*, serait exactement égal à la chance qu'il courrait s'il n'y avait dans une urne qu'*une seule* boule blanche sur un nombre total de 281 millions de boules, et que sa condamnation à mort fût la conséquence inévitable de la sortie de cette boule blanche au premier tirage. Tout homme qui consent à faire usage de sa raison, quelque attaché à la vie qu'il puisse être, se rira d'un si faible danger; eh bien, le jour qu'on annonce une comète, avant qu'elle ait été observée, avant qu'on ait pu déterminer sa marche, elle est pour chaque habitant de notre globe la boule blanche de l'urne dont je viens de parler. »

Ces calculs sont irréprochables, en thèse générale. Mais, quand il s'agit d'une comète particulière dont les éléments sont connus, toute considération de probabilité est complétement superflue; c'est ce qu'Arago fait observer avec raison à l'occasion de la comète de 1832, et pour l'apparition de cette année même. Quant aux apparitions ultérieures, c'est autre chose : il reste en ce cas une large part d'imprévu, car l'orbite et ses éléments peuvent être modifiés par des perturbations planétaires, et le retour au nœud peut être tel, que les deux astres, la Terre et la Comète, arrivent sinon au point lui-même, du moins assez près de ce point pour qu'il y ait rencontre de quelques-unes de leurs parties. Nous avons déjà dit que c'est probablement ce qui est arrivé en 1872, pour cette même comète de 1832, pendant la nuit du 27 novembre. La rencontre a été absolument inoffensive.

§ III — Conséquences mécaniques et physiques de la rencontre d'une comète

Opinions des astronomes du dernier siècle : Gregory, Maupertuis, Lambert. — Calcul de Lalande : la marche des comètes est si rapide que les effets de leur attraction n'auraient pas le temps de se produire. — Opinion de Laplace. — Le choc d'une comète et de la Terre au point de vue de la théorie mécanique de la chaleur.

Il est intéressant de voir quelles opinions les savants se sont faites, depuis un siècle, sur les conséquences d'une collision entre une comète et la Terre. Nous parlerons plus loin du roman théologique de Whiston, imaginé par ce savant anglais pour l'explication scientifique du déluge : d'après Whiston, la fameuse comète de 1680, après avoir, il y a quatre mille ans, produit par sa proximité de la Terre l'inondation universelle, sera un jour la cause de la catastrophe finale : le globe sera incendié par le même astre qui jadis l'inonda.

Whiston écrivait à la fin du XVIIe siècle. Au milieu du XVIIIe, les préoccupations théologiques occupaient peu de place dans l'esprit des astronomes. Mais on se faisait encore une idée sans doute fort exagérée des effets que la proximité d'une comète ou la rencontre d'un tel astre et de la Terre serait susceptible de produire. Qu'on en juge.

Maupertuis, dans sa *Lettre sur la Comète* (1742), écrivait ceci :

« Dans cette variété de mouvements, on voit assez qu'il est possible qu'une Comète rencontre quelque Planète, ou même notre Terre sur sa route ; et l'on ne peut douter qu'il n'arrivât de terribles accidents. A la simple approche de ces deux corps, il se feroit sans doute de grands changements dans leurs mouvements, soit que ces changements fussent causés par l'attraction qu'ils exerceroient l'un sur l'autre, soit qu'ils fussent causés par quelque fluide resserré entre eux. Le moindre de ces mouvements n'iroit rien moins qu'à changer la situation de l'axe et des pôles de la Terre. Telle partie du globe qui auparavant étoit vers l'Équateur, se trouveroit après un tel événement vers les pôles, et telle qui étoit vers les Pôles se trouveroit vers l'Équateur.

« Quelque comète passant auprès de la Terre, dit-il ailleurs, pourroit tellement altérer son mouvement, qu'elle la rendroit comète elle-même. Au lieu de continuer son cours comme elle le fait dans une région uniforme et d'une température proportionnée aux hommes et aux différents animaux qui l'habitent, la Terre exposée aux plus grandes vicissitudes, tantôt brûlée dans son périhélie, tantôt glacée par le froid des dernières régions du ciel, iroit ainsi à jamais, de maux en maux différents, à moins que quelque autre comète ne changeât encore son cours, et ne le rétablît dans sa première uniformité. »

Enfin quelque grosse comète pourrait, si l'on en croit toujours Maupertuis, détourner la Terre de son orbite, se l'assujettir par l'attraction, en un mot se faire un satellite de notre globe, exposé dès lors en suivant l'astre dans son mouvement, aux mêmes vicissitudes que dans l'hypothèse précédente. « La comète pourroit de la même manière nous voler notre Lune : et si nous en étions quittes pour cela, nous ne devrions pas nous plaindre. Mais le plus rude accident de tous seroit qu'une comète vint choquer la Terre, se briser contre, et la briser en mille pièces. Ces deux corps seroient sans doute détruits ; mais la gravité en reformeroit aussitôt une ou plusieurs autres planètes. »

On ne saurait être plus accommodant. On voit assez que Maupertuis était de la race de ce géomètre qui est dépeint si plaisamment dans les *Lettres persanes*, et qui ne voit dans les accidents naturels les plus désastreux que matière à calcul, sujet d'observation et progrès pour la science.

Voilà pour les effets mécaniques dus à la masse de la comète, que Maupertuis regarde évidemment comme étant d'un ordre de grandeur comparable à la masse de la Terre. Voici maintenant pour les effets physiques :

« L'approche d'une comète, dit-il, pourroit avoir d'autres suites encore plus funestes. Je ne vous ai point encore parlé des queues des comètes. Il y a eu sur ces queues, aussi bien que sur les comètes, d'étranges opinions ; mais la plus probable est que ce sont des torrents immenses d'exhalaisons et de vapeurs que l'ardeur du Soleil fait sortir de leur corps. La preuve la plus forte en est qu'on ne voit ces queues aux comètes que lorsqu'elles se sont assez approchées du Soleil, qu'elles croissent à mesure qu'elles s'en approchent, et qu'elles diminuent et se dissipent lorsqu'elles s'en éloignent.

» Une comète accompagnée d'une queue peut passer si près de la Terre, que nous nous trouverions noyés dans ce torrent qu'elle traîne avec elle, ou dans une atmosphère de même nature qui l'environne. La comète de 1680 qui approcha tant du Soleil, en éprouva une chaleur vingt-huit mille fois plus grande que celle que la Terre éprouve en été. M. Newton, d'après différentes expériences qu'il a faites sur la chaleur des corps, ayant calculé le degré de chaleur que cette comète devoit avoir acquise, trouve qu'elle devoit être deux mille fois plus chaude qu'un fer rouge; et qu'une masse de fer rouge grosse comme la Terre employeroit 50 000 ans à se refroidir. Que peut-on penser de la chaleur qui restoit encore à cette comète, lorsque, venant du Soleil, elle traversa l'orbe de la Terre? Si elle eût passé plus près, elle auroit réduit la Terre en cendres, ou l'auroit vitrifiée; et si sa queue seulement nous eût atteints, la Terre étoit inondée d'un fleuve brûlant, et tous ses habitants morts. C'est ainsi qu'on voit périr un peuple de fourmis dans l'eau bouillante que le laboureur verse sur elles. »

Tout cela est le mauvais côté de la rencontre. Car, selon Maupertuis, qui craint d'avoir dit trop de mal des comètes, elles pourraient aussi nous procurer certains avantages, relever l'axe du globe, trop incliné, et « fixer les saisons à un printemps continuel; diminuer l'excentricité de son orbite de façon à rendre plus égale la distribution de la lumière et de la chaleur; » enfin, au lieu de nous ravir notre Lune, il se pourrait bien qu'elle fût elle-même condamnée à tourner autour de la Terre, à éclairer nos nuits, à nous servir de seconde Lune enfin. Qui sait si ce n'est pas de cette façon que nous avons conquis jadis la nôtre, laquelle « pourroit bien avoir été au commencement quelque petite comète qui, pour s'être trop approchée de la Terre, s'y est trouvée prise. »

Cette opinion que cite Pingré est, d'après ce dernier, d'autant plus probable qu'elle s'appuie sur une tradition généralement répandue chez les Arcadiens. Selon le témoignage de Lucien et d'Ovide, ces peuples se croyaient plus anciens que la Lune. Mais la constitution physique de notre satellite est toute autre que celle des comètes connues, et Arago fait observer avec raison que « l'absence presque complète d'atmosphère autour de la Lune, loin d'être favorable, est plutôt contraire à l'opinion qui fait de cet astre une ancienne comète ».

Pour en finir avec l'imagination de notre géomètre, citons encore ce passage de sa lettre qui nous renseigne sur les idées qu'on se faisait alors de la constitution physique et chimique des comètes, de la nature des substances qui les composent :

« Quelque dangereux que nous ayons vu que seroit le choc d'une comète, elle pourroit être si petite, qu'elle ne seroit funeste qu'à la partie de la Terre qu'elle frapperoit : peut-être en serions-nous quittes pour quelque royaume écrasé, pendant que le reste de la Terre jouiroit des raretés qu'un corps qui vient de si loin y apporteroit. On seroit peut-être bien surpris de trouver que les débris de ces masses que nous méprisons, seroient formés d'or et de diamants; mais lesquels seroient les plus étonnés, de nous ou des habitants que la comète jetteroit sur notre Terre? Quelle figure nous nous trouverions les uns aux autres! »

Après tout, l'idée de Maupertuis n'est pas si étrange qu'on le pense. Si aucune comète infinitésimale n'est encore tombée sur la Terre, nous avons reçu et nous recevons encore assez fréquemment des débris qui ont appartenu à quelque corps céleste ; s'il ne tombe ni or ni diamants, il est certain qu'il tombe d'autres minéraux, du fer, du nickel. Nous verrons cela ailleurs, dans la partie de notre ouvrage LES ÉTOILES FILANTES qui traite des pierres tombées du ciel.

Gregory, un savant astronome du XVIIIe siècle, dit dans son *Traité d'astronomie* (*Astronomiæ physicæ et geometricæ elementa*, liv. V, prop. IV, coroll. 2) : « Si la queue d'une comète venait à atteindre notre atmosphère (ou si une partie de la matière éparse dans le ciel et formant cette queue y tombait sous l'influence de la pesanteur), les exhalaisons dont elle est composée pourraient, en se mêlant à l'air que nous respirons, causer des changements particulièrement sensibles aux animaux et aux plantes. En effet des vapeurs, apportées de régions lointaines et étrangères, et excitées par une chaleur intense, seraient peut-être funestes aux êtres qui vivent sur la Terre ; et ainsi l'on verrait se produire des événements semblables à ceux que le témoignage de tous les siècles et le consentement universel considèrent comme une conséquence de l'apparition des comètes, et qu'il ne convient point à des philosophes de prendre trop promptement pour des fables ridicules. »

Nous reviendrons plus loin sur cette façon d'envisager les influences des comètes. Continuons maintenant à rapporter les opinions des astronomes sur les conséquences d'un rapprochement ou d'une rencontre.

Lambert, dans ses *Lettres cosmologiques* (1765), s'exprime ainsi sur ces conséquences :

« Si les comètes, dit-il, ne produisent plus, ni la guerre, ni la famine, ni la mortalité, ni la chute des empires, qu'est-ce que ces maux en comparaison des catastrophes dont elles menacent le globe entier? Quand on considère le mouvement de ces astres, et que l'on réfléchit sur les lois de la pesanteur, on s'aperçoit sans peine que leur approche de la Terre pourroit y causer les événements les plus sinistres, y ramener le déluge universel, ou la faire périr dans un déluge de feu, la briser en menue poussière ou du moins la détourner de son orbite, lui enlever sa lune, qui pis est, l'enlever elle-même, l'emporter au delà des régions de Saturne, et nous faire souffrir un hiver de plusieurs siècles, auquel ni les hommes ni les animaux ne seroient capables de résister. » Ce passage suffit pour faire voir que Lambert partage sur les influences possibles des comètes les idées de Maupertuis. Mais ces événements, s'ils sont possibles, ne sont pour lui nullement probables, et il s'appuie, pour le faire voir, sur des considérations tirées des causes finales, sur l'ordre et l'harmonie de l'univers, sur la nécessité de la conservation de ces vastes corps, les astres, dont la durée doit être proportionnée à leur masse. Il va jusqu'à s'imaginer « que tous ces corps ont exactement la masse, la pesanteur, la position, la direction, la vitesse qu'il leur faut pour éviter les rencontres dangereuses. Il se pourroit, par exemple, qu'une comète qui passeroit fort près de Jupiter, fût détournée par cette grande planète, de la droite à la gauche, ou de la gauche à la droite, dans le dessein exprès de prévenir quelqu'une de ces rencontres. » C'est encore de l'imagination pure et qui tombe devant les faits. La comète de Biela s'est disloquée; des soleils, comme les étoiles de 1572, de 1664, de 1866, se sont allumés presque subitement et éteints de même, sous les yeux des observateurs. Les révolutions, les catastrophes se produisent dans l'ordre physique qu'elles semblent momentanément troubler, comme dans l'ordre social ; elles ne sont pas une dérogation aux lois naturelles, et la science qui les constate n'a d'autre tâche que de faire voir comment elles en sont au contraire l'accomplissement.

Lalande avait fait le calcul que voici : « Si une comète était cinq ou six fois plus près de nous que la Lune, c'est-à-dire si elle passait à treize mille lieues de la Terre, il n'en faudrait pas davantage pour élever les eaux de la mer de deux mille toises au-dessus de leur niveau ordinaire, ce qui suffirait peut-être pour noyer les continents des quatre parties du monde. » A ce calcul, Dionys du Séjour fit une objection qui en détruit la conséquence. S'appuyant sur un principe démontré par d'Alembert, il fit voir que « si l'on suppose le globe de la Terre entièrement couvert d'eau jusqu'à la profondeur d'une lieue, la comète emploiera dix heures cinquante-deux minutes à produire son effet, quel qu'il soit, sur les marées ; cette durée ne dépend point du tout de la grosseur, ni de la densité, ni de la proximité de la comète, mais seulement de la profondeur du fluide. Si le fluide était profond de deux lieues, la durée de l'élévation de l'eau serait de huit heures vingt-cinq minutes onze secondes. Or, il s'en faut de beaucoup que l'action de la comète sur un même point de la mer puisse être d'une aussi longue durée. Que la comète, en son périgée, soit à treize mille lieues de la Terre, une heure après elle en sera au moins à seize mille cinq cent quarante-neuf lieues, et sera verticale sur un point de la Terre distant de 23° 14′ du point auquel elle répondait. A la fin de la seconde heure, le point qui lui répond sur la Terre aura varié de 27° 36′, et la distance de la comète à la Terre sera de vingt-quatre mille sept cent soixante-huit lieues. Et nous avons ici choisi le cas le plus favorable qu'il fût possible pour l'action de la comète. Dans une autre hypothèse, en une demi-heure seulement de temps, la comète se serait éloignée à trente-deux mille cinq cent soixante-neuf lieues de la Terre, et son point correspondant sur la Terre aurait varié de 81° 27′ 30″. Toutes les autres hypothèses possibles donnent des résultats mitoyens entre ces deux extrêmes. Qu'on juge, d'après ces réflexions, si les comètes peuvent avoir le temps de produire dans les marées d'aussi grands désordres qu'elles en pourraient effectivement produire, si elles demeuraient plus longtemps verticales sur le même point de la mer. »

Cette objection a, pour la question qui nous occupe, une grande importance ; car elle rend nul, pour ainsi dire, le danger d'un rapprochement, même très-grand, entre les comètes et la Terre. C'est ce qui fait dire à Laplace, confirmant ainsi les conclusions de Dionys du Séjour : « Les comètes passent si rapidement près de nous, que les effets de leur attraction ne sont point à redouter ; ce n'est qu'en choquant la Terre qu'elles peuvent y produire de funestes ravages. »

L'illustre auteur de la *Mécanique céleste* ne regarde pas un pareil choc comme impossible : bien que la probabilité en soit aussi à ses yeux extrêmement faible, que d'ailleurs la petitesse de la masse des comètes, indiquée par leur influence insensible sur les mouvements planétaires, ne donnerait sans doute lieu qu'à des révolutions locales, voici en quels termes il dépeint les effets d'une rencontre, dans l'hypothèse d'une comète qui aurait une masse comparable à celle de la Terre (le passage que nous citons est celui que visait l'article d'Hoffmann) :

« L'axe et le mouvement de rotation changés ; les mers abandonnant leur ancienne position pour se précipiter vers le nouvel équateur ; une grande partie des hommes et des animaux noyés dans ce déluge universel, ou détruits par la violente secousse imprimée au globe terrestre ; des espèces entières anéanties ; tous les monuments de l'industrie humaine renversés; tels sont les désastres que le choc d'une comète a dû produire, si sa masse a été comparable à celle de la Terre. » (*Exposition du système du monde.*) Laplace, du reste, ne semble pas éloigné de croire qu'une pareille catastrophe a eu lieu, et les révolutions géologiques, les cataclysmes que les idées alors dominantes de Cuvier tendaient à faire considérer comme peu éloignés de l'époque contemporaine, lui semblent explicables par un pareil événement. « On voit alors, continue-t-il, en effet, pourquoi l'Océan a recouvert de hautes montagnes sur lesquelles il a laissé des marques incontestables de son séjour; on voit comment les animaux et les plantes du midi ont pu exister dans les climats du nord, où l'on retrouve leurs dépouilles et leurs empreintes; enfin, on explique la nouveauté du monde moral, dont les monuments certains ne remontent pas au-delà de cinq mille ans. L'espèce humaine, réduite à un petit nombre d'individus et à l'état le plus déplorable, uniquement occupée, pendant très-longtemps, du soin de se conserver, a dû perdre entièrement le souvenir des sciences et des arts; et, quand les progrès de la civilisation en ont fait sentir de nouveau les besoins, il a fallu tout recommencer, comme si les hommes eussent été placés nouvellement sur la Terre. »

Laplace, de nos jours, laisserait de côté cette explication des faits géologiques du passé, dont la paléontologie, l'archéologie préhistorique et l'anthropologie possèdent désormais une interprétation toute autre. Mais il était intéressant de connaître l'opinion du grand géomètre sur les conséquences de la rencontre d'une comète et de la Terre, opinion peu différente de celle des savants du XVIIIe siècle et très-éloignée, dès lors, de celle de quelques astronomes contemporains, de ceux qui, comme sir J. Herschel et Babinet, regardent les comètes comme *des riens visibles*.

§ IV — Des conséquences de la rencontre d'une comète et de la Terre selon la théorie mécanique de la chaleur

Les géomètres et les astronomes qui ont parlé, comme nous venons de le voir, des effets du choc de la Terre par une comète, ont envisagé surtout cet événement au point de vue purement mécanique; les deux astres étaient simplement pour eux deux projectiles qui, animés chacun d'une vitesse énorme, devaient se choquer avec une violence proportionnée à leurs masses respectives, à leurs vitesses et à la direction de leurs mouvements. Ils ne virent qu'une dislocation, qu'une rupture de deux masses gigantesques, et il est évident qu'au point de vue du danger couru en pareil cas par l'espèce humaine et les êtres vivants à la surface de la Terre, la destruction totale était inévitable et le genre de mort assez indifférent.

Quelques-uns, faisant d'une comète une masse incandescente, ou du moins portée par son voyage dans la proximité du Soleil à une haute température, incendiaient par surcroît notre globe. Nous périssions par le choc et par le feu.

Mais ni les uns ni les autres ne pouvaient alors envisager le phénomène sous son véritable aspect; puisqu'on n'avait pas encore découvert ce grand principe de la conversion des effets mécaniques en chaleur, qui constitue peut-être le plus grand progrès des sciences physiques dans ce siècle. Conservons donc la même hypothèse d'une comète à noyau solide, ayant une masse comparable à celle de notre globe et venant à le choquer dans une direction quelconque. L'effet maximum aura lieu évidemment si les deux corps, voyageant en sens contraire, se rencontrent de manière à anéantir chacun leur propre mouvement, ce qui suppose égalité de masse et de vitesse. Avec d'autres conditions, le résultat varierait quant à l'énergie des effets produits, non quant à leur nature.

Eh bien, le principe nouveau, aujourd'hui démontré expérimentalement et théoriquement, c'est que dans le choc le mouvement, en apparence anéanti, est en réalité intégralement conservé; seulement, il se transforme en mouvement moléculaire, en chaleur.

La comète et la Terre, en se choquant comme nous venons de le supposer, s'arrêteront donc dans leur mouvement autour du Soleil, et la somme des quantités de mouvement dont elles étaient chacune animées se trouvera convertie tout entière en chaleur. Or, on va voir à quelle quantité énorme de chaleur donnerait lieu le seul arrêt de la Terre. Citons ce que dit Tyndall à ce sujet :

« Connaissant le poids de la Terre comme nous le connaissons, et la vitesse avec laquelle elle se meut dans l'espace, un simple calcul nous donnerait la quantité exacte de chaleur qui naîtrait si la Terre était arrêtée brusquement dans son orbite, le nombre de degrés, par exemple, que cette quantité de chaleur communiquerait à un globe d'eau d'un volume égal à celui de la Terre. Mayer et Helmholtz ont fait ce calcul, et ils ont trouvé que la quantité de chaleur engendrée par ce choc colossal suffirait, non-seulement pour *fondre la Terre entière*, mais pour la *réduire en grande partie en vapeur.* »

On le voit, la catastrophe serait autrement grandiose qu'on ne le supposait d'abord. Les deux astres, par leur choc, se convertiraient en une masse dont une partie des éléments serait en fusion, tandis que le reste formerait une enveloppe de vapeur. Rien ne ressemblerait plus à l'idée qu'on se forme aujourd'hui volontiers de certaines comètes; mais, dans notre hypothèse, tout mouvement de translation se trouverait anéanti. Dès lors l'astre nouveau, n'étant plus soumis qu'à la seule gravitation vers le Soleil, irait nécessairement tomber à sa surface, développant encore par ce nouveau choc une quantité de chaleur égale à celle développée par la combustion de cinq mille six cents globes de charbon solide, formant chacun un volume double du volume de la Terre.

Ainsi, en nous plaçant au même point de vue que les savants, astronomes ou géomètres, dont les opinions sont citées dans le paragraphe précédent, nous arrivons à de tout autres conséquences. Mais il ne faut pas oublier que le point de départ commun est une hypothèse, que les comètes ont presque certainement des masses beaucoup plus faibles que celles de la Terre et qu'en outre leur constitution physique, si différente de celle de notre globe, donnerait sans doute à la rencontre un tout autre caractère que celui d'un choc, du choc de deux globes solides.

§ V — La comète de 1680, le déluge et la fin du monde

Anciennes apparitions de la comète de 1680, dans l'hypothèse d'une révolution de 575 ans. — Leur coïncidence avec des événements fameux. — Théorie de la Terre de Whiston : notre globe est une ancienne comète dont les mouvements et la constitution ont été modifiés par des comètes. — La catastrophe du déluge causée par la huitième apparition antérieure de la comète de 1680. — Catastrophe finale : embrasement de la Terre. — Retour futur de notre globe à l'état de comète.

Voici une comète qui a beaucoup fait parler d'elle dans l'histoire. Ce serait elle, si l'on adopte les calculs de Halley, confirmés d'abord par Newton, qui aurait paru dans les années 531 et 1106 de notre ère, annoncé en l'an 43 avant J.-C. la mort de César, présidé au grand événement de la prise de Troie, et enfin aurait été, onze à douze siècles plus tôt, la cause directe de la grande catastrophe des récits mosaïques, du déluge.

En 1106, cette comète célèbre ne coïncida, il est vrai, avec aucun grand événement historique ; mais, au dire des chroniqueurs, elle présenta un grand éclat « imitant le flambeau du Soleil, couvrant de ses rayons une grande partie du ciel, jetant enfin la terreur dans tous les esprits. » 575 ans plus tôt, c'est-à-dire en 531, « on vit du côté de l'occident, pendant vingt jours, une comète très-grande et très-effrayante : elle étendoit ses rayons, c'est-à-dire sa queue, vers la partie la plus élevée du ciel ; en conséquence, on lui donna le nom de *Lampadias*, parce qu'elle ressembloit à une lampe ardente. » (*Theophan. Chron.* citée par Pingré.) D'autres apparitions auraient eu lieu en l'an 619 avant notre ère, c'est-à-dire à l'époque de la destruction de Ninive, et encore en 1769, ou, d'après Fréret, sous le règne d'Ogygès, que les légendes grecques font contemporain d'un autre déluge.

Un Anglais du XVIIe siècle, contemporain de Newton, à la fois théologien et astronome, W. Whiston, publia en 1696 une *Nouvelle théorie de la Terre* (*A new Theory of the Eart*) où il se proposait d'expliquer par l'action d'une comète les révolutions géologiques qu'on rapportait alors au récit de la Genèse. Sa théorie était d'abord entièrement hypothétique, ne s'appliquant à aucune comète particulière ; mais quand Halley eut assigné à la fameuse comète de 1680 une orbite elliptique, orbite qu'elle parcourait dans une période de 575 ans, et que Whiston, remontant dans l'histoire, trouva pour dates de ses apparitions anciennes 2344 et 2919, c'est-à-dire deux des époques fixées par les chronologistes pour celles du déluge mosaïque, le théologien astronome n'hésita plus ; il précisa sa théorie et donna à la comète de 1680, non-seulement le rôle d'exterminateur du globe terrestre et du genre humain par l'eau, mais encore celui d'exterminateur par le feu, dans les siècles futurs. C'est donc avec raison que nous avons donné à ce paragraphe son titre de : *la Comète de* 1680, *le Déluge et la fin du monde*[1].

Donnons une idée sommaire de la singulière théorie de Whiston. Parlons d'abord de la partie de cette hypothèse qui concerne le déluge.

D'après lui, la Terre est une ancienne comète qui avait son périhélie très-voisin du Soleil. Ainsi s'explique, en raison de l'excessive température que l'astre subissait à chacun de ses passages, la chaleur centrale de notre globe, chaleur toujours subsistante. Quand il s'est agi d'en faire une terre habitable, une seule opération dut suffire : diminuer la force centrifuge de la comète, rendre ainsi son orbite moins excentrique ; néanmoins, cette transformation effectuée, l'excentricité était encore assez forte pour que l'hémisphère, qui devait servir de séjour à l'homme et aux animaux, jouît de la présence du Soleil pendant neuf à dix mois. Grâce à ces changements, l'atmosphère épaisse de l'ancienne comète s'épura, l'équilibre de l'air, du sol et des eaux se fit peu à peu : le Soleil et la Lune se montrèrent ; l'homme et les animaux apparurent.

« Lorsque l'homme eut péché, une petite comète passa très-près de la Terre, et, coupant obliquement le plan de

1. C'est le 28 novembre 2349 ou 2348, selon le texte hébreu moderne, le 2 décembre 2926, selon le texte samaritain, l'an 3308 selon d'autres, qui serait l'exacte date chronologique du déluge biblique. Entre 2349 et 2926, il y a 577 ans, 2 ans seulement de plus que la durée de la période calculée par Halley pour la comète de 1680.

son orbite, lui imprima un mouvement de rotation. C'est sans doute à cette même comète qu'il faut attribuer la parfaite circularité de l'orbite terrestre qui, selon Whiston, doit être reconnue avant le déluge. » Ceci est un commentaire ajouté par le chanoine de Sainte-Geneviève au texte du théologien anglais. « Dieu avait prévu, continue-t-il, que l'homme pécheroit, et que ses crimes, parvenus à leur comble, demanderoient une punition terrible ; en conséquence, il avoit préparé dès l'instant de la Création une comète qui devoit être l'instrument de ses vengeances. Cette comète est celle de 1680. » Comment se fit la catastrophe ? Le voici sommairement d'après Whiston :

Soit le vendredi 28 novembre 2349, soit le 2 décembre 2926, la comète se trouva à son nœud, coupant le plan de l'orbite de la Terre en un point dont notre globe, à cet instant même, n'était éloigné que de 3614 lieues de 25 au degré. « La conjonction arriva lorsqu'on comptait midi sous le méridien de Pékin, où Noé, paraît-il, demeurait avant le déluge. » Maintenant quel fut l'effet de cette masse à laquelle Whiston donne pour valeur le quart de la masse de la Terre ? Celui d'une marée prodigieuse qui s'exerça non-seulement sur les eaux des mers, mais aussi sur celles qui se trouvaient au-dessous de la croûte solide, depuis que le mouvement de rotation avait disloqué cette croûte, et enfin sur la partie fluide, laplus dense, du noyau terrestre. Les chaînes des montagnes d'Arménie, les monts Gordiens qui se trouvaient les plus voisins de la comète au moment de la conjonction, furent ébranlés et s'entr'ouvrirent. Et ainsi « furent rompues les sources du grand abyme ». Là ne s'arrêta point le désastre. L'atmosphère et la queue de la comète atteignant la Terre et sa propre atmosphère, la chargèrent de parties aqueuses et terreuses, qui tombèrent pendant quarante jours ; et ainsi « furent ouvertes toutes les cataractes du ciel ». « La profondeur des eaux du déluge fut, selon Whiston, de six milles anglais (9656 mètres) dont un mille fut dû à l'éruption du fluide intérieur, cinq milles environ à l'atmosphère ou à la chevelure de la comète, et très-peu de chose à la queue de la comète. »

C'est donc bien, comme on voit, une véritable inondation, un déluge universel que causa, selon ce singulier système, le passage à son nœud de la comète de 1680, à la faible distance où se trouvait le globe terrestre, il y a 4223 ans selon les uns, il y a 4800 ans selon les autres. Les secousses auraient peut-être suffi à l'œuvre de destruction, mais une profondeur de 10 kilomètres d'eau tout autour était à coup sûr un moyen d'anéantissement plus certain.

Maintenant, comment cette comète, qui a noyé une première fois les êtres vivants, pourra-t-elle les brûler un jour à une seconde rencontre ? Whiston n'est point embarrassé. Un second passage dans le voisinage de la Terre, mais derrière ou à son occident, retardera le mouvement de notre globe, changera son orbite presque circulaire en une ellipse très-excentrique. « La Terre, à chaque passage par son périhélie, se trouvera très-voisine du Soleil, elle y éprouvera une chaleur d'une extrême intensité ; elle entrera en combustion. »

Mais d'ailleurs la comète peut agir directement, rencontrer et heurter la Terre, en venant de passer par son périhélie. On sait que la comète de 1680 approche de la surface du Soleil à quelques dizaines de mille lieues seulement : alors « à peine la bouche d'un volcan, vomissant des laves liquéfiées par la chaleur intérieure qui le consume, peut-elle donner une légère idée de l'embrasement de l'atmosphère enflammée de cette comète ! Donc l'air ne mettra alors aucun obstacle à l'activité du feu central ; au contraire ces particules enflammées, dont notre air sera chargé, seront emportées par leur poids dans les entrailles entr'ouvertes de la Terre, et seconderont puissamment l'action du feu central. Cette comète pourroit bien séparer la Lune de la Terre. Il est aussi très-possible qu'elle affecte le mouvement diurne et le mouvement annuel de la Terre, en rendant ces deux mouvements parfaitement égaux, et de plus en détruisant l'excentricité de l'orbite terrestre, qui redeviendrait exactement circulaire, ainsi qu'elle l'étoit avant le déluge. Enfin, après que les Saints auront régné pendant mille ans sur la Terre régénérée par le feu, et rendue de nouveau habitable par la volonté divine, une dernière comète viendra heurter la Terre, l'orbite terrestre s'allongera excessivement, et la Terre, redevenue comète, cessera d'être habitable. »

Tel est le roman conçu par Whiston, par un homme d'une grande érudition et d'une grande science, mais qui eut le tort — c'était celui de son époque — de vouloir accorder ses conceptions tout à la fois avec la théologie et avec l'astronomie. Ici, c'est le côté de la science qui seul nous occupe ; et il est certain — il l'était déjà il y a un siècle — que la théorie de Whiston ne peut se soutenir. Notons seulement deux difficultés capitales : la première, celle de l'énorme masse qu'il est obligé de supposer à la comète de 1680, et qu'aucun astronome à notre époque n'admettrait comme vraisemblable; la seconde, c'est que, même dans l'hypothèse d'une masse pareille, on a vu que l'action exercée par elle serait nécessairement, à cause des vitesses relatives de la comète et de la Terre, d'une si courte durée, que les effets supposés n'auraient pas eu le temps de se produire. Mais nous croyons que les géologues auraient bien d'autres objections à faire à une hypothèse que nous avons rapportée parce qu'elle est célèbre dans la science, parce que le rôle attribué par Whiston aux comètes est vraiment curieux.

Une dernière et capitale objection est celle-ci : la discussion des éléments de la comète de 1680, faite par Encke avec des documents plus précis sans aucun doute que ceux de Halley, est venue bouleverser totalement la concordance chronologique de Whiston, et celle des apparitions antérieures supposées. D'après ces nouveaux éléments, ce n'est ni une période de 170 ans (Euler), ni une période de 5864 ans (Pingré), ni la période de 575 ans (Halley), mais une de 8814 ans qui conviendrait au mouvement de la fameuse comète.

§ VI — Passage de la Terre a travers la queue de la comète de 1861

Possibilité du passage de notre globe au travers d'une queue de comète. — Un fait semblable s'est-il déjà présenté ? — La grande comète de 1861. — Positions relatives de la Terre et de l'une des deux queues de cette comète. — Le Mémoire de M. Liais, et les observations de M. Hind.

Jusqu'ici, en traitant la question de la possibilité de la rencontre d'une comète et de la Terre, nous n'avons guère eu en vue que le noyau, ou encore la nébulosité cométaire qui constitue la chevelure. Les effets de cette rencontre ont été étudiés en faisant certaines hypothèses sur la masse et sur la constitution physique de l'astre dont nous avons supposé le noyau solide, ce qui est loin d'être certain, ce qui, en tout cas, n'est peut-être qu'une exception parmi les comètes dont la tête est assez condensée pour présenter un noyau lumineux.

Une rencontre dont la probabilité est beaucoup plus grande, serait celle du passage de la Terre au travers des volumineuses nébulosités qui constituent les queues. Mais il serait tout à fait invraisemblable de considérer la masse de ces nébulosités comme ayant une valeur appréciable. Quelles que soient les idées qu'on se fasse de leur nature, qu'on les regarde avec Cardan et certains savants de notre siècle comme de purs effets optiques, sans réalité matérielle, ou qu'on y voie les portions les plus ténues de l'atmosphère de la comète projetées par une force répulsive quelconque, il paraît certain qu'on n'a affaire, là, qu'à des quantités de matière extrêmement faibles et d'une densité encore plus faible. Il serait ridicule de parler de choc ou de tout autre effet mécanique; mais il n'est pas tout à fait aussi évident que la matière des queues ne puisse produire sur notre globe, sur son atmosphère, des modifications sensibles.

Avant d'examiner ce qui arriverait si la Terre traversait la queue de quelque comète, il est naturel d'interroger les faits, et de demander si jamais un événement de ce genre est réellement arrivé. Or, selon plusieurs astronomes contemporains, la Terre s'est trouvée, en effet, le 30 du mois de juin 1861, plongée quelque temps dans la nébulosité qui formait la queue la plus large de la grande comète de cette année. M. Valz, en donnant les éléments de la comète, ajoutait : « Il en résulte que la comète, ayant passé par son nœud le 28,41 juin à la distance 0,132 de l'orbite de la Terre, celle-ci étant de moins de 2° avant ce nœud, a dû se trouver comprise dans la queue couchée sur le plan de l'écliptique. » M. Lœvy, dans le *Bulletin de l'Observatoire* du 12 juillet, disait de son côté : « Il est probable que la Terre a touché la queue de la comète vers le 28 juin. » M. Pape, astronome de Berlin, penchait, au contraire, pour la négative, et ses calculs l'amenaient à conclure qu'il y aurait eu un million de lieues d'intervalle entre la queue de la comète et notre atmosphère; mais, selon M. Valz, cela tenait à ce que l'astronome allemand n'assignait que 3° à la largeur apparente de la queue, tandis qu'il l'avait trouvée lui-même de 6°, et que Secchi donnait même à l'appendice une largeur de 8°. M. Le Verrier, en présentant les éléments calculés par M. Lœvy et M. Hind, ajoutait : « La Terre est-elle passée au travers de la queue de la comète? Cette question, si simple en apparence, est, au fond, très-complexe. Les calculs sont compliqués et les données manquent pour la résoudre avec certitude. »

Dès le début, M. Hind se prononçait pour l'affirmative. Voici un extrait de la lettre que l'astronome anglais écrivait à ce sujet à l'éditeur du *Times* :

« Permettez-moi de porter votre attention sur une circonstance relative à la comète, et que j'ai oubliée quand je vous ai adressé ma communication datée du 3 (juillet). Il paraît qu'il est non-seulement possible, mais encore probable que, dans la journée de dimanche, 30 juin, la Terre à traversé la queue de la comète à une distance des deux tiers environ de sa longueur, à partir du noyau. La tête de la comète était dans l'écliptique à 6 heures après midi, le 28 juin, à une distance de 13 600 000 milles (6 100 000 lieues) de l'orbite de la Terre, sa longitude vue du Soleil étant de 279°1'. La Terre, à ce moment, était à 2° 4' derrière ce point; mais elle a dû y arriver peu après dix heures, dimanche dernier. La queue d'une comète est rarement un prolongement exact du rayon vecteur, ou de la ligne joignant le noyau avec le Soleil; à son extrémité, elle décrit presque invariablement une courbe. D'après le degré de la courbure constaté le 30, et la direction de l'orbite de la comète, je pense que la Terre a très-probablement rencontré la queue de l'astre dans la matinée de ce jour, ou bien elle se trouvait dans une région qui avait été balayée quelques instants auparavant par la substance cométaire. »

M. Liais, qui observa la même comète au Brésil, est plus affirmatif. Il base son assertion sur ses propres observations, antérieures et postérieures au passage, sur la largeur et la direction de la queue de la comète, ainsi que sur les éléments de l'orbite calculés par M. Seeling. Nous n'entrerons pas dans les détails des calculs et de la discussion que

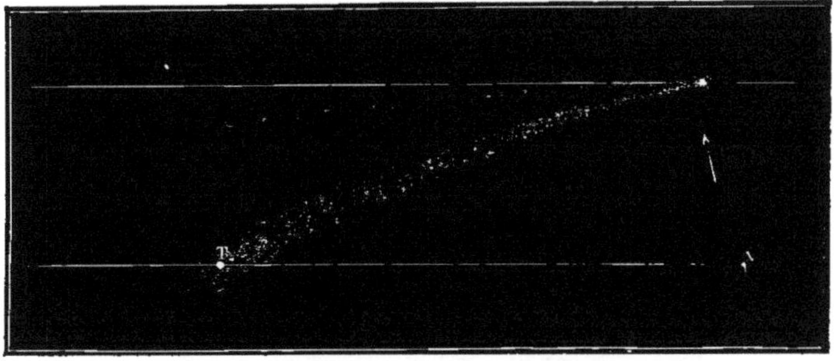

FIG. 76. — Passage de la Terre dans la queue de la comète de 1861, le 30 juin.

ce savant a donnés dans son ouvrage l'*Espace céleste ;* mais nous en ferons connaître les résultats. D'après lui, non-seulement la Terre, mais encore la Lune aurait pénétré dans la queue de la comète, le 30 juin au matin ; et à 6 h. 12 m. de ce jour, notre globe s'y trouvait plongé à une profondeur de 110 000 lieues. Les figures 76 et 77 donnent, la première, la position de la comète dans le plan de son orbite au moment du passage de l'axe de la seconde queue par l'orbite terrestre ; la seconde, une section faite dans la queue perpendiculairement à cet axe. On voit dans celle-ci les positions qu'occupaient la Terre et son satellite au sein de l'appendice nébuleux.

Maintenant, étant admis comme un fait positif le passage de notre planète à travers la queue de la comète de 1861, a-t-on constaté quelques phénomènes particuliers qu'on puisse attribuer à cette rencontre singulière? La réponse à cette question se trouve probablement dans les observations suivantes.

M. Hind terminait ainsi la lettre dont on vient de lire un

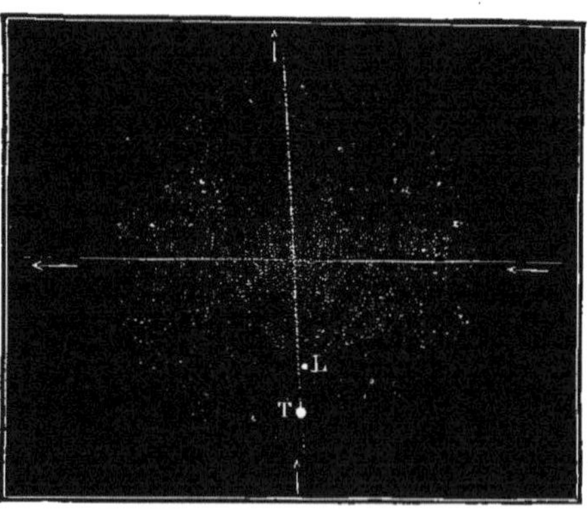

Fig. 77. — Positions qu'occupaient la Terre et la Lune, à l'intérieur de la seconde queue de la comète de 1861.

extrait : « Je puis ajouter que dimanche au soir, alors que la comète était si apparente dans la région nord du ciel, il se produisit une phosphorescence ou illumination de la voûte azurée que j'attribue à une lueur boréale. Cette phosphorescence inusitée fut observée par plusieurs autres personnes, et, en songeant au peu de distance qui nous séparait ce soir-là de la comète, ce peut être un point digne d'investigation, à savoir : qu'un tel effet puisse être attribué à notre proximité des régions où elle se trouve. Si une semblable illumination du ciel a été remarquée généralement sur la surface de la Terre, ce fait serait alors très-significatif. »

Voici, d'autre part, la note mentionnée sur le registre d'observation d'un autre savant anglais, M. E. J. Lowe, à Highfield House : « 30 juin. Lueur étrange, jaune, phos-

Fig. 78. — Queue en éventail de la grande comète de 1861, le 30 juin.

phorescente, que je prendrais pour une aurore boréale s'il ne faisait pas encore si jour. » C'est évidemment le phénomène décrit par M. Hind; mais c'est toujours dans la même région de la Terre, et peut-être ne s'agit-il que d'une apparence toute locale.

La figure en éventail que présenta la queue de cette comète pendant la nuit du 30 juin au 1er juillet, c'est-à-dire à l'instant précis où aurait eu lieu le passage, se rattache, selon M. Liais, au fait lui-même, bien qu'à notre sens on puisse interpréter la divergence des rayons de la queue comme un simple effet de perspective. L'astre projetant sa queue vers la Terre, il est évident que la forme de l'appendice devait aller en s'élargissant considérablement à partir du noyau, quand même sa forme réelle eût été cylindrique et non conique. Voici, du reste, ce que dit à ce sujet M. Liais : « Ces rayons divergents, qui ont duré peu de temps et qu'on ne distinguait pas tout à fait jusqu'au noyau, ne seraient-ils pas des régions du pourtour qui devenaient visibles sous l'influence de lueurs électriques en quittant la direction de la Terre? C'est, au reste, probablement à des lueurs électriques éclatant entre les régions ténues de la queue, et la limite de notre atmosphère, qu'il faut attribuer la phosphorescence du ciel vue le même soir par M. Hind et par d'autres observateurs anglais. »

Babinet, dans une de ses piquantes notices scientifiques, rapporte, à propos de la grande comète de 1861 dont il vient d'être question, la conversation suivante : « Monsieur, les journaux disent que nous avons une comète. — Oui, madame, une très-belle comète; l'histoire de l'astronomie n'en a point enregistré de plus belle. — Qu'est-ce que cela nous prédit? — Rien du tout, madame. — Est-ce beau? — Splendide, madame; et, si voulez seulement sortir dans le jardin, vous la verrez. — Ah! si cela ne peut faire ni bien ni mal, ce n'est pas la peine de se déranger. » La dame va se coucher. On me dira : « A quoi sert l'astronomie? » Elle sert à ce qu'en 1861 on aille se coucher sans crainte, même quand il y a une superbe comète. Il n'en était pas de même il y a six cents ans et il y a trois cents ans. »

Nous avons vu que l'astronomie n'a pas encore produit cet effet sur tout le monde; mais si la Terre a traversé, sans même que ses habitants, un ou deux exceptés, s'en aperçussent, la queue d'une comète, la chose ne serait peut-être pas si inoffensive dans le cas où notre globe pénétrerait dans le noyau. C'est une distinction que Babinet, qui tenait à son idée des *riens visibles*, se refusait à faire. Si la masse était tellement faible que son action fût insensible, il resterait encore à savoir si la matière cométaire, en pénétrant dans l'atmosphère, ne pourrait être nuisible aux êtres vivants.

CHAPITRE XIII

DES INFLUENCES PHYSIQUES DES COMÈTES

§ I — Prétendues influences physiques des comètes

La grande comète de 1811 ; le vin de la comète. — Préjugés et conjectures. — Des comètes qui font spectacle et des comètes télescopiques. — Il passe des comètes dans le ciel d'une façon pour ainsi dire continue.

Jadis, quand on voyait une comète nouvelle projeter sur le champ du ciel son étoile vaporeuse et son panache de lumière, la première question qui venait sur les lèvres était celle-ci : Quel malheur Dieu annonce-t-il à la terre ?

Aujourd'hui on entend bien encore, parmi les personnes peu instruites dans les sciences naturelles, quelques-unes demander ce que présage la comète, mais le plus grand nombre se préoccupe de l'influence physique et ne songe guère à la signification surnaturelle de l'apparition. Croyez-vous que nous aurons un été sec et chaud? disent les uns. — Que nous devons craindre des temps brumeux, des pluies abondantes, des inondations? disent les autres. — Que c'est l'annonce d'une récolte abondante, ou d'une qualité supérieure des vins de l'année, dit-on volontiers encore, en se rappelant sans doute les bons vins et la comète de 1811.

En un mot, on se figure aisément que le passage d'une comète en vue de la Terre doit être suivi de certaines conséquences, de nature à influencer les climats, les températures, la végétation, la santé des animaux et de l'homme, car j'ai oublié de dire qu'une des préoccupations fréquentes de la foule, c'est l'influence de la comète au point de vue des maladies épidémiques ou autres. Pour montrer quels préjugés régnaient encore, il y a soixante ans au plus, à ce sujet, citons d'après Arago le passage suivant du recueil anglais *The gentleman's Magazine* pour 1818 :

« Par l'influence de la comète de 1811, on eut un hiver doux, un printemps humide, un été froid. Le soleil se montra trop peu pour pouvoir mûrir les produits de la terre (nous voilà bien loin du bon vin de la comète). Cependant la moisson donna assez de grains, et quelques espèces de fruits, tels que les melons, les figues, furent non-seulement abondantes, mais d'un goût délicieux. On vit très-peu de guêpes; les mouches devinrent aveugles et disparurent de bonne heure... Et, ce qui est très-remarquable, dans la métropole et ses environs, il naquit beaucoup de jumeaux. La femme d'un cordonnier de White-Chapel eut même quatre enfants d'une seule couche! » Voilà, on en conviendra, une imagination qui touche à l'extravagance.

Y a-t-il dans ces suppositions toutes conjecturales, surtout dans la pensée de ceux qui les émettent sous forme de questions, quelque chose de fondé dont l'état actuel de l'astronomie puisse répondre en une certaine mesure? Il y a de fortes probabilités pour que ces prétendues influences soient nulles, au moins dans la grande majorité des cas; mais ces probabilités ne sont pas des certitudes, et il peut se présenter telle circonstance où l'apparition d'une comète pourrait être soupçonnée d'avoir quelque rapport de cause à effet avec certains phénomènes terrestres, avec les phénomènes météorologiques, par exemple.

Examinons les principales influences énumérées, et voyons, d'une part, s'il est vrai qu'il y ait des faits qui les confirment; d'autre part, dans le cas de la négative, s'il y a des raisons d'admettre, avec les réserves indispensables, une certaine dose de probabilité.

Déjà nous avons parlé des influences de masse. Celles-ci sont indubitables; mais on a vu que jusqu'ici toutes les comètes dont l'histoire a fait mention et qui ont pu, dans leur cours, exercer sur les autres astres et sur la Terre une action de gravitation, n'ont absolument produit aucun effet sensible. Une comète qui passerait à une très-faible distance de la Terre, agirait sur les eaux de la mer et sur l'atmosphère comme le font la Lune et le Soleil, à la vérité pendant un temps si court que la vague produite serait insignifiante.

Mais des comètes inconnues n'ont-elles pas des masses beaucoup plus considérables? Ne pourraient-elles voyager si près de notre globe et pendant un temps assez long, pour que ces masses produisent des perturbations sensibles? A moins d'une rencontre, d'un choc improbable mais possible, tout cela est pure imagination. La seule différence des vitesses de la Terre et d'une comète qui s'en trouverait momentanément peu éloignée, nous l'avons déjà dit, éloignerait rapidement les deux astres. Mais là n'est point le genre d'influence que nous avons à examiner.

Rappelons d'abord que les comètes sont plus nombreuses

qu'on ne croit, qu'il en paraît tous les ans, souvent plusieurs par an, et que si l'influence qu'on leur attribue tenait à leur seule qualité de comète, cette influence serait pour ainsi dire continue. Il ne serait point à dire pour cela qu'elle serait nulle; mais ce serait une question bien délicate que de la démêler au milieu de toutes les autres causes régulières ou irrégulières. Ceux qui les ont admises, *à priori* pour ainsi dire, ne se sont guère préoccupés et ne se préoccupent guère d'une telle vérification.

Évidemment le public a une autre idée. C'était jadis aux seules comètes visibles à l'œil nu — on ne pouvait connaître les autres — qu'on attribuait les influences funestes. Aujourd'hui, c'est encore aux grandes comètes, à celles que tout le monde peut voir ou qui *font spectacle*, selon l'expression consacrée, qu'on suppose une action quelconque sur notre globe. Et cela est assez naturel, puisque la visibilité indique, soit un éclat et des dimensions réelles extraordinaires, soit, ce qui revient à peu près au même, une grande proximité de la Terre.

§ II — Les comètes ont-elles une influence sur les saisons ?

Étude de la question par Arago. — L'action calorifique à distance des comètes sur la Terre paraît être insensible. — Difficultés de la méthode de statistique comparée en météorologie. — L'influence météorologique d'une comète n'est encore prouvée par aucun fait authentique.

Nous avons dit quelles préoccupations avait jetées, en 1832, dans le public l'annonce du passage de la comète de Biela par un point très-voisin de l'orbite de la Terre. Ce fut pour François Arago l'occasion d'une de ces brillantes et intéressantes notices où il s'efforçait de populariser les notions d'astronomie et de détruire les préjugés existants. Un paragraphe de la notice dont nous parlons portait cet intitulé :

La future comète pourra-t-elle modifier sensiblement le cours des saisons dans l'année 1832?

Voici comment l'illustre secrétaire perpétuel de l'Académie des sciences abordait la question ainsi posée :

« Le titre qu'on vient de lire, dit-il, a déjà sans doute rappelé la belle comète de 1811, la température élevée de cette année, la récolte abondante qui en fut la suite et surtout les excellentes qualités du *vin de la comète*. Je n'ignore donc pas que j'aurai bien des préventions à combattre pour établir que ni la comète de 1811, ni aucune autre comète connue, n'ont jamais occasionné sur notre globe le plus petit changement dans les saisons. Cette opinion, au demeurant, se fonde sur un examen scrupuleux, sur une discussion attentive de tous les éléments du problème, tandis que le sentiment contraire, quelque répandu qu'il soit, est le fruit d'aperçus vagues et sans consistance réelle.

» Les comètes, dit-on, échauffent notre globe par leur présence. Eh bien, rien n'est plus facile à vérifier : ne consulte-t-on pas, en effet, les thermomètres dans tous les observatoires de l'Europe plusieurs fois par jour ? N'y tient-on pas une note exacte de toutes les comètes qui se montrent ? »

Arago part de là pour présenter un tableau des températures moyennes des années successives, depuis 1803 jusqu'à 1831, en mettant en regard les nombres de comètes observées et les particularités propres à ces astres et susceptibles d'avoir avec les températures une certaine connexion. Il a depuis complété ce tableau instructif, en lui donnant pour étendue la série des années de 1735 à 1853. Et il ne lui est pas difficile de prouver qu'aucune loi ne lie les variations des températures moyennes et les apparitions de comètes, que telles années fécondes en apparitions, 1808, 1819, 1846 par exemple, ont eu des températures inférieures ou à peine égales à celles d'années où peu ou point de comètes se sont montrées.

Toutefois l'ensemble des 69 années à comètes donne la moyenne 10°,81 centigrades; 27 années sans comète ont une moyenne de 10°,52. La différence, 29 centièmes de degré centigrade, Arago l'explique en faisant la remarque que les années sans comète sont le plus souvent nébuleuses; les temps couverts empêchent simplement les comètes d'être observées. Cette différence, en effet, devient presque insensible en comparant les températures moyennes de 30 années à une seule comète et de 39 années à deux ou plusieurs comètes. Cette différence n'est plus alors que de 2 *centièmes de degré*, quantité absolument insignifiante.

D'autres tableaux analogues permettent en outre à Arago de conclure « que les grands froids sont arrivés fréquemment pendant les apparitions de comètes, et les grandes chaleurs à des époques où aucun de ces astres n'était visible ».

Revenant alors à la comète de 1811, il se demande si c'est la queue brillante de cet astre qui a pu agir sur notre globe. Elle avait, il est vrai, une longueur de 41 millions de lieues; mais cette queue n'était pas exactement dirigée vers la Terre, et la comète d'ailleurs, à sa plus courte distance de notre globe, en était à 47 millions de lieues. Du reste, nous savons maintenant, à n'en pas douter, à quel degré de ténuité se réduisent les appendices cométaires, et quelle insignifiante chaleur ils pourraient communiquer, soit à distance par voie de réflexion, soit même au contact. Mais, dans ce dernier cas, il pourrait en être tout autrement du noyau, si, comme il est probable, la température des matières dont ce noyau est formé peut être portée assez haut, au voisinage du périhélie, pour en déterminer l'incandescence partielle.

La démonstration d'Arago ne convainquit pas tout le monde, car, en 1835, après l'apparition de la fameuse comète de Halley, la douceur des mois d'octobre et de novembre fut considérée par quelques personnes comme une conséquence du passage de l'astre. « On veut, dit-il, attribuer la douce température dont le nord de la France a joui pendant ces huit semaines à l'influence de la comète! « Je pourrais, répond-il, citer d'une part des mois d'octobre et de novembre, plus tempérés encore que ceux de 1835, sans qu'alors il y eût de comètes visibles; d'autre part, je trouverais ces mêmes mois très-froids, avec de brillantes comètes au-dessus de l'horizon; mais pour aller au but plus directement encore, je ferai remarquer qu'à la fin de 1835, quand Paris jouissait d'une température fort douce, il faisait excessivement froid dans le Midi, ce qui, dans le système que je réfute, conduirait inévitablement à cette conséquence que la comète agissait en plus ou moins, suivant la position des lieux. »

Au reste, pour que la question soit jugée par cette méthode, celle de la statistique météorologique comparée, il est clair qu'il ne faut pas se contenter de documents relatifs à une seule région de la Terre : il faut savoir si, à la présence ou à la proximité d'une comète correspond un accroissement de température pour le globe terrestre tout entier, ou tout au moins pour toute la partie du globe placée de la même manière en regard de l'astre. La comète assez brillante actuellement en vue (juillet 1874) est observée par le public au moment le plus chaud de l'année, et il est probable que bon nombre de gens, sans en chercher plus long, rendent la comète responsable de la haute température dont ils souffrent. Cette année sera peut-être en France, en

Europe même, une année chaude. En est-il de même, aux mêmes latitudes, en Amérique? La comète de Coggia est la troisième de cette année 1874; mais qu'on songe qu'il y a eu, en 1873, jusqu'à sept comètes passant à leur périhélie.

Pour conclure, disons ceci : *théoriquement*, l'influence d'une comète sur la température, sur les saisons, est généralement insensible; elle ne pourrait le devenir que dans l'hypothèse d'une rencontre ou du moins d'une approche de la Terre et d'une comète à une très-courte distance. Enfin, jusqu'à présent, il n'y a aucun exemple authentique, prouvé, d'une telle influence; l'opinion qui l'admet sans examen, est une hypothèse bâtie en l'air : elle ne peut prétendre encore à aucun droit de cité dans la science.

§ III — Pénétration de la matière cométaire dans l'atmosphère terrestre

Cette pénétration est-elle physiquement possible? — Statistique extravagante du docteur Forster. — Les brouillards secs de 1783, de 1831 et de 1834 sont-ils dus à des queues de comètes? — Phénomènes volcaniques et incendies des tourbières; leur coïncidence probable avec les brouillards. — Hypothèse vraisemblable de Franklin. — Les brouillards secs, les poussières atmosphériques et les bolides.

Voilà donc provisoirement écartée l'hypothèse d'une influence des comètes sur les êtres vivants par l'action de la chaleur. Il est bien entendu qu'il n'est ici question que de l'action à distance, par rayonnement; nous avons réservé absolument la question d'une rencontre, d'un choc des deux astres avec transformation brusque du mouvement en chaleur, ou encore de la pénétration de la Terre au sein d'une masse à l'état d'incandescence.

En dehors de cette action de rayonnement calorifique,

quelle pourrait donc être l'influence d'une comète sur les conditions météorologiques où se trouve la Terre? Nous n'en pouvons vraiment soupçonner aucune.

Reste donc l'influence physique ou chimique immédiate de la substance cométaire. Il n'est pas impossible, nous l'avons vu, que notre globe traverse les gigantesques traînées qui forment les queues de certaines comètes, ou même pénètre jusqu'à une certaine profondeur dans l'atmosphère vaporeuse de l'une d'elles. Même en dehors de ces rencontres, on peut supposer l'introduction de ces matières dans notre atmosphère par l'attraction seule. En voyageant dans les mêmes directions que les planètes, en projetant sa substance bien au delà de la sphère d'attraction qui lui est propre, une comète abandonne sans doute des fragments de sa queue, que la masse de la Terre, par exemple, peut alors s'approprier.

Ces fragments, de l'aveu de tous les astronomes, sont, il est vrai, bien peu de chose, matériellement parlant; leur poids total n'est qu'une insignifiante fraction de celui de notre atmosphère; mais le mélange, à la longue, en multipliant les doses, ne peut-il devenir une cause de maladie ou de mort pour les êtres vivants qui le respirent? Ne pourrait-on expliquer de la sorte certaines épidémies? Rien n'empêche sans doute de poser ces questions; mais nous ne voyons guère le moyen d'en résoudre aucune. Si les queues cométaires sont formées d'une matière si ténue, si peu cohérente, on peut sans doute concevoir qu'elles soient rattachées à la Terre, qu'elles deviennent partie intégrante de son enveloppe gazeuse; mais comment imaginer qu'elles descendent dans les profondeurs de cette enveloppe? Tout au plus alors flottent-elles à l'extrême limite de l'atmosphère, et le gaz supposé dont elles sont formées ne doit se mélanger en aucune façon avec les gaz de l'air que les animaux et l'homme respirent. Supposera-t-on en effet que ces matières gazeuses soient douées d'une activité chimique particulière, que leur contact avec l'oxygène ou l'azote détermine la formation d'un précipité à la fois dense et vénéneux. Mais alors ces particules, d'une matière si prodigieusement dilatée à l'origine, une fois condensées en substance mortelle, formeront dans l'air une quantité infinitésimale, et, à moins de partager les vues de la doctrine homéopathique, n'auront rien qui doive inspirer des craintes.

On a invoqué les faits. De même que les écrivains qui croyaient à l'influence surnaturelle, providentielle des comètes ont recueilli tous les faits de l'histoire qui, à la suite de chaque apparition, semblaient former témoignage en faveur de cette superstition, de même on a recueilli de prétendues concordances entre les épidémies et les comètes. Arago cite un docteur, T. Forster, qui a dépensé toute son érudition à dresser un catalogue des soi-disant influences cométaires :

« M. Forster, dit-il, a tellement étendu dans son savant catalogue le cercle des prétendues actions cométaires, qu'il n'y aurait presque plus de phénomènes qui ne fût de leur ressort. Les saisons froides ou chaudes, les tremblements de terre, les éruptions volcaniques, les grosses grêles, les abondantes neiges, les fortes pluies, les débordements de rivières, les sécheresses, les famines, les épais nuages de mouches ou de sauterelles, la peste, la dyssenterie, les épizooties, etc., tout est enregistré, par M. Forster, en regard de l'apparition de chaque comète, quel que soit le continent, le royaume, la ville ou le village, que la famine, la peste, le météore, etc., aient ravagé. » Par exemple, à la date de la comète de 1668 correspond la remarque qu'en Westphalie tous les chats furent malades; à celle de 1746, le tremblement de terre du Pérou qui détruisit Lima et Callao ; à d'autres dates, c'est la chute d'un aérolithe, ou le passage de nombreuses bandes de pigeons, etc.... Énumération véritablement burlesque. Cela rappelle la femme au carrosse de la lettre de Bayle !

Tout cela ne mérite pas une réfutation, tant c'est puéril.

Parmi les phénomènes météorologiques qu'on a attribués à des comètes, parce que la cause en était d'abord ignorée, il faut citer les *brouillards secs ;* tels furent ceux de 1783, de 1822, de 1831 et de 1834.

Les apparences de ce singulier phénomène, les circonstances qui, en 1783 notamment, accompagnèrent sa longue durée (on le vit plus d'un mois), expliquent jusqu'à un certain point l'hypothèse. Ce brouillard n'avait, sous le rapport hygrométrique, aucune des qualités des brouillards ordinaires ; il ne mouillait point : l'hygromètre de Saussure ne marquait que 57° ; le ton de l'air était un bleu terni d'une couleur sale ; les objets éloignés étaient bleus ou entourés de vapeur ; à une lieue, on ne les distinguait plus. Le Soleil, rouge, sans éclat, noyé dans la brume à son lever et à son coucher, pouvait être regardé fixement en plein midi. Circonstance singulière que signale Arago, le brouillard sec de 1783 paraissait doué d'une certaine vertu phosphorique, d'une lueur propre. « Je trouve du moins, dit-il, dans les relations de quelques observateurs, qu'il répandait, même à minuit, une lumière qu'ils comparent à celle de la Lune dans son plein, qui suffisait pour faire apercevoir distinctement des objets éloignés de plus de 200 mètres. »

La Terre était-elle plongée dans la queue d'une comète, ou avait-elle rencontré un fragment d'appendice cométaire abandonné dans l'espace? Mais comment ne vit-on pas la comète elle-même? Les météorologistes rangent encore (V. Kaemtz) les brouillards secs parmi les phénomènes *problématiques ;* néanmoins, on a fait la remarque qu'à la date de 1783, aux deux extrémités de l'Europe, avaient lieu de violentes commotions physiques : en Calabre des tremblements de terre continuels, en Islande une éruption volcanique. Les cendres et les poussières au loin projetées et disséminées ont-elles été la cause du phénomène?

Les brouillards secs sont communs en Hollande, et aussi dans l'ouest et le nord de l'Allemagne. Finke dit qu'ils sont dus aux fumées produites par la combustion des tourbières. En 1834, la sécheresse détermina en effet de nombreux incendies dans les forêts et les tourbières, en Prusse, en Silésie, en Suède et en Russie.

Franklin admettait, pour expliquer le brouillard sec de 1783, la diffusion des émanations et cendres volcaniques. Il supposa aussi — hypothèse proche parente de celle d'une queue de comète — qu'un immense bolide put pénétrer dans notre atmosphère, s'y consumer imparfaitement et y répandre des torrents de fumée ou de cendres légères. Nous verrons plus tard que certaines pluies de poussière s'expliquent d'une façon analogue : plusieurs savants admettent comme un fait très-probable que des matières d'origine extra-terrestre peuvent pénétrer dans l'air, arriver jusqu'au sol, et modifier peut-être la composition de l'enveloppe gazeuse où nous respirons.

§ IV — Influences chimiques des comètes

Introduction dans l'atmosphère terrestre de vapeurs toxiques. — La fin du monde et la comète imaginaire d'Edgard Poë : *conversation d'Eiros et de Charmion.* — La poésie et la science : impossibilités et contradictions.

Nous arrivons ainsi à cette autre influence des comètes, dont déjà nous avons dit un mot, influence qui consisterait à altérer l'air respirable, en y introduisant des effluves étrangers.

Rien dans les faits, dans les observations effectuées jusqu'à ce jour, ne justifie la réalité d'une telle influence. Mais cette hypothèse a eu la bonne fortune d'être présentée sous une forme émouvante, poétique, par un écrivain moderne d'une puissante imagination. Le poëte américain Edgard Poë, dont tout le monde a lu les *Histoires extraordinaires*, si étranges, si fantastiques, a placé dans la bouche d'un personnage d'outre-tombe le récit de la destruction de la Terre par la rencontre d'une comète. Voici les principaux fragments de ce rêve prodigieux, où Eiros raconte à Charmion les circonstances de l'événement qui mit fin à notre monde :

« Notre catastrophe était absolument inattendue : mais des accidents analogues avaient été depuis longtemps un sujet de discussion parmi les astronomes... Relativement à l'agent immédiat de la ruine, la pensée humaine était en défaut depuis l'époque où la science astronomique avait dépouillé les comètes de leur effrayant caractère incendiaire. La très-médiocre densité de ces corps avait été bien démontrée. On les avait observés dans leur passage à travers les satellites de Jupiter, et ils n'avaient causé aucune altération sensible dans les masses ni dans les orbites de ces planètes secondaires. Nous regardions depuis longtemps ces voyageurs comme de vaporeuses créations d'une inconcevable ténuité, incapables d'endommager notre globe massif, même dans le cas d'un contact. D'ailleurs ce contact n'était redouté en aucune façon. Que nous dussions chercher parmi elles l'agent igné de la destruction prophétisée, cela était depuis de longues années considéré comme une idée inadmissible. Mais le merveilleux, les imaginations bizarres, avaient dans ces derniers jours singulièrement régné parmi l'humanité ; et, quoiqu'une crainte véritable ne pût avoir de prise que sur quelques ignorants, quand les astronomes annoncèrent une *nouvelle* comète, cette annonce fut généralement reçue avec je ne sais quelle agitation et quelle méfiance.

» Les éléments de l'astre étranger furent immédiatement calculés, et tous les observateurs reconnurent d'un même accord que sa route, à son périhélie, devait l'amener à une proximité presque immédiate de la Terre. Il se trouva deux ou trois astronomes d'une réputation secondaire qui soutinrent résolûment qu'un contact était inévitable. Il m'est difficile de te bien peindre l'effet de cette communication sur le monde. Pendant quelques jours, on se refusa à croire à une assertion que l'intelligence humaine, depuis longtemps appliquée à des considérations mondaines, ne pouvait saisir d'aucune manière. Mais la vérité d'un fait d'une importance vitale fait bientôt son chemin dans les esprits même les plus épais. Finalement, tous les hommes virent que la science astronomique ne mentait pas, et ils attendirent la comète. D'abord, son approche ne fut pas sensiblement rapide ; son aspect n'eut pas un caractère bien inusité. Elle était d'un rouge sombre et avait une queue peu appréciable. Pendant sept ou huit jours, nous ne vîmes pas d'accroissement sensible dans son diamètre apparent; seulement, sa couleur varia légèrement. Cependant les affaires ordinaires furent négligées et tous les intérêts absorbés par une discussion immense qui s'ouvrit entre les savants relativement à la nature des comètes...

» Qu'un dommage matériel pour notre globe ou pour ses habitants pût résulter du contact redouté, c'était une opinion qui perdait journellement du terrain parmi les sages; et les sages avaient, cette fois, plein pouvoir pour gouverner la raison et l'imagination de la foule. Il fut démontré que la densité du noyau de la comète était beaucoup moindre que celle de notre gaz le plus rare; et le passage inoffensif d'une semblable visiteuse à travers les satellites de Jupiter fut un point sur lequel on insista fortement, et qui ne servit pas peu à diminuer la terreur. Les théologiens, avec un zèle enflammé par la peur, insistèrent sur les prophéties bibliques et les expliquèrent au peuple avec une droiture et une simplicité dont ils n'avaient pas encore donné l'exemple. La destruction finale de la Terre devait s'opérer par le feu, — c'est ce qu'ils avancèrent avec une verve qui imposait partout la conviction; mais les comètes n'étaient pas d'une nature ignée, — et c'était là une vérité que tous les hommes possédaient maintenant et qui les délivrait, jusqu'à un certain point, de l'appréhension de la grande catastrophe prédite.....

» Quels désastres d'une moindre gravité pouvaient résulter du contact, ce fut là le sujet d'une laborieuse discussion. Les savants parlaient de légères perturbations géologiques, d'altérations problables dans les climats, et, conséquemment, dans la végétation, de la possibilité d'influences magnétiques et électriques. Beaucoup d'entre eux soutenaient qu'aucun effet visible ou sensible ne se produirait d'aucune façon. Pendant que ces discussions allaient leur train, l'objet lui-même s'avançait progressivement, élargissant visiblement son diamètre et augmentant son éclat. A son approche, l'humanité pâlit, toutes les opérations humaines furent suspendues.

» Il y eut une phase remarquable dans le cours du sentiment général : ce fut quand la comète eut enfin atteint une grosseur qui surpassait celle d'aucune apparition dont on eût gardé le souvenir..... Nous voyions le météore étranger, non pas comme un phénomène astronomique dans les cieux, mais comme un cauchemar sur nos cœurs et une ombre sur nos cerveaux. Il avait pris, avec une inconcevable rapidité, l'aspect d'un gigantesque manteau de flamme claire toujours étendu à tous les horizons.

» Encore un jour, — et les hommes respirèrent avec une plus grande liberté. Il était évident que nous étions déjà sous l'influence de la comète, et nous vivions cependant. Nous jouissions même d'une élasticité de membres et d'une vivacité d'esprit insolites. L'excessive ténuité de l'objet de notre terreur était apparente ; car tous les corps célestes se laissaient voir distinctement à travers. En même temps, notre végétation était sensiblement altérée, et cette circonstance prédite augmenta notre foi dans la prévoyance des sages. Un luxe extraordinaire de feuillage, entièrement inconnu jusqu'alors, fit explosion sur tous les végétaux.

» Un jour encore se passe, — et le fléau n'était pas absolument sur nous. Il était maintenant évident que son noyau devait nous atteindre le premier. Une étrange altération s'était emparée de tous les hommes et la première sensation de *douleur* fut le terrible signal de la lamentation et de l'horreur générales. Cette première sensation de douleur consistait dans une constriction rigoureuse de la poitrine et des poumons, et dans une insupportable sécheresse de la peau. Il était impossible de nier que notre atmosphère ne fût radicalement affectée ; la composition de cette atmosphère et les modifications auxquelles elle pouvait être soumise, furent dès lors les points de la discussion. Le résultat de l'examen lança un frisson électrique de terreur, de la plus intense terreur, à travers le cœur universel de l'homme.

» On savait depuis longtemps que l'air qui nous enveloppait était ainsi composé : sur cent parties, vingt et une d'oxygène et soixante-dix-neuf d'azote. L'oxygène, principe de la combustion et véhicule de la chaleur, était absolument nécessaire à l'entretien de la vie animale, et représentait l'agent le plus puissant et le plus énergique de la nature. L'azote, au contraire, était impropre à entretenir la vie ou combustion animale. D'un excès anormal d'oxygène devait résulter, cela avait été vérifié, une élévation des esprits vitaux semblable à celle que nous avions déjà subie. C'était l'idée continuée, poussée à l'extrême, qui avait créé la terreur. Quel devait être le résultat d'une *totale extraction de l'azote?* Une combustion irrésistible, dévorante, toute-puissante, immédiate ; — l'entier accomplissement, dans tous leurs moindres et terribles détails, des flamboyantes et terrifiantes prophéties du saint Livre.

» Ai-je besoin de te peindre, Charmion, la frénésie alors déchaînée de l'humanité? Cette ténuité de matière dans la comète, qui nous avait d'abord inspiré l'espérance, faisait maintenant toute l'amertume de notre désespoir. Dans sa nature impalpable et gazeuse, nous percevions clairement la consommation de la Destinée. Cependant un jour encore s'écoula, — emportant avec lui la dernière ombre de l'espérance. Nous haletions dans la rapide modification de l'air. Le sang rouge bondissait tumultueusement dans ses étroits canaux. Un furieux délire s'empara de tous les hommes, et, les bras roidis vers les cieux menaçants, ils tremblaient et jetaient de grands cris. Mais le noyau de l'exterminateur était maintenant sur nous; — même ici, dans le ciel, je n'en parle qu'en frissonnant. Je serai brève, — brève comme la catastrophe. Pendant un moment, ce fut seulement une lumière étrange, lugubre, qui visitait et pénétrait toutes choses. Puis, — prosternons-nous, Charmion, devant l'excessive majesté du Dieu grand! — puis ce fût un son éclatant, pénétrant, comme si c'était LUI qui l'eût crié par sa bouche; et toute la masse d'éther environnante, au sein de laquelle nous vivions, éclata d'un seul coup en une espèce de flamme intense, dont la merveilleuse clarté et la chaleur dévorante n'ont pas de nom, même parmi les anges dans le haut ciel de la science pure. Ainsi finirent toutes choses[1]. »

Tel est ce morceau qui, comme la plupart des productions du poëte américain, porte le cachet d'une originalité bien tranchée. C'est un mélange singulier du langage scientifique avec celui d'un mysticisme biblique. Le contraste de ces descriptions froides, de ces analyses positives, réalistes, avec les bizarres conceptions d'un illuminé, arrive à produire un effet d'émotion intense, aiguë, sur le lecteur entraîné. Cet emploi voulu de la science dans la poésie et dans l'art caractérise le talent, ou, si l'on veut, le génie d'Edgard Poë.

Malheureusement, le savant n'était pas à la hauteur du poëte. On ne peut lire toutes ses assertions sur l'astronomie cométaire sans sourire des erreurs, des bévues même, où l'auteur s'est laissé tomber. C'est un grand défaut, puisque son but, l'émotion, est manqué dès que le lecteur s'aperçoit qu'il ne peut y avoir identité absolue entre le fait et le rêve. Mais n'insistons pas. On voit que Poë a négligé à dessein, parmi les effets destructifs que la rencontre d'une comète et de la Terre avait fait imaginer avant lui, toutes les catastrophes banales : l'inondation, l'incendie ordinaire, le choc, etc. Ce n'est pas même le poison, la respiration de miasmes toxiques qui amène la perte finale de notre globe. Non ; une simple addition, en proportion croissante, de gaz oxygène, et tout est dit. Il est vrai qu'il parle, on ne sait pourquoi, d'une *totale extraction de l'azote ;* on cherche en vain le pourquoi scientifique de cette extraction. Le son

1. La *Conversation d'Eiros avec Charmion* fait partie du volume traduit par Charles Beaudelaire, et publié sous ce titre : *Nouvelles histoires extraordinaires.* (Paris, Michel Lévy.)

éclatant de la fin, l'explosion, ne s'expliquent pas davantage : ce n'est pas ainsi que se passent les choses quand on soumet un être vivant à une pression croissante d'atmosphère oxygénée ; demandez plutôt à M. Bert. Mais il fallait un coup de théâtre final ; en ce point, Poë a sacrifié au vulgaire.

Il y aurait bien d'autres observations à faire ; mais nous avons vu quelles sont les lois du mouvement d'une comète, et le lecteur relèvera les erreurs du poëte qui, du reste aujourd'hui, s'il écrivait son morceau, serait obligé d'en modifier la forme et le fond. Les résultats connus de l'analyse spectrale ne lui permettraient plus de faire d'une comète une agglomération de gaz oxygène. Aussi bien, rien ne prouve que la matière, dans les comètes, soit à l'état gazeux tel que nous le connaissons ; le noyau semble plutôt solide ou liquide, et l'atmosphère dont il est enveloppé de toutes parts une agrégation de corpuscules isolés.

CHAPITRE XIV

QUELQUES QUESTIONS SUR LES COMÈTES

§ 1 — Les comètes sont-elles habitables ?

Les habitants des comètes d'après la *Pluralité des mondes,* de Fontenelle. — Idées de Lambert sur l'habitabilité des comètes. — Les connaissances astronomiques actuelles paraissent incompatibles avec l'existence, dans les comètes, d'êtres organisés.

Après Newton, au XVIIIe siècle surtout, par une réaction assez naturelle aux idées aristotéliennes qui avaient fait si longtemps des comètes des météores passagers, on se jeta dans l'extrême opposé : on considéra les comètes comme des astres aussi stables, aussi permanents que les planètes. Elles obéissaient aux mêmes lois dans leurs mouvements ; elles ne différaient, pour leur aspect, que par leur nébulosité et leurs queues. D'ailleurs tout entiers aux vérifications et aux calculs des positions et des orbites, les astronomes de ce temps étudiaient peu ou point les particularités purement physiques des comètes, ce que nous appelons aujourd'hui les *phénomènes cométaires*. De là à en faire des sphéroïdes, solides comme les planètes, constitués dans leurs noyaux comme les planètes, de là à les peupler d'habitants, il n'y avait qu'un pas.

Fontenelle, qui, comme on sait, croyait aux tourbillons, pour qui d'ailleurs les barbes et les queues cométaires étaient de simples apparences optiques, s'exprime ainsi dans sa *Pluralité des mondes :*

« Les comètes ne sont que des planètes qui appartiennent à un tourbillon voisin. Elles avaient leur mouvement vers ses extrémités; mais ce tourbillon étant peut-être différemment pressé par ceux qui l'environnent, est plus rond par en haut et plus plat par en bas, et c'est par en bas qu'il nous regarde. Ces planètes qui auront commencé vers le haut à se mouvoir en cercles, ne prévoyoient pas qu'en bas le tourbillon leur manqueroit, parce qu'il est là comme écrasé. Voilà notre comète forcée d'entrer dans le tourbillon voisin, ce qui ne se fait pas sans secousse. » Aussi plus loin, Fontenelle, revenant sur ce point : « Je vous ai dit, poursuit-il, le choc qui se fait à l'endroit où deux tourbillons se poussent et se repoussent l'un l'autre; je crois que dans ce cas-là une pauvre planète est agitée assez rudement et que ses habitants ne s'en portent pas mieux. Nous croyons nous autres être bien malheureux quand il nous paraît une comète; c'est la comète elle-même qui est bien malheureuse. — Je ne le crois point, dit la Marquise; elle nous apporte tous ses habitants en bonne santé. Rien n'est si divertissant que de changer ainsi de tourbillon. Nous qui ne sortons jamais du nôtre, nous menons une vie assez ennuyeuse. Si les habitants d'une comète ont assez d'esprit pour prévoir le temps de leur passage dans notre monde, ceux qui ont déjà fait le voyage annoncent aux autres par avance ce qu'ils y verront : « Vous découvrirez bientôt une planète qui a un grand anneau autour d'elle, disent-ils peut-être en parlant de Saturne. Vous en verrez une autre qui en a quatre petites qui la suivent. Peut-être même y a-t-il des gens destinés à observer le moment où ils entrent dans notre monde, et qui crient aussitôt, *nouveau Soleil! nouveau Soleil!* comme ces matelots qui crient *terre! terre!* — Il ne faut donc plus songer, lui dis-je, à vous donner de la pitié pour les habitants d'une comète. »

Lambert, dans ses *Lettres cosmologiques* (1765), consacre un chapitre à cette question : *Si les comètes sont habitables?* Guidé par des considérations étrangères à la science, dominé par cette idée préconçue que tous les globes doivent être habités, il cherche les raisons qui permettent de considérer les comètes, plus nombreuses que les planètes dans le système solaire, comme des corps célestes habitables.

Il trouve une première difficulté dans les extrêmes températures auxquelles les comètes passent, pour la plupart, de leur périhélie à leur aphélie. « Comment concevoir, dit-il, qu'on puisse durer dans un domicile qui passe par les dernières extrémités du chaud et du froid? La comète qui a paru en 1759 (celle de Halley) et qui revient le plus vite de toutes celles dont nous connaissons la période, suppose un hiver de 70 ans; mais c'est bien autre chose encore de la chaleur que les comètes éprouvent. » Là-dessus, tout en combattant l'exagération des calculs de Newton sur la chaleur éprouvée par la comète de 1680 quand elle passa à son périhélie, Lambert est obligé de convenir que le 8 décembre de 1680 « la comète, étant cent soixante fois plus près du Soleil que nous, devait éprouver vingt-cinq mille six cents fois plus de chaleur... Soit que cette comète fût d'une matière plus compacte que notre globe, soit qu'elle fût garantie par d'autres circonstances, elle a heureusement passé, et nous croyons que ses habitants auront passé avec elle. Il faut sans doute qu'ils soient d'un tempérament bien plus vigoureux et d'une constitution bien différente de la nôtre. Mais où est la nécessité que tous les êtres vivants soient faits comme nous? N'est-il pas infiniment plus vraisemblable qu'il y ait de globe en globe une variété d'organisation et de complexion relative aux besoins des peuples qui les habitent, assortissante aux lieux de leur demeure, et aux changements de température qu'il leur faut subir? N'est-on pas également revenu du préjugé qui longtemps avait fait regarder la zone torride et la zone glacée comme inhabitables? N'y a-t-il donc que des hommes sur la terre même? Et si nous n'eussions jamais vu ni poisson ni oiseau, ne serions-nous pas également fondés à regarder les eaux et les airs comme dépeuplés? Sommes-nous bien sûrs que le feu n'ait pas ses habitants invisibles, dont les corps soient faits d'asbeste, ou de quelque autre substance impénétrable à la flamme? Disons que la nature des êtres qui peuplent les comètes nous est inconnue; mais ne nions pas leur existence, et encore moins leur possibilité. »

Ainsi réduite à de pures hypothèses, il est clair que la question de l'habitabilité des comètes peut toujours être résolue affirmativement. Mais n'oublions pas qu'à l'époque où écrivait Lambert, les comètes étaient regardées comme des corps solides, enveloppées d'une atmosphère considérable : la tendance à les assimiler aux planètes était générale; pour peu qu'on y joignît, comme le savant géomètre que nous venons de citer, de vagues idées de causes finales, on peuplait volontiers tous les astres de l'univers, et le Soleil lui-même était habité.

André Oliver publia à peu près à la même époque (1772) un *Essai sur les comètes*, où il cherche à expliquer la formation des queues par une répulsion mutuelle, d'origine électrique, entre les atmosphères du Soleil et de la comète; il consacre la seconde partie de ce Mémoire, d'ailleurs intéressant, « à faire voir que les queues des comètes sont probablement destinées à faire de ces corps des mondes habitables. » Les variations énormes que subit la température d'une comète en passant de l'une à l'autre extrémité de son orbite sont exactement ou du moins convenablement compensées par les variations de densité de son atmosphère. En y joignant les mouvements dus à l'action du Soleil et à la vitesse de la rotation (supposée), il arrive que les extrêmes de froid et de chaleur n'y sont nullement intolérables. A l'aphélie, à l'extrême éloignement de la comète du Soleil, l'atmosphère et la queue sont condensées autour de l'astre et l'air y est dans un état de calme parfait. A mesure qu'elle approche du périhélie, l'atmosphère est raréfiée, l'équilibre des masses vaporeuses est constamment rompu, des courants d'un vent frais tempèrent l'extrême ardeur des rayons solaires.

On le voit. Ce sont des romans physiques qu'ont bâtis de la sorte les partisans d'une idée préconçue, celle de l'habitabilité universelle des astres. Ni Fontenelle, ni Lambert, ni André Oliver n'écriraient probablement aujourd'hui comme ils l'ont fait il y a cent ou cent cinquante ans. Il y a pour cela deux raisons, l'une philosophique, l'autre scientifique. D'abord l'*à priori* est d'un commun accord banni de la science, qui laisse aux métaphysiciens la tâche de soutenir des thèses en basant leurs arguments sur des idées pareilles à celles des causes finales. On ne se demande plus, par exemple, comment les comètes doivent être constituées pour permettre l'existence et le séjour d'êtres vivants dont la Providence ne peut pas avoir privé des astres si nombreux et si importants. Mais on cherche, par l'étude des faits observés, par la discussion des conséquences physiques probables que ces faits entraînent, à se faire une idée approchée de l'état physique, lumineux, calorifique, chimique où se trouvent les comètes connues. Et si l'on se pose alors la question de l'habitabilité de ces corps, ce n'est plus d'une façon absolue, inconditionnelle, entièrement hypothétique, comme Lambert : on compare les conditions physiques probables ainsi reconnues à celles qui, à la surface du globe terrestre, nous semblent compatibles avec l'existence d'êtres organisés, vivants. En un mot, il y a eu sous ce rapport comme un changement de méthode.

Une seconde raison qui aurait détourné des savants de la valeur de ceux que nous venons de citer de leur opinion d'alors, c'est que depuis un siècle on a étudié — nous l'avons vu en détail — la constitution physique et même chimique des comètes. Elles ne sont plus guère assimilées aux planètes que sous le rapport de leurs mouvements de translation. Tout fait croire que les agglomérations de matière qui les composent sont à un état physique tout à fait rudimentaire, analogue au *rudis indigestaque moles* du chaos, pour ainsi dire. Les transformations incessantes dont leurs noyaux, leurs atmosphères et leurs queues sont le siége, indiquent un équilibre éminemment instable, qu'il semble bien difficile de concilier avec les conditions connues de la vie.

Après cela, libre aux imaginations aventureuses, aux esprits amoureux du rêve, de se figurer la comète qui vient de nous faire, en juillet 1874, une si courte visite, peuplée d'astronomes tels que ceux dont parle Lambert[1]. Nous ne les chicanerons pas : on ne se bat point contre des fantômes.

1. « J'aime à me figurer, dit-il, ces globes voyageurs peuplés d'astronomes, qui sont là tout exprès pour contempler la nature en grand, comme nous ne la contemplons qu'en petit. Leur observatoire mobile, voguant d'un soleil à l'autre, les fait passer successivement par tous les points de vue, et les met à portée de tout voir, de déterminer la position et le mouvement de tous ces astres, de mesurer les orbites des comètes et des planètes qui roulent autour d'eux, de savoir comment les lois particulières se résolvent dans les lois générales, de connaître, en un mot, et les détails et l'ensemble. » A dire vrai, je me figure que l'astronomie, pour les hommes d'une telle comète, doit être une science terriblement compliquée. Mais leur intelligence est sans doute proportionnée aux difficultés.

§ II — Que deviendrait la Terre si une comète en faisait son satellite ?

Des conditions de température auxquelles les climats terrestres seraient soumis, si la Terre était entraînée par une comète à décrire la même orbite. — Comètes de Halley, de 1680, examinées à ce point de vue. — Extrêmes de chaleur et de froid ; opinion d'Arago ; impossibilité pour les êtres vivants de résister à de tels changements.

Arago examine d'une façon indirecte la question de l'habitabilité des comètes ; ou plutôt, il se borne à examiner si les distances extrêmes par lesquelles passe un astre qui décrit autour du Soleil une orbite très-excentrique, comme une ellipse cométaire, sont compatibles avec l'existence d'habitants semblables à l'homme. « La Terre, dit-il, pourra-t-elle jamais devenir le satellite d'une comète, et, dans le cas de l'affirmative, quel serait le sort de ses habitants ? »

Arago, se basant sur la faiblesse de masse des comètes, commence par regarder la transformation de la Terre en satellite de comète comme « un événement qui ne sort pas du cercle des possibilités, mais qui est très-peu probable ». Tout le monde aujourd'hui pense comme lui à cet égard. Puis, prenant successivement la comète de Halley et celle de 1680 pour la *comète conquérante*, il examine les conditions de température auxquelles notre globe se trouverait soumis en voyageant de conserve avec elle. Il fait la part des exagérations des calculs antérieurs.

Avec la comète de Halley, notre année s'allongerait à une durée soixante-quinze fois plus grande que l'année actuelle. « Dans cette durée de soixante-quinze périodes, égales à nos années actuelles, qu'embrassera la nouvelle année de la Terre, il y en aura cinq de dépensées à parcourir la portion de courbe comprise dans l'orbite de Saturne. Regardons ces cinq années comme correspondant à l'été et aux saisons tempérées ; il en restera encore soixante-dix (c'est le nombre de Lambert) qui appartiendront tout entières à l'hiver. Dans le moment du passage de la comète au périhélie, la Terre, son satellite, recevra du Soleil une quantité de rayons trois fois supérieure à celle qu'elle en recueille à présent. A son aphélie, trente-huit ans après, cette même quantité de rayons sera douze cents fois plus petite qu'elle ne l'est aujourd'hui. »

Avec la grande comète de 1680, l'année s'élèverait à 575 de nos années, en admettant la période calculée par Whiston. Les distances de la Terre au Soleil varieront, pendant cette longue période, des six millièmes de la distance moyenne actuelle à plus de 138 fois cette même distance. L'éloignement, du périhélie à l'aphélie, augmentera dans la proportion des nombres 6 et 138 296 ou de 1 à 23 050. L'intensité de la chaleur reçue au périhélie sera 28 000 fois aussi grande que la chaleur moyenne actuelle. Quelles seront les conséquences d'un tel état de choses ? On ne peut plus, comme Newton le faisait, admettre que la chaleur acquise par la comète a été 2000 fois celle d'un fer rouge, quand, le 17 décembre 1680, elle est passée à une si faible distance du Soleil. « Ce dernier résultat, dit Arago, se fonde sur des données inexactes. Le problème était d'ailleurs beaucoup plus compliqué que Newton ne le supposait, et qu'on ne devait le croire à l'époque de la publication des *Principes de la philosophie naturelle*. On sait en effet aujourd'hui que, pour assigner la température qu'une quantité déterminée de chaleur pourrait communiquer à un corps planétaire, il serait indispensable de connaître l'état de la superficie de ce corps et de son atmosphère. » On ne sait rien sous ce rapport de la comète de 1680 ; mais il n'en est pas de même de la Terre. Arago n'en est guère plus explicite pour cela ; il se borne à dire :

« D'abord la Terre éprouvera sans doute, dans son enveloppe solide, une chaleur 28 000 fois plus forte que celle de l'été ; mais bientôt toutes les mers se changeront en vapeurs, et l'épaisse couche de nuages qui en résultera la mettra peut-être à l'abri de la conflagration qu'on pouvait redouter au premier coup d'œil. Ainsi, il est certain que le voisinage du Soleil amènera une grande augmentation de température, sans qu'on puisse, par la nature des choses, en assigner numériquement la valeur. »

Et à l'aphélie, qu'arrivera-t-il ?

A l'aphélie, la distance étant 138 fois la distance actuelle, la chaleur reçue du Soleil par la Terre sera environ 19 000 fois moindre que la chaleur moyenne d'aujourd'hui. « Concentrée au foyer des plus larges lentilles, dit très-bien Arago, elle ne produirait certainement aucun effet sensible, même sur un thermomètre à air. La température de notre globe se trouverait ainsi dépendre uniquement de la chaleur non encore dissipée, dont il se serait imbibé près du périhélie, et de la chaleur propre à la région de l'espace que l'aphélie occupe. » Pour mettre les choses au pire, il admet la perte complète, et la chaleur du périhélie entièrement dissipée. Ce ne sera guère qu'un froid de 50° au-dessous de zéro. S'appuyant alors sur ce fait, que des voyageurs dans les régions polaires, comme le capitaine Franklin en 1820, ont enduré des froids de 49°,7 centigrades ; d'autre part, sur l'expérience qui montre que l'homme peut, dans des conditions spéciales, supporter une chaleur de 130° au-dessus de zéro, il arrive à cette conclusion inattendue : « Ainsi, dit-il, rien n'établit que si la Terre devenait un satellite de la comète de 1680, l'espèce humaine disparaîtrait par des influences thermométriques. »

Ne considérons d'abord que les températures extrêmes en elles-mêmes, que les quantités de chaleur reçues par notre globe au périhélie et à l'aphélie, indépendamment de leurs conséquences physiologiques. Voici les chiffres bruts : Au périhélie, la chaleur équivaut à 28 000 fois la chaleur actuelle ; à l'aphélie, elle se trouve 19 000 fois moindre. Dans le premier cas, elle est donc 532 millions de fois aussi considérable que dans le second.

Cet écart prodigieux, dont nous n'avons pour ainsi dire nulle idée, quelle est l'organisation humaine qui pourrait le subir ? Comment Arago a-t-il pu croire que, même en ne considérant que l'action immédiate d'une température si élevée et d'un si grand froid, notre constitution ne serait point détruite à coup sûr par l'un et par l'autre ? Mais c'est bien autre chose, si l'on se demande ce que deviendraient, dans une telle hypothèse, notre globe lui-même, ses terres et ses mers, ses climats, sa végétation, etc. ? En ne considérant que les végétaux, ne voyons-nous pas quelques degrés de plus ou de moins, une quantité d'humidité ou de sécheresse en excès ou en défaut, causer leur mort, tout au moins les priver de leurs fruits. Le blé ne donne point de grain sous les tropiques. L'homme, par son industrie, par des moyens artificiels, supporte il est vrai des climats auxquels il n'est pas accoutumé. Mais, avec toutes les précautions du monde, il ne s'acclimate point quand il passe d'une zone à l'autre.

Maintenant, tout ce qui vit à la surface de la Terre est constitué pour vivre dans de certaines conditions de jour et de nuit, d'alternatives de saisons, dans une atmosphère dont la composition chimique, la densité, le degré hygrométrique restent constants ou ne varient que dans des limites fort restreintes. Quels bouleversements, quelles révolutions dans le régime, les habitudes, les conditions les plus indispensables à l'existence, si la Terre se trouvait subitement assujettie à suivre dans son mouvement une comète telle que la comète de 1680 ! A coup sûr, une seule des révolutions de l'astre ne serait point accomplie sans voir s'anéantir, avec l'espèce humaine, la plupart des êtres qui composent la faune et la flore terrestre. Les naturalistes ont aujourd'hui toutes raisons de croire que les transformations révélées par les études paléontologiques ont été produites, aux divers âges de la Terre, par des modifications correspondantes, lentes ou brusques peu importe, dans l'état physique de l'atmosphère et du sol. Cependant, pour expliquer ces changements, ils n'ont pas besoin de supposer aux modifications dont il s'agit, une étendue à beaucoup près comparable à celle que donnerait à la Terre sa transformation en satellite de comète, accompagnée d'un écart de température ou de chaleur reçue, passant de 28 000 fois la chaleur actuelle à une quantité 19 000 fois moindre.

Heureusement pour notre globe, ainsi que le reconnaissait lui-même Arago, la probabilité d'un événement de ce genre est si petite, qu'il n'y a pas lieu de s'en préoccuper. C'est un de ces problèmes de pure curiosité dont l'examen a l'avantage de fournir à l'esprit des termes de comparaison entre ce qui est et ce qui pourrait être, entre ce qui est autour de nous dans le monde que nous habitons, et ce qui peut être dans des mondes différents du nôtre.

§ III — La Lune est-elle une ancienne comète?

Hypothèse de Maupertuis : origine des satellites des planètes, considérés comme des comètes retenues par la force de l'attraction planétaire. — Les Arcadiens et la Lune. — Réfutation de cette hypothèse par Dionys du Séjour.

C'est en se plaçant dans un même ordre d'idées, dans le domaine des romans scientifiques, qu'on s'est aussi demandé *si la Lune n'est pas une ancienne comète* que la Terre a détournée de son orbite autour du Soleil, et forcée de graviter autour d'elle-même. « Si une comète, a dit Maupertuis, peut nous ravir notre Lune, elle pourroit aussi nous en servir, se trouver condamnée à faire autour de nous ses révolutions et à éclairer nos nuits. Notre Lune pourroit bien avoir été, au commencement, une petite comète qui, pour s'être trop approchée de la Terre, s'y est trouvée prise. Jupiter et Saturne, dont les corps sont beaucoup plus gros que celui de la Terre, et dont la puissance s'étend plus loin et sur de plus grosses comètes, doivent être plus sujets que la Terre à de telles acquisitions ; aussi Jupiter a-t-il quatre lunes autour de lui et Saturne cinq. »

Sur quel fondement, sur quel argument sérieux l'ingénieux auteur de la *Lettre sur la comète* a-t-il brodé cette fantaisie? Il ne le dit point. Pingré, qui la rapporte, dit que les partisans de cette opinion l'appuient sur une tradition ancienne qu'on trouve dans Ovide et dans Lucien. Les Arcadiens étaient persuadés que leurs ancêtres avaient habité l'Arcadie avant que la Lune existât. Mais une telle croyance est un argument bien faible. Les raisonnements, ou mieux les calculs par lesquels Dionys du Séjour a réduit au néant la supposition de Maupertuis, sont plus difficiles à réfuter. J'en vais donner le résumé d'après Pingré. D'un trait d'analyse, dit-il, Dionys du Séjour a fait évanouir toutes ces brillantes imaginations. « Il a prouvé : 1° qu'il étoit absolument impossible qu'une comète, mue dans une trajectoire parabolique ou hyperbolique, devînt satellite de la Terre ; 2° pour qu'une comète, dont l'orbite seroit elliptique, devînt satellite de la Terre, il faudroit, lorsqu'elle entre dans la sphère d'attraction de la Terre, que son mouvement relatif, c'est-à-dire la différence entre son mouvement et celui de la Terre, ne fût que de 2176,1 pieds de plus par seconde de temps. Mais est-il possible qu'une comète, dont l'orbite quoique elliptique approche cependant fort d'être parabolique, n'ait que 2176 pieds de mouvement relatif à celui de la Terre, tandis qu'il est démontré que le mouvement relatif d'une comète parabolique placée à cette même distance, c'est-à-dire à la distance de la Terre au Soleil, doit être dans le cas le plus défavorable de 39 025 pieds ? » Mais quand cela serait, ajoute Pingré, la comète (devenue notre Lune) passerait, à chacune de ses révolutions, à l'extrémité de la sphère d'attraction de la Terre, et la moindre force finie suffirait pour l'en détacher..... Elle recommenceroit alors à circuler autour du Soleil. »

Ce sont là des raisons tirées des lois du mouvement des planètes et des comètes, du principe de la gravitation dont ces lois sont des conséquences ; mais il est trop évident qu'à un autre point de vue, celui de la constitution physique, rien ne ressemble moins à une comète que la Lune. Tout fait croire que notre satellite est entièrement, à la surface du moins, réduit à l'état solide. S'il a une atmosphère, elle est la moins vaporeuse possible, d'une densité extrêmement faible. Or, toutes les comètes connues, du moins étudiées jusqu'ici au télescope, nous ont paru caractérisées par ce fait : la prédominance de volume de l'atmosphère nébuleuse qui enveloppe leur noyau. Les savants du XVIIIe siècle qui regardaient les comètes comme des globes planétaires étaient à même néanmoins de reconnaître toute absence d'analogie entre la constitution physique de la Lune et celle d'une comète. Maupertuis, pour expliquer que notre satellite, ancienne comète travestie, ait pu perdre sa chevelure et sa queue, n'avait qu'une hypothèse nouvelle à faire, pendant que son imagination était en train, celle d'imaginer le passage d'une autre comète venant enlever à la Lune son atmosphère. Si j'ai bonne mémoire, ce n'est pas Maupertuis qui a fait cette supposition nouvelle, mais elle a trouvé un auteur, je ne sais lequel.

CATALOGUE DES COMÈTES

PÉRIODIQUES OU NON PÉRIODIQUES

DU MONDE SOLAIRE

TABLEAU I. — ÉLÉMENTS ELLIPTIQUES DES COMÈTES PÉRIODIQUES DONT LE RETOUR A ÉTÉ CONSTATÉ PAR L'OBSERVATOIRE.

NUMÉROS	NOMS DES COMÈTES	DURÉES DES RÉVOLUTIONS SIDÉRALES	GRANDS AXES DES ORBITES	DISTANCES PÉRIHÉLIES	DISTANCES APHÉLIES	ÉPOQUES DES PASSAGES AUX PÉRIHÉLIES
		ANS				
1	Encke	3.285	2.209701	0.332875	4.086528	1871 déc. 29
2	Brorsen	5.483	3.109618	0.596762	5.622475	1868 avril 17
3	Winnecke	5.591	3.149900	0.781538	5.518260	1869 juin 30
4	Tempel	5.963	3.291415	1.287200	5.295630	1873 mai 9
5	D'Arrest	6.567	3.506698	1.280280	5.733117	1870 sept. 23
6	Biela boréale	6.587	3.513740	0.860161	6.167319	1852 sept. 24
	Biela australe	6.629	3.528733	0.860592	6.196874	1852 sept. 23
7	Faye	7.413	3.801849	1.682173	5.921525	1866 février 14
8	Tuttle	13.811	5.75652	1.03011	10.48294	1871 nov. 30
9	Halley	76.37	18.00008	0.58895	35.41121	1835 nov. 15

NUMÉROS	NOMS DES COMÈTES	LONGITUDES DES PÉRIHÉLIES	LONGITUDES DES NŒUDS ASCENDANTS	INCLINAISONS	EXCENTRICITÉS	SENS DES MOUVEMENTS
1	Encke	158° 12′ 24″	334° 34′ 9″	13° 7′ 35″	0.8193573	D
2	Brorsen	116 2 3	101 14 6	29 22 39	0.8080916	D
3	Winnecke	275 56 1	113 33 21	10 48 19	0.7518847	D
4	Tempel	238 1 6	78 43 19	9 45 49	0.5173827	D
5	D'Arrest	318 40 50	146 25 23	15 39 12	0.6349044	D
6	Biela boréale	109 20 24	246 5 16	12 33 25	0.7552007	D
	Biela australe	109 13 21	246 9 11	12 33 47	0.7561187	D.
7	Faye	50 0 27	209 45 28	11 22 6	0.5575383	D
8	Tuttle	116 4 36	269 17 12	54 17 0	0.8210540	D
9	Halley	304 58 41	55 38 3	17 44 45	0.9672807	R

NUMÉROS	ANNÉE ET DATE DU PASSAGE AU PÉRIHÉLIE	LONGITUDE DU PÉRIHÉLIE	LONGITUDE DU NŒUD ASCENDANT	INCLINAISON	EXCENTRICITÉ	DISTANCE PÉRIHÉLIE	SENS DU MOUVEMENT	OBSERVATIONS
1	D J.C 66 janv. 14	325° ′	32° 40′	40° 30′	1.0	0.4446	R	
2	141 mars 29	251 55	12 50	17	Périod.	0.7200	R	Comète de *Halley*
3	240 nov. 10	271	189	44	1.0	0.3715	D	
4	539 oct. 20	313 30	58 ou 238	10	1.0	0.3412	D	
5	565 juill. 9	88	158	62	1.0	0.7184	R	
6	568 août 28	316 47	294 36	4 2	1.0	0.8894	D	
7	574 avril 7	143 39	128 17	46 31	1.0	0.9630	D	
8	770 juin 6	357 7	90 59	61 49	1.0	0.6422	R	
9	837 mars 1	289 3	206 33	11	1.0	0.5800	R	
10	961 déc. 30	268 3	350 35	79 33	1.0	0.5519	R	
11	989 sept. 12	264	84	17	Périod.	0.5683	R	Comète de *Halley*
12	1066 avril 1	264 55	25 50	17	Périod.	0.7200	R	Comète de *Halley*
13	1092 févr. 15	156 20	125 40	28 55	1.0	0.9281	D	
14	1097 sept. 21	332 30	207 30	73 30	1.0	0.7384	D	
15	1231 janv. 30	134 48	13 30	6 5	1.0	0.9478	D	
16	1264 juill. 12	241 38	157 40	35 5	1.0	0.3117	D	
17	1299 mars 31	3 20	107 8	68 57	1.0	0.3179	R	
18	1337 juin 15	2 20	93 1	40 28	1.0	0.8282	R	
19	1366 oct. 13	66	212	6	1.0	0.9581	D	
20	1378 nov. 8	299 31	47 17	17 56	Périod.	0.5835	R	Comète de *Halley*
21	1385 oct. 16	101 47	268 31	52 15	1.0	0.7737	R	
22	1433 nov. 4	281 2	133 49	79 1	1.0	0.3395	R	
23	1456 juin 8	301	48 30	17 56	Périod.	0.5855	R	Comète de *Halley*
24	1468 oct. 7	356 3	61 15	44 19	1.0	0.8533	R	
25	1472 févr. 28	48 3	207 32	1 55	1.0	0.5646	R	
26	1490 déc. 24	58 40	288 45	51 37	1.0	0.7376	D	
27	1491 janv. 4	113	268	75	1.0	0.7550	R	
28	1506 sept. 3	250 37	132 50	45 1	1.0	0.3860	R	
29	1531 août 25	301 12	45 30	17	0.967391	0.5799	R	Comète de *Halley*
30	1532 oct. 19	135 44	119 8	47 27	1.0	0.6125	D	
31	1533 juin 14	217 40	299 19	28 14	1.0	0.3269	D	
32	1556 avril 22	274 15	175 26	30 12	1.0	0.5049	D	
33	1558 août 10	329 49	332 36	73 29	1.0	0.5773	R	
34	1577 oct. 26	129 42	25 20	75 10	1.0	0.1775	R	
35	1580 nov. 28	108 29	19 7	64 34	0.998631	0.6025	D	Périodique
36	1582 mai 6	256 15	229 18	60 47	1.0	0.1683	R	
37	1585 oct. 8	8 8	37 41	6 6	1.0	1.0948	D	
38	1590 févr. 8	217 57	165 37	29 30	1.0	0.5677	R	
39	1593 juill. 18	176 19	164 15	87 58	1.0	0.0891	D	
40	1596 juill. 25	270 55	330 21	51 58	1.0	0.5672	R	
41	1607 oct. 26	301 38	48 40	17 12	0.967089	0.5880	R	Comète de *Halley*
42	1618 I août 17	318 20	293 25	21 18	1.0	0.5130	D	
43	1618 II nov. 8	3 5	75 44	37 12	1.0	0.3895	D	
44	1652 nov. 12	28 19	88 10	79 28	1.0	0.8475	D	
45	1661 janv. 26	115 16	81 54	33 1	1.0	0.4427	D	
46	1664 déc. 4	130 33	81 16	21 18	1.0	1.0256	R	
47	1665 avril 24	71 54	228 2	76 5	1.0	0.1065	R	
48	1668 févr. 24	40 9	193 26	27 7	1.0	0.2541	D	
49	1672 mars 1	46 59	297 30	83 22	1.0	0.6974	D	
50	1677 mai 6	137 37	236 49	79 3	1.0	0.2806	R	
51	1678 août 18	322 48	163 20	2 52	0.626970	1.1453	D	Périodique
52	1680 déc. 17	262 49	272 9	60 40	0.999985	0.00622	D	Périodique
53	1682 sept. 14	301 56	51 11	17 45	0.967920	0.5829	R	Comète de *Halley*
54	1683 juill. 13	86 31	173 18	83 48	0.983247	0.5535	R	Périodique
55	1684 juin 8	238 52	268 15	65 49	1.0	0.9611	D	
56	1686 sept. 16	77 0	350 35	31 22	1.0	0.3250	D	
57	1689 nov. 29	269 41	90 25	59 5	1.0	0.0189	R	
58	1695 nov. 9	60 0	216 0	22 0	1.0	0.8435	D	
59	1698 oct. 18	270 51	267 44	11 46	1.0	0.6913	R	
60	1699 janv. 13	212 31	321 46	69 20	1.0	0.7440	R	

NUMÉROS	ANNÉE ET DATE DU PASSAGE AU PÉRIHÉLIE	LONGITUDE DU PÉRIHÉLIE	LONGITUDE DU NŒUD ASCENDANT	INCLINAISON	EXCENTRICITÉ	DISTANCE PÉRIHÉLIE	SENS DU MOUVEMENT	OBSERVATIONS
61	1701 oct. 17	133° 41′	298° 41′	41° 39′	1.0	0.5926	R	
62	1702 mars 13	138 47	188 59	4 25	1.0	0.6468	D	
63	1706 janv. 30	72 36	13 11	55 14	1.0	0.4269	D	
64	1707 déc. 11	79 55	52 47	88 36	1.0	0.8597	D	
65	1718 janv. 14	121 40	127 55	31 8	1.0	1.0254	R	
66	1723 sept. 27	42 53	24 14	50 0	1.0	0.9988	R	
67	1729 juin 13	320 31	310 38	77 5	1.0050334	4.0435	D	Comète hyperbolique
68	1737 I janv. 30	325 55	226 22	18 21	1.0	0.2228	D	
69	1737 II juin 8	262 37	123 54	39 14	1.0	0.8670	D	
70	1739 juin 17	102 39	207 27	55 43	1.0	0.8480	R	
71	1742 févr. 8	217 34	185 35	67 4	1.0	0.7655	R	
72	1743 I janv. 10	92 58	67 32	2 16	1.0	0.8382	D	
73	1743 II sept. 20	247 16	6 15	45 38	1.0	0.5236	R	
74	1744 mars 1	197 14	45 48	47 8	1.0	0.2223	D	
75	1747 mars 3	277 2	147 19	79 7	1.0	2.1985	R	
76	1748 I avril 28	215 1	232 52	85 27	1.0	0.8406	R	
77	1748 II juin 18	278 47	33 8	67 3	1.0	0.9465	D	
78	1757 oct. 21	122 58	214 13	12 50	1.0	0.3375	D	
79	1758 juin 11	267 38	230 50	68 19	1.0	0.2153	D	
80	1759 I mars 12	303 10	53 50	17 37	0.9676844	0.5845	R	Comète de *Halley*
81	1759 II nov. 27	53 38	139 40	79 3	1.0	0.8021	D	
82	1759 III déc. 16	139 4	79 20	4 42	1.0	0.9618	R	
83	1762 mai 28	104 2	348 33	85 38	1.0	1.0090	D	
84	1768 nov. 1	84 57	356 18	72 34	0.9954268	0.4983	D	Périodique
85	1764 févr. 12	15 15	120 5	52 54	1.0	0.5552	R	
86	1766 I févr. 17	143 15	244 11	40 50	1.0	0.5053	R	
87	1769 II avril 26	251 13	74 11	8 2	0.864000	0.3990	D	Périodique
88	1769 oct. 7	144 11	175 4	40 46	0.9992490	0.1227	D	Périodique
89	1770 I août 14	356 16	132 0	1 35	0.786839	0.6743	D	Périodique
90	1770 II nov. 22	208 23	108 42	31 26	1.0	0.5282	R	
91	1771 avril 19	104 3	57 52	11 15	1.0093698	0.9035	D	Orbite hyperbolique
92	1772 févr. 16	110 9	257 16	17 3	0.724510	0.9860	D	Comète de *Biela*
93	1773 sept. 5	75 17	121 8	61 15	1.002490	1.1283	D	Orbite hyperbolique
94	1774 août 15	317 28	180 45	83 20	1.028295	1.4328	D	Orbite hyperbolique
95	1779 janv. 4	87 14	25 4	32 31	1.0	0.7132	D	Périodique
96	1780 I sept. 30	246 36	123 41	54 23	0.999946	0.0963	R	
97	1780 II nov. 28	246 52	142 1	72 3	1.0	0.5153	R	
98	1781 I juill. 7	239 11	83 1	81 43	1.0	0.7759	D	
99	1781 II nov. 29	16 3	77 23	27 12	1.0	0.7634	R	
100	1783 nov. 19	50 3	55 45	44 53	0.5395345	1.4544	D	Périodique
101	1784 janv. 21	80 44	56 49	51 9	1.0	0.7079	R	
102	1785 I janv. 27	109 52	264 12	70 14	1.0	1.1434	D	
103	1785 II avril 8	297 30	64 34	87 32	1.0	0.4273	R	
104	1786 I juin 30	156 38	334 8	13 36	0.84836	0.3348	D	Comète d'*Encke*
105	1786 II juill. 8	158 38	195 24	50 59	1.0	0.3942	D	
106	1787 mai 10	7 44	106 52	48 16	1.0	0.3489	R	
107	1788 I nov. 10	99 8	156 57	12 28	1.0	1.0630	R	
108	1788 II nov. 20	22 50	352 24	64 30	1.0	0.7573	D	
109	1790 I janv. 16	58 25	172 50	29 44	1.0	0.7473	R	
110	1790 II janv. 28	111 45	267 9	56 58	Périod.	1.0633	D	Comète de *Tuttle*
111	1790 III mai 21	273 43	33 11	63 52	1.0	0.7980	R	
112	1792 I janv. 13	36 21	190 42	39 46	1.0	1.2925	R	
113	1792 II déc. 27	135 53	283 15	49 7	1.0	0.9668	R	
114	1793 I nov. 4	228 42	108 29	60 21	1.0	0.4034	R	
115	1793 II nov. 20	71 54	2 0	31 31	0.9734211	1.4951	D	Périodique
116	1795 déc. 21	156 41	334 39	13 42	0.8488828	0.3344	D	Comète d'*Encke*
117	1796 avril 2	192 44	17 2	64 55	1.0	1.5781	R	
118	1797 juill. 9	49 27	329 16	50 41	1.0	0.5266	R	
119	1798 I avril 4	105 7	122 12	43 45	1.0	0.4846	D	
120	1798 II déc. 31	34 27	249 30	42 26	1.0	0.7795	R	

NUMÉROS	ANNÉE ET DATE DU PASSAGE AU PÉRIHÉLIE	LONGITUDE DU PÉRIHÉLIE	LONGITUDE DU NŒUD ASCENDANT	INCLINAISON	EXCENTRICITÉ	DISTANCE PÉRIHÉLIE	SENS DU MOUVEMENT	OBSERVATIONS
121	1799 I sept. 7	3° 38′	99° 23′	51° 2′	1.0	0.8403	R	
122	1799 II déc. 25	190 23	326 30	77 5	1.0	0.6244	R	
123	1801 août 8	183 49	44 28	21 20	1.0	0.2617	R	
124	1802 sept. 9	332 9	310 16	57 1	1.0	1.0942	R	
125	1804 févr. 13	148 45	176 48	56 29	1.0	1.0711	D	
126	1805 nov. 21	156 47	334 20	13 33	0.8461753	0.3404	D	Comète d'*Encke*
127	1806 I janv. 1	109 28	251 16	13 37	0.7457068	0.9070	D	Comète de *Biela*
128	1806 II déc. 28	97 3	322 23	35 3	1.010182	1.0819	R	Orbite hyperbolique
129	1807 sept. 18	270 55	266 47	63 10	0.9954878	0.6461	D	Périodique
130	1808 I mai 12	69 13	322 59	45 43	1.0	0.3899	R	
131	1808 II juill. 12	252 39	24 11	39 19	1.0	0.6080	R	
132	1810 sept. 29	52 45	310 21	61 11	1.0	0.9757	D	
133	1811 I sept. 12	75 1	140 25	73 2	0.9950933	1.0355	R	Périodique
134	1811 II nov. 10	47 27	93 2	31 17	0.9827109	1.5821	D	Périodique
135	1812 sept. 15	92 19	253 1	72 57	0.9545412	0.7771	D	Périodique
136	1813 I mars 14	69 56	60 48	21 14	1.0	0.6991	R	
137	1813 II mai 19	197 43	42 40	81 2	1.0	1.2160	R	
138	1815 avril 25	149 2	83 29	44 30	0.9312197	1.2128	D	Périodique
139	1816 mars 1	267 36	323 15	43 5	1.0	0.0485	D	
140	1818 I févr. 7	95 7	250 4	20 2	1.0	0.7333	D	
141	1818 II févr. 25	182 45	70 26	89 44	1.0	1.1977	D	
142	1818 III déc. 4	103 7	90 7	62 41	1.0	0.8479	R	
143	1819 I janv. 27	156 59	334 33	13 37	0.8485841	0.3353	D	Comète d'*Encke*
144	1819 II juin 27	287 5	373 44	80 46	1.0	0.3411	D	
145	1819 III juill. 18	274 41	113 11	10 43	0.7551903	0.7736	D	Comète de *Winnecke*
146	1819 IV nov. 20	67 19	77 14	9 1	0.6867458	0.8926	D	Périodique
147	1821 mars 21	239 29	48 41	73 33	1.0	0.0918	R	
148	1822 I mai 5	192 48	177 25	53 36	1.0	0.5042	R	
149	1822 II mai 23	157 15	334 25	13 20	0.8444643	0.3460	D	Comète d'*Encke*
150	1822 III juill. 16	219 54	97 51	37 43	1.0	0.8461	R	
151	1822 IV oct. 23	271 40	92 45	52 39	0.9963021	1.1451	R	Périodique
152	1823 déc. 9	274 34	303 3	76 12	1.0	0.2265	R	
153	1824 I juill. 11	260 17	234 19	54 34	1.0	0.5913	R	
154	1824 II sept. 29	4 31	279 16	54 37	1.0017345	1.0501	D	Orbite hyperbolique
155	1825 I mai 30	273 55	20 6	56 41	1.0	0.8891	R	
156	1825 II août 18	10 14	192 56	89 42	1.0	0.8835	D	
157	1825 III sept. 16	157 15	334 27	13 21	0.8448885	0.3449	D	Comète d'*Encke*
158	1825 IV déc. 10	318 47	215 43	33 33	0.9954285	1.2408	R	Périodique
159	1826 I mars 18	109 49	251 27	13 33	0.7466012	0.9024	D	Comète de *Biela*
160	1826 II avril 21	117 11	197 30	39 57	1.0089597	2.0029	D	Orbite hyperbolique
161	1826 III avril 29	35 48	40 29	5 17	1.0	0.1882	R	
162	1826 IV oct. 8	57 48	44 6	25 57	1.0	0.8528	D	
163	1826 V nov. 18	315 30	235 6	89 22	1.0	0.0269	R	
164	1827 I févr. 4	33 30	184 28	77 36	1.0	0.5065	R	
165	1827 II juin 7	297 32	318 10	43 39	1.0	0.8082	R	
166	1827 III sept. 11	250 57	149 39	54 5	0.9992730	0.1378	R	Périodique
167	1829 janv. 9	157 18	334 30	13 21	0.8446245	0.3456	D	Comète d'*Encke*
168	1830 I avril 9	212 12	206 22	21 16	1.0	0.9214	D	
169	1830 II déc. 27	310 59	337 53	44 45	1.0	0.1259	R	
170	1832 I mai 3	157 21	334 32	13 21	0.8454141	0.3435	D	Comète d'*Encke*
171	1832 II sept. 25	227 55	72 27	43 19	1.0	1.1835	R	
172	1832 III nov. 26	109 56	248 12	13 12	0.7513780	0.8793	D	Comète de *Biela*
173	1833 sept. 10	224 21	323 28	7 18	1.0	0.4643	R	
174	1834 avril 2	276 34	226 48	5 57	1.0	0.5150	R	
175	1835 I mars 30	206 9	58 56	9 3	1.0	2.0514	R	
176	1835 II août 26	157 23	334 35	13 21	0.8450356	0.3444	D	Comète d'*Encke*
177	1835 III nov. 15	304 32	55 10	17 45	0.9673909	0.5866	R	Comète de *Halley*
178	1838 déc. 19	157 27	331 37	13 21	0.8451775	0.3440	D	Comète d'*Encke*
179	1840 I janv. 4	192 12	119 58	53 6	1.0002050	0 3185	D	Orbite hyperbolique
180	1840 II mars 12	80 18	236 49	59 13	0.9978836	1.2214	R	Périodique

NUMÉROS	ANNÉE ET DATE DU PASSAGE AU PÉRIHÉLIE	LONGITUDE DU PÉRIHÉLIE	LONGITUDE DU NŒUD ASCENDANT	INCLINAISON	EXCENTRICITÉ	DISTANCE PÉRIHÉLIE	SENS DU MOUVEMENT	OBSERVATIONS
181	1840 III avril 2	324° 12′	186° 3′	79° 52′	1.0	0.7483	D	
182	1840 IV nov. 13	22 32	248 56	57 57	0.9698526	1.4808	D	Périodique
183	1842 I avril 12	157 29	334 39	13 20	0.8447904	0.3450	D	Comète d'*Encke*
184	1842 II déc. 15	327 16	207 49	73 34	1.0	0.5043	R	
185	1843 I févr. 27	278 40	1 15	35 41	0.9999157	0.005538	R	Périodique
186	1843 II mai 6	281 30	157 15	52 45	1.0001798	1.6163	D	Orbite hyperbolique
187	1843 III oct. 17	49 33	209 30	11 23	0.5558997	1.6922	D	Comète de *Faye*
188	1844 I sept. 2	342 31	63 49	2 55	0.6176539	1.1864	D	Périodique
189	1844 II oct. 17	179 36	31 39	48 36	0.9996083	0.8554	R	Périodique
190	1844 III déc. 13	296 2	118 19	45 39	1.0003530	0.2517	D	Orbite hyperbolique
191	1845 I janv. 8	91 20	336 44	46 51	1.0	0.9053	D	
192	1845 II avril 21	192 33	347 7	56 24	1.0	1.2546	D	
193	1845 III juin 5	262 3	337 49	48 42	0.9898742	0.4016	R	Périodique
194	1845 IV août 9	157 44	334 20	13 8	0.8474362	0.3382	D	Comète d'*Encke*
195	1846 I janv. 22	89 6	111 8	47 26	0.9924026	1.4807	D	Périodique
196	1846 II févr. 10	109 3	245 54	12 35	0.7566060	0.8564	D	Comète de *Biela*
197	1846 III févr. 25	116 28	102 41	30 56	0.7933880	0.6501	D	Comète de *Brorsen*
198	1846 IV mars 5	90 27	77 34	85 6	0.9620891	0.6637	D	Périodique
199	1846 V mai 27	82 39	161 18	57 36	1.0	1.3747	R	
200	1846 VI juin 1	240 8	260 29	30 24	0.7213385	1.5286	D	Périodique
201	1846 VII juin 5	162 6	261 53	29 19	0.9899389	0.6337	R	Périodique
202	1846 VIII oct. 29	98 47	4 38	49 30	0.9933127	0.8294	D	Périodique
203	1847 I mars 30	276 2	21 42	48 40	0.9999129	0.0426	D	Périodique
204	1847 II juin 12	137 42	173 25	80 17	1.0	2.1172	R	
205	1847 III août 9	246 45	338 17	83 26	0.9985879	1.7661	R	Périodique
206	1847 IV août 9	21 21	76 42	32 38	0.9974348	1.4843	R	Périodique
207	1847 V nov. 9	79 12	309 49	19 8	0.972560	0.4879	D	Périodique
208	1847 VI nov. 14	274 13	190 50	71 51	1.0001326	0.3290	R	Orbite hyperbolique
209	1848 I sept. 8	310 35	211 35	84 28	1.0	0.3198	R	
210	1848 II nov. 26	157 47	334 22	13 9	0.8478280	0.3370	D	Comète d'*Encke*
211	1849 I janv. 19	63 15	215 13	85 2	1.0	0.9596	D	
212	1849 II mai 26	235 45	202 33	67 8	0.9978863	1.1590	D	Périodique
213	1849 III juin 8	267 6	30 32	66 55	0.997830	0.8943	D	Périodique
214	1850 I juill. 23	273 25	92 53	68 11	0.9988519	1.0814	D	Périodique
215	1850 II oct. 19	89 16	206 0	40 9	1.0	0.5653	D	
216	1851 I avril 1	49 42	209 31	11 22	0.5549601	1.6999	D	Comète de *Faye*
217	1851 II juill. 9	322 56	148 25	13 55	0.6592674	1.1733	D	Comète de d'*Arrest*
218	1851 III août 26	310 59	223 41	38 9	0.9968586	0.9843	D	Périodique
219	1851 IV sept. 30	338 46	44 21	73 59	1.0	0.1420	D	
220	1852 I mars 14	157 51	334 23	13 8	0.8476726	0.3375	D	Comète d'*Encke*
221	1852 II avril 19	278 42	317 29	49 11	1.0525041	0.4369	R	Orbite hyperbolique
222	1852 III sept. 22	109 8	245 51	12 33	0.7558650	0.8606	D	Comète de *Biela*
223	1852 IV oct. 12	43 14	346 10	40 55	0.9189170	1.2500	D	Périodique
224	1853 I févr. 23	153 44	69 34	20 13	0.990412	1.0915	R	Périodique
225	1853 II mai 9	201 44	40 58	57 49	0.9893194	0.9087	R	Périodique
226	1853 III sept. 1	310 57	140 31	61 30	0.7294246	0.3070	D	Périodique
227	1853 IV oct. 16	302 15	220 6	61 0	1.0012289	0.1727	R	Orbite hyperbolique
228	1854 I janv. 2	56 39	227 1	66 1	1.0	2.0456	R	
229	1854 II mars 24	213 49	315 27	82 33	1.0	0.2771	R	
230	1854 III juin 22	272 58	347 49	71 8	1.0	0.6473	R	
231	1854 IV oct. 27	94 28	324 29	40 55	0.9933246	0.7987	D	Périodique
232	1854 V déc. 15	165 9	238 8	14 9	0.9864041	1.3575	D	Périodique
233	1855 I févr. 5	226 38	189 44	51 24	0.9651850	2.1935	R	Périodique
234	1855 II mai 29	239 29	260 11	23 10	0.9039970	0.5649	R	Périodique
235	1855 III juill. 1	157 53	334 26	13 8	0.8477869	0.3371	D	Comète d'*Encke*
236	1855 IV nov. 25	86 2	51 35	10 11	0.997255	1.2323	R	Périodique
237	1857 I mars 21	74 44	313 10	87 56	0.9992144	0.7725	D	Périodique
238	1857 II mars 28	115 45	101 45	29 49	0.8022946	0.6206	D	Comète de *Brorsen*
239	1857 III juill. 17	249 36	23 41	58 58	0.9989984	0.3675	R	Périodique
240	1857 IV août 23	21 47	200 49	32 46	0.9803714	0.7468	D	Périodique

NUMÉROS	ANNÉE ET DATE DU PASSAGE AU PÉRIHÉLIE	LONGITUDE DU PÉRIHÉLIE	LONGITUDE DU NŒUD ASCENDANT	INCLINAISON	EXCENTRICITÉ	DISTANCE PÉRIHÉLIE	SENS DU MOUVEMENT	OBSERVATIONS
241	1857 V sept. 30	250° 8′	14° 58′	56° 3′	0.9969135	0.5629	R	Périodique
242	1857 VI nov. 19	44 13	139 19	37 49	0.9969918	1.0090	R	Périodique
243	1857 VII nov. 28	323 3	148 27	13 56	0.6598094	1.1704	D	Comète de d'*Arrest*
244	1858 I févr. 23	115 52	269 3	54 24	0.820903	1.0255	D	Comète de *Tuttle*
245	1858 II mai 2	275 40	113 31	10 48	0.7541036	0.7688	D	Comète de *Winnecke*
246	1858 III mai 2	195 59	170 43	23 0	1.0	1.2097	D	
247	1858 IV juin 5	226 6	324 58	80 3	1.0	0.5443	R	
248	1858 V sept. 29	36 13	165 19	63 2	0.9962933	0.5785	R	Périodique
249	1858 VI oct. 18	157 57	334 29	13 4	0.8463915	0.3407	D	Comète d'*Encke*
250	1858 VII sept. 22	49 52	209 40	11 22	0.5577360	1.6948	D	Comète de *Faye*
251	1858 VIII oct. 12	4 13	159 45	21 17	1.0	1.4270	R	
252	1859 mai 29	75 21	357 21	83 32	1.0	0.2010	R	
253	1860 I févr. 16	173 45	324 3	79 36	1.0	1.1973	D	Comète double d'Olinda
254	1860 II mars 5	50 16	8 56	48 13	1.0	1.3083	D	
255	1860 III juin 16	161 31	84 43	79 18	0.997240	0.2921	D	Périodique
256	1860 IV sept. 28	111 59	104 14	28 14	1.0	0.9539	R	
257	1861 I juin 3	243 22	29 56	79 46	0.9834631	0.9207	D	Périodique
258	1861 II juin 11	249 4	278 58	85 26	0.9853832	0.8224	D	Périodique
259	1861 III déc. 7	173 31	145 7	41 57	1.0	0.8391	R	
260	1862 I févr. 6	158 0	334 31	13 5	0.8467094	0.3399	D	Comète d'*Encke*
261	1862 II juin 22	229 20	326 33	7 54	1.0	0.9813	R	
262	1862 III août 22	344 41	137 27	66 26	0.9612708	0.9626	R	Périodique
263	1862 IV déc. 18	125 10	355 45	42 23	1.0	0.8026	R	
264	1863 I févr. 3	191 23	116 56	85 22	0.9999470	0.7948	D	Périodique
265	1863 II avril 4	247 15	251 16	67 22	1.0	1.0681	R	
266	1863 III avril 20	305 31	249 59	85 29	1.0	0.6284	D	
267	1863 IV nov. 9	94 43	97 30	78 5	1.0	0.7066	D	
268	1863 V déc. 27	60 24	304 43	64 29	1.0	0 7715	D	
269	1863 VI déc. 29	183 7	105 1	83 19	1.000650	1.3131	D	Orbite hyperbolique
270	1864 I juill. 27	185 32	174 51	65 1	1.0	0.6640	R	
271	1864 II août 15	304 12	95 14	1 52	0.9967771	0.9093	R	Périodique
272	1864 III oct. 11	159 18	31 45	70 18	0.9999532	0.9312	R	Périodique
273	1864 IV déc. 22	321 43	203 13	48 52	1.0	0.7709	D	
274	1864 V déc. 27	162 24	160 54	17 7	1.0	1.1146	R	
275	1865 I janv. 14	141 16	253 3	87 32	1.0	0.0260	R	
276	1865 II mai 28				0.		D	Comète d'*Encke*
277	1866 I janv. 11	60 29	231 26	17 18	0.9054198	0.9765	R	Périodique
278	1866 II févr. 14	50 0	209 45	11 22	0.5575383	1.6822	D	Comète de *Faye*
279	1867 I janv. 19	75 52	78 36	18 13	0.8490551	1.5725	D	Périodique
280	1867 II févr. 27	162 40	168 36	6 7	1.0	1.1243	D	
281	1867 III mai 23	236 3	101 13	6 23		1.2870	D	Comète de *Tempel*
282	1867 IV nov. 7	313 35	64 58	96 33		0.3304		
283	1868 I avril 17	116 2	101 14	29 23	0.8080916	0.5968	D	Comète de *Brorsen*
284	1868 II juin 27	287 8	53 19	48 9		0.5822	R	
285	1868 III sept. 16	—	—	—	—	—	D	Comète d'*Encke*
286	1868 IV nov. 7	—	—	—	—	—		
287	1869 I juin 30	275 56	113 33	10 48	0.751885	0.7815	D	Comète de *Winnecke*
288	1869 II oct. 8	124 41	311 24	68 49		1.2289	R	
289	1869 III nov. 20	40 37	292 57	6 56		1.1028		
290	1870 I juill. 12	302 15	140 4	57 19		0.9904	R	
291	1870 II sept. 3	7 53	12 56	99 21		1.8166	D	
292	1870 III sept. 23	318 41	146 25	15 39	0.634904	1.2803	D	Comète de d'*Arrest*
293	1870 IV déc. 19	9 26	94 15	30 15		0.4290	R	
294	1871 I juin 10	139 43	278 41	87 54		0.6749	D	
295	1871 II juill. 26	308 11	211 57	101 59		1.0834	R	
296	1871 III nov. 30	116 5	269 17	54 17	0.821054	1.0301	D	Comète de *Tuttle*
297	1871 IV déc. 20	28 45	146 50	98 50		0.7008	R	
298	1871 V déc. 29	158 12	334 34	13 8	0.8493573	0.3329	D	Comète d'*Encke*
299	1872 I —	—	—	—	—	—	D	Comète de *Biela*
300	1872 II —	—	—	—	—	—		

NUMÉROS	ANNÉE ET DATE DU PASSAGE AU PÉRIHÉLIE			LONGITUDE DU PÉRIHÉLIE	LONGITUDE DU NŒUD ASCENDANT	INCLINAISON	EXCENTRICITÉ	DISTANCE PÉRIHÉLIE	SENS DU MOUVEMENT	OBSERVATIONS
301	1873 I	mai	9	238° 43′	78° 43′	9° 46′	0.5173827	1.2872	D	Comète de *Tempel*
302	1873 II	juin	25	306 10	120 54	12 43	0.5441511	1.3445		Périodique
303	1873 III	sept.	10	36 57	230 39	84 3	1.0	0.7948	R	
304	1873 IV	oct.	1	302 59	176 44	58 31	1.0	0.3884	R	
305	1873 V	—		—	—	—	...	—	D	Comète de *Brorsen*
306	1873 VI	—		—	—	—	—	—	D	Comète de *Faye*
307	1873 VII	nov.		83 12	249 23	30 45	1.0	0.7525	D	Comète 1818 I?
308	1874 I	mars	9	300 36	31 31	58 17	1.0	0.0439		
309	1874 II	mars	14	302 16	274 7	31 32	1.0	0.8861	D	
310	1874 III	juill.	8	270 59	118 40	66 16	1.0	0.6743	D	
311	1874 IV	—		—	—	—	1.0	—	—	
312	1 V	—		—	—	—	1.0	—	—	

Quelques éléments de comètes récemment observées, celles de 1868 III, 1868 IV, 1872 I, 1872 II, 1873 V, 873 VI, 1874 IV et 1874 V ne nous sont pas encore parvenus ; mais, parmi ces comètes, il en est quatre qui sont ériodiques, celles de Biela, d'Encke, de Brorsen et de Faye ; on trouvera donc les éléments de leurs orbites aux ates de leurs apparitions antérieures.

FIN

TABLE DES FIGURES

PLANCHES TIRÉES HORS DU TEXTE

FIGURES INSÉRÉES DANS LE TEXTE

FIN DE LA TABLE DES FIGURES.

TABLE DES MATIÈRES

CHAPITRE PREMIER

CROYANCES ET SUPERSTITIONS RELATIVES AUX COMÈTES

CHAPITRE II

L'ASTRONOMIE COMÉTAIRE, DE L'ANTIQUITÉ JUSQU'A NEWTON

CHAPITRE III

MOUVEMENTS ET ORBITES DES COMÈTES

CHAPITRE IV

LES COMÈTES PÉRIODIQUES

CHAPITRE V

LES COMÈTES PÉRIODIQUES

CHAPITRE VI

LE MONDE DES COMÈTES ET LES SYSTÈMES COMÉTAIRES

CHAPITRE VII

CONSTITUTION PHYSIQUE ET CHIMIQUE DES COMÈTES

CHAPITRE VIII

TRANSFORMATIONS PHYSIQUES DES COMÈTES

CHAPITRE IX

MASSE ET DENSITÉ DES COMÈTES

CHAPITRE X

LA LUMIÈRE DES COMÈTES

CHAPITRE XI

THÉORIE DES PHÉNOMÈNES COMÉTAIRES

CHAPITRE XII

LES COMÈTES ET LES ÉTOILES FILANTES

CHAPITRE XIII

LES COMÈTES ET LA TERRE

CHAPITRE XIV

DES INFLUENCES PHYSIQUES DES COMÈTES

CHAPITRE XV

QUELQUES QUESTIONS SUR LES COMÈTES

FIN DE LA TABLE DES MATIÈRES

PARIS. — IMPRIMERIE DE E. MARTINET, RUE MIGNON, 2

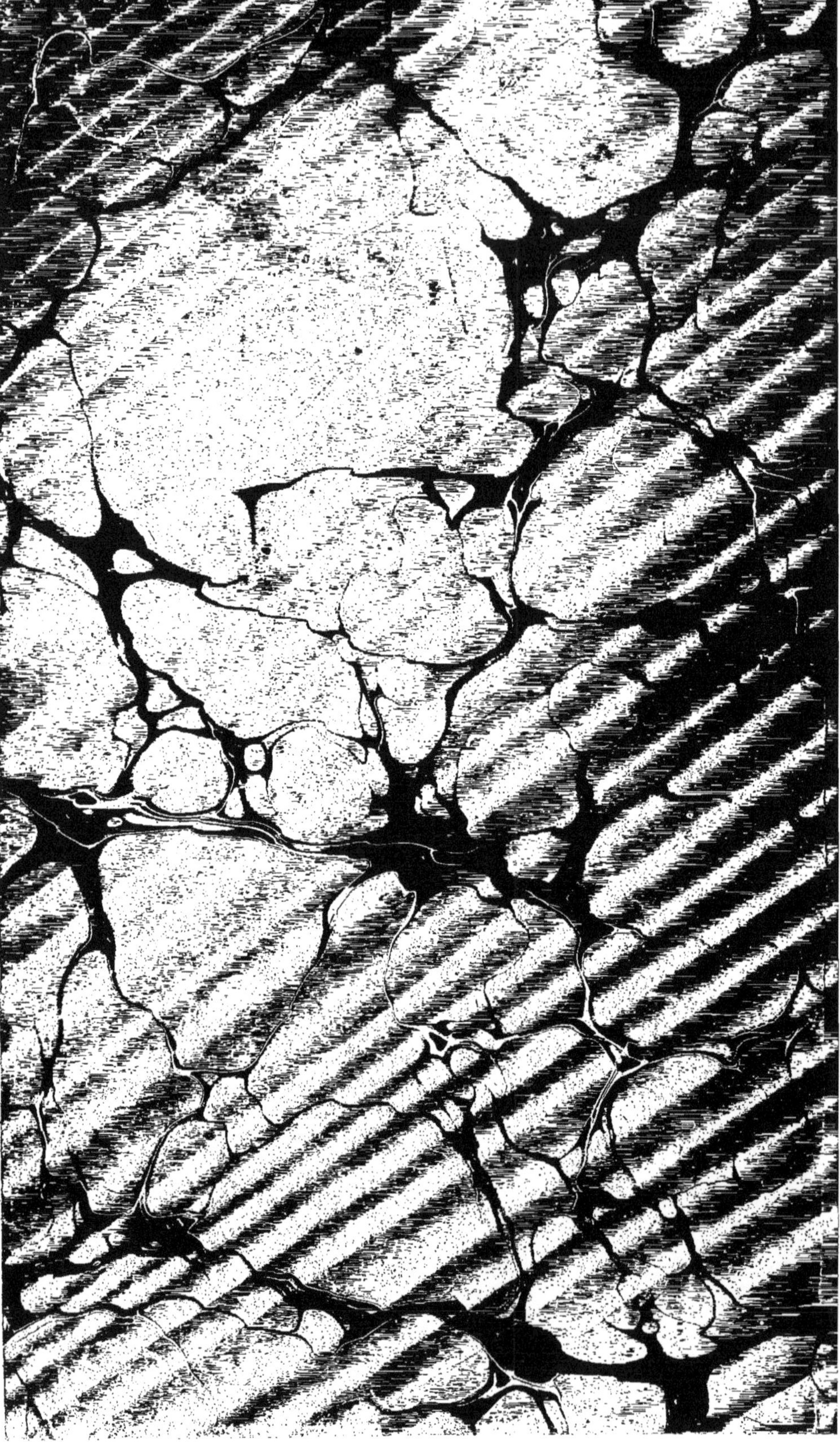

www.ingramcontent.com/pod-product-compliance
Ingram Content Group UK Ltd.
Pitfield, Milton Keynes, MK11 3LW, UK
UKHW012002240726
13965UKWH00001B/96

9 782013 420945